*À la mémoire de
Fausto Saleri*

Alfio Quarteroni · Fausto Saleri · Paola Gervasio

Calcul Scientifique

Cours, exercices corrigés et illustrations
en MATLAB et Octave

Deuxième édition

Alfio Quarteroni
MOX – Dipartimento di Matematica
Politecnico di Milano et
Ecole Polytechnique Fédérale
de Lausanne

Fausto Saleri[†]
MOX – Dipartimento di Matematica
Politecnico di Milano

Paola Gervasio
Dipartimento di Matematica
Facoltà di Ingegneria
Università degli Studi di Brescia

Les simulations numériques reproduites sur la couverture ont été réalisées par Carlo D'Angelo et Paolo Zunino

Traduit par :
Jean-Frédéric Gerbeau
INRIA – Rocquencourt

Traduction de l'ouvrage italien :
Calcolo Scientifico - Esercizi e problemi risolti con MATLAB e Octave
A. Quarteroni, F. Saleri – 4 edizione
© Springer-Verlag Italia 2008

ISBN 978-88-470-1675-0   ISBN 978-88-470-1676-7 (eBook)

DOI 10.1007/978-88-470-1676-7

Springer Milan Dordrecht Berlin Heidelberg New York

© Springer-Verlag Italia 2010

Cet ouvrage est soumis au copyright. Tous droits réservés, notamment la reproduction et la représentation, la traduction, la réimpression, l'exposé, la reproduction des illustrations et des tableaux, la transmission par voie d'enregistrement sonore ou visuel, la reproduction par microfilm ou tout autre moyen ainsi que la conservation des banques de données. La loi sur le copyright n'autorise une reproduction intégrale ou partielle que dans certains cas, et en principe moyennant les paiements des droits. Toute représentation, reproduction, contrefaçon ou conservation dans une banque de données par quelque procédé que ce soit est sanctionnée par la loi pénale sur le copyright.

L'utilisation dans cet ouvrage de désignations, dénominations commerciales, marques de fabrique, etc. même sans spécification ne signifie pas que ces termes soient libres de la législation sur les marques de fabrique et la protection des marques et qu'il puissent être utilisés par chacun.

9 8 7 6 5 4 3 2 1

Maquette de couverture : Simona Colombo, Milano

Mise en page : PTP-Berlin, Protago TEX-Production GmbH, Germany (www.ptp-berlin.eu)
Imprimé en Italie : Grafiche Porpora, Segrate (Mi)

Springer-Verlag Italia S.r.l., Via Decembrio 28, I-20137 Milano
Springer-Verlag Italia est membre de Springer Science+Business Media

Préface

Préface de la première édition

Ce livre constitue une introduction au Calcul Scientifique. Son objectif est de présenter des méthodes numériques permettant de résoudre avec un ordinateur des problèmes mathématiques qui ne peuvent être traités simplement avec une feuille et un stylo.

Les questions classiques du Calcul Scientifique sont abordées : la recherche des zéros ou le calcul d'intégrales de fonctions continues, la résolution de systèmes linéaires, l'approximation de fonctions par des polynômes, la résolution approchée d'équations différentielles. En préambule à tous ces aspects, nous présentons au Chapitre 1 la manière dont les ordinateurs stockent et manipulent les nombres réels, les complexes ainsi que les vecteurs et les matrices.

Afin de rendre notre présentation plus concrète, nous adoptons les environnements de programmation MATLAB®[1] et Octave. Rappelons qu'Octave est une réimplémentation d'une partie de MATLAB qui inclut en particulier de nombreuses fonctionalités numériques de MATLAB et est distribué gratuitement sous licence GNU GPL. Dans ce livre, nous introduisons progressivement les principales commandes et instructions de ces langages de programmation. Ceux-ci sont alors utilisés pour implémenter les divers algorithmes présentés, ce qui permet de vérifier, par la pratique, des propriétés théoriques comme la stabilité, la précision et la complexité. La résolution de divers problèmes, souvent motivés par des applications concrètes, fait l'objet de nombreux exemples et exercices.

Tout au long du livre, nous utiliserons souvent l'expression "commande MATLAB" : dans ce contexte, MATLAB doit être compris

---

[1]. MATLAB est une marque déposée de TheMathWorks Inc., 24 Prime Park Way, Natick, MA 01760, USA. Tel : 001+508-647-7000, Fax : 001+508-647-7001.

comme un langage, qui est partagé par les programmes MATLAB et Octave. Un effort particulier a été fait pour que les programmes présentés soient compatibles avec les deux logiciels. Les quelques fois où ce n'est pas le cas, une brève explication est proposée à la fin de la section correspondante.

Divers symboles graphiques ont été utilisés pour rendre la lecture plus agréable. Nous reportons dans la marge la commande MATLAB (ou Octave) en regard de la ligne où elle apparaît pour la première fois. Le symbole ✐ indique un exercice, et le symbole 💣 est utilisé pour attirer l'attention du lecteur sur un point critique ou sur le comportement surprenant d'un algorithme. Les formules mathématiques importantes sont encadrées. Enfin, le symbole 📖 signale un tableau résumant les concepts et les conclusions qui viennent d'être présentés.

A la fin de chaque chapitre, une section présente des aspects plus avancés et fournit des indications bibliographiques qui permettront au lecteur d'approfondir les connaissances acquises.

Nous ferons assez souvent référence au livre [QSS07] où de nombreuses questions abordées dans cet ouvrage sont traitées à un niveau plus avancé et où des résultats théoriques sont démontrés. Pour une description plus complète de MATLAB nous renvoyons à [HH05]. Tous les programmes présentés dans ce livre peuvent être téléchargés à l'adresse web suivante :

http://mox.polimi.it/qs.

Aucun pré-requis particulier n'est nécessaire à l'exception de connaissances de base en analyse. Au cours du premier chapitre, nous rappelons les principaux résultats d'analyse et de géométrie qui seront utilisés par la suite. Les sujets les moins élémentaires – ceux qui ne sont pas nécessaires en première lecture – sont signalés par le symbole 🔍.

Nous exprimons nos remerciements à Francesca Bonadei de Springer pour son aimable collaboration tout au long de ce projet, à Paola Causin pour nous avoir proposé de nombreux problèmes, à Christophe Prud'homme, John W. Earon et David Bateman pour nous avoir aidé dans l'utilisation d'Octave, et au projet Poseidon de l'Ecole Polytechnique Fédérale de Lausanne. Enfin, nous exprimons notre reconnaissance à Jean-Frédéric Gerbeau pour sa traduction soigneuse et critique, ainsi que pour ses nombreuses et précieuses suggestions.

Milan et Lausanne, juillet 2006   Alfio Quarteroni, Fausto Saleri

Préface de la deuxième édition

Pour cette deuxième édition, l'ensemble de l'ouvrage a été revu. De nombreuses améliorations ont été apportées à tous les chapitres, tant dans le style que dans le contenu. En particulier, les chapitres concernant l'approximation des problèmes aux limites et des problèmes aux valeurs initiales ont été considérablement enrichis.

Nous rappelons au lecteur que tous les programmes du livre peuvent être téléchargés sur internet à l'adresse suivante :

$$\text{http://mox.polimi.it/qs}$$

Enfin, nous souhaitons réitérer nos remerciements à Jean-Frédéric Gerbeau pour sa précieuse collaboration.

Lausanne, Milan et Brescia, mai 2010
Alfio Quarteroni
Paola Gervasio

Table des matières

1 Ce qu'on ne peut ignorer 1
  1.1 Les environnements MATLAB et Octave 1
  1.2 Nombres réels 3
      1.2.1 Comment les représenter 3
      1.2.2 Comment calculer avec des nombres à virgule
             flottante 6
  1.3 Nombres complexes 8
  1.4 Matrices 10
      1.4.1 Vecteurs 15
  1.5 Fonctions réelles 17
      1.5.1 Les zéros 19
      1.5.2 Polynômes 21
      1.5.3 Intégration et dérivation 23
  1.6 L'erreur n'est pas seulement humaine 25
      1.6.1 Parlons de coûts 29
  1.7 Le langage MATLAB 31
      1.7.1 Instructions MATLAB 33
      1.7.2 Programmer en MATLAB 35
      1.7.3 Exemples de différences entre les langages
             MATLAB et Octave 38
  1.8 Ce qu'on ne vous a pas dit 39
  1.9 Exercices 39

2 Equations non linéaires 43
  2.1 Quelques problèmes types 43
  2.2 Méthode de dichotomie (ou bisection) 46
  2.3 Méthode de Newton 49
      2.3.1 Tests d'arrêt pour les itérations de Newton 52
      2.3.2 Méthode de Newton pour des systèmes d'équations 54

Table des matières

- 2.4 Méthode de point fixe 56
  - 2.4.1 Test d'arrêt des itérations de point fixe 62
- 2.5 Accélération par la méthode d'Aitken 63
- 2.6 Polynômes 67
  - 2.6.1 Algorithme de Hörner 68
  - 2.6.2 Méthode de Newton-Hörner 70
- 2.7 Ce qu'on ne vous a pas dit 72
- 2.8 Exercices 74

3 Approximation de fonctions et de données 77
- 3.1 Quelques problèmes types 77
- 3.2 Approximation par polynômes de Taylor 79
- 3.3 Interpolation 80
  - 3.3.1 Polynôme d'interpolation de Lagrange 81
  - 3.3.2 Stabilité de l'interpolation polynomiale 86
  - 3.3.3 Interpolation aux noeuds de Chebyshev 87
  - 3.3.4 Interpolation trigonométrique et FFT 90
- 3.4 Interpolation linéaire par morceaux 95
- 3.5 Approximation par fonctions splines 96
- 3.6 La méthode des moindres carrés 100
- 3.7 Ce qu'on ne vous a pas dit 105
- 3.8 Exercices 106

4 Intégration et différentiation numérique 109
- 4.1 Quelques problèmes types 109
- 4.2 Approximation des dérivées 111
- 4.3 Intégration numérique 113
  - 4.3.1 Formule du point milieu 114
  - 4.3.2 Formule du trapèze 116
  - 4.3.3 Formule de Simpson 117
- 4.4 Quadratures interpolatoires 119
- 4.5 Formule de Simpson adaptative 123
- 4.6 Ce qu'on ne vous a pas dit 127
- 4.7 Exercices 128

5 Systèmes linéaires 131
- 5.1 Quelques problèmes types 131
- 5.2 Systèmes linéaires et complexité 136
- 5.3 Factorisation LU 137
- 5.4 Méthode du pivot 147
- 5.5 Quelle est la précision de la solution d'un système linéaire ? 149
- 5.6 Comment résoudre un système tridiagonal 153
- 5.7 Systèmes sur-déterminés 154
- 5.8 Ce qui se cache sous la commande MATLAB \ 157

	5.9	Méthodes itératives 159
		5.9.1 Comment construire une méthode itérative 161
	5.10	Méthode de Richardson et du gradient 165
	5.11	Méthode du gradient conjugué 169
	5.12	Quand doit-on arrêter une méthode itérative? 172
	5.13	Pour finir : méthode directe ou itérative? 174
	5.14	Ce qu'on ne vous a pas dit........................... 180
	5.15	Exercices 180

6	Valeurs propres et vecteurs propres................... 185
	6.1 Quelques problèmes types 186
	6.2 Méthode de la puissance............................ 188
	6.2.1 Analyse de convergence 191
	6.3 Généralisation de la méthode de la puissance........... 192
	6.4 Comment calculer le décalage 195
	6.5 Calcul de toutes les valeurs propres 198
	6.6 Ce qu'on ne vous a pas dit........................... 201
	6.7 Exercices 202

7	Equations différentielles ordinaires.................... 205
	7.1 Quelques problèmes types 205
	7.2 Le problème de Cauchy 208
	7.3 Méthodes d'Euler................................... 209
	7.3.1 Analyse de convergence 212
	7.4 Méthode de Crank-Nicolson......................... 216
	7.5 Zéro-stabilité 218
	7.6 Stabilité sur des intervalles non bornés 221
	7.6.1 Région de stabilité absolue 223
	7.6.2 La stabilité absolue contrôle les perturbations 224
	7.7 Méthodes d'ordre élevé.............................. 232
	7.8 Méthodes prédicteur-correcteur...................... 238
	7.9 Systèmes d'équations différentielles 241
	7.10 Quelques exemples.................................. 247
	7.10.1 Le pendule sphérique 247
	7.10.2 Le problème à trois corps..................... 250
	7.10.3 Des problèmes raides 253
	7.11 Ce qu'on ne vous a pas dit........................... 257
	7.12 Exercices 257

8	Approximation numérique des problèmes aux limites . 261
	8.1 Quelques problèmes types 262
	8.2 Approximation de problèmes aux limites 264
	8.2.1 Approximation par différences finies du problème de Poisson monodimensionnel 265

- 8.2.2 Approximation par différences finies d'un problème à convection dominante 267
- 8.2.3 Approximation par éléments finis du problème de Poisson monodimensionnel 269
- 8.2.4 Approximation par différences finies du problème de Poisson bidimensionnel 272
- 8.2.5 Consistance et convergence de la discrétisation par différences finies du problème de Poisson 278
- 8.2.6 Approximation par différences finies de l'équation de la chaleur monodimensionnelle 280
- 8.2.7 Approximation par éléments finis de l'équation de la chaleur monodimensionnelle 285
- 8.3 Equations hyperboliques : un problème d'advection scalaire 287
  - 8.3.1 Discrétisation par différences finies de l'équation d'advection scalaire 289
  - 8.3.2 Analyse des schémas aux différences finies pour l'équation d'advection scalaire 291
  - 8.3.3 Eléments finis pour l'équation d'advection scalaire 297
- 8.4 Equation des ondes 299
  - 8.4.1 Approximation par différences finies de l'équation des ondes 301
- 8.5 Ce qu'on ne vous a pas dit 305
- 8.6 Exercices 306

9 Solutions des exercices 309
- 9.1 Chapitre 1 309
- 9.2 Chapitre 2 312
- 9.3 Chapitre 3 318
- 9.4 Chapitre 4 322
- 9.5 Chapitre 5 326
- 9.6 Chapitre 6 333
- 9.7 Chapitre 7 336
- 9.8 Chapitre 8 346

Références 353

Index 359

Index des programmes MATLAB et Octave

Tous les programmes de cet ouvrage peuvent être téléchargés à l'adresse suivante :
http://mox.polimi.it/qs

2.1	**bisection** : méthode de dichotomie........................	48
2.2	**newton** : méthode de Newton.............................	53
2.3	**newtonsys** : méthode de Newton pour des systèmes non linéaires	55
2.4	**aitken** : méthode d'Aitken	65
2.5	**horner** : algorithme de division synthétique	69
2.6	**newtonhorner** : méthode de Newton-Hörner	70
3.1	**cubicspline** : spline d'interpolation cubique.................	98
4.1	**midpointc** : formule de quadrature composite du point milieu ..	116
4.2	**simpsonc** : formule de quadrature composite de Simpson	118
4.3	**simpadpt** : formule de Simpson adaptative	126
5.1	**lugauss** : factorisation de Gauss	143
5.2	**itermeth** : méthode itérative générale	163
6.1	**eigpower** : méthode de la puissance........................	189
6.2	**invshift** : méthode de la puissance inverse avec décalage.......	193
6.3	**gershcircles** : disques de Gershgorin.......................	195
6.4	**qrbasic** : méthode des itérations QR	199
7.1	**feuler** : méthode d'Euler explicite	211
7.2	**beuler** : méthode d'Euler implicite	211
7.3	**cranknic** : méthode de Crank-Nicolson	217
7.4	**predcor** : méthode prédicteur-correcteur	239
7.5	**feonestep** : un pas de la méthode d'Euler explicite	240
7.6	**beonestep** : un pas de la méthode d'Euler implicite...........	240
7.7	**cnonestep** : un pas de la méthode de Crank-Nicolson	240
7.8	**newmark** : méthode de Newmark..........................	246
7.9	**fvinc** : terme de force pour le problème du pendule sphérique ...	250

7.10 **threebody** : second membre pour le système du problème à trois corps 252
8.1 **bvp** : approximation d'un problème aux limites monodimensionnel par la méthode des différences finies... 267
8.2 **poissonfd** : approximation du problème de Poisson avec données de Dirichlet par la méthode des différences finies à cinq points... 276
8.3 **heattheta** : θ-schéma pour l'équation de la chaleur dans un domaine monodimensionnel 282
8.4 **newmarkwave** : méthode de Newmark pour l'équation des ondes 302
9.1 **gausslegendre** : formule de quadrature composite de Gauss-Legendre, avec $n=1$............................... 323
9.2 **rk2** : méthode de Heun (ou RK2) 339
9.3 **rk3** : schéma de Runge-Kutta explicite d'ordre 3 341
9.4 **neumann** : approximation d'un problème aux limites de Neumann 348
9.5 **hyper** : schémas de Lax-Friedrichs, Lax-Wendroff et décentré ... 351

1
Ce qu'on ne peut ignorer

Ce livre fait appel à des notions de mathématiques élémentaires que le lecteur connaît déjà probablement, mais qu'il n'a plus nécessairement à l'esprit. Nous profiterons donc de ce chapitre d'introduction pour rappeler, avec un point de vue adapté au calcul scientifique, des éléments d'analyse, d'algèbre linéaire et de géométrie. Nous introduirons également des concepts nouveaux, propres au calcul scientifique, que nous illustrerons à l'aide de MATLAB (MATrix LABoratory), un environnement de programmation et de visualisation. Nous utiliserons aussi GNU Octave (en abrégé Octave) qui est un logiciel libre distribué sous licence GNU GPL. Octave est un interpréteur de haut niveau, compatible la plupart du temps avec MATLAB et possédant la majeure partie de ses fonctionnalités numériques.

Dans la Section 1.1, nous proposerons une introduction rapide à MATLAB et Octave, et nous présenterons des éléments de programmation dans la Section 1.7.

Nous renvoyons le lecteur intéressé à [HH05, Pal08] et [EBH08] pour une description complète des langages de MATLAB et Octave.

1.1 Les environnements MATLAB et Octave

MATLAB et Octave sont des environnements intégrés pour le Calcul Scientifique et la visualisation. Ils sont écrits principalement en langage C et C++.

MATLAB est distribué par la société *The MathWorks* (voir le site www.mathworks.com). Son nom vient de *MATrix LABoratory*, car il a été initialement développé pour le calcul matriciel.

Octave, aussi connu sous le nom de GNU Octave (voir le site www.octave.org), est un logiciel distribué gratuitement. Vous pouvez le redistribuer et/ou le modifier selon les termes de la licence GNU *General Public License* (GPL) publiée par la *Free Software Foundation*.

Quarteroni, A., Saleri, F., Gervasio, P.: Calcul Scientifique
© Springer-Verlag Italia 2010

1 Ce qu'on ne peut ignorer

Il existe des différences entre MATLAB et Octave, au niveau des environnements, des langages de programmation ou des *toolboxes* (collections de fonctions dédiées à un usage spécifique). Cependant, leur niveau de compatibilité est suffisant pour exécuter la plupart des programmes de ce livre indifféremment avec l'un ou l'autre. Quand ce n'est pas le cas – parce que les commandes n'ont pas la même syntaxe, parce qu'elles fonctionnent différemment ou encore parce qu'elles n'existent pas dans l'un des deux programmes – nous l'indiquons dans une note en fin de section et expliquons comment procéder.

Nous utiliserons souvent dans la suite l'expression "commande MATLAB" : dans ce contexte, MATLAB doit être compris comme le *langage* utilisé par les deux programmes MATLAB et Octave.

De même que MATLAB a ses *toolboxes*, Octave possède un vaste ensemble de fonctions disponibles à travers le projet Octave-forge. Ce dépôt de fonctions ne cesse de s'enrichir dans tous les domaines. Certaines fonctions que nous utilisons dans ce livre ne font pas partie du noyau d'Octave, toutefois, elles peuvent être téléchargées sur le site octave.sourceforge.net.

Une fois qu'on a installé MATLAB ou Octave, on peut accéder à l'environnement de travail, caractérisé par le symbole d'invite de commande (encore appelé *prompt*) >> sous MATLAB et octave:1> sous Octave. Quand nous exécutons MATLAB sur notre ordinateur personnel, nous voyons :

```
                  < M A T L A B (R) >
          Copyright 1984-2009 The MathWorks, Inc.
          Version 7.9.0.529 (R2009b) 64-bit (glnxa64)
                      August 12, 2009


  To get started, type one of these: helpwin, helpdesk, or demo.
  For product information, visit www.mathworks.com.
  >>
```

Quand nous exécutons Octave sur notre ordinateur personnel, nous voyons :

```
GNU Octave, version 3.2.3
Copyright (C) 2009 John W. Eaton and others.
This is free software; see the source code for copying
conditions. There is ABSOLUTELY NO WARRANTY; not even
for MERCHANTABILITY or FITNESS FOR A PARTICULAR PURPOSE.
For details, type 'warranty'.
Octave was configured for "x86_64-unknown-linux-gnu".
Additional information about Octave is available at
http://www.octave.org.

Please contribute if you find this software useful.
For more information, visit
```

```
http://www.octave.org/help-wanted.html
Report bugs to <bug@octave.org> (but first, please read
http://www.octave.org/bugs.html to learn how to write a
helpful report).

For information about changes from previous versions,
type 'news'.

octave:1>
```

Dans ce chapitre nous utiliserons le symbole d'invite de commande (*prompt*) >>, tel qu'il apparaît à l'écran. Cependant, nous l'omettrons à partir du chapitre suivant afin d'alléger les notations.

1.2 Nombres réels

Tout le monde connaît l'ensemble $\mathbb{R}$ des nombres réels. Cependant la manière dont un ordinateur traite cet ensemble est peut-être moins bien connue. Les ressources d'une machine étant limitées, seul un sous-ensemble $\mathbb{F}$ de cardinal fini de $\mathbb{R}$ peut être représenté. Les nombres de ce sous-ensemble sont appelés *nombres à virgule flottante*. Nous verrons au paragraphe 1.2.2 que les propriétés de $\mathbb{F}$ sont différentes de celles de $\mathbb{R}$. Un nombre réel x est en général *tronqué* par la machine, définissant ainsi un nouveau nombre (le *nombre à virgule flottante*), noté $fl(x)$, qui ne coïncide pas nécessairement avec le nombre x original.

1.2.1 Comment les représenter

Pour mettre en évidence des différences entre $\mathbb{R}$ et $\mathbb{F}$, faisons quelques expériences en MATLAB qui illustrent la manière dont un ordinateur (p.ex. un PC) traite les nombres réels. Noter que nous pourrions utiliser un autre langage que MATLAB : les résultats de nos calculs dépendent principalement du fonctionnement interne de l'ordinateur, et seulement à un degré moindre du langage de programmation. Considérons le nombre rationnel $x = 1/7$, dont la représentation décimale est $0.\overline{142857}$. On dit que c'est une représentation *infinie* car il y a une infinité de chiffres après la virgule. Pour obtenir sa représentation sur ordinateur, entrons au clavier le quotient 1/7 après le *prompt* (représenté par le symbole >>). Nous obtenons :

```
>> 1/7
ans =
   0.1429
```

qui est un nombre avec quatre décimales, la dernière étant différente de la quatrième décimale du nombre original. Si nous considérons à présent 1/3 nous trouvons 0.3333. La quatrième décimale est donc cette fois exacte. Ce comportement est dû au fait que les nombres réels sont *arrondis* par l'ordinateur. Cela signifie que seul un nombre fixe de décimales est renvoyé, et que la dernière décimale affichée est augmentée d'une unité dès lors que la première décimale négligée est supérieure ou égale à 5.

On peut s'étonner que les réels ne soient représentés qu'avec quatre décimales alors que leur représentation interne utilise 16 décimales. En fait, ce que nous avons vu n'est qu'un des nombreux formats d'affichage de MATLAB. Un même nombre peut être affiché différemment selon le choix du format. Par exemple, pour 1/7, voici quelques *formats* de sortie possibles en MATLAB :

`format`

```
format short     donne 0.1429,
format short e    "    1.4286e − 01,
format short g    "    0.14286,
format long       "    0.142857142857143,
format long e     "    1.428571428571428e − 01,
format long g     "    0.142857142857143.
```

Les mêmes formats existent en Octave, mais ne donnent pas toujours les mêmes résultats qu'en MATLAB :

```
format short     donne 0.14286,
format short e    "    1.4286e − 01,
format short g    "    0.14286,
format long       "    0.142857142857143,
format long e     "    1.42857142857143e − 01,
format long g     "    0.142857142857143.
```

Naturellement, ces variantes pourront conduire à des résultats légèrement différents de ceux proposés dans nos exemples.

Certains formats sont plus cohérents que d'autres avec la représentation interne des nombres dans l'ordinateur. Un ordinateur stocke généralement un nombre réel de la manière suivante

$$\boxed{x = (-1)^s \cdot (0.a_1 a_2 \ldots a_t) \cdot \beta^e = (-1)^s \cdot m \cdot \beta^{e-t}, \quad a_1 \neq 0} \quad (1.1)$$

où s vaut 0 ou 1, β (un entier supérieur ou égal à 2) est la *base*, m est un entier appelé la *mantisse* dont la longueur t est le nombre maximum de chiffres stockés a_i (compris entre 0 et $\beta-1$), et e est un entier appelé *exposant*. Le format `long e` (e signifie exposant) est celui qui se rapproche le plus de cette représentation ; les chiffres constituant l'exposant, précédés du signe, sont notés à droite du caractère e. Les nombres dont la forme est donnée par (1.1) sont appelés nombres à virgule flottante, car la position de la virgule n'est pas fixée. Les nombres $a_1 a_2 \ldots a_p$ (avec $p \leq t$) sont souvent appelés les p premiers chiffres significatifs de x.

La condition $a_1 \neq 0$ assure qu'un nombre ne peut pas avoir plusieurs représentations. Par exemple, sans cette restriction, le nombre $1/10$ pourrait être représenté (dans le système décimal) par $0.1 \cdot 10^0$, mais aussi par $0.01 \cdot 10^1$, *etc.*

L'ensemble $\mathbb{F}$ est donc complètement caractérisé par la base β, le nombre de chiffres significatifs t et l'intervalle $]L, U[$ (avec $L < 0$ et $U > 0$) dans lequel varie e. On le note donc $\mathbb{F}(\beta, t, L, U)$. Par exemple, dans MATLAB, on a $\mathbb{F} = \mathbb{F}(2, 53, -1021, 1024)$ (en effet, 53 chiffres significatifs en base 2 correspondent aux 15 chiffres significatifs montrés par MATLAB en base 10 avec le `format long`).

Heureusement, l'*erreur d'arrondi* produite quand on remplace un réel $x \neq 0$ par son représentant $fl(x)$ dans $\mathbb{F}$, est petite, puisque

$$\boxed{\frac{|x - fl(x)|}{|x|} \leq \frac{1}{2}\epsilon_M} \quad (1.2)$$

où $\epsilon_M = \beta^{1-t}$ est la distance entre 1 et le nombre à virgule flottante différent de 1 qui s'en approche le plus. Remarquer que ϵ_M dépend de β et t. Par exemple dans MATLAB, la commande `eps`, fournit la valeur $\epsilon_M = 2^{-52} \simeq 2.22 \cdot 10^{-16}$. Soulignons que dans (1.2) on estime l'*erreur relative* sur x, ce qui est assurément plus pertinent que l'*erreur absolue* $|x - fl(x)|$. L'erreur absolue, contrairement à l'erreur relative, ne tient en effet pas compte de l'ordre de grandeur de x.

 `eps`

Le nombre $u = \frac{1}{2}\epsilon_M$ est l'erreur relative maximale que l'ordinateur peut commettre en représentant un nombre réel en arithmétique finie. Pour cette raison, on l'appelle parfois *unité d'arrondi*.

Le nombre 0 n'appartient pas à $\mathbb{F}$, car il faudrait alors prendre $a_1 = 0$ dans (1.1) : il est donc traité séparément. De plus, L et U étant finis, on ne peut pas représenter des nombres dont la valeur absolue est arbitrairement grande ou arbitrairement petite. Plus précisément, les plus petits et plus grands nombres réels positifs de $\mathbb{F}$ sont respectivement donnés par

$$x_{min} = \beta^{L-1}, \; x_{max} = \beta^U(1 - \beta^{-t}).$$

Dans MATLAB ces valeurs sont fournies par les commandes `realmin` et `realmax`. Elles donnent

$$x_{min} = 2.225073858507201 \cdot 10^{-308},$$
$$x_{max} = 1.797693134862316 \cdot 10^{+308}.$$

`realmin`
`realmax`

Un nombre positif plus petit que x_{min} produit un message d'erreur appelé *underflow* et est traité soit de manière particulière, soit comme s'il était nul (voir p.ex. [QSS07], Chapitre 2). Un nombre positif plus grand que x_{max} produit un message d'erreur appelé *overflow* et est remplacé par la variable `Inf` (qui est la représentation de $+\infty$ dans l'ordinateur).

`Inf`

Les éléments de $\mathbb{F}$ sont "plus denses" quand on s'approche de x_{min}, et "moins denses" quand on s'approche de x_{max}. Ainsi, le nombre de $\mathbb{F}$ le plus proche de x_{max} (à sa gauche) et celui le plus proche de x_{min} (à sa droite), sont respectivement

$$x_{max}^- = 1.797693134862315 \cdot 10^{+308},$$
$$x_{min}^+ = 2.225073858507202 \cdot 10^{-308}.$$

On a donc $x_{min}^+ - x_{min} \simeq 10^{-323}$, tandis que $x_{max} - x_{max}^- \simeq 10^{292}$ (!). Néanmoins, la distance relative est faible dans les deux cas, comme le montre (1.2).

1.2.2 Comment calculer avec des nombres à virgule flottante

Comme $\mathbb{F}$ est un sous-ensemble propre de $\mathbb{R}$, les opérations algébriques élémentaires sur $\mathbb{F}$ ne jouissent pas des mêmes propriétés que sur $\mathbb{R}$. La commutativité est satisfaite par l'addition (c'est-à-dire $fl(x+y) = fl(y+x)$) ainsi que par la multiplication ($fl(xy) = fl(yx)$), mais d'autres propriétés telles que l'associativité et la distributivité sont violées. De plus, 0 n'est plus unique. En effet, affectons à la variable a la valeur 1, et exécutons les instructions suivantes :

```
>> a = 1; b=1; while a+b ~= a; b=b/2; end
```

La variable b est divisée par deux à chaque étape tant que la somme de a et b demeure différente (~=) de a. Si on opérait sur des nombres réels, ce programme ne s'arrêterait jamais, tandis qu'ici, il s'interrompt après un nombre fini d'itérations et renvoie la valeur suivante pour b : 1.1102e-16= $\epsilon_M/2$. Il existe donc au moins un nombre b différent de 0 tel que a+b=a. Ceci est lié au fait que $\mathbb{F}$ est constitué de nombres isolés ; quand on ajoute deux nombres a et b avec b<a et b plus petit que ϵ_M, on obtient toujours a+b égal à a. En MATLAB, le nombre a+eps(a) est le plus petit majorant strict de a dans $\mathbb{F}$. Donc, la somme a+b retourne a pour tout b < eps(a).

L'associativité est perdue chaque fois qu'une situation d'*overflow* ou d'*underflow* se produit. Prenons par exemple a=1.0e+308, b=1.1e+308 et c=-1.001e+308, et effectuons la somme de deux manières différentes. On trouve :

$$a + (b + c) = 1.0990e + 308, \ (a + b) + c = \text{Inf}.$$

C'est en particulier ce qui se produit quand on ajoute deux nombres de signes opposés et proches en valeur absolue : le résultat d'une telle opération peut être très imprécis. On appelle ce phénomène *perte*, ou *annulation, des chiffres significatifs*. Par exemple, calculons $((1+x) - 1)/x$ (le résultat est évidemment 1 pour tout $x \neq 0$) :

1.2 Nombres réels   7

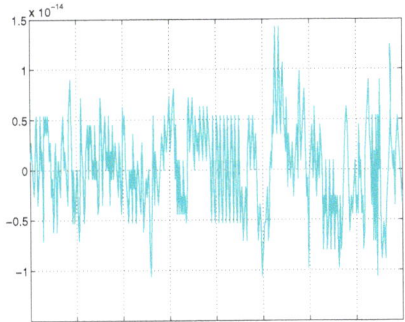

Figure 1.1. Oscillations de la fonction (1.3) dues aux erreurs d'annulation

```
>> x =   1.e-15; ((1+x)-1)/x
ans =
   1.1102
```

Ce résultat est très imprécis, l'erreur relative étant supérieure à 11%!

Un autre cas d'annulation numérique est rencontré quand on évalue la fonction

$$f(x) = x^7 - 7x^6 + 21x^5 - 35x^4 + 35x^3 - 21x^2 + 7x - 1 \qquad (1.3)$$

en 401 points d'abscisses équirépartis dans $[1 - 2 \cdot 10^{-8}, 1 + 2 \cdot 10^{-8}]$. On obtient le graphe chaotique représenté sur la Figure 1.1 (le comportement réel est celui $(x-1)^7$, qui est essentiellement constant et proche de la fonction nulle dans ce petit voisinage de $x = 1$). A la Section 1.5, nous verrons les commandes qui ont permis de construire ce graphe.

Notons enfin que des quantités indéterminées comme $0/0$ ou ∞/∞, n'ont pas leur place dans $\mathbb{F}$: ils produisent ce qu'on appelle un NaN dans MATLAB et dans Octave (pour *not a number*). Les règles habituelles de calcul ne s'appliquent pas à cette quantité.   NaN

Remarque 1.1 Il est vrai que les erreurs d'arrondi sont généralement petites, mais quand elles s'accumulent au cours d'algorithmes longs et complexes, elles peuvent avoir des effets catastrophiques. On peut citer deux exemples marquants : l'explosion de la fusée Ariane le 4 juin 1996 était due à une erreur d'*overflow* dans l'ordinateur de bord ; l'échec de la mission d'un missile américain Patriot pendant la guerre du Golfe en 1991 résultait d'une erreur d'arrondi dans le calcul de sa trajectoire.

Un exemple aux conséquences moins catastrophiques (mais néanmoins dérangeant) est donné par la suite

$$z_2 = 2, \ z_{n+1} = 2^{n-1/2}\sqrt{1 - \sqrt{1 - 4^{1-n}z_n^2}}, \quad n = 2, 3, \ldots \qquad (1.4)$$

qui converge vers π quand n tend vers l'infini. Quand on utilise MATLAB pour calculer z_n, l'erreur relative entre π et z_n décroît pendant les 16 premières itérations, puis augmente à cause des erreurs d'arrondi (comme le montre la Figure 1.2). ■

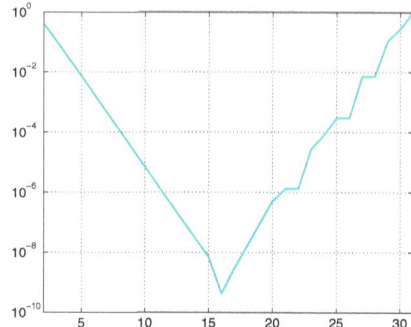

Figure 1.2. Erreur relative $|\pi - z_n|/\pi$ en fonction de n

Voir les Exercices 1.1–1.2.

1.3 Nombres complexes

Les nombres complexes, dont l'ensemble est noté $\mathbb{C}$, sont de la forme $z = x+iy$, où i est tel que $i^2 = -1$. On appelle $x = \text{Re}(z)$ et $y = \text{Im}(z)$ les parties réelles et imaginaires de z, respectivement. Ils sont généralement représentés dans un ordinateur par un couple de nombres réels.

A moins qu'elles ne soient redéfinies, les variables MATLAB i et j désignent le nombre imaginaire pur i. Pour définir un nombre complexe de partie réelle x et de partie imaginaire y, on peut écrire simplement
complex   x+i*y; on peut aussi utiliser la commande complex(x,y). Les représentations exponentielles (ou polaires) et trigonométriques d'un nombre complexe z sont équivalentes grâce à la formule d'Euler

$$z = \rho e^{i\theta} = \rho(\cos\theta + i\sin\theta), \tag{1.5}$$

où $\rho = \sqrt{x^2+y^2}$ est le module du nombre complexe (obtenu avec la
abs   commande abs(z)) et θ son argument, c'est-à-dire l'angle entre le vecteur de composantes (x,y) et l'axe des x. L'argument θ est obtenu avec
angle   la commande angle(z). La représentation (1.5) est donc :

abs(z)*(cos(angle(z))+i*sin(angle(z))).

La représentation polaire d'un ou plusieurs nombres complexes peut
compass   être obtenue avec la commande compass(z) où z est soit un unique nombre complexe, soit un vecteur dont les composantes sont des nombres complexes. Par exemple, en tapant :

```
>> z = 3+i*3; compass(z);
```

on obtient le graphe de la Figure 1.3.

1.3 Nombres complexes

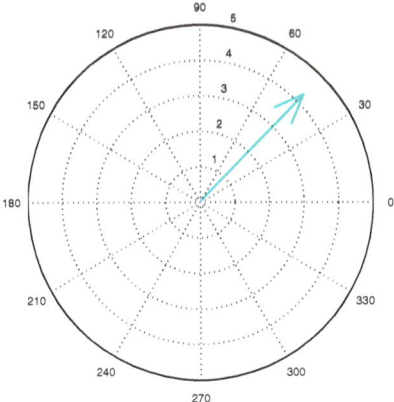

Figure 1.3. Résultat de la commande `compass` de MATLAB

On peut extraire la partie réelle d'un nombre complexe z avec la commande `real(z)` et sa partie imaginaire avec `imag(z)`. Enfin, le complexe conjugué $\bar{z} = x - iy$ de z, est obtenu en écrivant simplement `conj(z)`.

En MATLAB toutes les opérations sont effectuées en supposant implicitement que les opérandes et le résultat sont complexes. Ceci peut entraîner quelques surprises. Par exemple, si on calcule la racine cubique de -5 avec la commande `(-5)^(1/3)`, on trouve le complexe $0.8550 + 1.4809i$ au lieu de $-1.7100\ldots$ (on anticipe ici l'utilisation du symbole `^` pour l'élévation à la puissance). Les nombres complexes de la forme $\rho e^{i(\theta + 2k\pi)}$, où k est entier, sont égaux à $z = \rho e^{i\theta}$. En calculant les racines cubiques complexes de z, on trouve $\sqrt[3]{\rho} e^{i(\theta/3 + 2k\pi/3)}$, c'est-à-dire les trois racines distinctes

$$z_1 = \sqrt[3]{\rho} e^{i\theta/3}, \quad z_2 = \sqrt[3]{\rho} e^{i(\theta/3 + 2\pi/3)}, \quad z_3 = \sqrt[3]{\rho} e^{i(\theta/3 + 4\pi/3)}.$$

MATLAB sélectionnera celui rencontré en balayant le plan complexe dans le sens inverse des aiguilles d'une montre en partant de l'axe des réels. Comme la représentation polaire de $z = -5$ est $\rho e^{i\theta}$ avec $\rho = 5$ et $\theta = \pi$, les trois racines sont (voir Figure 1.4 pour leur représentation dans le plan de Gauss)

$$z_1 = \sqrt[3]{5}(\cos(\pi/3) + i\sin(\pi/3)) \simeq 0.8550 + 1.4809i,$$
$$z_2 = \sqrt[3]{5}(\cos(\pi) + i\sin(\pi)) \simeq -1.7100,$$
$$z_3 = \sqrt[3]{5}(\cos(-\pi/3) + i\sin(-\pi/3)) \simeq 0.8550 - 1.4809i.$$

C'est donc la première racine qui est retenue par MATLAB.

Enfin, avec (1.5), on obtient

$$\cos(\theta) = \frac{1}{2}\left(e^{i\theta} + e^{-i\theta}\right), \sin(\theta) = \frac{1}{2i}\left(e^{i\theta} - e^{-i\theta}\right). \quad (1.6)$$

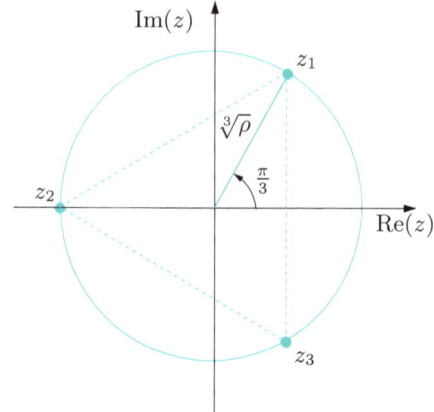

Figure 1.4. Représentation dans le plan complexe des trois racines cubiques du réel -5

1.4 Matrices

Soient n et m des entiers positifs. Une matrice à m lignes et n colonnes est un ensemble de $m \times n$ éléments a_{ij}, avec $i = 1, \ldots, m$, $j = 1, \ldots, n$, représenté par le tableau

$$A = \begin{bmatrix} a_{11} & a_{12} & \ldots & a_{1n} \\ a_{21} & a_{22} & \ldots & a_{2n} \\ \vdots & \vdots & & \vdots \\ a_{m1} & a_{m2} & \ldots & a_{mn} \end{bmatrix}. \tag{1.7}$$

On écrira de manière compacte $A = (a_{ij})$. Si les éléments de A sont des réels, on écrit $A \in \mathbb{R}^{m \times n}$, et $A \in \mathbb{C}^{m \times n}$ s'ils sont complexes.

Les matrices carrées de dimension n sont celles pour lesquelles $m = n$. Une matrice n'ayant qu'une colonne est un *vecteur colonne*, et une matrice n'ayant qu'une ligne est un *vecteur ligne*.

Pour définir une matrice en MATLAB, on doit écrire ses éléments de la première à la dernière ligne, en utilisant le caractère ; pour séparer les lignes. Par exemple, la commande :

```
>> A = [ 1 2 3; 4 5 6]
```

donne

```
A =
     1     2     3
     4     5     6
```

c'est-à-dire, une matrice 2×3 dont les éléments sont indiqués ci-dessus. La matrice nulle 0 est celle dont tous les éléments a_{ij} sont nuls pour

$i = 1, \ldots, m$, $j = 1, \ldots, n$; on peut la construire en MATLAB avec la commande `zeros(m,n)`. La commande `eye(m,n)` renvoie une matrice rectangulaire dont les éléments valent 0 exceptés ceux de la diagonale principale qui valent 1.

`zeros`
`eye`

La diagonale principale d'une matrice A de taille $m \times n$ est la diagonale constituée des éléments a_{ii}, $i = 1, \ldots, \min(m, n)$.

La commande `eye(n)` (qui est un raccourci pour `eye(n,n)`) renvoie une matrice carrée de dimension n appelée matrice *identité* et notée I. Enfin, la commande `A = []` définit une matrice vide.

`[ ]`

On peut définir les opérations suivantes :

1. si $A = (a_{ij})$ et $B = (b_{ij})$ sont des matrices $m \times n$, la *somme* de A et B est la matrice $A + B = (a_{ij} + b_{ij})$;
2. le *produit* d'une matrice A par un nombre réel ou complexe λ est la matrice $\lambda A = (\lambda a_{ij})$;
3. le *produit* de deux matrices n'est possible que si le nombre de colonnes de la première est égal au nombre de lignes de la seconde, autrement dit si A est de taille $m \times p$ et B est de taille $p \times n$. Dans ce cas, $C = AB$ est une matrice $m \times n$ dont les éléments sont

$$c_{ij} = \sum_{k=1}^{p} a_{ik} b_{kj}, \quad \text{pour } i = 1, \ldots, m, \ j = 1, \ldots, n.$$

Voici un exemple de la somme et du produit de deux matrices :

```
>> A=[1 2 3; 4 5 6];
>> B=[7 8 9; 10 11 12];
>> C=[13 14; 15 16; 17 18];
>> A+B
ans =
     8    10    12
    14    16    18
>> A*C
ans =
    94   100
   229   244
```

Remarquer que MATLAB renvoie un message d'erreur quand on tente d'effectuer des opérations entre matrices de dimensions incompatibles. Par exemple :

```
>> A=[1 2 3; 4 5 6];
>> B=[7 8 9; 10 11 12];
>> C=[13 14; 15 16; 17 18];
>> A+C
 ??? Error using ==> +
 Matrix dimensions must agree.
```

```
>> A*B
??? Error using ==> *
Inner matrix dimensions must agree.
```

Si A est une matrice carrée de dimension n, son *inverse* (quand elle existe) est une matrice carrée de dimension n, notée A^{-1}, qui satisfait la relation $AA^{-1} = A^{-1}A = I$. On peut obtenir A^{-1} avec la commande `inv(A)`. L'inverse de A existe si et seulement si le *déterminant* de A, un nombre noté det(A), qu'on peut calculer avec la commande `det(A)`, est non nul. Cette condition est vérifiée si et seulement si les vecteurs colonnes de A sont linéairement indépendants (voir Section 1.4.1). Le déterminant d'une matrice carrée est défini par la formule de récurrence (*règle de Laplace*)

$$\det(A) = \begin{cases} a_{11} & \text{si } n = 1, \\ \sum_{j=1}^{n} \Delta_{ij} a_{ij}, \text{ pour } n > 1, \forall i = 1, \ldots, n, \end{cases} \qquad (1.8)$$

où $\Delta_{ij} = (-1)^{i+j} \det(A_{ij})$ et A_{ij} est la matrice obtenue en éliminant la i-ème ligne et la j-ème colonne de la matrice A (le résultat est indépendant du choix de la ligne ou de la colonne).

En particulier, si $A \in \mathbb{R}^{2 \times 2}$ on a

$$\det(A) = a_{11} a_{22} - a_{12} a_{21};$$

si $A \in \mathbb{R}^{3 \times 3}$, on obtient

$$\det(A) = a_{11} a_{22} a_{33} + a_{31} a_{12} a_{23} + a_{21} a_{13} a_{32}$$

$$- a_{11} a_{23} a_{32} - a_{21} a_{12} a_{33} - a_{31} a_{13} a_{22}.$$

Pour un produit de matrices, on a la propriété suivante : si $A = BC$, alors $\det(A) = \det(B)\det(C)$.

Pour inverser une matrice 2×2, et calculer son déterminant, on peut procéder ainsi :

```
>> A=[1 2; 3 4];
>> inv(A)
ans =
   -2.0000    1.0000
    1.5000   -0.5000
>> det(A)
ans =
   -2
```

Si une matrice est singulière, MATLAB retourne un message d'erreur suivi par une matrice dont tous les éléments valent `Inf`, comme le montre l'exemple suivant :

```
>> A=[1 2; 0 0];
>> inv(A)
Warning: Matrix is singular to working precision.
 ans =
   Inf    Inf
   Inf    Inf
```

Pour certains types de matrices carrées, les calculs de l'inverse et du déterminant sont très simples. Par exemple, si A est une *matrice diagonale*, *i.e.* telle que seuls les éléments diagonaux a_{kk}, $k = 1, \ldots, n$, sont non nuls, son déterminant est donné par $\det(A) = a_{11}a_{22}\cdots a_{nn}$. En particulier, A est inversible si et seulement si $a_{kk} \neq 0$ pour tout k. Dans ce cas, l'inverse de A est encore une matrice diagonale, d'éléments a_{kk}^{-1}.

Soit v un vecteur de dimension n. La commande diag(v) de MATLAB produit une matrice diagonale dont les éléments sont les composantes du vecteur v. La commande plus générale diag(v,m) renvoie une matrice carrée de dimension n+abs(m) dont la m-ème diagonale supérieure (*i.e.* la diagonale constituée des éléments d'indices $i, i+m$) contient les composantes de v, et dont les autres éléments sont nuls. Remarquer que cette commande est aussi valide pour des valeurs négatives de m : dans ce cas, ce sont les diagonales inférieures qui sont concernées.

diag

Par exemple si v = [1 2 3] alors :

```
>> A=diag(v,-1)
 A =
     0     0     0     0
     1     0     0     0
     0     2     0     0
     0     0     3     0
```

D'autres matrices particulières importantes sont les matrices *triangulaires supérieures* et *triangulaires inférieures*. Une matrice carrée de dimension n est *triangulaire supérieure* (resp. *inférieure*) si tous les éléments situés au-dessous (resp. au-dessus) de la diagonale principale sont nuls. Son déterminant est alors simplement le produit des termes diagonaux.

Les commandes tril(A) et triu(A), permettent d'extraire les parties triangulaires supérieure et inférieure d'une matrice A de dimension n. Les commandes étendues tril(A,m) ou triu(A,m), avec m compris entre -n et n, permettent d'extraire les parties triangulaires augmentées, ou privées, des m diagonales secondaires.

tril
triu

Par exemple, étant donné la matrice A =[3 1 2; -1 3 4; -2 -1 3], la commande L1=tril(A) donne :

```
L1 =
     3     0     0
```

```
          -1    3    0
          -2   -1    3
```

tandis que L2=tril(A,-1) donne :

```
L2 =
           0    0    0
          -1    0    0
          -2   -1    0
```

Pour finir, rappelons que si $A \in \mathbb{R}^{m \times n}$, sa transposée $A^T \in \mathbb{R}^{n \times m}$ est la matrice obtenue en intervertissant les lignes et les colonnes de A. Quand $n = m$ et $A = A^T$ la matrice A est dite *symétrique*. La notation A' est utilisée par MATLAB pour désigner la transposée de A si A est réelle, ou sa *transconjuguée* (c'est-à-dire la transposée de sa conjuguée, qu'on note A^H) si A est complexe. Une matrice carrée complexe qui coïncide avec sa transconjuguée A^H est appelée matrice *hermitienne*.

Octave 1.1 Octave retourne aussi un message d'erreur quand on tente d'effectuer des opérations entre des matrices de tailles incompatibles. Si on reprend les exemples MATLAB précédents, on obtient :

```
octave:1> A=[1 2 3; 4 5 6];
octave:2> B=[7 8 9; 10 11 12];
octave:3> C=[13 14; 15 16; 17 18];
octave:4> A+C

  error: operator +: nonconformant arguments (op1 is
  2x3, op2 is 3x2)
  error: evaluating binary operator '+' near line 2,
  column 2

octave:5> A*B

  error: operator *: nonconformant arguments (op1 is
  2x3, op2 is 2x3)
  error: evaluating binary operator '*' near line 2,
  column 2
```

Si A est singulière et qu'on cherche à l'inverser, Octave retourne un message d'erreur suivi de la matrice dont les éléments sont tous égaux à Inf, comme le montre l'exemple suivant :

```
octave:1> A=[1 2; 0 0];
octave:2> inv(A)

  warning: inverse: matrix singular to machine
  precision, rcond = 0
```

```
ans =
   Inf   Inf
   Inf   Inf
```
■

1.4.1 Vecteurs

Dans cet ouvrage, les vecteurs sont notés en caractères gras ; plus précisément, **v** désigne un vecteur colonne dont la i-ème composante est notée v_i. Quand toutes les composantes sont réelles, on écrit $\mathbf{v} \in \mathbb{R}^n$.

Pour définir un vecteur colonne, on doit indiquer entre crochet ses composantes séparées d'un point-virgule, tandis que pour un vecteur ligne, il suffit d'écrire ses composantes séparées par des espaces ou des virgules. Par exemple, les instructions v = [1;2;3] et w = [1 2 3] définissent le vecteur colonne **v** et le vecteur ligne **w**, tous les deux de dimension 3. La commande zeros(n,1) (resp. zeros(1,n)) définit un vecteur colonne (resp. ligne), qu'on notera **0**, de dimension n et de composantes nulles. De même, la commande ones(n,1) définit le vecteur colonne, noté **1**, dont les composantes sont toutes égales à 1.

ones

Un ensemble de vecteurs $\{\mathbf{y}_1, \ldots, \mathbf{y}_m\}$ est dit *linéairement indépendant* si la relation

$$\alpha_1 \mathbf{y}_1 + \ldots + \alpha_m \mathbf{y}_m = \mathbf{0}$$

implique que tous les coefficients $\alpha_1, \ldots, \alpha_m$ sont nuls. Un n-uple $\mathcal{B} = (\mathbf{y}_1, \ldots, \mathbf{y}_n)$ de n vecteurs linéairement indépendants de $\mathbb{R}^n$ (ou $\mathbb{C}^n$) est une *base* de $\mathbb{R}^n$ (ou $\mathbb{C}^n$). Autrement dit, tout vecteur **w** de $\mathbb{R}^n$ peut être écrit

$$\mathbf{w} = \sum_{k=1}^{n} w_k \mathbf{y}_k,$$

et les coefficients $\{w_k\}$ sont uniques. Ces derniers sont appelés les *composantes* de **w** dans la base $\mathcal{B}$. Par exemple, la base canonique de $\mathbb{R}^n$ est donnée par $(\mathbf{e}_1, \ldots, \mathbf{e}_n)$, où $\mathbf{e}_i$ est le vecteur dont la i-ème composante est égal à 1, et toutes les autres sont nulles. Bien que n'étant pas la seule base de $\mathbb{R}^n$, la base canonique est celle qu'on utilise en général.

Le *produit scalaire* de deux vecteurs $\mathbf{v}, \mathbf{w} \in \mathbb{R}^n$ est défini par

$$(\mathbf{v}, \mathbf{w}) = \mathbf{w}^T \mathbf{v} = \sum_{k=1}^{n} v_k w_k,$$

$\{v_k\}$ et $\{w_k\}$ étant les composantes de **v** et **w**, respectivement. La commande MATLAB correspondante est w'*v, où l'apostrophe désigne la transposition du vecteur, ou encore dot(v,w). Pour un vecteur **v** à composantes complexes, v' désigne son *transconjugué* $\mathbf{v}^H$, qui est le vecteur

dot
v'

ligne dont les composantes sont les complexes conjugués $\bar{v}_k$ de v_k. La "longueur" d'un vecteur **v** est donnée par

$$\|\mathbf{v}\| = \sqrt{(\mathbf{v},\mathbf{v})} = \sqrt{\sum_{k=1}^{n} v_k^2}$$

et peut être calculée par la commande `norm(v)`. On appelle $\|\mathbf{v}\|$ la *norme euclidienne* du vecteur **v**.

Le *produit vectoriel* de deux vecteurs $\mathbf{v}, \mathbf{w} \in \mathbb{R}^3$, noté $\mathbf{v} \times \mathbf{w}$ ou encore $\mathbf{v} \wedge \mathbf{w}$, est le vecteur $\mathbf{u} \in \mathbb{R}^3$ orthogonal à **v** et **w** dont le module est $|\mathbf{u}| = |\mathbf{v}|\,|\mathbf{w}|\sin(\alpha)$, où α est l'angle le plus petit entre **v** et **w**. On le calcule à l'aide de la commande `cross(v,w)`.

Dans MATLAB, on peut visualiser un vecteur à l'aide de la commande `quiver` dans $\mathbb{R}^2$ et `quiver3` dans $\mathbb{R}^3$.

Les commandes MATLAB `x.*y`, `x./y` ou `x.^2` indiquent que les opérations sont effectuées composante par composante. Par exemple, si on définit les vecteurs :

```
>> x = [1; 2; 3]; y = [4; 5; 6];
```

l'instruction

```
>> y'*x
ans =
    32
```

renvoie le produit scalaire, tandis que :

```
>> x.*y
ans =
     4
    10
    18
```

renvoie un vecteur dont la *i*-ème composante est égale à $x_i y_i$.

Pour finir, rappelons qu'un nombre λ (réel ou complexe) est une *valeur propre* de la matrice $A \in \mathbb{R}^{n \times n}$, si

$$A\mathbf{v} = \lambda \mathbf{v},$$

pour des vecteurs $\mathbf{v} \in \mathbb{C}^n$, $\mathbf{v} \neq \mathbf{0}$, appelés *vecteurs propres* associés à λ. En général, le calcul des valeurs propres est difficile. Pour les matrices diagonales et triangulaires, les valeurs propres sont simplement les termes diagonaux.

Voir les Exercices 1.3–1.6.

1.5 Fonctions réelles

Cette section traite des fonctions réelles. On cherche en particulier à calculer les zéros (ou racines), l'intégrale, la dérivée et le comportement d'une fonction donnée f, définie sur un intervalle $]a,b[$, et à déterminer son comportement.

La commande `fplot(fun,lims)` trace le graphe de la fonction `fun` (définie par une chaîne de caractères) sur l'intervalle $]$`lims(1)`,`lims(2)`$[$. Par exemple, pour représenter $f(x) = 1/(1+x^2)$ sur $]-5,5[$, on peut écrire : `fplot`

```
>> fun ='1/(1+x^2)'; lims=[-5,5]; fplot(fun,lims);
```

ou, plus directement,

```
>> fplot('1/(1+x^2)',[-5 5]);
```

Le graphe est obtenu en échantillonnant la fonction en des abscisses non équiréparties. Il reproduit le graphe réel de f avec une tolérance de 0.2%. Pour améliorer la précision, on pourrait utiliser la commande :

```
>> fplot(fun,lims,tol,n,LineSpec)
```

où `tol` indique la tolérance souhaitée et le paramètre `n`(≥ 1) assure que la fonction sera tracée avec un minimum de `n`$+1$ points. `LineSpec` spécifie le type de ligne ou la couleur (par exemple, `LineSpec='-'` pour une ligne en traits discontinus, `LineSpec='r-.'` une ligne rouge en traits mixtes, etc.). Pour utiliser les valeurs par défaut de `tol`, `n` ou `LineSpec`, il suffit d'utiliser des matrices vides (`[ ]`).

En écrivant `grid on` après la commande `fplot`, on obtient un quadrillage comme sur la Figure 1.1. `grid`

On peut définir la fonction $f(x) = 1/(1+x^2)$ de plusieurs manières : par l'instruction `fun='1/(1+x^2)'` vue précédemment ; par la commande `inline` avec l'instruction : `inline`

```
>> fun=inline('1/(1+x^2)','x');
```

par la *fonction anonyme* et le *handle* `@` : `@`

```
>> fun=@(x)[1/(1+x^2)];
```

ou enfin, en écrivant une *fonction* MATLAB :

```
function y=fun(x)
y=1/(1+x^2);
end
```

La commande `inline`, dont la syntaxe usuelle est `fun=inline(expr, arg1, arg2, ..., argn)`, définit une *fonction* `fun` qui dépend de l'ensemble ordonné de variables `arg1, arg2, ..., argn`. La chaîne de caractères `expr` contient l'expression de `fun`. Par exemple,

Table 1.1. Comment définir, évaluer et tracer une fonction mathématique

Définition	Evaluation	Tracé
fun='1/(1+x^2)'	y=eval(fun)	fplot(fun,[-2,2]) fplot('fun',[-2,2])
fun=inline('1/(1+x^2)')	y=fun(x) y=feval(fun,x) y=feval('fun',x)	fplot(fun,[-2,2]) fplot('fun',[-2,2])
fun=@(x)[1/(1+x^2)]	y=fun(x) y=feval(fun,x) y=feval('fun',x)	fplot(fun,[-2,2]) fplot('fun',[-2,2])
function y=fun(x) y=1/(1+x^2); end	y=fun(x) y=feval(@fun,x) y=feval('fun',x)	fplot('fun',[-2,2]) fplot(@fun,[-2,2])

fun=inline('sin(x)*(1+cos(t))', 'x','t') définit la fonction $fun(x,t) = \sin(x)(1 + \cos(t))$. La forme compacte fun=inline(expr) suppose implicitement que expr dépend de toutes les variables qui apparaissent dans la définition de la fonction, selon l'ordre alphabétique. Par exemple, avec la commande fun=inline('sin(x) *(1+cos(t))'), on définit la fonction $fun(t,x) = \sin(x)(1 + \cos(t))$, dont la première variable est t et la seconde x (en suivant l'ordre lexicographique).

La syntaxe usuelle d'une *fonction anonyme* est :

fun=@(arg1, arg2,...,argn)[expr]

Pour évaluer la fonction fun au point x, ou sur un ensemble de points stockés dans le vecteur x, on peut utiliser les commandes eval, ou feval. On peut également évaluer la fonction en étant simplement cohérent avec la commande qui a servi à la définir. Les commandes eval et feval donnent le même résultat, mais ont des syntaxes différentes. eval a seulement un paramètre d'entrée – le nom de la fonction mathématique à évaluer – et évalue la fonction fun au point stocké dans la variable qui apparaît dans la définition de fun, i.e. x dans les définitions ci-dessus. La fonction feval a au moins deux paramètres ; le premier est le nom fun de la fonction mathématique à évaluer, le dernier contient les paramètres d'entrée de la fonction fun.

Nous rassemblons dans la Table 1.1 les différentes manières de définir, d'évaluer et de tracer une fonction mathématique. Dans la suite, nous adopterons une des manières de procéder, et nous nous y tiendrons. Cependant, le lecteur est libre de choisir l'une des autres options de la Table 1.1.

Si la variable x est un tableau, les opérations /, * et ^ agissant sur elle doivent être remplacées par les *opérations point* correspondantes ./,

.* et .^ qui opèrent composante par composante. Par exemple, l'instruction `fun=@(x)[1/(1+x^2)]` est remplacée par `fun=@(x)[1./(1+x.^2)]`.

La commande `plot` peut être utilisée à la place de `fplot`, à condition que la fonction mathématique ait été évaluée sur un ensemble de points. Les instructions suivantes :

```
>> x=linspace(-2,3,100);
>> y=exp(x).*(sin(x).^2)-0.4;
>> plot(x,y,'c','Linewidth',2); grid on
```

produisent un graphe en échelle linéaire. Plus précisément, la commande `linspace(a,b,n)` crée un tableau ligne de n points équirépartis sur $[a,b]$. La commande `plot(x,y,'c','Linewidth',2)` crée une courbe affine par morceaux reliant les points (x_i, y_i) (pour $i = 1, \ldots, n$) tracée avec une ligne de couleur cyan et de 2 points d'épaisseur.

1.5.1 Les zéros

On dit que α est un zéro de la fonction réelle f si $f(\alpha) = 0$. Il est dit *simple* si $f'(\alpha) \neq 0$, et *multiple* sinon.

On peut déterminer les zéros réels d'une fonction à partir de son graphe (avec une certaine tolérance). Le calcul direct de tous les zéros d'une fonction donnée n'est pas toujours facile. Pour les fonctions polynomiales de degré n à coefficients réels, c'est-à-dire de la forme

$$p_n(x) = a_0 + a_1 x + a_2 x^2 + \ldots + a_n x^n = \sum_{k=0}^{n} a_k x^k, \quad a_k \in \mathbb{R}, \ a_n \neq 0,$$

on peut calculer le zéro unique $\alpha = -a_0/a_1$, quand $n = 1$ (le graphe de p_1 est une ligne droite), ou les deux zéros α_+ et $\alpha_- \in \mathbb{C}$, éventuellement confondus, quand $n = 2$ (le graphe de p_2 est une parabole)

$$\alpha_\pm = \frac{-a_1 \pm \sqrt{a_1^2 - 4a_0 a_2}}{2a_2}.$$

Mais il n'y a pas de formule explicite donnant les racines d'un polynôme quelconque p_n quand $n \geq 5$.

Nous noterons $\mathbb{P}_n$ l'espace des polynômes de degré inférieur ou égal à n,

$$\boxed{p_n(x) = \sum_{k=0}^{n} a_k x^k} \qquad (1.9)$$

où les a_k sont des coefficients donnés, réels ou complexes.

En général, le nombre de zéros d'une fonction ne peut pas être déterminé *a priori*. Dans le cas particulier des fonctions polynomiales, le nombre de zéros (complexes et comptés avec leurs multiplicités) est égal au degré du polynôme. De plus, si le complexe $\alpha = x+iy$ est racine d'un polynôme à coefficients réels de degré $n \geq 2$, son conjugué $\bar{\alpha} = x - iy$ l'est aussi.

`fzero`   On peut utiliser dans MATLAB la commande `fzero(fun,x0)` pour calculer un zéro d'une fonction `fun` au voisinage d'une valeur donnée `x0`, réelle ou complexe. Le résultat est une valeur approchée du zéro et l'intervalle dans lequel la recherche a été effectuée. En utilisant la commande `fzero(fun,[x0 x1])`, un zéro de `fun` est cherché dans l'intervalle d'extrémités `x0`,`x1`, à condition que f change de signe entre `x0` et `x1`.

Considérons par exemple la fonction $f(x) = x^2 - 1 + e^x$. En regardant son graphe, on voit qu'elle a deux zéros dans $]-1,1[$. Pour les calculer, on exécute les commandes suivantes :

```
>> fun=@(x)[x^2 - 1 + exp(x)];
>> fzero(fun,-1)
ans =
   -0.7146
>> fzero(fun,1)
ans =
   5.4422e-18
```

A l'aide de la fonction `plot`, on remarque qu'il y a un zéro dans l'intervalle $[-1, -0.2]$ et un autre dans $[-0.2, 1]$. On peut alors écrire alternativement :

```
>> fzero(fun,[-1 -0.2])
ans =
  -0.7146
>> fzero(fun,[-0.2 1])
ans =
  -5.2609e-17
```

Le résultat obtenu pour le second zéro est légèrement différent du précédent car l'algorithme implémenté dans `fzero` est initialisé différemment dans ce cas.

Dans le Chapitre 2, nous présenterons plusieurs méthodes pour calculer de manière approchée des zéros d'une fonction arbitraire.

La syntaxe `fzero` est la même que la fonction `fun` soit définie par la commande `inline` ou par une chaîne de caractères. Dans le cas où `fun` est définie dans un M-file, on a le choix entre l'une de ces deux commandes :

```
>> fzero('fun', 1)
```

ou

```
>> fzero(@fun,1)
```

Octave 1.2 Dans Octave, la fonction `fzero` prend en entrée des fonctions mathématiques `inline`, anonymes ou définies par M-file. ∎

1.5.2 Polynômes

Les polynômes sont des fonctions très particulières auxquelles MATLAB dédie la *toolbox* `polyfun`. La commande polyval, permet d'évaluer un polynôme en un ou plusieurs points. Ses arguments en entrée sont un vecteur p et un vecteur x, où les composantes de p sont les coefficients du polynôme rangés en ordre des degrés décroissants, de a_n à a_0, et les composantes de x sont les points où le polynôme est évalué. Le résultat peut être stocké dans un vecteur y en écrivant :

```
>> y = polyval(p,x)
```

Par exemple, les valeurs de $p(x) = x^7 + 3x^2 - 1$, aux points équirépartis $x_k = -1 + k/4$ pour $k = 0, \ldots, 8$, peuvent être obtenus en procédant ainsi :

```
>> p = [1 0 0 0 0 3 0 -1]; x = [-1:0.25:1];
>> y = polyval(p,x)
y =
  Columns 1 through 5:
    1.00000    0.55402   -0.25781   -0.81256   -1.00000
  Columns 6 through 9:
   -0.81244   -0.24219    0.82098    3.00000
```

On pourrait aussi utiliser la commande `fplot`. Néanmoins dans ce cas, il faudrait fournir l'expression analytique complète du polynôme dans une chaîne de caractères, et pas simplement ses coefficients.

La commande roots donne une approximation des racines d'un polynôme et ne nécessite que le vecteur p en entrée.

Par exemple, on peut calculer les zéros de $p(x) = x^3 - 6x^2 + 11x - 6$ en écrivant :

```
>> p = [1 -6 11 -6]; format long;
>> roots(p)

ans =
   3.00000000000000
   2.00000000000000
   1.00000000000000
```

Malheureusement, le résultat n'est pas toujours aussi précis. Par exemple, pour le polynôme $p(x) = (x+1)^7$ dont l'unique racine est $\alpha = -1$, on trouve (ce qui est plutôt surprenant) :

```
>> p = [1 7  21 35  35  21  7  1];
>> roots(p)

ans =
 -1.0101
 -1.0063 + 0.0079i
 -1.0063 - 0.0079i
 -0.9977 + 0.0099i
 -0.9977 - 0.0099i
 -0.9909 + 0.0044i
 -0.9909 - 0.0044i
```

En fait, les méthodes numériques permettant de déterminer les racines d'un polynôme sont particulièrement sensibles aux erreurs d'arrondi quand les racines sont de multiplicité plus grande que 1 (voir Section 2.6.2).

conv Indiquons qu'avec la commande p=conv(p1,p2) on obtient les coefficients du polynôme résultant du produit de deux polynômes dont les coefficients sont contenus dans les vecteurs p1 et p2. De même, la commande [q,r]=deconv(p1,p2) renvoie les coefficients du quotient et du reste de la division euclidienne de p1 par p2, *i.e.* p1 = conv(p2,q) + r.

deconv

Considérons par exemple le produit et le quotient de deux polynômes $p_1(x) = x^4 - 1$ et $p_2(x) = x^3 - 1$:

```
>> p1 = [1 0 0 0 -1];
>> p2 = [1 0 0 -1];
>> p=conv(p1,p2)

p =
     1     0     0    -1    -1     0     0     1

>> [q,r]=deconv(p1,p2)

q =
     1     0
r =
     0     0     0     1    -1
```

On trouve ainsi les polynômes $p(x) = p_1(x)p_2(x) = x^7 - x^4 - x^3 + 1$, $q(x) = x$ et $r(x) = x - 1$ tels que $p_1(x) = q(x)p_2(x) + r(x)$.

polyint Enfin, les commandes polyint(p) et polyder(p) fournissent respectivement les coefficients de la primitive s'annulant en $x = 0$ et de la dérivée du polynôme dont les coefficients sont donnés dans le vecteur p.

polyder

Si x est un vecteur contenant des abscisses et si p (resp. p_1 et p_2) est un vecteur contenant les coefficients d'un polynôme P (resp. P_1 et P_2), les commandes précédentes sont résumées dans la Table 1.2

Table 1.2. Quelque commandes MATLAB pour manipuler des polynômes

Commandes	Résultats
`y=polyval(p,x)`	y = valeurs de $P(x)$
`z=roots(p)`	z = racines de P (i.e. telles que $P(z)=0$)
`p=conv(p`$_1$`,p`$_2$`)`	p = coefficients du polynôme $P_1 P_2$
`[q,r]=deconv(p`$_1$`,p`$_2$`)`	q = coefficients de Q, r = coefficients de R tels que $P_1 = QP_2 + R$
`y=polyder(p)`	y = coefficients de $P'(x)$
`y=polyint(p)`	y = coefficients de $\int_0^x P(t)\,dt$

Une autre commande, `polyfit`, donne les $n+1$ coefficients du polynôme `polyfit`
P de degré n prenant des valeurs données en $n+1$ points distincts (voir Section 3.3.1).

1.5.3 Intégration et dérivation

Les résultats suivants seront souvent invoqués au cours de ce livre :

1. *théorème fondamental de l'intégration* : si f est une fonction continue dans $[a,b[$, alors

$$F(x) = \int_a^x f(t)\,dt \qquad \forall x \in [a,b[,$$

est une fonction dérivable, appelée *primitive* de f, satisfaisant

$$F'(x) = f(x) \qquad \forall x \in [a,b[;$$

2. *premier théorème de la moyenne pour les intégrales* : si f est une fonction continue sur $[a,b[$ et si $x_1, x_2 \in [a,b[$ avec $x_1 < x_2$, alors $\exists \xi \in]x_1, x_2[$ tel que

$$f(\xi) = \frac{1}{x_2 - x_1} \int_{x_1}^{x_2} f(t)\,dt.$$

Même quand elle existe, une primitive peut être impossible à déterminer ou bien difficile à calculer. Par exemple, il est inutile de savoir que $\ln|x|$ est une primitive de $1/x$ si on ne sait pas comment calculer de manière efficace un logarithme. Au Chapitre 4, nous proposerons diverses méthodes pour calculer, avec une précision donnée, l'intégrale d'une fonction continue quelconque, sans supposer la connaissance d'une primitive.

Rappelons qu'une fonction f définie sur un intervalle $[a, b]$ est dérivable en un point $\bar{x} \in]a, b[$ si la limite suivante existe et est finie

$$f'(\bar{x}) = \lim_{h \to 0} \frac{1}{h}(f(\bar{x} + h) - f(\bar{x})). \qquad (1.10)$$

Dans tous les cas, la valeur de la dérivée fournit la pente de la tangente au graphe de f au point $\bar{x}$. On appelle $C^1([a, b])$ l'espace des fonctions dérivables dont la dérivée est continue en tout point de $[a, b]$. Plus généralement, on appelle $C^p([a, b])$ l'espace des fonctions dérivables dont les dérivées jusqu'à l'ordre p (un entier positif) sont continues. En particulier, $C^0([a, b])$ désigne l'espace des fonctions continues sur $[a, b]$.

On utilisera souvent le *théorème de la moyenne* : si $f \in C^1([a,b])$, il existe $\xi \in]a, b[$ tel que

$$f'(\xi) = (f(b) - f(a))/(b - a).$$

Rappelons enfin qu'une fonction qui, dans un voisinage de x_0, est continue et admet des dérivées continues jusqu'à l'ordre n, peut être approchée dans ce voisinage par le *polynôme de Taylor de degré n au point x_0*

$$T_n(x) = f(x_0) + (x - x_0)f'(x_0) + \ldots + \frac{1}{n!}(x - x_0)^n f^{(n)}(x_0)$$
$$= \sum_{k=0}^{n} \frac{(x - x_0)^k}{k!} f^{(k)}(x_0).$$

diff int La *toolbox* `symbolic` de MATLAB contient les commandes `diff`,
taylor `int` et `taylor` qui fournissent respectivement l'expression analytique de la dérivée, de l'intégrale indéfinie (*i.e.* une primitive) et le polynôme de Taylor d'une fonction donnée. En particulier, si on a défini une fonction avec la chaîne de caractères `f`, `diff(f,n)` donne sa dérivée à l'ordre `n`, `int(f)` son intégrale indéfinie, et `taylor(f,x,n+1)` son polynôme de Taylor de degré `n` en $x_0 = 0$. La variable `x` doit être déclarée comme
syms *symbolique* en utilisant la commande `syms x`. Cela permettra de la manipuler algébriquement sans avoir à spécifier sa valeur.

Pour appliquer ceci à la fonction $f(x) = (x^2 + 2x + 2)/(x^2 - 1)$, on procède ainsi :

```
>> f = '(x^2+2*x+2)/(x^2-1)';
>> syms x
>> diff(f)
   (2*x+2)/(x^2-1)-2*(x^2+2*x+2)/(x^2-1)^2*x
>> int(f)
   x+5/2*log(x-1)-1/2*log(1+x)
>> taylor(f,x,6)
   -2-2*x-3*x^2-2*x^3-3*x^4-2*x^5
```

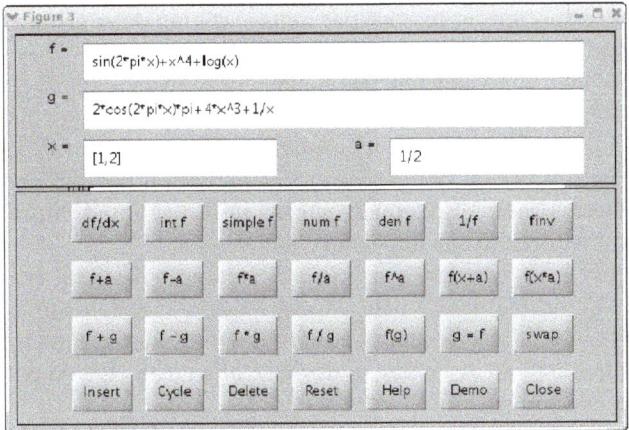

Figure 1.5. Interface graphique de la commande `funtool`

Notons que la commande simple permet de réduire les expressions générées par `diff`, `int` et `taylor` afin de les rendre aussi simples que possible. La commande funtool aide à la manipulation symbolique de fonctions à l'aide de l'interface graphique représentée sur la Figure 1.5.

simple

funtool

Octave 1.3 Dans Octave, les calculs symboliques peuvent être effectués avec le package Symbolic d'Octave-Forge. Notons toutefois que la syntaxe de ce package n'est en général pas compatible avec celle de la toolbox `symbolic` de MATLAB. ∎

Voir les Exercices 1.7–1.8.

1.6 L'erreur n'est pas seulement humaine

En reformulant la locution latine *Errare humanum est*, on pourrait même dire qu'en calcul numérique, l'erreur est inévitable.

Comme on l'a vu, le simple fait d'utiliser un ordinateur pour représenter des nombres réels induit des erreurs. Par conséquent, plutôt que de tenter d'éliminer les erreurs, il vaut mieux chercher à contrôler leur effet.

Généralement, on peut identifier plusieurs niveaux d'erreur dans l'approximation et la résolution d'un problème physique (voir Figure 1.6).

Au niveau le plus élevé, on trouve l'erreur e_m qui provient du fait qu'on a réduit la réalité physique (PP désigne le problème physique et x_{ph} sa solution) à un modèle mathématique (noté MM, dont la solution est x). De telles erreurs limitent l'application du modèle mathématique à certaines situations et ne sont pas dans le champ du contrôle du Calcul Scientifique.

On ne peut généralement pas donner la solution explicite d'un modèle mathématique (qu'il soit exprimé par une intégrale comme dans l'exemple de la Figure 1.6, une équation algébrique ou différentielle, un système linéaire ou non linéaire). La résolution par des algorithmes numériques entraîne immanquablement l'introduction et la propagation d'erreurs d'arrondi. Nous appelons ces erreurs e_a.

De plus, il est souvent nécessaire d'introduire d'autres erreurs liées au fait qu'un ordinateur ne peut effectuer que de manière approximative des calculs impliquant un nombre infini d'opérations arithmétiques. Par exemple, le calcul de la somme d'une série ne pourra être accompli qu'en procédant à une troncature convenable.

On doit donc définir un problème numérique, PN, dont la solution x_n diffère de x d'une erreur e_t, appelée *erreur de troncature*. Ces erreurs ne se trouvent pas seulement dans les modèles mathématiques posés en dimension finie (par exemple, quand on résout un système linéaire). La somme des erreurs e_a et e_t constitue l'*erreur de calcul* e_c, c'est-à-dire la quantité qui nous intéresse.

L'erreur de calcul *absolue* est la différence entre x, la solution exacte du modèle mathématique, et $\widehat{x}$, la solution obtenue à la fin de la résolution numérique,

$$e_c^{abs} = |x - \widehat{x}|,$$

tandis que (si $x \neq 0$) l'erreur de calcul *relative* est définie par

$$e_c^{rel} = |x - \widehat{x}|/|x|,$$

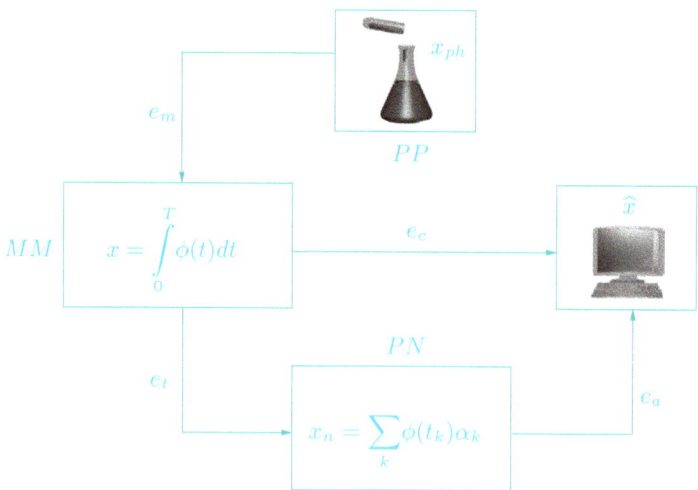

Figure 1.6. Les divers types d'erreur au cours d'un processus de calcul

1.6 L'erreur n'est pas seulement humaine

où $|\cdot|$ désigne le module, ou toute autre mesure de (valeur absolue, norme) selon la nature de x.

Le calcul numérique consiste généralement à approcher le modèle mathématique en faisant intervenir un paramètre de discrétisation, que nous noterons h et que nous supposerons positif. Si, quand h tend vers 0, la solution du calcul numérique tend vers celle du modèle mathématique, nous dirons que le calcul numérique est *convergent*. Si de plus, l'erreur (absolue ou relative) peut être majorée par une fonction de h de la manière suivante

$$\boxed{e_c \leq Ch^p} \tag{1.11}$$

où C est indépendante de h et où p est un nombre positif, nous dirons que la méthode est *convergente d'ordre p*. Quand, en plus d'un majorant (1.11), on dispose d'un minorant $C'h^p \leq e_c$ (C' étant une autre constante ($\leq C$) indépendante de h et p), on peut remplacer le symbole $\leq$ par $\simeq$.

Exemple 1.1 Supposons qu'on approche la dérivée d'une fonction f en un point $\bar{x}$ avec le taux d'accroissement qui apparaît en (1.10). Naturellement, si f est dérivable en $\bar{x}$, l'erreur commise en remplaçant f' par le taux d'accroissement tend vers 0 quand $h \to 0$. Néanmoins, nous verrons à la Section 4.2 que l'erreur ne se comporte en Ch que si $f \in C^2$ dans un voisinage de $\bar{x}$. ■

Quand on étudie les propriétés de convergence d'une méthode numérique, on a souvent recours à des graphes représentant l'erreur en fonction de h dans une échelle logarithmique, c'est-à-dire représentant $\log(h)$ sur l'axe des abscisses et $\log(e_c)$ sur l'axe des ordonnées. Le but de cette représentation est clair : si $e_c = Ch^p$ alors $\log e_c = \log C + p \log h$. En échelle logarithmique, p représente donc la pente de la ligne droite $\log e_c$. Ainsi, quand on veut comparer deux méthodes, celle présentant la pente la plus forte est celle qui a l'ordre le plus élevé (la pente est $p = 1$ pour les méthodes d'ordre un, $p = 2$ pour les méthodes d'ordre deux, et ainsi de suite). Il est très simple d'obtenir avec MATLAB des graphes en échelle logarithmique : il suffit de taper `loglog(x,y)`, `x` et `y` étant les vecteurs contenant les abscisses et les ordonnées des données à représenter.   `loglog`

Par exemple, on a tracé sur la Figure 1.7, à gauche, des droites représentant le comportement de l'erreur de deux méthodes différentes. La ligne en traits pleins correspond à une méthode d'ordre un, la ligne en traits discontinus à une méthode d'ordre deux. Sur la Figure 1.7, à droite, on a tracé les mêmes données qu'à gauche mais avec la commande `plot`, c'est-à-dire en échelle linéaire pour les axes x et y. Il est évident que la représentation linéaire n'est pas la mieux adaptée à ces données puisque la courbe en traits discontinus se confond dans ce cas avec l'axe des x quand $x \in [10^{-6}, 10^{-2}]$, bien que l'ordonnée correspondante varie entre 10^{-12} et 10^{-4}, c'est-à-dire sur 8 ordres de grandeur.

Il y a une manière non graphique d'établir l'ordre d'une méthode quand on connaît les erreurs relatives pour quelques valeurs du paramètre

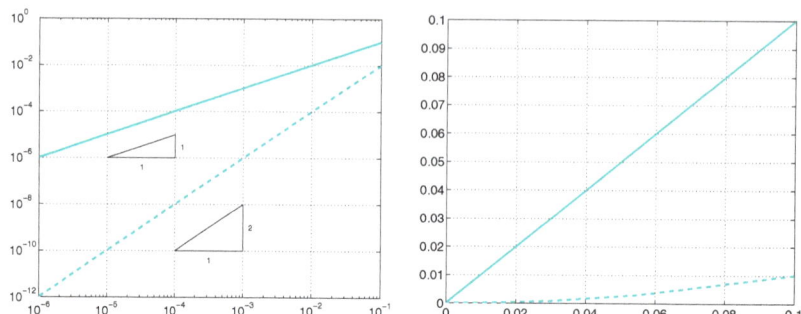

Figure 1.7. Graphe des mêmes données en échelle logarithmique *(à gauche)* et en échelle linéaire *(à droite)*

de discrétisation h_i, $i = 1, \ldots, N$: elle consiste à supposer que e_i est égale à Ch_i^p, où C ne dépend pas de i. On peut alors approcher p avec les valeurs

$$p_i = \log(e_i/e_{i-1})/\log(h_i/h_{i-1}), \; i = 2, \ldots, N. \qquad (1.12)$$

En fait, l'erreur n'est pas directement calculable puisqu'elle dépend de l'inconnue. Il est donc nécessaire d'introduire des quantités, appelées *estimateurs d'erreur*, calculables et permettant d'estimer l'erreur elle-même. Nous en verrons quelques exemples en Sections 2.3.1, 2.4 et 4.5.

Plutôt que l'échelle log-log, nous utiliserons parfois une échelle semi-logarithmique, c'est-à-dire logarithmique sur l'axe des y et linéaire sur l'axe des x. Cette représentation est par exemple préférable quand on trace l'erreur d'une méthode itérative en fonction des itérations, comme sur la Figure 1.2, ou plus généralement quand les ordonnées s'étendent sur un intervalle beaucoup plus grand que les abscisses.

Considérons les trois suites suivantes, convergeant toutes vers $\sqrt{2}$

$$x_0 = 1, \quad x_{n+1} = \frac{3}{4}x_n + \frac{1}{2x_n}, \qquad n = 0, 1, \ldots,$$

$$y_0 = 1, \quad y_{n+1} = \frac{1}{2}y_n + \frac{1}{y_n}, \qquad n = 0, 1, \ldots,$$

$$z_0 = 1, \quad z_{n+1} = \frac{3}{8}z_n + \frac{3}{2z_n} - \frac{1}{2z_n^3}, \quad n = 0, 1, \ldots.$$

Sur la Figure 1.8, nous traçons en échelle semi-logarithmique les erreurs $e_n^x = |x_n - \sqrt{2}|/\sqrt{2}$ (traits pleins), $e_n^y = |y_n - \sqrt{2}|/\sqrt{2}$ (traits discontinus) et $e_n^z = |z_n - \sqrt{2}|/\sqrt{2}$ (traits mixtes) en fonction des itérations. On peut montrer que

$$e_n^x \simeq \rho_x^n e_0^x, \quad e_n^y \simeq \rho_y^{n^2} e_0^y, \quad e_n^z \simeq \rho_z^{n^3} e_0^z,$$

où ρ_x, ρ_y, $\rho_z \in {]0,1[}$. Donc, en prenant le logarithme, on a

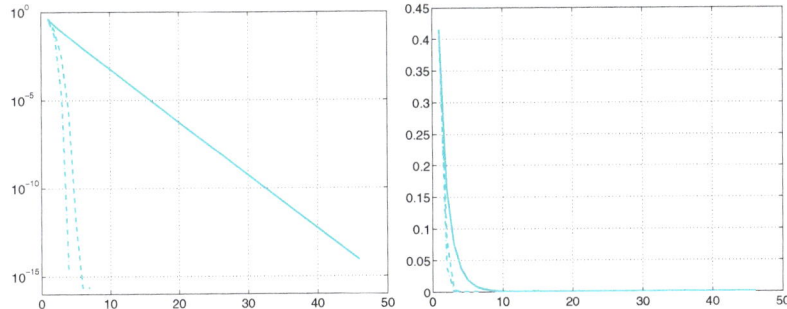

Figure 1.8. Erreurs e_n^x *(traits pleins)*, e_n^y *(traits discontinus)* et e_n^z *(traits mixtes)* en échelle semi-logarithmique *(à gauche)* et linéaire-linéaire *(à droite)*

$$\log(e_n^x) \simeq C_1 + \log(\rho_x)n, \quad \log(e_n^y) \simeq C_2 + \log(\rho_y)n^2,$$
$$\log(e_n^z) \simeq C_3 + \log(\rho_z)n^3,$$

c'est-à-dire une ligne droite, une parabole et une cubique, comme on peut le voir sur la Figure 1.8, à gauche.

La commande MATLAB pour utiliser l'échelle semi-logharitmique est `semilogy(x,y)`, où `x` et `y` sont des tableaux de même taille.   semilogy

Sur la Figure 1.8, à droite, on a représenté à l'aide de la commande `plot` les erreurs e_n^x, e_n^y et e_n^z en fonction des itérations en échelle linéaire-linéaire. Il est clair que l'usage d'une échelle semi-logarithmique est plus appropriée dans ce cas.

1.6.1 Parlons de coûts

En général, un problème est résolu sur un ordinateur à l'aide d'un algorithme, qui est une procédure se présentant sous la forme d'un texte qui spécifie l'exécution d'une séquence finie d'opérations élémentaires.

Le *coût de calcul* d'un algorithme est le nombre d'opérations en virgule flottante requises pour son exécution. On mesure souvent la vitesse d'un ordinateur par le nombre maximum d'opérations en virgule flottante qu'il peut effectuer en une seconde (en abrégé *flops*). Les abréviations suivantes sont couramment utilisées : Mega-flops pour 10^6 *flops*, Giga-flops pour 10^9 *flops*, Tera-flops pour 10^{12} *flops*, Peta-flops pour 10^{15} *flops*. Les ordinateurs les plus rapides atteignent actuellement 1.7 Peta-flops.

En général, il n'est pas essentiel de connaître le nombre exact d'opérations effectuées par un algorithme. Il est suffisant de se contenter de l'ordre de grandeur en fonction d'un paramètre d relié à la dimension du problème. On dit qu'un algorithme a une complexité *constante* s'il requiert un nombre d'opérations indépendant de d, *i.e.* $\mathcal{O}(1)$ opérations. On dit qu'il a une complexité *linéaire* s'il requiert $\mathcal{O}(d)$ opérations, ou, plus généralement, une complexité *polynomiale* s'il requiert $\mathcal{O}(d^m)$ opérations, où m est un entier positif. Des algorithmes peuvent aussi avoir une complexité *exponentielle* ($\mathcal{O}(c^d)$ opérations) ou même *factorielle* ($\mathcal{O}(d!)$ opérations). Rappelons que l'écriture $\mathcal{O}(d^m)$ signifie "se comporte, pour de grandes valeurs de d, comme une constante fois d^m".

Exemple 1.2 (Produit matrice-vecteur) Soit A une matrice carrée d'ordre n et soit $\mathbf{v} \in \mathbb{R}^n$: la j−ème composante du produit $A\mathbf{v}$ est donnée par

$$a_{j1}v_1 + a_{j2}v_2 + \ldots + a_{jn}v_n,$$

ce qui nécessite n produits et $n-1$ additions. On effectue donc $n(2n-1)$ opérations pour calculer toutes les composantes. Cet algorithme requiert $\mathcal{O}(n^2)$ opérations, il a donc une complexité quadratique par rapport au paramètre n. Le même algorithme nécessiterait $\mathcal{O}(n^3)$ opérations pour calculer le produit de deux matrices d'ordre n. Il y a un algorithme, dû à Strassen, qui ne requiert "que" $\mathcal{O}(n^{\log_2 7})$ opérations, et un autre, dû à Winograd et Coppersmith, en $\mathcal{O}(n^{2.376})$ opérations. ∎

Exemple 1.3 (Calcul du déterminant d'une matrice) On a vu plus haut que le déterminant d'une matrice carrée d'ordre n peut être calculé en utilisant la formule de récurrence (1.8). L'algorithme correspondant a une complexité factorielle en n et ne serait utilisable que pour des matrices de très petite dimension. Par exemple, si $n = 24$, il faudrait 59 ans à un ordinateur capable d'atteindre 1 Peta-flops (*i.e.* 10^{15} opérations par seconde). Il est donc nécessaire de recourir à des algorithmes plus efficaces. Il existe des méthodes permettant le calcul de déterminants à l'aide de produits matrice-matrice, avec une complexité de $\mathcal{O}(n^{\log_2 7})$ opérations en utilisant l'algorithme de Strassen déjà mentionné (voir [BB96]). ∎

Le nombre d'opérations n'est pas le seul paramètre à prendre en compte dans l'analyse d'un algorithme. Un autre facteur important est le temps d'accès à la mémoire de l'ordinateur (qui dépend de la manière dont l'algorithme a été programmé). Un indicateur de la performance d'un algorithme est donc le temps CPU (CPU vient de l'anglais *central processing unit*), c'est-à-dire le temps de calcul. En MATLAB, il peut être obtenu avec la commande cputime. Le temps total écoulé entre les phases d'*entrée* et de *sortie* peut être obtenu avec la commande etime.

Exemple 1.4 Pour calculer le temps nécessaire à un produit matrice-vecteur, on considère le programme suivant :

```
>> n=10000; step=100;
>> A=rand(n,n);
>> v=rand(n,1);
>> T=[ ];
>> sizeA=[ ];
>> for k = 500:step:n
   AA = A(1:k,1:k);
```

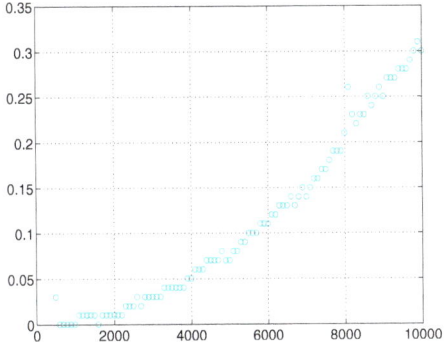

Figure 1.9. Produit matrice-vecteur : temps CPU (en secondes) en fonction de la dimension n de la matrice (sur un processeur Intel® Core™2 Duo, 2.53 GHz)

```
 vv = v(1:k)';
 t = cputime;
 b = AA*vv;
 tt = cputime - t;
 T = [T, tt];
 sizeA = [sizeA,k];
end
```

L'instruction a:step:b intervenant dans la boucle **for** génère tous les nombres de la forme a+step*k où k est un entier variant de 0 à kmax, où kmax est le plus grand entier tel que a+step*kmax est plus petit que b (dans le cas considéré, a=500, b=10000 et step=100). La commande rand(n,m) définit une matrice n×m dont les éléments sont aléatoires. Enfin, T est le vecteur contenant les temps CPU nécessaires à chaque produit matrice-vecteur, et cputime renvoie le temps CPU (en secondes) consommé par MATLAB depuis son lancement. Le temps nécessaire à l'exécution d'un programme est donc la différence entre le temps CPU effectif et celui calculé juste avant l'exécution du programme courant, stocké dans la variable t. La Figure 1.9, tracée à l'aide de la commande plot(sizeA,T,'o'), montre que le temps CPU augmente comme le carré de l'ordre de la matrice n. ■

a:step:b

rand

1.7 Le langage MATLAB

Après les quelques remarques introductives de la section précédente, nous sommes à présent en mesure de travailler dans les environnements MAT-LAB ou Octave. Comme indiqué précédemment, "MATLAB" désignera désormais indifféremment le langage utilisé dans MATLAB et Octave.

Quand on appuie sur la touche *entrée* (ou *return*), tout ce qui est écrit après le *prompt* est interprété[1]. MATLAB vérifie d'abord que ce qui a été écrit correspond soit à des variables déjà définies soit à des programmes ou des commandes MATLAB. Si ce n'est pas le cas, MATLAB retourne un message d'erreur. Autrement, la commande est exécutée et une *sortie* est éventuellement affichée. Dans tous les cas, le système revient ensuite au *prompt* pour signaler qu'il est prêt à recevoir de nouvelles commandes. Pour fermer une session MATLAB, on peut taper la commande quit (ou exit) et appuyer sur la touche *entrée*. A partir de maintenant, nous omettrons d'indiquer qu'il faut toujours appuyer sur la touche *entrée* pour exécuter une commande ou un programme. Nous utiliserons indifféremment les termes programme, fonction ou commande. Quand la commande se limite à une des structures élémentaires de MATLAB (par exemple un nombre ou une chaîne de caractères entre guillemets simples), la structure est aussitôt retournée en *sortie* dans la variable par *défaut* ans (abréviation de l'anglais *answer*). Voici un exemple :

```
>> 'maison'
ans =
maison
```

Si on écrit ensuite une nouvelle chaîne de caractères (ou un nombre), ans prendra cette nouvelle valeur.

On peut désactiver l'affichage automatique de la *sortie* en mettant un point-virgule après la chaîne de caractères. Par exemple, si on écrit 'maison'; MATLAB retournera simplement le *prompt* (tout en assignant la valeur 'maison' à la variable ans).

Plus généralement, la commande = permet d'assigner une valeur (ou une chaîne de caractères) à une variable donnée. Par exemple, pour affecter la chaîne 'Bienvenue à Paris' à la variable a on peut écrire :

```
>> a='Bienvenue à Paris';
```

Comme on peut le voir, il n'y a pas besoin de déclarer le *type* d'une variable, MATLAB le fera automatiquement et dynamiquement. Par exemple, si on écrit a=5, la variable a contiendra alors un nombre et non plus une chaîne de caractères. Cette flexibilité se paye parfois. Par exemple, si on définit une variable appelée quit en lui attribuant la valeur 5, on inhibe la commande quit de MATLAB. On veillera donc à éviter d'utiliser des noms de commandes MATLAB pour désigner des variables. Cependant, la commande clear suivie du nom d'une variable (p.ex. quit) permet d'annuler la définition et restaure la signification originale de la commande quit.

---

[1]. Ainsi un programme MATLAB n'a pas besoin d'être compilé contrairement à d'autres langages comme le Fortran ou le C.

La commande save suivie du nom **fname** permet de sauvegarder   save
toutes les variables de l'espace de travail dans un fichier binaire **fname.mat**.
Ces données peuvent être récupérées avec la commande load fname.mat.   load
Si on omet le nom du fichier, **save** (ou **load**) utilise par défaut **matlab.mat**.
Pour sauver les variables **v1, v2, ..., vn** la syntaxe est :

save fname v1 v2 ... vn

La commande help permet de visualiser toutes les commandes et   help
variables pré-définies, y compris les *toolboxes* qui sont des ensembles de
commandes spécialisées. Rappelons les commandes définissant les fonctions élémentaires comme le sinus (sin(a)), le cosinus (cos(a)), la racine   sin cos
carrée (sqrt(a)), l'exponentielle (exp(a)).   sqrt exp

Certains caractères spéciaux ne peuvent pas faire partie du nom d'une
variable ou d'une commande. C'est le cas par exemple des opérateurs
algébriques (+, -, * et /), des opérateurs logiques *and* (&), *or* (|), *not*   + - * /
(̃), et des opérateurs de comparaison *supérieur à* (>), *supérieur ou égal*   & | ̃
à (>=), *inférieur à* (<), *inférieur ou égal à* (<=), *égal à* (==). Enfin, un   > >= <
nom ne peut jamais commencer par un chiffre et ne peut pas contenir   <= ==
un crochet ou un signe de ponctuation.

1.7.1 Instructions MATLAB

Un langage de programmation spécial, le langage MATLAB, est également fourni pour permettre à l'utilisateur d'écrire de nouveau programme. Bien qu'il ne soit pas nécessaire de le maîtriser pour pouvoir
utiliser les divers programmes proposés dans ce livre, sa connaissance
permettra au lecteur d'adapter les programmes et d'en écrire de nouveaux.

Le langage MATLAB comporte des instructions usuelles, telles que
les tests et les boucles.

Le test *if-elseif-else* a la forme générale suivante :

```
if <condition 1>
   <instruction 1.1>
   <instruction 1.2>
   ...
elseif <condition 2>
   <instruction 2.1>
   <instruction 2.2>
   ...
...
else
   <instruction n.1>
   <instruction n.2>
   ...
end
```

où <condition 1>, <condition 2>, ... représentent des ensembles d'instructions, dont la valeur est 0 ou 1 (faux ou vrai). La première condition ayant la valeur 1 entraîne l'exécution de l'instruction correspondante. Si toutes les conditions sont fausses, les instructions <instruction n.1>, <instruction n.2>, ... sont exécutées. Si la valeur de <condition k> est zéro, les instructions <instruction k.1>, <instruction k.2>, ... ne sont pas exécutées et l'interpréteur passe à la suite.

Par exemple, pour calculer les racines d'un trinôme $ax^2 + bx + c$, on peut utiliser les instructions suivantes (la commande disp(.) affiche simplement ce qui est écrit entre crochets) :

```
>> if   a   ~= 0
     sq = sqrt(b*b - 4*a*c);
     x(1) = 0.5*(-b + sq)/a;
     x(2) = 0.5*(-b - sq)/a;
   elseif  b  ~= 0
     x(1) = -c/b;
   elseif  c  ~= 0
     disp(' Equation impossible');
   else
     disp(' L''equation est une egalite');
   end
```
(1.13)

La double apostrophe sert à représenter une apostrophe dans une chaîne de caractères. Ceci est nécessaire car une simple apostrophe est une commande MATLAB. Remarquer que MATLAB n'exécute l'ensemble du bloc de commandes qu'une fois tapé end.

MATLAB permet deux types de boucles, une boucle for (comparable à la boucle Fortran *do* ou à la boucle C *for*) et une boucle while. Une boucle *for* répète des instructions pendant que le compteur de la boucle balaie les valeurs rangées dans un vecteur ligne. Par exemple, pour calculer les 6 premiers termes d'une suite de Fibonacci $\{f_i = f_{i-1} + f_{i-2}\}$ avec $f_1 = 0$ et $f_2 = 1$, on peut utiliser les instructions suivantes :

```
>> f(1) = 0; f(2) = 1;
>> for i = [3 4 5 6]
     f(i) = f(i-1) + f(i-2);
   end
```

Remarquer l'utilisation du point-virgule qui permet de séparer plusieurs instructions MATLAB entrées sur une même ligne. Noter aussi qu'on pourrait remplacer la seconde instruction par >> for i = 3:6.

La boucle *while* répète un bloc d'instructions tant qu'une condition donnée est vraie. Par exemple, les instructions suivantes ont le même effet que les précédentes :

```
>> f(1) = 0; f(2) = 1; k = 3;
>> while k <= 6
```

```
    f(k) = f(k-1) + f(k-2); k = k + 1;
end
```

Il y a d'autres instructions, dont l'usage est peut-être moins fréquent, comme `switch`, `case`, `otherwise`. Le lecteur intéressé peut accéder à leur description avec la commande `help`.

1.7.2 Programmer en MATLAB

Expliquons brièvement comment écrire des programmes MATLAB. Un nouveau programme doit être placé dans un fichier, appelé *m-fichier*, dont le nom comporte l'extension .m. Il doit être mis dans un des répertoires dans lesquels MATLAB cherche automatiquement ses m-fichiers ; la commande path fournit la liste de ces répertoires (voir `help path` pour apprendre à ajouter un répertoire à cette liste). Le premier répertoire inspecté par MATLAB est le répertoire courant.

A ce niveau, il est important de faire la distinction entre *scripts* et *fonctions*. Un script est simplement une collection de commandes MATLAB, placée dans un *m-fichier* et pouvant être utilisée interactivement. Par exemple, on peut faire un script, qu'on choisit d'appeler `equation`, en copiant l'ensemble des instructions (1.13) dans le fichier `equation.m`. Pour le lancer, on écrit simplement l'instruction `equation` après le prompt >> de MATLAB. Voici deux exemples :

```
>> a = 1; b = 1; c = 1;
>> equation
>> x

x =
  -0.5000 + 0.8660i   -0.5000 - 0.8660i

>> a = 0; b = 1; c = 1;
>> equation
>> x

x =
    -1
```

Comme il n'y a pas d'interface d'entrée/sortie, toutes les variables utilisées dans un *script* sont aussi les variables de la session courante. Elles ne peuvent donc être effacées que sur un appel explicite à la commande `clear`. Ceci n'est pas du tout satisfaisant quand on écrit des programmes complexes. En effet, ceux-ci utilisent généralement un grand nombre de variables temporaires et, comparativement, peu de variables d'entrée/-sortie. Or celles-ci sont les seules à devoir être effectivement conservées une fois le programme achevé. De ce point de vue, les *fonctions* sont beaucoup plus flexibles que les scripts. Une fonction nom est en général définie dans un m-fichier (appelé génériquement nom.m) qui commence par une ligne de la forme :

function `function [out1,...,outn]=name(in1,...,inm)`

où out1,...,outn sont les variables de sortie et in1,...,inm sont les variables d'entrée.

Le fichier suivant, nommé det23.m, définit une nouvelle fonction, det23, qui calcule le déterminant d'une matrice d'ordre 2 ou 3 avec la formule donnée en Section 1.4 :

```
function det=det23(A)
%DET23 calcule le determinant d'une matrice carrée
% d'ordre 2 ou 3
[n,m]=size(A);
if n==m
  if n==2
    det = A(1,1)*A(2,2)-A(2,1)*A(1,2);
  elseif n == 3
    det = A(1,1)*det23(A([2,3],[2,3]))-...
          A(1,2)*det23(A([2,3],[1,3]))+...
          A(1,3)*det23(A([2,3],[1,2]));
  else
    disp(' Seulement des matrices 2x2 ou 3x3 ');
  end
else
  disp(' Seulement des matrices carrées ');
end
return
```

... Remarquer l'utilisation des trois points ... pour indiquer que l'instruc-
% tion se poursuit à la ligne suivante. Noter aussi que le caractère % débute une ligne de commentaires. L'instruction A([i,j],[k,l]) permet de construire une matrice 2 × 2 dont les éléments sont ceux de la matrice originale A situés aux intersections des i-ème et j-ème lignes avec les k-ème et l-ème colonnes.

Quand une fonction est appelée, MATLAB crée un espace de travail local. Les commandes situées à l'intérieur de la fonction ne peuvent pas se référer aux variables de l'espace de travail global (interactif) à moins que ces variables ne soient passées comme paramètres d'entrée. Les variables utilisées dans une fonction sont effacées à la fin de son exécution, à moins qu'elles ne soient retournées comme paramètres de sortie.

Remarque 1.2 (Variables globales) Comme dit plus haut, chaque fonction MATLAB dispose de ses propres variables locales, qui sont disjointes de celles des autres fonctions et de celles de l'espace de travail. Cependant, si plusieurs fonctions (et éventuellement l'espace de travail) déclarent une même
global variable comme global, alors elles partagent toutes une copie de cette variable. Toute modification de la variable dans une des fonctions se répercute à toutes les fonction déclarant cette variable comme globale. ∎

L'exécution d'une fonction s'arrête généralement quand la fin de son
return code source est atteinte. Néanmoins, l'instruction return peut être utili-

sée pour forcer une interruption prématurée (quand une certaine condition est satisfaite).

A titre d'illustration, on propose d'écrire une fonction pour approcher le nombre d'or $\alpha = 1.6180339887\ldots$. Celui-ci est la limite pour $k \to \infty$ du quotient f_k/f_{k-1} de deux termes consécutifs de la suite de Fibonacci. On itère par exemple jusqu'à ce que la différence entre deux quotients consécutifs soit inférieure à 10^{-4} :

```
function [golden,k]=fibonacci0
% FIBONACCI0: Approximation du nombre d'or
f(1) = 0; f(2) = 1; goldenold = 0;
kmax = 100; tol = 1.e-04;
for k = 3:kmax
f(k) = f(k-1) + f(k-2); golden = f(k)/f(k-1);
if abs(golden - goldenold) < tol
return
end
goldenold = golden;
end
return
```

L'exécution est interrompue soit après kmax=100 itérations, soit quand la valeur absolue de la différence entre deux itérées consécutives est plus petite que tol=1.e-04. On peut alors écrire :

```
>> [alpha,niter]=fibonacci0
  alpha =
     1.61805555555556
  niter =
     14
```

Après 14 itérations, la fonction a retourné une valeur approchée dont les 5 premières décimales coïncident avec celles de α.

Le nombre de paramètres d'entrée et de sortie d'une fonction MATLAB peut varier. Par exemple, on peut modifier la fonction Fibonacci ainsi :

```
function [golden,k]=fibonacci1(tol,kmax)
% FIBONACCI1: Approximation du nombre d'or
%    La tolérance et le nombre maximum d'iterations
%    peuvent être donnés en entrée
if nargin == 0
  kmax = 100; tol = 1.e-04; % valeurs par défaut
elseif nargin == 1
  kmax = 100; % valeurs par défaut seulement pour kmax
end
f(1) = 0; f(2) = 1; goldenold = 0;
for k = 3:kmax
    f(k) = f(k-1) + f(k-2);
    golden = f(k)/f(k-1);
    if abs(golden - goldenold) < tol
      return
    end
    goldenold = golden;
end
return
```

38   1 Ce qu'on ne peut ignorer

nargin
nargout

La fonction nargin donne le nombre de paramètres d'entrée (de manière analogue, la fonction nargout renvoie le nombre de paramètres de sortie). Dans la nouvelle version de la fonction fibonacci, on peut donner la tolérance tol ainsi que le nombre maximum d'itérations (kmax). Quand cette information est absente, la fonction prend des valeurs par défaut (dans notre cas, tol = 1.e-04 et kmax = 100). Voici un exemple d'utilisation :

```
>> [alpha,niter]=fibonacci1(1.e-6,200)
alpha =
   1.61803381340013
niter =
   19
```

Remarquer qu'en prenant une tolérance plus stricte, on a obtenu une nouvelle approximation dont 8 décimales coïncident avec celles de α.
On peut utiliser nargin à l'extérieur de la fonction afin de connaître le nombre de paramètres d'entrée :

```
>> nargin('fibonacci1')
ans =
    2
```

Après cette introduction rapide, nous suggérons d'explorer MATLAB en utilisant la commande *help*, et de se familiariser avec l'implémentation de divers algorithmes grâce aux programmes proposés tout au long de ce livre. Par exemple, en tapant help for, on obtient non seulement une description complète de la commande for mais aussi des indications sur des commandes similaires comme if, while, switch, break et end. En effectuant à nouveau un help pour ces fonctions, on améliore progressivement sa connaissance du langage.

Voir les Exercices 1.9–1.14.

1.7.3 Exemples de différences entre les langages MATLAB et Octave

Ce qu'on a dit du langage MATLAB dans la section précédente s'applique aussi bien dans les environnements MATLAB et Octave. Cependant, quelques différences existent entre les langages. Ainsi, un programme écrit en Octave peut ne pas s'exécuter sur MATLAB et vice versa. Par exemple, Octave supporte les chaîne de caractères avec des simples ou des doubles apostrophes (*quotes*) :

```
octave:1> a="Bienvenue à Paris"
a = Bienvenue à Paris
octave:2> a='Bienvenue à Paris'
a = Bienvenue à Paris
```

tandis que MATLAB ne supporte que les simples apostrophes (les doubles donnent une erreur de syntaxe).

Nous proposons ici une liste de quelques incompatibilités entre les deux langages (on trouvera une liste plus complète sur `http://wiki.octave.org/wiki.pl?MatlabOctaveCompatibility`) :

- MATLAB n'autorise pas un espace avant l'opérateur de transposition. Par exemple, `[0 1]'` est correct dans MATLAB, mais `[0 1] '` ne l'est pas. Octave traite correctement les deux cas ;
- MATLAB nécessite un ... pour les lignes trop longues,
  ```
  rand (1, ...
        2)
  ```
  alors qu'on peut utiliser les notations
  ```
  rand (1,
        2)
  ```
  et
  ```
  rand (1, \
        2)
  ```
  dans Octave, en plus de ... ;
- pour la puissance, Octave peut utiliser ^ ou `**` ; MATLAB seulement ^ ;
- pour terminer un bloc, Octave peut utiliser `end{if,for, ...}`; MATLAB seulement `end`.

1.8 Ce qu'on ne vous a pas dit

On trouvera une présentation systématique des nombres à virgule flottante dans [Übe97], [Hig02] ou [QSS07].

Pour ce qui concerne les problèmes de complexité, nous renvoyons par exemple à [Pan92].

Pour une introduction plus systématique à MATLAB, le lecteur peut se référer au manuel de MATLAB [HH05] ainsi qu'à des livres spécialisés comme [HLR06], [Pra06], [EKM05], [Pal08] ou [MH03].

Pour Octave, nous recommandons le manuel indiqué au début de ce chapitre.

1.9 Exercices

Exercice 1.1 Combien de nombres appartiennent à l'ensemble $\mathbb{F}(2, 2, -2, 2)$? Quel est la valeur de ϵ_M pour cet ensemble ?

Exercice 1.2 Montrer que l'ensemble $\mathbb{F}(\beta, t, L, U)$ contient exactement $2(\beta - 1)\beta^{t-1}(U - L + 1)$ éléments.

Exercice 1.3 Montrer que i^i est un nombre réel, puis vérifier ce résultat avec MATLAB ou Octave.

Exercice 1.4 Ecrire les instructions MATLAB pour construire une matrice triangulaire supérieure (resp. inférieure) de dimension 10 ayant des 2 sur la diagonale principale et des -3 sur la seconde sur-diagonale (resp. sous-diagonale).

Exercice 1.5 Ecrire les instructions MATLAB permettant d'interchanger la troisième et la septième ligne des matrices construites à l'Exercice 1.4, puis les instructions permettant d'échanger la quatrième et la huitième colonne.

Exercice 1.6 Vérifier si les vecteurs suivants de $\mathbb{R}^4$ sont linéairement indépendants :

$$\mathbf{v}_1 = [0\ 1\ 0\ 1],\ \mathbf{v}_2 = [1\ 2\ 3\ 4],\ \mathbf{v}_3 = [1\ 0\ 1\ 0],\ \mathbf{v}_4 = [0\ 0\ 1\ 1].$$

Exercice 1.7 Ecrire les fonctions suivantes, calculer leurs dérivées premières et secondes ainsi que leurs primitives, en utilisant la *toolbox* `symbolic` de MATLAB

$$f(x) = \sqrt{x^2 + 1}, \quad g(x) = \sin(x^3) + \cosh(x).$$

`poly` **Exercice 1.8** Pour un vecteur donné `v` de dimension n, construire avec la commande `c=poly(v)` les $n + 1$ coefficients du polynôme $p(x) = \sum_{k=1}^{n+1} \mathtt{c(k)} x^{n+1-k}$ qui est égal à $\Pi_{k=1}^{n}(x - \mathtt{v(k)})$. En arithmétique exacte, on devrait avoir `v = roots(poly(v))`. En fait, ce n'est pas le cas à cause des erreurs d'arrondi. Le vérifier avec la commande `roots(poly([1:n]))`, pour `n` variant de 2 à 25.

Exercice 1.9 Ecrire un programme pour calculer la suite

$$I_0 = \frac{1}{e}(e - 1),$$
$$I_{n+1} = 1 - (n+1)I_n, \text{ pour } n = 0, 1, \ldots.$$

Comparer le résultat numérique avec la limite exacte $I_n \to 0$ pour $n \to \infty$.

Exercice 1.10 Expliquer le comportement de la suite (1.4) quand on la calcule avec MATLAB.

Exercice 1.11 On considère l'algorithme suivant pour calculer π : on génère n couples $\{(x_k, y_k)\}$ de nombres aléatoires dans l'intervalle $[0, 1]$, puis on calcule le nombre m de ceux qui se trouvent dans le premier quart du cercle unité. Naturellement, π est la limite de la suite $\pi_n = 4m/n$. Ecrire un programme MATLAB pour calculer cette suite et observer comment évolue l'erreur quand n augmente.

Exercice 1.12 Comme π est la somme de la série
$$\pi = \sum_{n=0}^{\infty} 16^{-n} \left(\frac{4}{8n+1} - \frac{2}{8n+4} - \frac{1}{8n+5} - \frac{1}{8n+6} \right)$$
on peut calculer une approximation de π en sommant les n premiers termes, pour n assez grand. Ecrire une fonction MATLAB pour calculer les sommes partielles de cette série. Pour quelles valeurs de n obtient-on une approximation de π aussi précise que celle fournie par la variable π ?

Exercice 1.13 Ecrire un programme pour calculer les coefficients du binôme $\binom{n}{k} = n!/(k!(n-k)!)$, où n et k sont deux entiers naturels avec $k \leq n$.

Exercice 1.14 Ecrire une fonction MATLAB récursive qui calcule le n-ème élément f_n de la suite de Fibonacci. Ecrire une autre fonction qui calcule f_n en se basant sur la relation
$$\begin{bmatrix} f_i \\ f_{i-1} \end{bmatrix} = \begin{bmatrix} 1 & 1 \\ 1 & 0 \end{bmatrix} \begin{bmatrix} f_{i-1} \\ f_{i-2} \end{bmatrix}. \tag{1.14}$$

Evaluer les temps CPU correspond.

2
Equations non linéaires

Calculer les *zéros* d'une fonction f réelle (c'est-à-dire les *racines* d'une équation $f(x) = 0$) est un problème que l'on rencontre très souvent en Calcul Scientifique. En général, cette tâche ne peut être effectuée en un nombre fini d'opérations. Par exemple, nous avons vu au paragraphe 1.5.1 qu'il n'existait pas de formule explicite donnant les racines d'un polynôme quelconque de degré supérieur à 4. La situation est bien sûr encore plus complexe quand f n'est pas un polynôme.

Pour résoudre le problème, on utilise donc des méthodes itératives : partant d'une ou plusieurs valeurs initiales, on construit une suite de valeurs $x^{(k)}$ qui, si tout se passe bien, converge vers un zéro α de la fonction f considérée.

Nous débuterons ce chapitre avec quelques problèmes simples et concrets qui donnent lieu à des équations non linéaires. Diverses méthodes numériques seront alors présentées, puis utilisées pour résoudre ces problèmes. Cette démarche sera également adoptée dans les chapitres suivants.

2.1 Quelques problèmes types

Problème 2.1 (Fonds d'investissement) Le client d'une banque dépose au début de chaque année v euros dans un fonds d'investissement et en retire, à la fin de la n-ème année, un capital de M euros. Nous voulons calculer le taux d'intérêt annuel moyen T de cet investissement. Comme M est relié à T par la relation

$$M = v\sum_{k=1}^{n}(1+T)^k = v\frac{1+T}{T}\left[(1+T)^n - 1\right],$$

nous déduisons que T est racine de l'équation algébrique non linéaire :

44 2 Equations non linéaires

$$f(T) = 0 \quad \text{où } f(T) = M - v\frac{1+T}{T}[(1+T)^n - 1].$$

Ce problème sera résolu dans l'Exemple 2.1. ∎

Problème 2.2 (Equation d'état d'un gaz) Nous voulons déterminer le volume V occupé par un gaz dont la température est T et dont la pression est p. L'équation d'état (*i.e.* l'équation liant p, V et T) est donnée par

$$\left[p + a(N/V)^2\right](V - Nb) = kNT, \tag{2.1}$$

où a et b sont deux coefficients qui dépendent du gaz considéré, N est le nombre de molécules contenues dans le volume V et k est la constante de Boltzmann. Nous devons donc résoudre une équation non linéaire dont la racine est V (voir Exercice 2.2). ∎

Problème 2.3 (Statique) Considérons le système mécanique représenté par les quatre barres rigides $\mathbf{a}_i$ de la Figure 2.1. Pour une valeur admissible de l'angle β, déterminons la valeur de l'angle α entre les barres $\mathbf{a}_1$ et $\mathbf{a}_2$. Partant de la relation vectorielle

$$\mathbf{a}_1 - \mathbf{a}_2 - \mathbf{a}_3 - \mathbf{a}_4 = \mathbf{0}$$

et remarquant que la barre $\mathbf{a}_1$ est toujours alignée avec l'axe des x, on peut déduire les relations suivantes entre β et α

$$\frac{a_1}{a_2}\cos(\beta) - \frac{a_1}{a_4}\cos(\alpha) - \cos(\beta - \alpha) = -\frac{a_1^2 + a_2^2 - a_3^2 + a_4^2}{2a_2 a_4}, \tag{2.2}$$

où a_i est la longueur connue de la i-ème barre. Cette égalité, appelée équation de Freudenstein, peut être récrite comme suit : $f(\alpha) = 0$, où

$$f(x) = \frac{a_1}{a_2}\cos(\beta) - \frac{a_1}{a_4}\cos(x) - \cos(\beta - x) + \frac{a_1^2 + a_2^2 - a_3^2 + a_4^2}{2a_2 a_4}.$$

Une expression explicite de la solution n'existe que pour des valeurs particulières de β. Signalons également qu'il n'y a pas existence d'une solution pour toutes les valeurs de β, et qu'une solution peut ne pas être unique. Pour résoudre cette équation pour toute valeur de β entre 0 et π, nous devrons avoir recours à des méthodes numériques (voir Exercice 2.9). ∎

Problème 2.4 (Dynamique des populations) Pour étudier une population (p. ex. de bactéries), on considère l'équation $x^+ = \phi(x) = xR(x)$ qui donne une relation entre le nombre d'individus à la génération x et le nombre d'individus à la génération suivante. La fonction $R(x)$ modélise la vitesse d'évolution de la population considérée et peut être choisie de différentes manières. Parmi les plus connues, on peut citer :

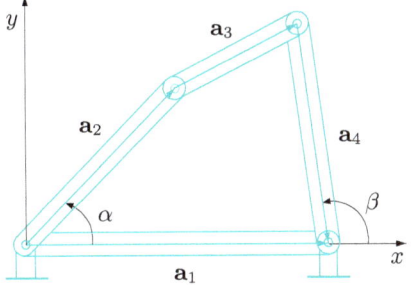

Figure 2.1. Le système de quatre barres du Problème 2.3

1. le modèle de Malthus (Thomas Malthus, 1766–1834),

$$R(x) = R_M(x) = r \qquad r > 0;$$

2. le modèle de croissance avec ressources limitées (de Pierre François Verhulst, 1804–1849)

$$R(x) = R_V(x) = \frac{r}{1 + xK}, \qquad r > 0, K > 0, \qquad (2.3)$$

qui améliore le modèle de Malthus en considérant que la croissance de la population est limitée par la disponibilité de ressources ;

3. le modèle prédateurs-proies avec saturation

$$R(x) = R_P = \frac{rx}{1 + (x/K)^2}, \qquad (2.4)$$

qui constitue une extension du modèle de Verhulst prenant en compte une population antagoniste.

La dynamique de la population est alors définie par la relation de récurrence

$$x^{(k)} = \phi(x^{(k-1)}), \qquad k > 0, \qquad (2.5)$$

où $x^{(k)}$ représente le nombre d'individus encore présents k générations après la génération initiale $x^{(0)}$. On définit les états stationnaires (ou équilibres) x^* de la population considérée comme les solutions du problème

$$x^* = \phi(x^*),$$

ou, de manière équivalente, $x^* = x^* R(x^*)$ *i.e.* $R(x^*) = 1$. L'équation (2.5) est un exemple de méthode de point fixe (voir Section 2.4). ∎

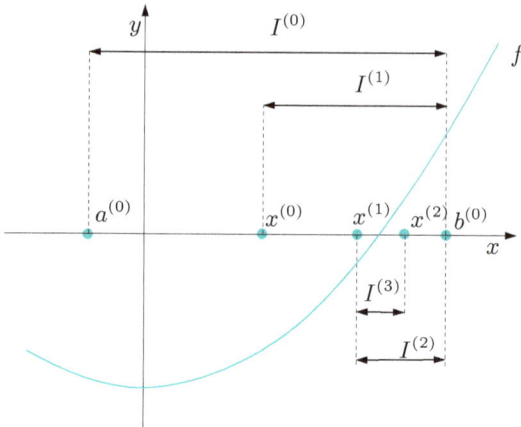

Figure 2.2. Quelques itérations de la méthode de dichotomie

2.2 Méthode de dichotomie (ou bisection)

Soit f une fonction continue sur $[a,b]$ telle que $f(a)f(b) < 0$. Nécessairement f a au moins un zéro dans $]a,b[$ (ce résultat est un cas particulier du *théorème des valeurs intermédiaires*). Supposons pour simplifier qu'il est unique et notons le α (dans le cas où il y a plusieurs zéros, on peut localiser graphiquement, à l'aide de la commande `fplot`, un intervalle qui n'en contient qu'un).

La méthode de dichotomie (aussi appelée méthode de bisection) consiste à diviser en deux un intervalle donné, et à choisir le sous-intervalle où f change de signe. Plus précisément, si on note $I^{(0)} =]a, b[$ et $I^{(k)}$ le sous-intervalle retenu à l'étape k, on choisit le sous-intervalle $I^{(k+1)}$ de $I^{(k)}$ pour lequel f a un signe différent à ses deux extrémités. En répétant cette procédure, on est assuré que chaque $I^{(k)}$ ainsi construit contiendra α. La suite $\{x^{(k)}\}$ des milieux des intervalles $I^{(k)}$ convergera vers α puisque la longueur de ces intervalles tend vers zéro quand k tend vers l'infini.

La méthode est initialisée en posant

$$a^{(0)} = a,\ b^{(0)} = b,\ I^{(0)} =]a^{(0)}, b^{(0)}[,\ x^{(0)} = (a^{(0)} + b^{(0)})/2.$$

A chaque étape $k \geq 1$, on choisit le sous-intervalle $I^{(k)} =]a^{(k)}, b^{(k)}[$ de $I^{(k-1)} =]a^{(k-1)}, b^{(k-1)}[$ comme suit

étant donné $x^{(k-1)} = (a^{(k-1)} + b^{(k-1)})/2$,
si $f(x^{(k-1)}) = 0$,
   alors $\alpha = x^{(k-1)}$
   et on s'arrête ;
sinon,

si $f(a^{(k-1)})f(x^{(k-1)}) < 0$
  poser $a^{(k)} = a^{(k-1)}$, $b^{(k)} = x^{(k-1)}$;
si $f(x^{(k-1)})f(b^{(k-1)}) < 0$
  poser $a^{(k)} = x^{(k-1)}$, $b^{(k)} = b^{(k-1)}$.

On définit alors $x^{(k)} = (a^{(k)} + b^{(k)})/2$ et on incrémente k de 1.

Par exemple, dans le cas présenté sur la Figure 2.2, qui correspond à $f(x) = x^2 - 1$, en prenant $a^{(0)} = -0.25$ et $b^{(0)} = 1.25$, on obtient

$$I^{(0)} =]-0.25, 1.25[, \; x^{(0)} = 0.5,$$
$$I^{(1)} =]0.5, 1.25[, \quad x^{(1)} = 0.875,$$
$$I^{(2)} =]0.875, 1.25[, \quad x^{(2)} = 1.0625,$$
$$I^{(3)} =]0.875, 1.0625[, \; x^{(3)} = 0.96875.$$

Remarquer que chaque sous-intervalle $I^{(k)}$ contient le zéro α. De plus, la suite $\{x^{(k)}\}$ converge nécessairement vers α puisqu'à chaque étape la longueur $|I^{(k)}| = b^{(k)} - a^{(k)}$ de $I^{(k)}$ est divisée par deux. Comme $|I^{(k)}| = (1/2)^k |I^{(0)}|$, l'erreur à l'étape k vérifie

$$|e^{(k)}| = |x^{(k)} - \alpha| < \frac{1}{2}|I^{(k)}| = \left(\frac{1}{2}\right)^{k+1}(b-a).$$

Pour garantir que $|e^{(k)}| < \varepsilon$, pour une tolérance ε donnée, il suffit d'effectuer k_{min} itérations, où k_{min} est le plus petit entier tel que

$$\boxed{k_{min} > \log_2\left(\frac{b-a}{\varepsilon}\right) - 1} \qquad (2.6)$$

Noter que cette inégalité est générale : elle ne dépend pas du choix de la fonction f.

La méthode de dichotomie est implémentée dans le Programme 2.1 : `fun` est une chaîne de caractères (ou une fonction *inline*) définissant la fonction f, `a` et `b` sont les extrémités de l'intervalle de recherche, `tol` est la tolérance ε et `nmax` est le nombre maximal d'itérations. La fonction `fun` peut avoir, en plus du premier argument, des paramètres auxiliaires.

Les paramètres de sortie sont `zero`, qui contient la valeur approchée de α, le résidu `res` qui est la valeur de f en `zero` et `niter` qui est le nombre total d'itérations effectuées. La commande `find(fx==0)` renvoie les indices des composantes nulles du vecteur `fx`, et la commande `sign(fx)` renvoie le signe de `fx`. Enfin, la commande `varargin` permet à la fonction `fun` d'accepter un nombre variable de paramètres d'entrée.

Programme 2.1. bisection : méthode de dichotomie

```
function [zero,res,niter]=bisection(fun,a,b,tol,...
                                    nmax,varargin)
%BISECTION Cherche les zéros d'une fonction.
%    ZERO=BISECTION(FUN,A,B,TOL,NMAX) tente de trouver
%    un zéro ZERO d'une fonction continue FUN sur
%    l'intervalle [A,B] utilisant la méthode de
%    dichotomie (ou bisection).
%    FUN prend des réels  en entrée et retourne un
%    scalaire réel. Si la recherche échoue, un message
%    d'erreur est affiché. FUN peut aussi être
%    un objet inline,  une fonction anonyme ou
%    bien être définie par un M-files.
%    ZERO=BISECTION(FUN,A,B,TOL,NMAX,P1,P2,...) passe
%    les paramètres P1, P2,... à la fonction
%    FUN(X,P1,P2,...).
%    [ZERO,RES,NITER]= BISECTION(FUN,...) retourne la
%    valeur approchée du zéro, la valeur du résidu en
%    ZERO et le numéro de l'itération à laquelle ZERO a
%    été calculé.
x = [a, (a+b)*0.5, b]; fx = feval(fun,x,varargin{:});
if fx(1)*fx(3)>0
 error(['Les signes de la fonction aux extrémités',...
       ' de l''intervalle doivent être différents\n']);
   elseif fx(1) == 0
      zero = a; res = 0; niter = 0; return
   elseif fx(3) == 0
      zero = b; res = 0; niter = 0; return
end
niter = 0;
I = (b - a)*0.5;
while I >= tol & niter < nmax
   niter = niter + 1;
   if fx(1)*fx(2) <  0
      x(3) = x(2);
      x(2) = x(1)+(x(3)-x(1))*0.5;
      fx = feval(fun,x,varargin{:});
      I = (x(3)-x(1))*0.5;
   elseif fx(2)*fx(3) < 0
      x(1) = x(2);
      x(2) = x(1)+(x(3)-x(1))*0.5;
      fx = feval(fun,x,varargin{:});
      I = (x(3)-x(1))*0.5;
   else
       x(2) = x(find(fx==0)); I = 0;
   end
end
if  (niter==nmax & I > tol)
    fprintf(['La dichotomie s''est arrêtée sans \n',...
    'converger avec la tolérance souhaitée car \n',...
    'le nombre maximal d''itérations a été atteint\n']);
end
zero = x(2); x = x(2); res = feval(fun,x,varargin{:});
return
```

Exemple 2.1 (Fonds d'investissement) Appliquons la méthode de dichotomie pour résoudre le Problème 2.1, en supposant que v est égal à 1000 euros et qu'après 5 ans M est égal à 6000 euros. Le graphe de la fonction f peut être obtenu avec les instructions suivantes :

```
f=inline('M-v*(1+T).*((1+T).^5 - 1)./T','T','M','v');
plot([0.01,0.3],feval(f,[0.01,0.3],6000,1000));
```

(nous rappelons que le prompt est omis pour alléger les notations). Nous voyons que la fonction f admet un unique zéro dans l'intervalle $]0.01, 0.1[$, valant approximativement 0.06. Si on exécute le Programme 2.1 avec tol= 10^{-12}, a= 0.01 et b= 0.1 comme suit :

```
[zero,res,niter]=bisection(f,0.01,0.1,1.e-12,1000,...
                6000,1000);
```

après 36 itérations la méthode converge vers la valeur 0.06140241153618, en accord parfait avec l'estimation (2.6) selon laquelle $k_{min} = 36$. On conclut ainsi que le taux d'intérêt T est approximativement égal à 6.14%. ∎

La méthode de dichotomie est simple mais elle ne garantit pas une réduction monotone de l'erreur d'une itération à l'autre : tout ce dont on est assuré, c'est que la longueur de l'intervalle de recherche est divisée par deux à chaque étape. Par conséquent, si le seul critère d'arrêt est le contrôle de la longueur de $I^{(k)}$, on risque de rejeter de bonnes approximations de α.

En fait, cette méthode ne prend pas suffisamment en compte le comportement réel de f. Il est par exemple frappant que la méthode ne converge pas en une seule itération quand f est linéaire (à moins que le zéro α ne soit le milieu de l'intervalle de recherche initial).

Voir les Exercices 2.1–2.5.

2.3 Méthode de Newton

La seule information utilisée par la méthode de dichotomie est le signe de la fonction f aux extrémités des sous-intervalles. Dans le cas où f est différentiable, on peut construire une méthode plus efficace en exploitant les valeurs de f et de ses dérivées. En partant de l'équation de la tangente à la courbe $(x, f(x))$ au point $x^{(k)}$,

$$y(x) = f(x^{(k)}) + f'(x^{(k)})(x - x^{(k)})$$

et en faisant comme si $x^{(k+1)}$ vérifiait $y(x^{(k+1)}) = 0$, on obtient

$$\boxed{x^{(k+1)} = x^{(k)} - \frac{f(x^{(k)})}{f'(x^{(k)})}, \; k \geq 0} \qquad (2.7)$$

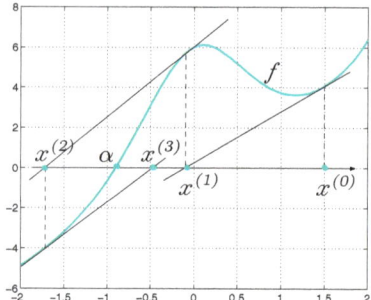

Figure 2.3. Les premières itérations obtenues avec la méthode de Newton pour la fonction $f(x) = x + e^x + 10/(1+x^2) - 5$ en partant d'une donnée initiale $x^{(0)}$

en supposant $f'(x^{(k)}) \neq 0$. Cette formule permet de construire une suite $x^{(k)}$, étant donné une valeur initiale $x^{(0)}$. Cette méthode est connue sous le nom de méthode de Newton et revient à calculer le zéro de f en remplaçant localement f par sa tangente (voir Figure 2.3).

En faisant un développement de Taylor de f au voisinage d'un point arbitraire $x^{(k)}$, on trouve

$$f(x^{(k+1)}) = f(x^{(k)}) + \delta^{(k)} f'(x^{(k)}) + \mathcal{O}((\delta^{(k)})^2), \qquad (2.8)$$

où $\delta^{(k)} = x^{(k+1)} - x^{(k)}$. En écrivant que $f(x^{(k+1)})$ est égal à zéro et en négligeant le terme $\mathcal{O}((\delta^{(k)})^2)$, on obtient $x^{(k+1)}$ en fonction de $x^{(k)}$ comme défini en (2.7). De ce point de vue, on peut considérer (2.7) comme une approximation de (2.8).

Bien sûr, (2.7) converge en une seule itération quand f est linéaire, c'est-à-dire quand $f(x) = a_1 x + a_0$.

Exemple 2.2 Résolvons le Problème 2.1 par la méthode de Newton, en prenant comme donnée initiale $x^{(0)} = 0.3$. Après 6 étapes, la différence entre deux itérées successives est inférieure ou égale à 10^{-12}. ∎

En général, la méthode de Newton ne converge pas pour des valeurs arbitraires de $x^{(0)}$, mais seulement pour des valeurs *suffisamment proches* de α, c'est-à-dire appartenant à un certain voisinage $I(\alpha)$ de α. Au premier abord, cette condition semble inutilisable : elle signifie en effet que pour calculer α (qui est inconnu), on devrait partir d'une valeur assez proche de α !

En pratique, on peut obtenir une valeur initiale $x^{(0)}$ en effectuant quelques itérations de la méthode de dichotomie ou en examinant le graphe de f. Si $x^{(0)}$ est convenablement choisi et si α est un zéro simple (c'est-à-dire tel que $f'(\alpha) \neq 0$) alors la méthode de Newton converge. De plus, dans le cas particulier où f est deux fois continûment différentiable on a le résultat de convergence suivant (voir Exercice 2.8),

2.3 Méthode de Newton 51

$$\lim_{k\to\infty} \frac{x^{(k+1)} - \alpha}{(x^{(k)} - \alpha)^2} = \frac{f''(\alpha)}{2f'(\alpha)} \tag{2.9}$$

Quand $f'(\alpha) \neq 0$, on dit que la méthode de Newton a une convergence *quadratique* ou d'ordre 2. En effet, pour des valeurs de k assez grande, l'erreur à l'étape $(k+1)$ se comporte comme le carré de l'erreur à l'étape k multiplié par une constante indépendante de k.

Pour des zéros de multiplicité m plus grande que 1, i.e. si $f'(\alpha) = 0, \ldots, f^{(m-1)}(\alpha) = 0$, la méthode de Newton converge encore, mais seulement si $x^{(0)}$ est bien choisi et $f'(x) \neq 0 \ \forall x \in I(\alpha) \setminus \{\alpha\}$. Cependant, dans ce cas, la convergence est seulement d'ordre 1 (voir Exercice 2.15). On peut retrouver l'ordre 2 en modifiant la méthode originale (2.7) comme suit

$$x^{(k+1)} = x^{(k)} - m \frac{f(x^{(k)})}{f'(x^{(k)})}, \ k \geq 0 \tag{2.10}$$

en supposant $f'(x^{(k)}) \neq 0$. Evidemment, cette *méthode de Newton modifiée* (2.10) requiert la connaissance *a priori* de m. Quand on ne connaît pas m, on peut utiliser la *méthode de Newton adaptative*, qui est encore d'ordre 2. On trouvera les détails de cette méthode dans [QSS07, paragraphe 6.6.2].

Exemple 2.3 La fonction $f(x) = (x-1)\log(x)$ a un zéro unique $\alpha = 1$ qui est de multiplicité $m = 2$. Calculons le par les méthodes de Newton (2.7) et de Newton modifiée (2.10). Sur la Figure 2.4, on a tracé l'erreur obtenue avec ces deux méthodes en fonction du nombre d'itérations. Remarquer que, pour la méthode de Newton classique, la convergence n'est que linéaire. ■

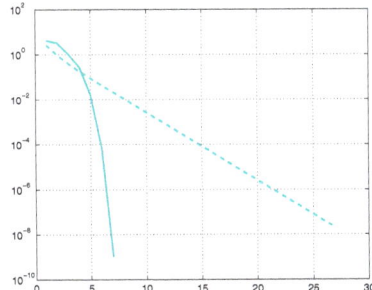

Figure 2.4. Erreur en échelle semi-logarithmique en fonction du nombre d'itérations pour la fonction de l'Exemple 2.3. La ligne discontinue correspond à la méthode de Newton (2.7), la ligne en trait plein à la méthode de Newton modifiée (2.10) (avec $m = 2$)

2.3.1 Tests d'arrêt pour les itérations de Newton

En théorie, une méthode de Newton convergente ne retourne le zéro α qu'après une infinité d'itérations. En pratique, on recherche une approximation de α avec une certaine tolérance ε. Ainsi, on peut interrompre la méthode à la première itération k_{min} pour laquelle on a l'inégalité suivante

$$|e^{(k_{min})}| = |\alpha - x^{(k_{min})}| < \varepsilon.$$

Ceci est un test sur l'erreur. Malheureusement, comme l'erreur est elle-même inconnue, on doit la remplacer par un *estimateur d'erreur*, c'est-à-dire, une quantité qui peut être facilement calculée et grâce à laquelle on peut estimer l'erreur réelle. A la fin du paragraphe 2.4, nous verrons que la différence entre deux itérées successives fournit un estimateur d'erreur correct pour la méthode de Newton. Cela signifie que l'on peut interrompre les itérations à l'étape k_{min} telle que

$$\boxed{|x^{(k_{min})} - x^{(k_{min}-1)}| < \varepsilon} \qquad (2.11)$$

Ceci est un test sur l'incrément.

Nous verrons au paragraphe 2.4.1 que le test sur l'incrément est satisfaisant quand α est un zéro simple de f. On pourrait utiliser alternativement un test sur le *résidu* à l'itération k, $r^{(k)} = f(x^{(k)})$ (remarquer que le résidu est nul quand $x^{(k)}$ est un zéro de la fonction f).

Plus précisément, on pourrait arrêter les itérations à l'étape k_{min} pour laquelle

$$\boxed{|r^{(k_{min})}| = |f(x^{(k_{min})})| < \varepsilon} \qquad (2.12)$$

Le test sur le résidu n'est satisfaisant que quand $|f'(x)| \simeq 1$ dans un voisinage I_α du zéro α (voir Figure 2.5). Autrement, il a tendance à surestimer l'erreur si $|f'(x)| \gg 1$ pour $x \in I_\alpha$ et à la sous-estimer si $|f'(x)| \ll 1$ (voir aussi l'Exercice 2.6).

Dans le Programme 2.2, nous implémentons la méthode de Newton (2.7). Sa version modifiée s'obtient facilement en remplaçant f' par f'/m. Les paramètres d'entrée fun et dfun sont des chaînes de caractères qui définissent la fonction f et sa dérivée première, tandis que x0 est la donnée initiale. On stoppe l'algorithme quand la valeur absolue de la différence entre deux itérées successives est inférieure à une tolérance fixée tol, ou quand le nombre d'itérations atteint la valeur nmax.

2.3 Méthode de Newton

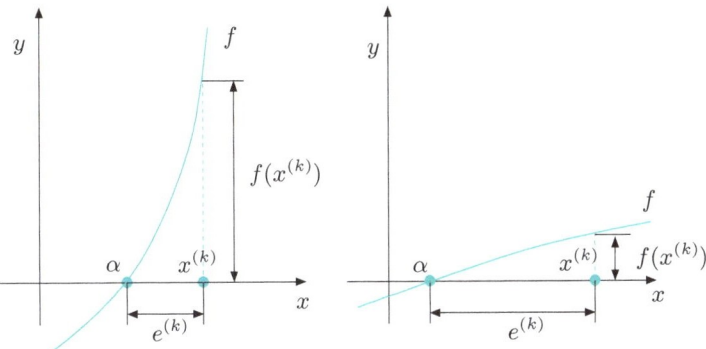

Figure 2.5. Deux situations pour lesquelles le résidu est un mauvais estimateur d'erreur : $|f'(x)| \gg 1$ *(à gauche)*, $|f'(x)| \ll 1$ *(à droite)*, pour x dans un voisinage de α

Programme 2.2. newton : méthode de Newton

```
function [zero,res,niter]=newton(fun,dfun,x0,tol,...
                              nmax,varargin)
%NEWTON Cherche les zéros d'une fonction.
%   ZERO=NEWTON(FUN,DFUN,X0,TOL,NMAX) tente de trouver
%   un zéro ZERO de la fonction dérivable FUN au
%   voisinage de X0 en utilisant la méthode de Newton.
%   FUN et sa dérivée DFUN prennent en entrée un réel x
%   et retournent une valeur réelle. Si la recherche
%   échoue, un message d'erreur est affiché. FUN et
%   DFUN peuvent aussi être des objets inline, des
%   fonctions anonymes ou bien être définies par des
%   M-files.
%   ZERO=NEWTON(FUN,DFUN,X0,TOL,NMAX,P1,P2,...) passe
%   les paramètres P1,P2,... aux fonctions:
%   FUN(X,P1,P2,...) et DFUN(X,P1,P2,...).
%   [ZERO,RES,NITER]= NEWTON(FUN,...)  retourne la
%   valeur approchée du zéro, la valeur du résidu en
%   ZERO et le numéro de l'itération à laquelle ZERO a
%   été calculé.
x = x0;
fx = feval(fun,x,varargin{:});
dfx = feval(dfun,x,varargin{:});
niter = 0; diff = tol+1;
while diff >= tol & niter < nmax
   niter = niter + 1;       diff = - fx/dfx;
   x = x + diff;            diff = abs(diff);
   fx = feval(fun,x,varargin{:});
   dfx = feval(dfun,x,varargin{:});
end
if (niter==nmax & diff > tol)
 fprintf(['La méthode de Newton est arrêtée ',...
  'sans converger avec la tolérance souhaitée car\n',...
  'le nombre maximal d''itérations a été atteint\n']);
end
zero = x; res = fx;
return
```

2.3.2 Méthode de Newton pour des systèmes d'équations

Considérons un système d'équations non linéaires de la forme

$$\begin{cases} f_1(x_1, x_2, \ldots, x_n) = 0, \\ f_2(x_1, x_2, \ldots, x_n) = 0, \\ \vdots \\ f_n(x_1, x_2, \ldots, x_n) = 0, \end{cases} \quad (2.13)$$

où $f_1, \ldots, f_n$ sont des fonctions non linéaires. En posant $\mathbf{f} = (f_1, \ldots, f_n)^T$ et $\mathbf{x} = (x_1, \ldots, x_n)^T$, le système (2.13) peut s'écrire sous la forme compacte

$$\mathbf{f}(\mathbf{x}) = \mathbf{0}. \quad (2.14)$$

Voici un exemple de système non linéaire

$$\begin{cases} f_1(x_1, x_2) = x_1^2 + x_2^2 = 1, \\ f_2(x_1, x_2) = \sin(\pi x_1/2) + x_2^3 = 0. \end{cases} \quad (2.15)$$

Pour étendre la méthode de Newton au cas d'un système, on remplace la dérivée de la fonction scalaire f par la *matrice jacobienne* $\mathrm{J}_{\mathbf{f}}$ de la fonction vectorielle $\mathbf{f}$ dont les coefficients sont, par définition,

$$(\mathrm{J}_{\mathbf{f}})_{ij} = \frac{\partial f_i}{\partial x_j}, \qquad i,j = 1, \ldots, n.$$

Le symbole $\partial f_i/\partial x_j$ représente la dérivée partielle de f_i par rapport à x_j (voir définition (8.3)). Avec ces notations, la méthode de Newton (2.14) s'écrit alors : étant donné $\mathbf{x}^{(0)} \in \mathbb{R}^n$, pour $k = 0, 1, \ldots$, jusqu'à convergence

$$\boxed{\begin{aligned} \text{résoudre} \quad & \mathrm{J}_{\mathbf{f}}(\mathbf{x}^{(k)})\boldsymbol{\delta}\mathbf{x}^{(k)} = -\mathbf{f}(\mathbf{x}^{(k)}); \\ \text{poser} \quad & \mathbf{x}^{(k+1)} = \mathbf{x}^{(k)} + \boldsymbol{\delta}\mathbf{x}^{(k)} \end{aligned}} \quad (2.16)$$

Ainsi, la méthode de Newton appliquée à un système requiert à chaque itération la résolution d'un système linéaire de matrice $\mathrm{J}_{\mathbf{f}}(\mathbf{x}^{(k)})$.

Le Programme 2.3 implémente cet algorithme en utilisant la commande MATLAB \ (voir Section 5.8) pour résoudre le système linéaire associé à la matrice jacobienne. En entrée, on doit fournir un vecteur colonne x0 définissant la donnée initiale et deux *fonctions*, Ffun et Jfun, qui calculent respectivement le vecteur colonne F contenant les évaluations de $\mathbf{f}$ pour un vecteur arbitraire x et la matrice jacobienne $\mathrm{J}_{\mathbf{f}}$, également évaluée pour un vecteur arbitraire x. On arrête le calcul quand la norme euclidienne de la différence entre deux itérées successives est plus petite que tol ou quand le nombre maximal d'itérations nmax est atteint.

2.3 Méthode de Newton

Programme 2.3. newtonsys : méthode de Newton pour des systèmes non linéaires

```
function [x,F,niter] = newtonsys(Ffun,Jfun,x0,tol,...
                                 nmax, varargin)
%NEWTONSYS cherche un zéro d'un système non linéaire
% [ZERO,F,NITER]=NEWTONSYS(FFUN,JFUN,X0,TOL,NMAX)
% tente de trouver le vecteur ZERO, racine d'un
% système non linéaire défini dans FFUN et dont
% la matrice jacobienne est définie dans la
% fonction JFUN. La racine est cherchée autour
% du vecteur X0.
% La variable F renvoie le résidu dans ZERO
% NITER renvoie le nombre d'itérations nécessaires
% pour calculer ZERO. FFUN et JFUN sont des fonctions
% MATLAB définies dans des M-files.
niter = 0; err = tol + 1; x = x0;
while err >= tol & niter < nmax
    J = feval(Jfun,x,varargin{:});
    F = feval(Ffun,x,varargin{:});
    delta = - J\F;
    x = x + delta;
    err = norm(delta);
    niter = niter + 1;
end
F = norm(feval(Ffun,x,varargin{:}));
if (niter==nmax & err> tol)
    fprintf(['Pas de convergence dans le nombre',...
    ' d''iterations imparti\n ']);
    fprintf([' La valeur retournée a un résidu',...
    ' relatif de %e\n'],F);
else
    fprintf(['La méthode a convergé à l''itération',...
            ' %i avec un résidu %e\n'],niter,F);
end
return
```

Exemple 2.4 Considérons le système non linéaire (2.15). Il possède les deux solutions (détectables graphiquement) $(0.4761, -0.8794)$ et $(-0.4761, 0.8794)$ (où on s'est limité aux quatre premiers chiffres significatifs). Pour utiliser le Programme 2.3, on définit les fonctions suivantes :

```
function J=Jfun(x)
pi2 = 0.5*pi;
J(1,1) = 2*x(1);           J(1,2) = 2*x(2);
J(2,1) = pi2*cos(pi2*x(1)); J(2,2) = 3*x(2)^2;
return

function F=Ffun(x)
F(1,1) = x(1)^2 + x(2)^2 - 1;
F(2,1) = sin(pi*x(1)/2) + x(2)^3;
return
```

En partant de la donnée initiale x0=[1;1] la méthode de Newton, exécutée avec la commande :

```
x0=[1;1]; tol=1e-5; nmax=10;
[x,F,niter] = newtonsys(@Ffun,@Jfun,x0,tol,nmax);
```

converge en 8 itérations vers les valeurs :
```
4.760958225338114e-01
-8.793934089897496e-01
```

(Le caractère spécial @ indique à `newtonsys` que `Ffun` et `Jfun` sont des fonctions définies dans des M-files.)

Remarquer que si on part de `x0=[-1;-1]` la méthode converge vers l'autre racine. De manière générale, tout comme dans le cas scalaire, la convergence de la méthode de Newton dépend du choix de la donnée initiale $\mathbf{x}^{(0)}$ et on doit s'assurer que $\det(\mathbf{J_f}(\mathbf{x}^{(0)})) \neq 0$. ∎

Résumons-nous

1. Les méthodes pour le calcul des zéros d'une fonction f sont généralement itératives ;
2. la méthode de dichotomie permet le calcul d'un zéro d'une fonction f en construisant une suite d'intervalles dont la longueur est divisée par deux à chaque itération. Cette méthode est convergente dès que f est continue sur l'intervalle initial et a des signes opposés aux extrémités de cet intervalle ;
3. la méthode de Newton permet le calcul d'un zéro α de f en faisant appel aux valeurs de f et de sa dérivée. Une condition nécessaire de convergence est que la donnée initiale appartienne à un certain voisinage (assez petit) de α ;
4. la convergence de la méthode de Newton n'est quadratique que quand α est un zéro simple de f, autrement elle est linéaire ;
5. la méthode de Newton peut être étendue au cas d'un système d'équations non linéaires.

Voir les Exercices 2.6–2.14.

2.4 Méthode de point fixe

En s'amusant avec une calculatrice de poche, on peut vérifier qu'en partant de la valeur 1 et en appuyant plusieurs fois de suite sur la touche "cosinus", on obtient cette suite de valeurs

$$x^{(1)} = \cos(1) = 0.54030230586814,$$
$$x^{(2)} = \cos(x^{(1)}) = 0.85755321584639,$$
$$\vdots$$
$$x^{(10)} = \cos(x^{(9)}) = 0.74423735490056,$$
$$\vdots$$
$$x^{(20)} = \cos(x^{(19)}) = 0.73918439977149,$$

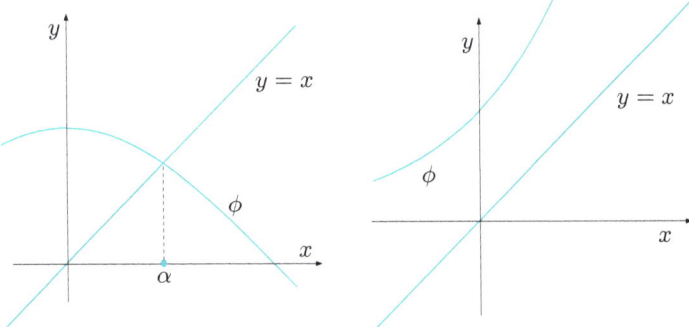

Figure 2.6. La fonction $\phi(x) = \cos x$ admet un point fixe et un seul *(à gauche)*, tandis que la fonction $\phi(x) = e^x$ n'en a aucun *(à droite)*

qui doit tendre vers la valeur $\alpha = 0.73908513\ldots$. En effet, on a par construction $x^{(k+1)} = \cos(x^{(k)})$ pour $k = 0, 1, \ldots$ (avec $x^{(0)} = 1$). Si cette suite converge, sa limite α satisfait l'équation $\cos(\alpha) = \alpha$. Pour cette raison, α est appelé *point fixe* de la fonction cosinus. On peut se demander comment exploiter cette procédure pour calculer les zéros d'une fonction donnée. Remarquons qu'on peut voir α comme un point fixe du cosinus, ou encore comme un zéro de la fonction $f(x) = x - \cos(x)$. La méthode proposée fournit donc un moyen de calculer les zéros de f. Cependant, toutes les fonctions n'ont pas un point fixe. Par exemple, en répétant l'expérience précédente avec l'exponentielle et $x^{(0)} = 1$, on dépasse les capacités de calcul (*overflow*) après seulement 4 itérations (voir Figure 2.6).

Précisons ce principe en considérant le problème suivant : étant donné une fonction $\phi : [a, b] \to \mathbb{R}$, trouver $\alpha \in [a, b]$ tel que

$$\alpha = \phi(\alpha).$$

Si un tel α existe, on dit que c'est un *point fixe* de ϕ et on peut essayer de le calculer à l'aide de l'algorithme suivant

$$\boxed{x^{(k+1)} = \phi(x^{(k)}), \ k \geq 0} \qquad (2.17)$$

où $x^{(0)}$ est une donnée initiale. Cet algorithme est appelé *méthode de point fixe* ou *itérations de point fixe* et on dit que ϕ est la *fonction d'itération*. La procédure décrite en introduction est donc un exemple d'itérations de point fixe avec $\phi(x) = \cos(x)$.

La Figure 2.7 (à gauche) montre une représentation graphique de (2.17). Il est raisonnable de penser que si ϕ est une fonction continue et si la limite de la suite $\{x^{(k)}\}$ existe, alors cette limite est un point fixe de ϕ. Nous préciserons ce résultat dans les Propositions 2.1 et 2.2.

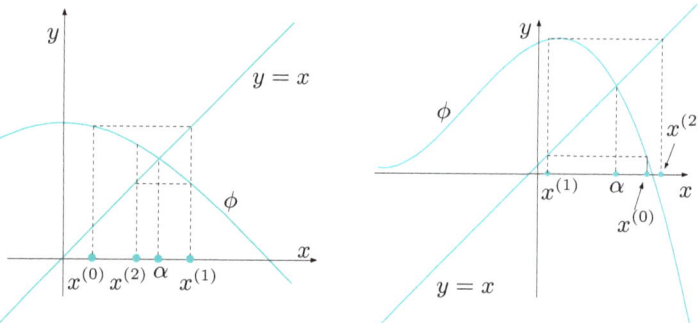

Figure 2.7. Représentation de quelques itérations de point fixe pour deux fonctions d'itération. A gauche, la suite converge vers le point fixe α. A droite, la suite diverge

Exemple 2.5 La méthode de Newton (2.7) peut être vue comme un algorithme de point fixe associé à la fonction d'itération

$$\phi(x) = x - \frac{f(x)}{f'(x)}. \tag{2.18}$$

Dorénavant, nous noterons cette fonction ϕ_N (N pour Newton). On ne peut pas exprimer la méthode de dichotomie comme une méthode de point fixe car l'itération $x^{(k+1)}$ dépend non seulement de $x^{(k)}$ mais aussi de $x^{(k-1)}$. ∎

Les itérations de point fixe peuvent ne pas converger, comme le montre la Figure 2.7 (à droite). On a le résultat suivant :

Proposition 2.1 *Considérons la suite* (2.17).

1. *Supposons que $\phi(x)$ est continue sur $[a,b]$ et telle que $\phi(x) \in [a,b]$ pour tout $x \in [a,b]$; alors il existe au moins un point fixe $\alpha \in [a,b]$.*

2. *De plus, si*

$$\exists L < 1 \text{ t.q. } |\phi(x_1) - \phi(x_2)| \leq L|x_1 - x_2| \quad \forall x_1, x_2 \in [a,b], \tag{2.19}$$

alors ϕ admet un unique point fixe $\alpha \in [a,b]$ et la suite définie en (2.17) converge vers α, pour toute donnée initiale $x^{(0)}$ dans $[a,b]$.

Preuve. *1.* Commençons par prouver l'existence d'un point fixe de ϕ. La fonction $g(x) = \phi(x) - x$ est continue dans $[a,b]$ et, grâce à l'hypothèse faite sur l'image de ϕ, on a $g(a) = \phi(a) - a \geq 0$ et $g(b) = \phi(b) - b \leq 0$. En appliquant le théorème des valeurs intermédiaires, on en déduit que

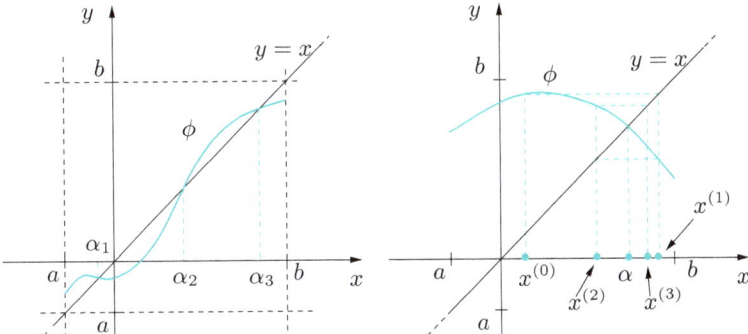

Figure 2.8. A gauche, une fonction ϕ présentant 3 points fixes ; à droite, une fonction vérifiant l'hypothèse (2.19) et les premiers termes de la suite (2.21) qui converge vers l'unique point fixe α

g a au moins un zéro dans $[a,b]$, i.e. ϕ a au moins un point fixe dans $[a,b]$ (voir un exemple sur la Figure 2.8).

2. L'unicité du point fixe découle de l'hypothèse (2.19). En effet, si on avait deux points fixes distincts α_1 et α_2, alors

$$|\alpha_1 - \alpha_2| = |\phi(\alpha_1) - \phi(\alpha_2)| \leq L|\alpha_1 - \alpha_2| < |\alpha_1 - \alpha_2|,$$

ce qui est impossible.

Prouvons à présent que la suite $x^{(k)}$ définie en (2.17) converge vers l'unique point fixe α quand $k \to \infty$, pour toute donnée initiale $x^{(0)} \in [a,b]$. On a

$$0 \leq |x^{(k+1)} - \alpha| = |\phi(x^{(k)}) - \phi(\alpha)|$$
$$\leq L|x^{(k)} - \alpha| \leq \ldots \leq L^{k+1}|x^{(0)} - \alpha|,$$

i.e., $\forall k \geq 0$,

$$\frac{|x^{(k)} - \alpha|}{|x^{(0)} - \alpha|} \leq L^k. \qquad (2.20)$$

En passant à la limite quand $k \to \infty$, on obtient $\lim_{k \to \infty} |x^{(k)} - \alpha| = 0$, ce qui est le résultat voulu. ∎

En pratique, il est souvent très difficile de choisir *a priori* un intervalle $[a,b]$ sur lequel les hypothèses de la Proposition 2.1 sont vérifiées ; on utilisera alors le résultat de convergence *locale* suivant (voir [OR70] pour une preuve).

Théorème 2.1 (théorème d'Ostrowski) *Soit α un point fixe d'une fonction ϕ continue et continûment différentiable dans un certain voisinage $\mathcal{J}$ de α. Si $|\phi'(\alpha)| < 1$, alors il existe $\delta > 0$ pour lequel $\{x^{(k)}\}$ converge vers α, pour tout $x^{(0)}$ tel que $|x^{(0)} - \alpha| < \delta$. De plus, on a*

$$\lim_{k \to \infty} \frac{x^{(k+1)} - \alpha}{x^{(k)} - \alpha} = \phi'(\alpha) \qquad (2.21)$$

Preuve. Nous nous contentons de vérifier la propriété (2.21). Grâce au théorème des accroissements finis, pour tout $k \geq 0$, il existe un point ξ_k entre $x^{(k)}$ et α tel que $x^{(k+1)} - \alpha = \phi(x^{(k)}) - \phi(\alpha) = \phi'(\xi_k)(x^{(k)} - \alpha)$, c'est-à-dire

$$(x^{(k+1)} - \alpha)/(x^{(k)} - \alpha) = \phi'(\xi_k). \qquad (2.22)$$

Comme $x^{(k)} \to \alpha$ et ξ_k se trouve entre $x^{(k)}$ et α, on a $\lim_{k \to \infty} \xi_k = \alpha$. Enfin, en passant à la limite dans les deux termes de (2.22) et en rappelant que ϕ' est continue dans un voisinage de α, on obtient (2.21). ■

On déduit de (2.20) et (2.21) que les itérations de point fixe convergent au moins linéairement : pour k assez grand l'erreur à l'étape $k+1$ est de l'ordre de l'erreur à l'étape k multipliée par une constante (L dans (2.20) ou $\phi'(\alpha)$ dans (2.21)) indépendante de k et strictement plus petite que 1 en valeur absolue. Cette constante s'appelle *coefficient de convergence asymptotique*. Remarquons que plus le *coefficient de convergence asymptotique* est petit, plus rapide est la convergence.

Remarque 2.1 Quand $|\phi'(\alpha)| > 1$, on déduit de (2.22) que si $x^{(k)}$ est assez proche de α, tel que $|\phi'(x^{(k)})| > 1$, alors $|\alpha - x^{(k+1)}| > |\alpha - x^{(k)}|$, et la suite ne peut pas converger vers le point fixe. Au contraire, quand $|\phi'(\alpha)| = 1$, on ne peut rien conclure : la suite peut converger ou diverger, selon les propriétés de la fonction $\phi(x)$. ■

Exemple 2.6 La fonction $\phi(x) = \cos(x)$ vérifie toutes les hypothèses du Théorème 2.1. En effet, $|\phi'(\alpha)| = |\sin(\alpha)| \simeq 0.67 < 1$, donc il existe par continuité un voisinage I_α de α tel que $|\phi'(x)| < 1$ pour $x \in I_\alpha$. La fonction $\phi(x) = x^2 - 1$ possède deux points fixes $\alpha_\pm = (1 \pm \sqrt{5})/2$ mais ne vérifie l'hypothèse pour aucun d'eux puisque $|\phi'(\alpha_\pm)| = |1 \pm \sqrt{5}| > 1$. Les itérations de point fixe ne convergent d'ailleurs pas. ■

Exemple 2.7 (Dynamique des populations) Appliquons la méthode de point fixe à la fonction $\phi_V(x) = rx/(1 + xK)$ du modèle de Verhulst (2.3) et à la fonction $\phi_P(x) = rx^2/(1 + (x/K)^2)$ du modèle prédateurs-proies (2.4) avec $r = 3$ et $K = 1$. En partant de $x^{(0)} = 1$, on trouve le point fixe $\alpha = 2$ dans le premier cas et $\alpha = 2.6180$ dans le second cas (voir Figure 2.9). On peut

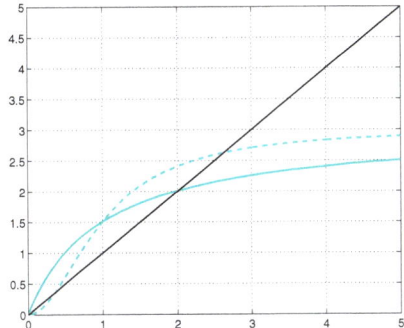

Figure 2.9. Deux points fixes pour deux dynamiques de populations : le modèle de Verhulst *(trait plein)* et le modèle prédateurs-proies *(trait discontinu)*

calculer le point fixe $\alpha = 0$, commun à ϕ_V et ϕ_P, par des itérations de point fixe pour ϕ_P mais pour ϕ_V. En effet $\phi'_P(\alpha) = 0$, tandis que $\phi'_V(\alpha) = r > 1$. Le troisième point fixe $\alpha = 0.3820\ldots$ de ϕ_P ne peut pas être calculé avec des itérations de point fixe car $\phi'_P(\alpha) > 1$. ∎

La méthode de Newton n'est pas la seule méthode itérative ayant une convergence quadratique. On a en effet la propriété générale suivante :

Proposition 2.2 *Supposons satisfaites toutes les hypothèses du Théorème 2.1. Supposons de plus que ϕ est deux fois continûment différentiable et que*

$$\phi'(\alpha) = 0, \ \phi''(\alpha) \neq 0.$$

Alors les itérations de point fixe (2.17) ont une convergence quadratique et

$$\lim_{k \to \infty} \frac{x^{(k+1)} - \alpha}{(x^{(k)} - \alpha)^2} = \frac{1}{2} \phi''(\alpha) \qquad (2.23)$$

Preuve. Dans ce cas, il suffit de montrer qu'il existe un point $\eta^{(k)}$ se trouvant entre $x^{(k)}$ et α tel que

$$x^{(k+1)} - \alpha = \phi(x^{(k)}) - \phi(\alpha) = \phi'(\alpha)(x^{(k)} - \alpha) + \frac{\phi''(\eta^{(k)})}{2}(x^{(k)} - \alpha)^2.$$

∎

L'Exemple 2.5 montre qu'on peut également utiliser les itérations de point fixe (2.17) pour calculer les zéros de la fonction f. Pour une fonction f donnée, la fonction ϕ définie par (2.18) n'est clairement pas la seule fonction d'itération possible. Par exemple, pour résoudre l'équation $\log(x) = \gamma$, en posant $f(x) = \log(x) - \gamma$, le choix (2.18) conduit à la fonction d'itération

$$\phi_N(x) = x(1 - \log(x) + \gamma).$$

Une autre méthode de point fixe peut être obtenue en ajoutant x aux deux membres de l'équation $f(x) = 0$. La fonction d'itération associée est alors $\phi_1(x) = x + \log(x) - \gamma$. On obtient une méthode encore différente en choisissant la fonction d'itération $\phi_2(x) = x \log(x)/\gamma$. Mais toutes ces méthodes ne convergent pas. Par exemple, si $\gamma = -2$, les méthodes associées aux fonctions d'itération ϕ_N et ϕ_2 sont toutes les deux convergentes, alors que celle associée à ϕ_1 ne l'est pas puisque $|\phi_1'(x)| > 1$ dans un voisinage du point fixe α.

2.4.1 Test d'arrêt des itérations de point fixe

En général, on interrompt des itérations de point fixe quand la valeur absolue de la différence entre deux itérées successives est inférieure à une tolérance donnée ε.

Comme $\alpha = \phi(\alpha)$ et $x^{(k+1)} = \phi(x^{(k)})$, on établit à l'aide du théorème de la moyenne (voir Section 1.5.3),

$$\alpha - x^{(k+1)} = \phi(\alpha) - \phi(x^{(k)}) = \phi'(\xi^{(k)})\,(\alpha - x^{(k)}) \text{ avec } \xi^{(k)} \in I_{\alpha,x^{(k)}},$$

$I_{\alpha,x^{(k)}}$ étant l'intervalle d'extrémités α et $x^{(k)}$. En utilisant l'identité

$$\alpha - x^{(k)} = (\alpha - x^{(k+1)}) + (x^{(k+1)} - x^{(k)}),$$

on en déduit que

$$\alpha - x^{(k)} = \frac{1}{1 - \phi'(\xi^{(k)})}(x^{(k+1)} - x^{(k)}). \tag{2.24}$$

Par conséquent, si $\phi'(x) \simeq 0$ dans un voisinage de α, la différence entre deux itérées successives fournit un estimateur d'erreur satisfaisant. C'est le cas des méthodes d'ordre 2, dont la méthode de Newton. Cette estimation devient d'autant moins bonne que ϕ' s'approche de 1.

Exemple 2.8 Calculons avec la méthode de Newton le zéro $\alpha = 1$ de la fonction $f(x) = (x-1)^{m-1}\log(x)$ pour $m = 11$ et $m = 21$. Noter que ce zéro est de multiplicité m. Dans ce cas, la méthode de Newton a une convergence d'ordre 1 ; de plus, il est possible de prouver (voir Exercice 2.15) que $\phi_N'(\alpha) = 1 - 1/m$, ϕ_N étant la fonction d'itération de la méthode vue comme un algorithme de point fixe. Plus m est grand, plus se détériore la précision de l'estimation de l'erreur par la différence entre deux itérées successives. Ceci est confirmé par les résultats numériques de la Figure 2.10 sur laquelle on compare le comportement de l'erreur réelle et celui de l'erreur estimée pour $m = 11$ et $m = 21$. La différence entre les deux quantités est plus grande quand $m = 21$. ■

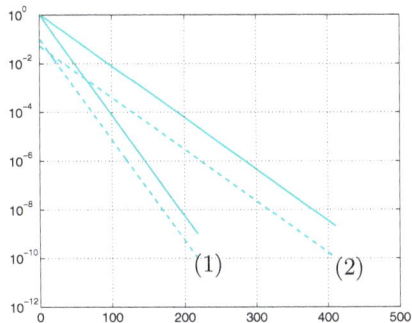

Figure 2.10. Valeur absolue de l'erreur *(traits pleins)* et valeur absolue de la différence entre deux itérées successives *(traits discontinus)*, tracées en fonction du nombre d'itérations, pour l'Exemple 2.8. La courbe (1) correspond à $m = 11$, la courbe (2) à $m = 21$

2.5 Accélération par la méthode d'Aitken

Dans ce paragraphe, nous décrivons une technique qui permet d'accélérer la convergence d'une suite construite par une méthode de point fixe. On suppose donc que $x^{(k)} = \phi(x^{(k-1)})$, $k \geq 1$. Si la suite $\{x^{(k)}\}$ converge *linéairement* vers un point fixe α de ϕ, on déduit de (2.21) que, pour un certain k, il y a un λ (à déterminer) tel que

$$\phi(x^{(k)}) - \alpha = \lambda(x^{(k)} - \alpha), \qquad (2.25)$$

où on a volontairement évité d'identifier $\phi(x^{(k)})$ avec $x^{(k+1)}$. L'idée de la méthode d'Aitken consiste en effet à définir une nouvelle valeur de $x^{(k+1)}$ (et donc une nouvelle suite) qui soit une meilleure approximation de α que celle donnée par $\phi(x^{(k)})$. On déduit de (2.25) que

$$\alpha = \frac{\phi(x^{(k)}) - \lambda x^{(k)}}{1 - \lambda} = \frac{\phi(x^{(k)}) - \lambda x^{(k)} + x^{(k)} - x^{(k)}}{1 - \lambda}$$

ou encore

$$\boxed{\alpha = x^{(k)} + (\phi(x^{(k)}) - x^{(k)})/(1 - \lambda)} \qquad (2.26)$$

On doit à présent calculer λ. Pour ce faire, on introduit la suite

$$\lambda^{(k)} = \frac{\phi(\phi(x^{(k)})) - \phi(x^{(k)})}{\phi(x^{(k)}) - x^{(k)}} \qquad (2.27)$$

et on vérifie qu'on a la propriété suivante

Lemme 2.1 *Si la suite définie par $x^{(k+1)} = \phi(x^{(k)})$ converge vers α, alors $\lim_{k \to \infty} \lambda^{(k)} = \phi'(\alpha)$.*

Preuve. Si $x^{(k+1)} = \phi(x^{(k)})$, alors $x^{(k+2)} = \phi(\phi(x^{(k)}))$ et, d'après (2.27), $\lambda^{(k)} = (x^{(k+2)} - x^{(k+1)})/(x^{(k+1)} - x^{(k)})$, ou

$$\lambda^{(k)} = \frac{x^{(k+2)} - \alpha - (x^{(k+1)} - \alpha)}{x^{(k+1)} - \alpha - (x^{(k)} - \alpha)} = \frac{\dfrac{x^{(k+2)} - \alpha}{x^{(k+1)} - \alpha} - 1}{1 - \dfrac{x^{(k)} - \alpha}{x^{(k+1)} - \alpha}}$$

d'où on déduit, en calculant la limite et en utilisant (2.21),

$$\lim_{k \to \infty} \lambda^{(k)} = \frac{\phi'(\alpha) - 1}{1 - 1/\phi'(\alpha)} = \phi'(\alpha). \qquad \blacksquare$$

Avec le Lemme 2.1, on peut conclure que, pour un k donné, $\lambda^{(k)}$ peut être vu comme une approximation de la quantité λ introduite ci-dessus. On utilise ainsi (2.27) dans (2.26) et on définit un nouveau $x^{(k+1)}$ comme suit

$$\boxed{x^{(k+1)} = x^{(k)} - \frac{(\phi(x^{(k)}) - x^{(k)})^2}{\phi(\phi(x^{(k)})) - 2\phi(x^{(k)}) + x^{(k)}}, \; k \geq 0} \qquad (2.28)$$

Cette expression est connue sous le nom de *formule d'extrapolation d'Aitken*. Elle définit une *nouvelle* méthode de point de fixe (appelée parfois *méthode de Steffensen*), associée à la fonction d'itération

$$\phi_\Delta(x) = \frac{x\phi(\phi(x)) - [\phi(x)]^2}{\phi(\phi(x)) - 2\phi(x) + x}.$$

La fonction ϕ_Δ n'est pas définie pour $x = \alpha$ puisque son dénominateur s'annule. Néanmoins, en appliquant la règle de l'Hôpital et en supposant que ϕ est dérivable et $\phi'(\alpha) \neq 1$, on trouve

$$\lim_{x \to \alpha} \phi_\Delta(x) = \frac{\phi(\phi(\alpha)) + \alpha\phi'(\phi(\alpha))\phi'(\alpha) - 2\phi(\alpha)\phi'(\alpha)}{\phi'(\phi(\alpha))\phi'(\alpha) - 2\phi'(\alpha) + 1}$$

$$= \frac{\alpha + \alpha[\phi'(\alpha)]^2 - 2\alpha\phi'(\alpha)}{[\phi'(\alpha)]^2 - 2\phi'(\alpha) + 1} = \alpha.$$

Ainsi, $\phi_\Delta(x)$ peut être prolongée par continuité en $x = \alpha$ en posant $\phi_\Delta(\alpha) = \alpha$.

Quand $\phi(x) = x - f(x)$, le cas $\phi'(\alpha) = 1$ correspond à une racine de multiplicité au moins 2 pour f (puisque $\phi'(\alpha) = 1 - f'(\alpha)$). Dans ce cas, on peut montrer à nouveau en évaluant la limite que $\phi_\Delta(\alpha) = \alpha$. De plus, on peut aussi vérifier que les points fixes de ϕ_Δ sont tous, et exclusivement, des points fixes de ϕ.

2.5 Accélération par la méthode d'Aitken

On peut appliquer la méthode d'Aitken à toute méthode de point fixe. On a en effet le théorème suivant :

Théorème 2.2 *Soit $x^{(k+1)} = \phi(x^{(k)})$ les itérations de point fixe (2.17) avec $\phi(x) = x - f(x)$ pour approcher les racines de f. Si f est suffisamment régulière on a :*

- *si les itérations de point fixe convergent linéairement vers une racine simple de f, alors la méthode d'Aitken converge quadratiquement vers la même racine ;*
- *si les itérations de points fixe convergent avec un ordre $p \geq 2$ vers une racine simple de f, alors la méthode d'Aitken converge vers la même racine avec un ordre $2p - 1$;*
- *si les itérations de point fixe convergent linéairement vers une racine de f de multiplicité $m \geq 2$, alors la méthode d'Aitken converge linéairement vers la même racine avec un coefficient de convergence asymptotique $C = 1 - 1/m$.*

En particulier, si $p = 1$ et si la racine de f est simple, la méthode d'extrapolation d'Aitken converge même si la méthode de point fixe correspondante diverge.

On propose dans le Programme 2.4 une implémentation de la méthode d'Aitken. Ici `phi` est une *fonction* (ou une fonction *inline*) qui définit l'expression de la fonction d'itération associée à la méthode de point fixe à laquelle on applique la méthode d'extrapolation d'Aitken. La donnée initiale est définie par la variable `x0`, tandis que `tol` et `nmax` sont respectivement le tolérance pour le critère d'arrêt (valeur absolue de la différence entre deux itérées successives) et le nombre maximal d'itérations. Si ces quantités ne sont pas définies, elles prennent les valeurs par *défaut* `nmax=100` et `tol=1.e-04`.

Programme 2.4. aitken : méthode d'Aitken

```
function [x,niter]=aitken(phi,x0,tol,nmax,varargin)
%AITKEN Extrapolation d'Aitken
%   [ALPHA,NITER]=AITKEN(PHI,X0) calcule une
%   approximation d'un point fixe ALPHA d'une fonction
%   PHI en partant de la donnée initiale X0 à l'aide de
%   la méthode d'extrapolation d'Aitken. L'algorithme
%   s'arrête après 100 itérations ou quand la valeur
%   absolue de la différence entre deux itérées
%   consécutives est plus petite que 1.e-04. PHI doit
%   être définie comme une fonction, une fonction
%   inline, une fonction anonyme ou un M-fichier.
%   [ALPHA,NITER]=AITKEN(PHI,X0,TOL,NMAX) permet de
%   définir la tolérance pour le critère d'arrêt et le
%   nombre maximal d'itérations.
```

```
if nargin == 2
    tol = 1.e-04;
    nmax = 100;
elseif nargin == 3
    nmax = 100;
end
x = x0;
diff = tol + 1;
niter = 0;
while niter < nmax & diff >= tol
    gx = feval(phi,x,varargin{:});
    ggx = feval(phi,gx,varargin{:});
    xnew = (x*ggx-gx^2)/(ggx-2*gx+x);
    diff = abs(x-xnew);
    x = xnew;
    niter = niter + 1;
end
if (niter==nmax & diff>tol)
fprintf(['Ne converge pas après avoir atteint le ',...
        'nombre maximum d''itérations\n']);
end
return
```

Exemple 2.9 Afin de calculer l'unique racine $\alpha = 1$ de la fonction $f(x) = e^x(x-1)$, on applique la méthode d'Aitken aux deux fonctions d'itération suivantes

$$\phi_0(x) = \log(xe^x), \quad \phi_1(x) = \frac{e^x + x}{e^x + 1}.$$

On utilise le Programme 2.4 avec `tol=1.e-10`, `nmax=100`, `x0=2` et on définit les deux fonctions d'itération comme suit :

```
phi0 = inline('log(x*exp(x))','x');
phi1 = inline('(exp(x)+x)/(exp(x)+1)','x');
```

On exécute le Programme 2.4 ainsi :

```
[alpha,niter]=aitken(phi0,x0,tol,nmax)

alpha =
   1.0000 + 0.0000i
niter =
    10

[alpha,niter]=aitken(phi1,x0,tol,nmax)

alpha =
    1
niter =
    4
```

On constate que la convergence de la méthode est très rapide. A titre de comparaison, la méthode de point fixe avec la fonction d'itération ϕ_1 et le même critère d'arrêt aurait requis 18 itérations, et la méthode de point fixe avec ϕ_0 n'aurait pas convergé puisque $|\phi_0'(1)| = 2$. ∎

Résumons-nous

1. Une valeur α telle que $\phi(\alpha) = \alpha$ est appelée point fixe de la fonction ϕ. Pour la calculer, on utilise des méthodes itératives de la forme $x^{(k+1)} = \phi(x^{(k)})$, appelées itérations de point fixe ou méthode du point fixe ;
2. la méthode du point fixe converge sous des conditions portant sur la fonction d'itération ϕ et sa dérivée première. La convergence est typiquement linéaire, mais devient quadratique quand $\phi'(\alpha) = 0$;
3. il est également possible d'utiliser des itérations de point fixe pour calculer les zéros d'une fonction f ;
4. pour toute méthode de point fixe $x^{(k+1)} = \phi(x^{(k)})$, non nécessairement convergente, il est toujours possible de construire une nouvelle suite en utilisant la méthode d'Aitken qui converge en général plus vite.

Voir Exercices 2.15–2.18.

2.6 Polynômes

Nous considérons dans cette section le cas où f est un polynôme de degré $n \geq 0$ de la forme (1.9). Rappelons que l'espace des polynômes (1.9) est noté $\mathbb{P}_n$, et que si $p_n \in \mathbb{P}_n$, $n \geq 2$, est un polynôme à coefficients réels a_k, et si $\alpha \in \mathbb{C}$ est une racine complexe de p_n, alors $\bar{\alpha}$ (le complexe conjugué de α) est aussi racine de p_n.

Le théorème d'Abel assure qu'on ne peut pas donner une formule explicite des zéros d'un polynôme arbitraire p_n quand $n \geq 5$. Ceci motive l'utilisation de méthodes numériques pour calculer les racines de p_n.

On a vu précédemment que le choix de la donnée initiale $x^{(0)}$ ou d'un intervalle de recherche $[a, b]$ est particulièrement important pour le comportement de la méthode numérique. Dans le cas de polynômes, ces choix peuvent être guidés par les résultats suivants.

> **Théorème 2.3 (Règle des signes de Descartes)** *On note ν le nombre de changements de signe des coefficients $\{a_j\}$ et k le nombre de racines réelles positives d'un polynôme $p_n \in \mathbb{P}_n$, chacune comptée avec sa multiplicité. Alors, $k \leq \nu$ et $\nu - k$ est pair.*

Exemple 2.10 Le polynôme $p_6(x) = x^6 - 2x^5 + 5x^4 - 6x^3 + 2x^2 + 8x - 8$ a pour zéros $\{\pm 1, \pm 2i, 1 \pm i\}$. Il possède donc une racine positive ($k = 1$). Le nombre de changements de signe ν des coefficients est 5. On a donc bien $k \leq \nu$ et $\nu - k = 4$ est pair. ∎

Théorème 2.4 (Cauchy) *Tous les zéros de p_n sont inclus dans le cercle Γ du plan complexe*

$$\Gamma = \{z \in \mathbb{C} : \ |z| \leq 1 + \eta\}, \ \text{où } \eta = \max_{0 \leq k \leq n-1} |a_k/a_n|. \quad (2.29)$$

Cette propriété est rarement utile quand $\eta \gg 1$ (pour le polynôme p_6 de l'Exemple 2.10, on a $\eta = 8$, tandis que toutes les racines sont dans des disques visiblement plus petits).

2.6.1 Algorithme de Hörner

Dans ce paragraphe, nous décrivons une méthode pour évaluer efficacement la valeur d'un polynôme (et de sa dérivée) en un point donné z. Cet algorithme est à la base d'une procédure automatique, appelée méthode de *déflation*, pour l'approximation progressive de *toutes* les racines d'un polynôme.

D'un point de vue algébrique, (1.9) peut s'écrire de manière équivalente

$$p_n(x) = a_0 + x(a_1 + x(a_2 + \ldots + x(a_{n-1} + a_n x)\ldots)). \quad (2.30)$$

Tandis que (1.9) nécessite n sommes et $2n-1$ produits pour évaluer $p_n(x)$ (pour un x donné), (2.30) ne requiert que n sommes et n produits. L'expression (2.30), parfois appelée méthode des produits imbriqués, est la base de l'algorithme de Hörner. Celui-ci permet d'évaluer de manière efficace un polynôme p_n en un point z en utilisant l'algorithme de *division synthétique*

$$\begin{aligned} b_n &= a_n, \\ b_k &= a_k + b_{k+1}z, \ k = n-1, n-2, \ldots, 0 \end{aligned} \quad (2.31)$$

Dans (2.31) tous les coefficients b_k, avec $k \leq n-1$, dépendent de z et on peut vérifier que $b_0 = p_n(z)$. Le polynôme

$$q_{n-1}(x; z) = b_1 + b_2 x + \ldots + b_n x^{n-1} = \sum_{k=1}^{n} b_k x^{k-1}, \quad (2.32)$$

de degré $n-1$ en x, dépend du paramètre z (via les coefficients b_k) et est appelé *polynôme associé* à p_n. On a implémenté l'Algorithme (2.31) dans le Programme 2.5. Les coefficients a_j du polynôme à évaluer sont stockés dans un vecteur a, de a_n à a_0.

Programme 2.5. horner : algorithme de division synthétique

```
function [y,b] = horner(a,z)
%HORNER Algorithme de Horner
%   Y=HORNER(A,Z) calcule
%   Y = A(1)*Z^N + A(2)*Z^(N-1) + ... + A(N)*Z + A(N+1)
%   en utilisant l'algorithme de division synthétique
%   de Horner
n = length(a)-1;   b = zeros(n+1,1);  b(1) = a(1);
for j=2:n+1
   b(j) = a(j)+b(j-1)*z;
end
y = b(n+1);        b = b(1:end-1);
return
```

Nous introduisons maintenant une technique efficace permettant de "retirer" une racine connue (ou dont on connaît une approximation) afin de chercher les autres racines de proche en proche, jusqu'à les avoir toutes déterminées.

Nous commençons pour cela par rappeler la propriété de la *division euclidienne* des polynômes :

Proposition 2.3 *Soient deux polynômes $h_n \in \mathbb{P}_n$ et $g_m \in \mathbb{P}_m$ avec $m \leq n$. Il y a un unique polynôme $\delta \in \mathbb{P}_{n-m}$ et un unique polynôme $\rho \in \mathbb{P}_{m-1}$ tels que*

$$h_n(x) = g_m(x)\delta(x) + \rho(x). \tag{2.33}$$

Ainsi, en divisant un polynôme $p_n \in \mathbb{P}_n$ par $x - z$, on déduit de (2.33) que

$$p_n(x) = b_0 + (x - z)q_{n-1}(x; z),$$

où q_{n-1} est le quotient et b_0 le reste de la division. Si z est une racine de p_n, alors on a $b_0 = p_n(z) = 0$ et donc $p_n(x) = (x - z)q_{n-1}(x; z)$. La résolution de l'équation $q_{n-1}(x; z) = 0$ fournit alors les $n - 1$ racines restantes de $p_n(x)$. Cette remarque suggère la démarche suivante, appelée *déflation*, pour calculer *toutes* les racines p_n.

Pour $m = n, n - 1, \ldots, 1$, (par valeurs décroissantes) :

1. trouver une racine r_m de p_m à l'aide d'une méthode d'approximation ;
2. calculer $q_{m-1}(x; r_m)$ en utilisant (2.31)-(2.32) (avec $z = r_m$) ;
3. poser $p_{m-1} = q_{m-1}$.

La méthode que nous présentons dans le paragraphe suivant est la plus utilisée des méthodes de ce type. Elle est basée sur une méthode de Newton pour approcher les racines.

2.6.2 Méthode de Newton-Hörner

Comme son nom le suggère, la méthode de Newton-Hörner consiste en une procédure de déflation utilisant la méthode de Newton pour calculer les racines r_m. L'intérêt réside dans le fait que la méthode de Newton est implémentée de manière à exploiter au mieux l'algorithme de Hörner (2.31). Soit q_{n-1} le polynôme associé à p_n défini en (2.32), puisque

$$p'_n(x) = q_{n-1}(x;z) + (x-z)q'_{n-1}(x;z),$$

on a

$$p'_n(z) = q_{n-1}(z;z).$$

Grâce à cette identité, la méthode de Newton-Hörner pour l'approximation d'une racine (réelle ou complexe) r_j de p_n ($j=1,\ldots,n$) s'écrit : étant donné une estimation initiale $r_j^{(0)}$ de la racine, calculer pour $k \geq 0$ jusqu'à convergence

$$r_j^{(k+1)} = r_j^{(k)} - \frac{p_n(r_j^{(k)})}{p'_n(r_j^{(k)})} = r_j^{(k)} - \frac{p_n(r_j^{(k)})}{q_{n-1}(r_j^{(k)};r_j^{(k)})} \qquad (2.34)$$

On utilise alors une technique de déflation, exploitant le fait que $p_n(x) = (x - r_j)p_{n-1}(x)$. Puis on passe à la recherche d'un zéro de p_{n-1}, et ainsi de suite jusqu'à ce que tous les zéros de p_n aient été traités.

Puisque $r_j \in \mathbb{C}$, il est nécessaire d'effectuer le calcul en arithmétique complexe, en prenant un $r_j^{(0)}$ de partie imaginaire non nulle. Autrement, la méthode de Newton-Hörner génère une suite $\{r_j^{(k)}\}$ de nombres réels.

On a implémenté la méthode de Newton-Hörner dans le Programme 2.6. Les coefficients a_j du polynôme dont on cherche les racines sont stockés dans un vecteur **a**, de a_n jusqu'à a_0. Les autres paramètres d'entrée, **tol** et **nmax**, sont respectivement la tolérance du critère d'arrêt (valeur absolue de la différence entre deux itérées successives) et le nombre maximal d'itérations. Si ces quantités ne sont pas définies, elles prennent les valeurs par *défaut* **nmax=100** et **tol=1.e-04**. En sortie, le programme retourne respectivement dans les vecteurs **roots** et **iter** les racines calculées et le nombre d'itérations effectuées pour chacune d'elles.

Programme 2.6. newtonhorner : méthode de Newton-Hörner

```
function [roots,iter]=newtonhorner(a,x0,tol,nmax)
%NEWTONHORNER méthode de Newton-Horner
%   [ROOTS,ITER]=NEWTONHORNER(A,X0) calcule les racines
%   du polynôme
%   P(X) = A(1)*X^N + A(2)*X^(N-1)+...+A(N)*X + A(N+1)
%   en utilisant la méthode de Newton-Horner démarrant
```

```
%     d'une donnée initiale X0.  L'algorithme s'arrête
%     après 100 iterations ou quand la valeur absolue de
%     la différence entre deux itérées consécutives est
%     plus petite que 1.e-04.
%     [ROOTS,ITER]=NEWTONHORNER(A,X0,TOL,NMAX) permet de
%     définir la tolérance pour le critère d'arrêt et le
%     nombre maximal d'itérations.
if nargin == 2
    tol = 1.e-04; nmax = 100;
elseif nargin == 3
    nmax = 100;
end
n=length(a)-1; roots = zeros(n,1); iter = zeros(n,1);
for k = 1:n
   % Itération de Newton
   niter = 0; x = x0; diff = tol + 1;
   while niter < nmax & diff >= tol
       [pz,b] = horner(a,x);   [dpz,b] = horner(b,x);
       xnew = x - pz/dpz;      diff = abs(xnew-x);
       niter = niter + 1;      x = xnew;
   end
   if (niter==nmax & diff> tol)
      fprintf(['Ne converge pas après avoir atteint ',...
        'le nombre maximum d''itérations\n']);
   end
   % Déflation
   [pz,a] = horner(a,x); roots(k) = x; iter(k) = niter;
end
return
```

Remarque 2.2 Pour minimiser la propagation des erreurs d'arrondi au cours du processus de déflation, il vaut mieux commencer par approcher la racine r_1 de module minimal, puis passer au calcul des autres racines $r_2, r_3, \ldots$, jusqu'à atteindre celle de plus grand module (pour plus de détails, voir par exemple [QSS07]). ■

Exemple 2.11 On utilise le Programme 2.6 pour calculer les racines $\{1, 2, 3\}$ du polynôme $p_3(x) = x^3 - 6x^2 + 11x - 6$. On entre les instructions suivantes :

```
a=[1 -6 11 -6]; [x,niter]=newtonhorner(a,0,1.e-15,100)

x =
    1
    2
    3
niter =
    8
    8
    2
```

La méthode fournit les trois racines avec précision et en quelques itérations. Cependant, comme signalé à la Remarque 2.2, la méthode n'est pas toujours aussi efficace. Par exemple, pour calculer les racines du polynôme $p_4(x) = x^4 - 7x^3 + 15x^2 - 13x + 4$ (qui admet la racine 1 de multiplicité 3 et la racine simple 4), on trouve les valeurs suivantes :

```
a=[1 -7 15 -13 4]; format long;
[x,niter]=newtonhorner(a,0,1.e-15,100)

x =
   1.000006935337374
   0.999972452635761
   1.000020612232168
   3.999999999794697

niter =
    61
   100
     6
     2
```

La perte de précision apparaît clairement pour la racine multiple, et s'aggrave encore quand la multiplicité augmente. Plus généralement, on peut montrer (voir [QSS07]) que la détermination des racines d'une fonction f devient mal conditionnée (c'est-à-dire très sensible aux perturbations des données) quand la dérivée f' est "petite" au voisinage des racines. Voir l'Exercice 2.6 pour un exemple. ■

2.7 Ce qu'on ne vous a pas dit

Les méthodes les plus sophistiquées pour le calcul des zéros d'une fonction combinent différents algorithmes. Par exemple, la fonction fzero de MATLAB (voir Section 1.5.1) adopte la méthode de Dekker-Brent (voir [QSS07], Section 6.2.3). Dans sa version de base, l'instruction fzero(fun,x0) calcule le zéro de la fonction fun en partant de x0, où fun peut être une chaîne de caractères qui définit une fonction de x, ou bien une fonction inline, une fonction anonyme, ou bien encore le nom d'un M-fichier.

On peut résoudre le problème de l'Exemple 2.1 à l'aide de fzero, en utilisant la donnée initiale x0=0.3 (comme pour la méthode de Newton) en entrant les instructions :

```
Rfunc=inline('6000-1000*(1+T)/T*((1+T)^5-1)');
x0=0.3;
[alpha,res,flag,info]=fzero(Rfunc,x0);
```

on obtient alpha=0.06140241153653 avec un résidu res=-1.8190e-12 en 7 itérations et 29 évaluations de la fonction Rfunc. Un flag négatif signifie que fzero ne parvient pas à trouver un zéro. La variable info est une *structure* comportant 5 champs. En particulier, les champs info.iterations et info.funcCount contiennent respectivement le nombre d'itérations et le nombre d'appels à la fonction. A titre de comparaison, la méthode de Newton converge en 6 itérations vers la valeur 0.06140241153652 avec un résidu égal à 9.0949e-13, mais nécessite la connaissance de la dérivée première de f et un total de 12 évaluations de la fonction.

Pour calculer les zéros d'un polynôme, on peut citer, outre la méthode de Newton-Hörner, les méthodes basées sur les suites de Sturm, les méthodes de Müller, (voir [Atk89] ou [QSS07]) et de Bairstow ([RR01], page 371 et s.). Une autre technique consiste à voir les zéros d'un polynôme comme les valeurs propres d'une matrice particulière (appelée *matrice compagnon*) et à utiliser des algorithmes de recherche de valeurs propres. C'est cette approche qui est utilisée dans la fonction `roots` de MATLAB qui a été introduite à la Section 1.5.2.

On a mentionné à la Section 2.3.2 comment appliquer la méthode de Newton à un système non linéaire, comme (2.13). Plus généralement, les méthodes de point fixe peuvent facilement être étendues pour calculer les zéros de systèmes non linéaires. Citons également les méthodes de Broyden et de quasi-Newton qui peuvent être vues comme des généralisations de la méthode de Newton (voir [DS96], [Deu04], [SM03] et [QSS07, Chap. 7]).

L'instruction MATLAB :

```
zero=fsolve('fun',x0)
```
fsolve

permet de calculer un zéro d'un système non linéaire définie par la fonction `fun`, en démarrant de la donnée initiale `x0`. La fonction `fun` retourne les n valeurs $f_i(\bar{x}_1,\ldots,\bar{x}_n)$, $i=1,\ldots,n$, étant donné le vecteur $(\bar{x}_1,\ldots,\bar{x}_n)^T$.

Par exemple, pour résoudre le système non linéaire (2.15) en utilisant `fsolve`, on définit la fonction MATLAB suivante :

```
function fx=systemnl(x)
fx(1) = x(1)^2+x(2)^2-1;
fx(2) = sin(pi*0.5*x(1))+x(2)^3;
```

Les instructions MATLAB pour résoudre ce système sont alors :

```
x0 = [1 1];
alpha=fsolve('systemnl',x0)

alpha =
    0.4761   -0.8794
```

En utilisant cette procédure, on a trouvé seulement une des deux racines. L'autre peut être obtenue en démarrant de la donnée initiale `-x0`.

Octave 2.1 Les commandes `fzero` et `fsolve` jouent exactement le même rôle dans MATLAB et Octave, cependant leurs arguments optionnels diffèrent légèrement selon le programme. Le lecteur pourra consulter l'aide de ces commandes pour avoir plus de détails. ∎

2.8 Exercices

Exercice 2.1 Soit la fonction $f(x) = \cosh x + \cos x - \gamma$. Pour $\gamma = 1, 2, 3$, trouver un intervalle qui contient le zéro de f. Calculer ce dernier par la méthode de dichotomie avec une tolérance de 10^{-10}.

Exercice 2.2 (Equation d'état d'un gaz) Pour CO_2 (dioxyde de carbone) les coefficients a et b dans (2.1) prennent les valeurs suivantes : $a = 0.401$Pa m^6, $b = 42.7 \cdot 10^{-6}$m^3 (Pa signifie Pascal). Trouver le volume occupé par 1000 molécules de CO_2 à la température $T = 300$K et la pression $p = 3.5 \cdot 10^7$ Pa par la méthode de dichotomie, avec une tolérance de 10^{-12} (la constante de Boltzmann vaut $k = 1.3806503 \cdot 10^{-23}$ Joule K^{-1}).

Exercice 2.3 Un solide ponctuel, au repos à $t = 0$, est placé sur un plan dont la pente varie avec une vitesse constante ω. A un temps $t > 0$, sa position est donnée par

$$s(t, \omega) = \frac{g}{2\omega^2}[\sinh(\omega t) - \sin(\omega t)],$$

où $g = 9.8$ m/s^2 désigne l'accélération de la gravité. En supposant que cet objet s'est déplacé d'un mètre en une seconde, calculer la valeur de ω avec une tolérance de 10^{-5}.

Exercice 2.4 Montrer l'inégalité (2.6).

Exercice 2.5 Dans le Programme 2.1, expliquer pourquoi on a déterminé le point milieu avec la formule `x(2) = x(1)+(x(3)- x(1))*0.5` plutôt qu'avec la formule plus naturelle `x(2)=(x(1)+x(3))*0.5`.

Exercice 2.6 Utiliser la méthode de Newton pour résoudre l'Exercice 2.1. Pourquoi cette méthode n'est-elle pas précise quand $\gamma = 2$?

Exercice 2.7 Utiliser la méthode de Newton pour calculer la racine carrée d'un nombre positif a. Procéder de manière analogue pour calculer la racine cubique de a.

Exercice 2.8 En supposant que la méthode de Newton converge, montrer que (2.9) est vraie quand α est une racine simple de $f(x) = 0$ et f est deux fois continûment différentiable dans un voisinage de α.

Exercice 2.9 (Statique) Utiliser la méthode de Newton pour résoudre le Problème 2.3 pour $\beta \in [0, 2\pi/3]$ avec une tolérance de 10^{-5}. Supposer que les longueurs des barres sont $a_1 = 10$ cm, $a_2 = 13$ cm, $a_3 = 8$ cm et $a_4 = 10$ cm. Pour chaque valeur de β, considérer deux valeurs initiales, $x^{(0)} = -0.1$ et $x^{(0)} = 2\pi/3$.

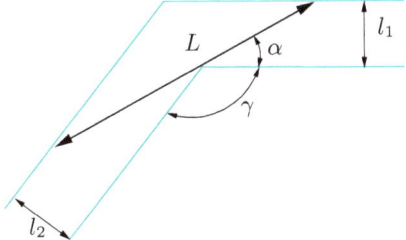

Figure 2.11. Le problème d'une barre glissant dans un couloir

Exercice 2.10 Remarquer que la fonction $f(x) = e^x - 2x^2$ a trois zéros, $\alpha_1 < 0$, α_2 et $\alpha_3 > 0$. Pour quelles valeurs de $x^{(0)}$ la méthode de Newton converge-t-elle vers α_1 ?

Exercice 2.11 Utiliser la méthode de Newton pour calculer le zéro de $f(x) = x^3 - 3x^2 2^{-x} + 3x 4^{-x} - 8^{-x}$ dans $[0,1]$ et expliquer pourquoi la convergence n'est pas quadratique.

Exercice 2.12 Un projectile, envoyé avec une vitesse v_0 et un angle α dans un tunnel de hauteur h, atteint son maximum quand α est tel que $\sin(\alpha) = \sqrt{2gh/v_0^2}$, où $g = 9.8$ m/s^2 est l'accélération de la gravité. Calculer α en utilisant la méthode de Newton, en supposant que $v_0 = 10$ m/s et $h = 1$ m.

Exercice 2.13 (Fonds d'investissement) Résoudre le Problème 2.1 par la méthode de Newton avec une tolérance de 10^{-12}, en supposant que $M = 6000$ euros, $v = 1000$ euros et $n = 5$. Prendre comme donnée initiale le résultat obtenu après 5 itérations de dichotomie sur l'intervalle $]0.01, 0.1[$.

Exercice 2.14 Un couloir a la forme indiquée sur la Figure 2.11. La longueur maximale L d'une barre qui peut passer d'une extrémité à l'autre en glissant sur le sol est donnée par

$$L = l_2/(\sin(\pi - \gamma - \alpha)) + l_1/\sin(\alpha),$$

où α est solution de l'équation non linéaire

$$l_2 \frac{\cos(\pi - \gamma - \alpha)}{\sin^2(\pi - \gamma - \alpha)} - l_1 \frac{\cos(\alpha)}{\sin^2(\alpha)} = 0. \qquad (2.35)$$

Calculer α par la méthode de Newton pour $l_2 = 10$, $l_1 = 8$ et $\gamma = 3\pi/5$.

Exercice 2.15 Soit ϕ_N la fonction d'itération de la méthode de Newton vue comme une méthode de point fixe. Montrer que $\phi_N'(\alpha) = 1 - 1/m$ où α est un zéro de f de multiplicité m. En déduire que la méthode de Newton converge quadratiquement si α est une racine simple de $f(x) = 0$, et linéairement sinon.

76   2 Equations non linéaires

Exercice 2.16 Déduire du graphe de $f(x) = x^3 + 4x^2 - 10$ que cette fonction a un unique zéro réel α. Pour calculer α, utiliser les itérations de point fixe suivantes : soit $x^{(0)}$, on définit $x^{(k+1)}$ tel que

$$x^{(k+1)} = \frac{2(x^{(k)})^3 + 4(x^{(k)})^2 + 10}{3(x^{(k)})^2 + 8x^{(k)}}, \qquad k \geq 0$$

et analyser sa convergence vers α.

Exercice 2.17 Analyser la convergence des itérations de point fixe

$$x^{(k+1)} = \frac{x^{(k)}[(x^{(k)})^2 + 3a]}{3(x^{(k)})^2 + a}, \quad k \geq 0,$$

pour le calcul de la racine carrée d'un nombre positif a.

Exercice 2.18 Reprendre les calculs effectués à l'Exercice 2.11 en utilisant le critère d'arrêt basé sur le résidu. Lequel des résultats est-il le plus précis ?

3
Approximation de fonctions et de données

Approcher une fonction f consiste à la remplacer par une autre fonction $\tilde{f}$ dont la forme est plus simple et dont on peut se servir à la place de f. On verra dans le prochain chapitre qu'on utilise fréquemment cette stratégie en intégration numérique quand, au lieu de calculer $\int_a^b f(x)dx$, on calcule de manière exacte $\int_a^b \tilde{f}(x)dx$, où $\tilde{f}$ est une fonction simple à intégrer (p.ex. polynomiale). Dans d'autres contextes, la fonction f peut n'être connue que par les valeurs qu'elle prend en quelques points particuliers. Dans ce cas, on cherche à construire une fonction continue $\tilde{f}$ représentant une loi empirique qui se cacherait derrière les données. Commençons par quelques exemples qui illustrent ce type d'approche.

3.1 Quelques problèmes types

Problème 3.1 (Climatologie) La température moyenne de l'air au voisinage du sol dépend de la concentration K en acide carbonique (H_2CO_3). Dans la Table 3.1, on donne la variation $\delta_K = \theta_K - \theta_{\bar{K}}$ de la température moyenne par rapport à une température de référence $\bar{K}$ pour différentes latitudes et pour quatre valeurs de K. La quantité $\bar{K}$ est la valeur de K mesurée en 1896 et normalisée à un. On peut construire une fonction qui, sur la base des données disponibles, permet d'approcher la température moyenne à une latitude quelconque et pour d'autres valeurs de K (voir Exemple 3.1). ■

Problème 3.2 (Finance) Sur la Figure 3.1, nous traçons les prix d'une action à la bourse de Zürich pendant deux années. La courbe a été obtenue en joignant par une ligne droite les cotations quotidiennes à la clôture. Cette simple représentation suppose implicitement que les prix varient linéairement au cours de la journée (cette approximation sera appelée *interpolation affine composite*). Nous nous demandons si, à partir

Quarteroni, A., Saleri, F., Gervasio, P.: Calcul Scientifique
© Springer-Verlag Italia 2010

Table 3.1. Variation de la moyenne annuelle des températures sur la Terre pour différentes valeurs de la concentration K en acide carbonique à différentes latitudes (d'après *Philosophical Magazine* 41, 237 (1896))

Latitude	δ_K			
	$K = 0.67$	$K = 1.5$	$K = 2.0$	$K = 3.0$
65	-3.1	3.52	6.05	9.3
55	-3.22	3.62	6.02	9.3
45	-3.3	3.65	5.92	9.17
35	-3.32	3.52	5.7	8.82
25	-3.17	3.47	5.3	8.1
15	-3.07	3.25	5.02	7.52
5	-3.02	3.15	4.95	7.3
-5	-3.02	3.15	4.97	7.35
-15	-3.12	3.2	5.07	7.62
-25	-3.2	3.27	5.35	8.22
-35	-3.35	3.52	5.62	8.8
-45	-3.37	3.7	5.95	9.25
-55	-3.25	3.7	6.1	9.5

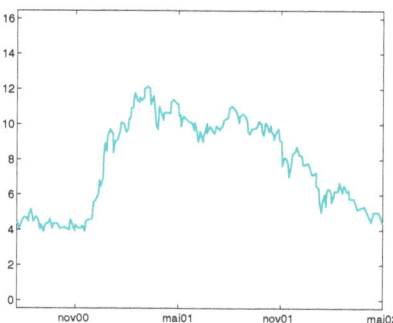

Figure 3.1. Variation du prix d'une action pendant deux ans

de ce graphe, nous pourrions prédire le prix de l'action sur une courte période suivant la date de la dernière cotation. Nous verrons à la Section 3.6 que ce type de prédiction peut être effectué à l'aide d'une technique connue sous le nom d'approximation des données au sens des *moindres carrés* (voir Exemple 3.11). ∎

Problème 3.3 (Biomécanique) On considère un test mécanique pour établir le lien entre la contrainte et les déformations relatives d'un échantillon de tissu biologique (disque vertébral, voir Figure 3.2). En partant des quantités collectées (voir Table 3.2), on veut estimer les déformations correspondant à un effort $\sigma = 0.9$ MPa (MPa= 100 N/cm^2) (voir Exemple 3.12). ∎

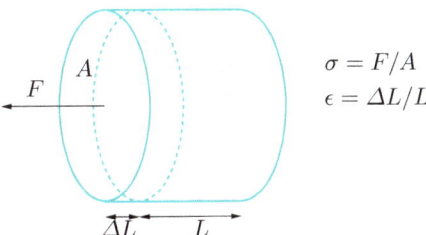

Figure 3.2. Représentation schématique d'un disque vertébral

Table 3.2. Valeurs de la déformation pour différentes valeurs de la contrainte appliquée à un disque vertébral (d'après P.Komarek, Chap. 2, *Biomechanics of Clinical Aspects of Biomedicine*, 1993, J.Valenta ed., Elsevier)

Test i	Contrainte σ	Déformation ϵ	Test i	Contrainte σ	Déformation ϵ
1	0.00	0.00	5	0.31	0.23
2	0.06	0.08	6	0.47	0.25
3	0.14	0.14	7	0.60	0.28
4	0.25	0.20	8	0.70	0.29

Problème 3.4 (Robotique) On veut approcher la trajectoire plane d'un robot industriel (assimilé à un point matériel) durant un cycle de travail. Le robot doit satisfaire quelques contraintes : il doit être à l'arrêt au point $(0,0)$ au temps initial ($t=0$), se déplacer jusqu'au point $(1,2)$ à $t=1$, atteindre le point $(4,4)$ à $t=2$, s'arrêter et repartir immédiatement pour atteindre le point $(3,1)$ à $t=3$, revenir à sa position initiale à $t=5$, s'arrêter et repartir pour un nouveau cycle. Dans l'Exemple 3.9, nous résoudrons ce problème avec des fonction *splines*. ■

3.2 Approximation par polynômes de Taylor

On sait qu'on peut approcher une fonction f par son polynôme de Taylor (introduit à la Section 1.5.3) dans un intervalle donné. Cette technique est très coûteuse car elle nécessite la connaissance de f et de ses dérivées jusqu'à l'ordre n (le degré du polynôme) en un point x_0. De plus, il se peut que le polynôme de Taylor approche très mal f quand on s'éloigne de x_0. Par exemple, nous comparons sur la Figure 3.3, le comportement de $f(x) = 1/x$ et celui de son polynôme de Taylor de degré 10 construit au point $x_0 = 1$. Cette image montre aussi l'interface graphique de la fonction MATLAB `taylortool` qui permet le calcul d'un polynôme de Taylor de degré arbitraire pour toute fonction f. La concordance entre la fonction et son polynôme de Taylor est très bonne dans un petit voisinage de $x_0 = 1$, mais elle se dégrade quand $x - x_0$ devient grand. Heureusement, ce n'est pas le cas de toutes les fonctions : par exemple, l'exponentielle est assez correctement approchée pour tous les $x \in \mathbb{R}$ par

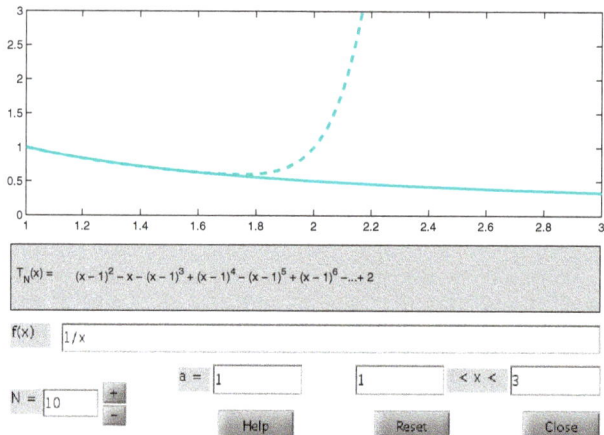

Figure 3.3. Comparaison entre la fonction $f(x) = 1/x$ *(trait plein)* et son polynôme de Taylor de degré 10 au point $x_0 = 1$ *(trait discontinu)*. La forme explicite du polynôme de Taylor est aussi indiquée

son polynôme de Taylor en $x_0 = 0$, à condition qu'il soit de degré assez grand.

Au cours de ce chapitre, nous introduirons des méthodes d'approximation basées sur d'autres approches.

Octave 3.1 `taylortool` n'est pas disponible dans Octave. ∎

3.3 Interpolation

Comme on l'a vu dans les Problèmes 3.1, 3.2 et 3.3, il arrive dans de nombreuses applications qu'une fonction ne soit connue qu'à travers les valeurs qu'elle prend en quelques points. On se trouve donc dans une situation (générale) où $n+1$ couples de $\{x_i, y_i\}$, $i = 0, \ldots, n$, sont donnés ; les points x_i sont tous distincts et sont appelés *noeuds*.

Par exemple, pour le cas de la Table 3.1, n est égal à 12, les noeuds x_i sont les valeurs de la latitude (première colonne), et les y_i sont les variations de température associées (dans les autres colonnes).

Dans cette situation il semble naturel d'imposer à la fonction approchée $\tilde{f}$ de satisfaire les relations

$$\boxed{\tilde{f}(x_i) = y_i,\ i = 0, 1, \ldots, n} \tag{3.1}$$

Une telle fonction $\tilde{f}$ est appelée *fonction d'interpolation* de l'ensemble des données $\{y_i\}$ et les équations (3.1) sont les conditions d'interpolation.

On peut envisager divers types de fonctions d'interpolation, par exemple :
- *interpolation polynomiale*

$$\tilde{f}(x) = a_0 + a_1 x + a_2 x^2 + \ldots + a_n x^n;$$

- *interpolation trigonométrique*

$$\tilde{f}(x) = a_{-M} e^{-iMx} + \ldots + a_0 + \ldots + a_M e^{iMx}$$

où M est un entier égal à $n/2$ si n est pair, $(n+1)/2$ si n est impair, et i est tel que $i^2 = -1$;
- *interpolation rationnelle*

$$\tilde{f}(x) = \frac{a_0 + a_1 x + \ldots + a_k x^k}{a_{k+1} + a_{k+2} x + \ldots + a_{k+n+1} x^n}.$$

Pour simplifier l'exposé, nous ne considérons que les fonctions d'interpolation qui dépendent linéairement des coefficients inconnus a_i. Les interpolations polynomiales et trigonométriques entrent dans cette catégorie, mais pas l'interpolation rationnelle.

3.3.1 Polynôme d'interpolation de Lagrange

Concentrons-nous sur l'interpolation polynomiale. On a le résultat suivant :

> **Proposition 3.1** *Pour tout ensemble de couples* $\{x_i, y_i\}$, $i = 0, \ldots, n$, *avec des noeuds distincts* x_i, *il existe un unique polynôme de degré inférieur ou égal à* n, *noté* Π_n *et appelé polynôme d'interpolation des valeurs* y_i *aux noeuds* x_i, *tel que*
>
> $$\Pi_n(x_i) = y_i, \; i = 0, \ldots, n \qquad (3.2)$$
>
> *Dans le cas où les* $\{y_i, i = 0, \ldots, n\}$ *représentent les valeurs atteintes par une fonction continue* f, Π_n *est appelé polynôme d'interpolation de* f *(ou en abrégé, interpolant de* f) *et noté* $\Pi_n f$.

Vérifions l'unicité en raisonnant par l'absurde. Supposons qu'il existe deux polynômes distincts de degré n, Π_n et Π_n^*, vérifiant tous les deux la relation (3.2). Leur différence, $\Pi_n - \Pi_n^*$ est alors un polynôme de degré n qui s'annule en $n+1$ points distincts. D'après un théorème bien connu

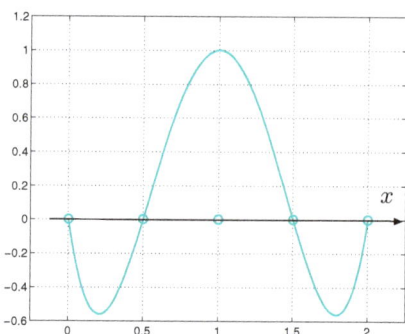

Figure 3.4. Le polynôme $\varphi_2 \in \mathbb{P}_4$ associé à un ensemble de 5 noeuds équirépartis

d'algèbre, on sait qu'un tel polynôme est identiquement nul, donc Π_n^* et Π_n coïncident.

Pour établir l'expression de Π_n, on commence par considérer le cas particulier où $y_i = 0$ pour $i \neq k$ et $y_k = 1$ (k étant fixé). En posant $\varphi_k(x) = \Pi_n(x)$, on doit donc avoir (voir Figure 3.4)

$$\varphi_k \in \mathbb{P}_n, \; \varphi_k(x_j) = \delta_{jk} = \begin{cases} 1 & \text{si } j = k, \\ 0 & \text{sinon} \end{cases}$$

(δ_{jk} est le symbole de Kronecker).

Les fonctions φ_k peuvent s'écrire ainsi

$$\varphi_k(x) = \prod_{\substack{j=0 \\ j \neq k}}^{n} \frac{x - x_j}{x_k - x_j}, \quad k = 0, \ldots, n. \tag{3.3}$$

On considère à présent le cas général où $\{y_i, i = 0, \ldots, n\}$ est un ensemble de valeurs arbitraires. En utilisant un principe de superposition évident, on obtient l'expression suivante de Π_n

$$\boxed{\Pi_n(x) = \sum_{k=0}^{n} y_k \varphi_k(x)} \tag{3.4}$$

En effet, ce polynôme satisfait les conditions d'interpolation (3.2), puisque

$$\Pi_n(x_i) = \sum_{k=0}^{n} y_k \varphi_k(x_i) = \sum_{k=0}^{n} y_k \delta_{ik} = y_i, \quad i = 0, \ldots, n.$$

Les fonctions φ_k sont appelées *polynômes caractéristiques de Lagrange*, et (3.4) est la *forme de Lagrange* du polynôme d'interpolation. En MATLAB, si les vecteurs x et y contiennent les n+1 couples

$\{(x_i, y_i)\}$, l'instruction c=polyfit(x,y,n) fournit les coefficients du polynôme d'interpolation. Plus précisément, c(1) contient le coefficient de x^n, c(2) celui de x^{n-1}, ... et c(n+1) la valeur de $\Pi_n(0)$. (On trouvera plus de détails sur cette commande à la Section 3.6.) Comme déjà indiqué au Chapitre 1, on peut alors utiliser l'instruction p=polyval(c,z) pour calculer les valeurs p(j) prises par le polynôme d'interpolation en m points arbitraires z(j), j=1,...,m.

Quand on connaît explicitement la fonction f, on peut utiliser l'instruction y=eval(f) (ou y=feval(f), ou encore y=f(x)) pour calculer le vecteur y des valeurs de f en des noeuds donnés (par exemple stockés dans un vecteur x).

Exemple 3.1 (Climatologie) Pour calculer le polynôme d'interpolation des données du Problème 3.1 correspondant à $K = 0.67$ (première colonne de la Table 3.1), en utilisant seulement les valeurs de la température pour les latitudes 65, 35, 5, -25, -55, on peut utiliser les instructions MATLAB suivantes :
```
x=[-55 -25 5 35 65]; y=[-3.25 -3.2 -3.02 -3.32 -3.1];
format short e; c=polyfit(x,y,4)
c =
  8.2819e-08  -4.5267e-07  -3.4684e-04   3.7757e-04  -3.0132e+00
```
Le graphe du polynôme d'interpolation est alors obtenu comme suit :
```
z=linspace(x(1),x(end),100);
p=polyval(c,z);
plot(z,p,x,y,'o');grid on;
```
Afin d'obtenir une courbe régulière, nous avons évalué notre polynôme en 101 points équirépartis dans l'intervalle $[-55, 65]$ (en fait, les tracés de MATLAB sont toujours construits en interpolant linéairement par morceaux entre les points). Remarquer que l'instruction x(end) fournit directement la dernière composante du vecteur x, sans avoir à spécifier la longueur du vecteur. Sur la Figure 3.5, les cercles pleins indiquent les valeurs utilisées pour construire le polynôme d'interpolation, tandis que les cercles vides indiquent les valeurs non utilisées. On peut apprécier la bonne adéquation qualitative entre la courbe et les données. ∎

Le résultat suivant permet d'évaluer l'erreur obtenue en remplaçant f par son polynôme d'interpolation $\Pi_n f$

Proposition 3.2 *Soit I un intervalle borné, et soient $n+1$ noeuds d'interpolation distincts $\{x_i, i = 0, \ldots, n\}$ dans I. Soit f une fonction continûment différentiable dans I jusqu'à l'ordre $n+1$. Alors $\forall x \in I, \exists \xi \in I$ tel que*

$$E_n f(x) = f(x) - \Pi_n f(x) = \frac{f^{(n+1)}(\xi)}{(n+1)!} \prod_{i=0}^{n} (x - x_i) \qquad (3.5)$$

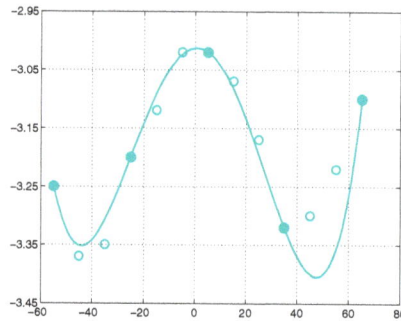

Figure 3.5. Le polynôme d'interpolation de degré 4 introduit dans l'Exemple 3.1

Evidemment, $E_n f(x_i) = 0$, $i = 0, \ldots, n$.

Le résultat (3.5) peut être précisé dans le cas d'une distribution uniforme de noeuds, c'est-à-dire quand $x_i = x_{i-1} + h$ avec $i = 1, \ldots, n$, $h > 0$ et x_0 donnés. On établit dans l'Exercice 3.1 que, $\forall x \in]x_0, x_n[$,

$$\left| \prod_{i=0}^{n} (x - x_i) \right| \leq n! \frac{h^{n+1}}{4}, \tag{3.6}$$

et donc

$$\max_{x \in I} |E_n f(x)| \leq \frac{\max_{x \in I} |f^{(n+1)}(x)|}{4(n+1)} h^{n+1}. \tag{3.7}$$

Malheureusement, on ne peut pas déduire de (3.7) que l'erreur tend vers 0 quand $n \to \infty$, bien que $h^{n+1}/[4(n+1)]$ tende effectivement vers 0. En fait, comme le montre l'Exemple 3.2, il existe même des fonctions f pour lesquelles la limite peut être infinie, c'est-à-dire

$$\lim_{n \to \infty} \max_{x \in I} |E_n f(x)| = \infty.$$

Ce résultat frappant indique qu'en augmentant le degré n du polynôme d'interpolation, on n'obtient pas nécessairement une meilleure reconstruction de f. Par exemple, en utilisant toutes les données de la deuxième colonne de la Table 3.1, on obtient le polynôme d'interpolation $\Pi_{12} f$ représenté sur la Figure 3.6, à gauche. On voit que le comportement de ce polynôme au voisinage de l'extrémité gauche de l'intervalle est bien moins satisfaisant que celui obtenu sur la Figure 3.5 avec beaucoup moins de noeuds. On montre dans l'exemple suivant qu'on peut avoir des résultats encore plus mauvais avec certains types de fonctions.

Exemple 3.2 (Runge) Si la fonction $f(x) = 1/(1+x^2)$ est interpolée en des noeuds équidistants de l'intervalle $I = [-5, 5]$, l'erreur $\max_{x \in I} |E_n f(x)|$ tend

3.3 Interpolation 85

vers l'infini quand $n \to \infty$. Ceci est lié au fait que, quand $n \to \infty$, la quantité $\max_{x \in I} |f^{(n+1)}(x)|$ tend plus vite vers l'infini que $h^{n+1}/[4(n+1)]$ tend vers zéro. Ceci peut être vérifié en calculant le maximum de f et de ses dérivées jusqu'à l'ordre 21 avec les instructions suivantes :

```
syms x; n=20; f=1/(1+x^2); df=diff(f,1);
cdf = char(df);
for i = 1:n+1, df = diff(df,1); cdfn = char(df);
 x = fzero(cdfn,0); M(i) = abs(eval(cdf)); cdf = cdfn;
end
```

Les maximums des valeurs absolues des fonctions $f^{(n)}$, $n = 1, \ldots, 21$, sont stockées dans le vecteur M. Remarquer que la commande char convertit l'expression symbolique df en une chaîne qui peut être évaluée par la fonction fzero. En particulier, les maximums des valeurs absolues de $f^{(n)}$ pour $n = 3, 9, 15, 21$ sont :

```
format short e; M([3,9,15,21])
ans =
   4.6686e+00    3.2426e+05    1.2160e+12    4.8421e+19
```

tandis que les valeurs correspondantes du maximum de $\prod_{i=0}^{n}(x - x_i)/(n+1)!$ sont :

```
z = linspace(-5,5,10000);
for n=0:20; h=10/(n+1); x=[-5:h:5];
  c=poly(x); r(n+1)=max(polyval(c,z));
  r(n+1)=r(n+1)/prod([1:n+1]);
end
r([3,9,15,21])
ans =
   1.1574e+01    5.1814e-02    1.3739e-05    4.7247e-10
```

où c=poly(x) est un vecteur dont les composantes sont les coefficients du polynôme dont les racines sont les composantes du vecteur x. Il s'en suit que $\max_{x \in I} |E_n f(x)|$ atteint les valeurs suivantes :

```
    5.4034e+01    1.6801e+04    1.6706e+07    2.2877e+10
```

pour $n = 3, 9, 15, 21$, respectivement.

Cette absence de convergence est également mise en évidence par les fortes oscillations observées sur le graphe du polynôme d'interpolation (absentes sur le graphe de f), particulièrement au voisinage des extrémités de l'intervalle (voir Figure 3.6, à droite). Ce comportement est connu sous le nom de *phénomène de Runge*. ∎

On peut aussi montrer l'inégalité suivante

$$\max_{x \in I}|f'(x) - (\Pi_n f)'(x)| \leq Ch^n \max_{x \in I}|f^{(n+1)}(x)|,$$

où C est une constante indépendante de h. Ainsi, en approchant la dérivée première de f par la dérivée première de $\Pi_n f$, on perd un ordre de convergence en h.

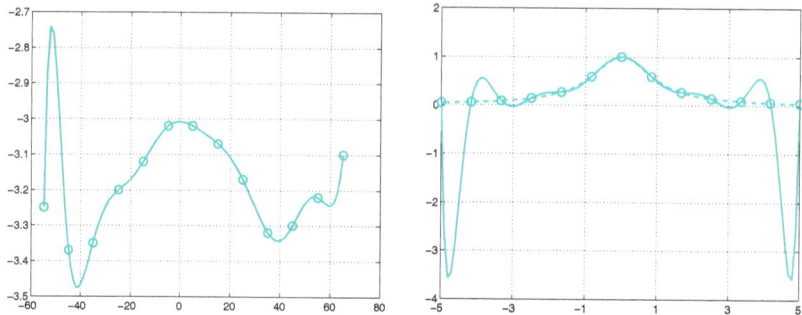

Figure 3.6. Deux exemples du phénomène de Runge : *à gauche*, Π_{12} calculé avec les données de la Table 3.1, colonne $K = 0.67$; *à droite*, $\Pi_{12}f$ *(trait plein)* calculé avec 13 noeuds équidistants pour la fonction $f(x) = 1/(1+x^2)$ *(trait discontinu)*

polyder   Dans MATLAB, $(\Pi_n f)'$ peut être calculé avec [d]=polyder(c), où c est le vecteur d'entrée contenant les coefficients du polynôme d'interpolation, et d est le vecteur de sortie contenant les coefficients de sa dérivée première (voir Section 1.5.2).

3.3.2 Stabilité de l'interpolation polynomiale

Qu'arrive-t-il aux polynômes d'interpolation si, au lieu des valeurs exactes $f(x_i)$, on considère des valeurs perturbées $\hat{f}(x_i)$, $i = 0, \ldots, n$? Ces perturbations peuvent provenir d'erreurs d'arrondi ou d'incertitudes dans les mesures.

Soit $\Pi_n \hat{f}$ le polynôme exact interpolant les valeurs $\hat{f}(x_i)$. En notant **x** le vecteur dont les composantes sont les noeuds d'interpolation $\{x_i\}$, on a

$$\max_{x \in I} |\Pi_n f(x) - \Pi_n \hat{f}(x)| = \max_{x \in I} \left| \sum_{i=0}^{n} \left(f(x_i) - \hat{f}(x_i) \right) \varphi_i(x) \right| \quad (3.8)$$
$$\leq \Lambda_n(\mathbf{x}) \max_{0 \leq i \leq n} \left| f(x_i) - \hat{f}(x_i) \right|$$

où

$$\Lambda_n(\mathbf{x}) = \max_{x \in I} \sum_{i=0}^{n} |\varphi_i(x)|, \quad (3.9)$$

est appelée *constante de Lebesgue* (noter que cette constante dépend des noeuds d'interpolation). Des petites perturbations sur les valeurs nodales $f(x_i)$ entraînent des petites variations sur le polynôme d'interpolation quand la constante de Lebesgue est petite. La constante Λ_n mesure donc

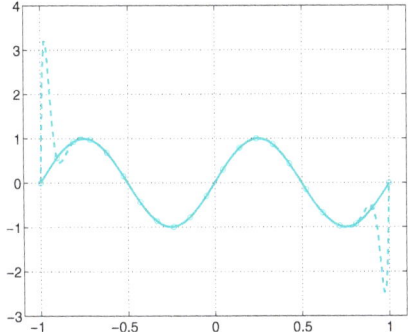

Figure 3.7. Effet de perturbations sur l'interpolation de Lagrange en des noeuds équirépartis. $\Pi_{21}f$ (*trait plein*) est le polynôme d'interpolation exact, $\Pi_{21}\hat{f}$ (*trait discontinu*) est le polynôme perturbé de l'Exemple 3.3

le *conditionnement* du problème d'interpolation. Pour l'interpolation de Lagrange en des noeuds équirépartis

$$\Lambda_n(\mathbf{x}) \simeq \frac{2^{n+1}}{en(\log n + \gamma)}, \tag{3.10}$$

où $e \simeq 2.71834$ est appelé nombre de Neper (ou d'Euler), et $\gamma \simeq 0.547721$ est la constante d'Euler (voir [Hes98] et [Nat65]).

Quand n est grand, l'interpolation de Lagrange sur des noeuds équirépartis peut donc être instable, comme on peut le voir dans l'exemple suivant (voir aussi l'Exercice 3.8).

Exemple 3.3 Pour interpoler $f(x) = \sin(2\pi x)$ en 22 noeuds équirépartis sur l'intervalle $[-1, 1]$, on calcule les valeurs $\hat{f}(x_i)$ en perturbant aléatoirement les valeurs exactes $f(x_i)$, de sorte que

$$\max_{i=0,\ldots,21} |f(x_i) - \hat{f}(x_i)| \simeq 9.5 \cdot 10^{-4}.$$

Sur la Figure 3.7, on compare les deux polynômes d'interpolation $\Pi_{21}f$ et $\Pi_{21}\hat{f}$. On remarque que la différence entre ces polynômes est bien plus grande que la perturbation des données. Plus précisément $\max_{x \in I}|\Pi_n f(x) - \Pi_n \hat{f}(x)| \simeq$ 3.1342, et l'écart est particulièrement important aux extrémités de l'intervalle. Remarquer que dans cet exemple la constante de Lebesgue est très grande : $\Lambda_{21}(\mathbf{x}) \simeq 20574$. ∎

Voir les Exercices 3.1–3.4.

3.3.3 Interpolation aux noeuds de Chebyshev

On peut éviter le phénomène de Runge en choisissant correctement la distribution des noeuds d'interpolation. Sur un intervalle $[a, b]$, on peut

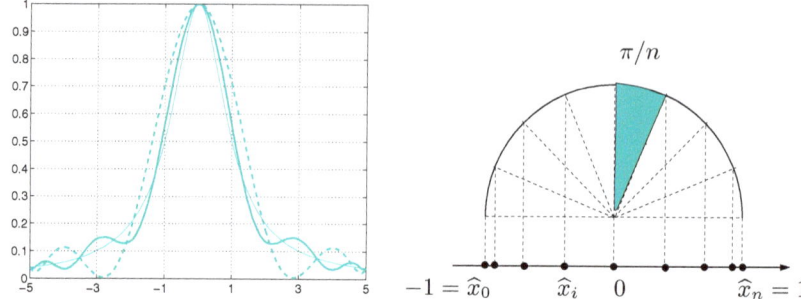

Figure 3.8. L'image de gauche montre une comparaison entre la fonction $f(x) = 1/(1 + x^2)$ *(trait plein fin)* et ses polynômes d'interpolation de degré 8 *(trait discontinu)* et 12 *(trait plein)* aux noeuds de Chebyshev-Gauss-Lobatto. Remarquer que l'amplitude des oscillations parasites décroît quand le degré croît. L'image de droite montre la distribution des noeuds de Chebyshev-Gauss-Lobatto sur l'intervalle $[-1, 1]$

par exemple considérer les *noeuds de Chebyshev-Gauss-Lobatto* (voir Figure 3.8, à droite)

$$x_i = \frac{a+b}{2} + \frac{b-a}{2}\widehat{x}_i, \text{ où } \widehat{x}_i = -\cos(\pi i/n),\ i = 0,\ldots,n \qquad (3.11)$$

On a bien sûr $x_i = \widehat{x}_i$, $i = 0, \ldots, n$, quand $[a, b] = [-1, 1]$.
Pour cette distribution particulière de noeuds, il est possible de montrer que, si f est dérivable sur $[a, b]$, alors $\Pi_n f$ converge vers f quand $n \to \infty$ pour tout $x \in [a, b]$.

Les noeuds de Chebyshev-Gauss-Lobatto, qui sont les abscisses des noeuds équirépartis sur le demi-cercle unité, se trouvent à l'intérieur de $[a, b]$ et sont regroupés près des extrémités de l'intervalle (voir Figure 3.8, à droite).

Une autre distribution non uniforme dans l'intervalle $]a, b[$, possédant les mêmes propriétés de convergence que les noeuds de Chebyshev-Gauss-Lobatto, est définie par les noeuds de Chebyshev-Gauss

$$x_i = \frac{a+b}{2} - \frac{b-a}{2}\cos\left(\frac{2i+1}{n+1}\frac{\pi}{2}\right),\ i = 0,\ldots,n \qquad (3.12)$$

Exemple 3.4 On considère à nouveau la fonction f de l'exemple de Runge et on calcule son polynôme d'interpolation aux noeuds de Chebyshev-Gauss-Lobatto. Ces derniers peuvent être obtenus avec les instructions MATLAB suivantes :
```
xc = -cos(pi*[0:n]/n); x = (a+b)*0.5+(b-a)*xc*0.5;
```

Table 3.3. Erreur d'interpolation pour la fonction de Runge $f(x) = 1/(1+x^2)$ avec les noeuds de Chebyshev-Gauss-Lobatto (3.11)

n	5	10	20	40
E_n	0.6386	0.1322	0.0177	0.0003

où n+1 est le nombre de noeuds, et a et b les extrémités de l'intervalle d'interpolation (dans la suite on choisit a=-5 et b=5). On calcule alors le polynôme d'interpolation avec les instructions :
```
f= '1./(1+x.^2)'; y = eval(f); c = polyfit(x,y,n);
```
On calcule enfin le maximum des valeurs absolues des différences entre f et son interpolée pour les noeuds de Chebyshev-Gauss-Lobatto en 1000 points équidistants de l'intervalle $[-5, 5]$:
```
x = linspace(-5,5,1000); p=polyval(c,x);
fx = eval(f); err = max(abs(p-fx));
```

Comme le montre la Table 3.3, le maximum de l'erreur décroît quand n augmente. ∎

Quand l'interpolant de Lagrange est défini aux noeuds de Chebyshev-Gauss-Lobatto (3.11), on peut majorer la constante de Lebesgue de la manière suivante ([Hes98])

$$\Lambda_n(\mathbf{x}) < \frac{2}{\pi}\left(\log n + \gamma + \log\frac{8}{\pi}\right) + \frac{\pi}{72\,n^2}. \quad (3.13)$$

Quand l'interpolation est effectuée avec les noeuds de Chebyshev-Gauss (3.12), on a

$$\Lambda_n(\mathbf{x}) < \frac{2}{\pi}\left(\log(n+1) + \gamma + \log\frac{8}{\pi}\right) + \frac{\pi}{72(n+1)^2}. \quad (3.14)$$

Comme d'habitude, $\gamma \simeq 0.57721$ désigne la constante d'Euler.

En comparant (3.13) et (3.14) avec l'estimation (3.10), on peut conclure que l'interpolation de Lagrange aux noeuds de Chebyshev est beaucoup moins sensible aux perturbations que l'interpolation en des noeuds équirépartis.

Exemple 3.5 Utilisons à présent les noeuds de Chebyshev (3.11) et (3.12). En partant des mêmes données perturbées que dans l'Exemple 3.3, avec $n = 21$, on a $\max_{x \in I} |\Pi_n f(x) - \Pi_n \hat{f}(x)| \simeq 1.0977 \cdot 10^{-3}$ avec les noeuds (3.11), et $\max_{x \in I} |\Pi_n f(x) - \Pi_n \hat{f}(x)| \simeq 1.1052 \cdot 10^{-3}$ avec le noeuds (3.12). Ce résultat est en bon accord avec les estimations (3.13) et (3.14) qui, pour $n = 21$ donnent respectivement $\Lambda_n(\mathbf{x}) \lesssim 2.9008$ et $\Lambda_n(\mathbf{x}) \lesssim 2.9304$. ∎

3.3.4 Interpolation trigonométrique et FFT

On veut approcher une fonction périodique $f : [0, 2\pi] \to \mathbb{C}$, i.e. satisfaisant $f(0) = f(2\pi)$, par un polynôme trigonométrique $\tilde{f}$ qui interpole f aux $n+1$ noeuds équirépartis $x_j = 2\pi j/(n+1)$, $j = 0, \ldots, n$, i.e.

$$\tilde{f}(x_j) = f(x_j), \text{ pour } j = 0, \ldots, n. \tag{3.15}$$

La *fonction d'interpolation trigonométrique* $\tilde{f}$ est une combinaison linéaire de sinus et de cosinus.

Considérons pour commencer le cas où n est pair. On cherche une fonction

$$\tilde{f}(x) = \frac{a_0}{2} + \sum_{k=1}^{M} \left[a_k \cos(kx) + b_k \sin(kx)\right], \tag{3.16}$$

avec $M = n/2$, où les coefficients complexes a_k, $k = 0, \ldots, M$ et b_k, $k = 1, \ldots, M$ sont inconnus. En utilisant la formule d'Euler $e^{ikx} = \cos(kx) + i\sin(kx)$, le polynôme trigonométrique (3.16) s'écrit

$$\tilde{f}(x) = \sum_{k=-M}^{M} c_k e^{ikx}, \tag{3.17}$$

où i est le nombre imaginaire et les coefficients c_k, pour $k = 0, \ldots, M$, sont reliés aux coefficients a_k et b_k par les formules

$$a_k = c_k + c_{-k}, \qquad b_k = i(c_k - c_{-k}). \tag{3.18}$$

En utilisant les propriétés de parité des fonctions sinus et cosinus, on a

$$\sum_{k=-M}^{M} c_k e^{ikx} = \sum_{k=-M}^{M} c_k \left(\cos(kx) + i\sin(kx)\right)$$
$$= c_0 + \sum_{k=1}^{M} \left[c_k(\cos(kx) + i\sin(kx)) + c_{-k}(\cos(kx) - i\sin(kx))\right]$$
$$= c_0 + \sum_{k=1}^{M} \left[(c_k + c_{-k})\cos(kx) + i(c_k - c_{-k})\sin(kx)\right].$$

Quand n est impair, le polynôme trigonométrique $\tilde{f}$ est défini par

$$\tilde{f}(x) = \sum_{k=-(M+1)}^{M+1} c_k e^{ikx}, \tag{3.19}$$

avec $M = (n-1)/2$. Noter qu'il y a $n+2$ coefficients inconnus dans (3.19), alors qu'il n'y a que $n+1$ conditions d'interpolation (3.15). Une solution possible consiste à imposer $c_{-(M+1)} = c_{(M+1)}$, comme le fait MATLAB dans la fonction `interpft`.

Quand n est impair, on peut encore écrire $\tilde{f}$ comme la somme de sinus et cosinus et obtenir une formulaire similaire à (3.16) dans laquelle l'indice de sommation k va de 1 à $M+1$. Les coefficients c_k dans (3.19) sont encore reliés aux coefficients a_k et b_k par les formules (3.18), mais pour k allant de 0 à $M+1$. Pour $k = M+1$ on a $a_{(M+1)} = 2c_{(M+1)}$ et $b_{(M+1)} = 0$.

Pour unifier les deux cas, on définit un paramètre μ valant 0 quand n est pair, et 1 quand n est impair. On peut alors écrire l'interpolation polynomiale de façon générale comme

$$\tilde{f}(x) = \sum_{k=-(M+\mu)}^{M+\mu} c_k e^{ikx}. \tag{3.20}$$

A cause de la similitude avec les séries de Fourier on appelle aussi $\tilde{f}$ *série de Fourier discrète* de f. En écrivant les conditions d'interpolation aux noeuds $x_j = jh$, avec $h = 2\pi/(n+1)$, on trouve

$$\sum_{k=-(M+\mu)}^{M+\mu} c_k e^{ikjh} = f(x_j), \quad j = 0, \ldots, n. \tag{3.21}$$

Pour calculer les coefficients $\{c_k\}$, on multiplie l'équation (3.21) par $e^{-imx_j} = e^{-imjh}$ où m est un entier compris entre 0 et n, et on somme sur j

$$\sum_{j=0}^{n} \sum_{k=-(M+\mu)}^{M+\mu} c_k e^{ikjh} e^{-imjh} = \sum_{j=0}^{n} f(x_j) e^{-imjh}. \tag{3.22}$$

Vérifions l'identité

$$\sum_{j=0}^{n} e^{ijh(k-m)} = (n+1)\delta_{km},$$

qui est évidemment vraie quand $k = m$. Quand $k \neq m$, elle découle de la relation

$$\sum_{j=0}^{n} e^{ijh(k-m)} = \frac{1 - (e^{i(k-m)h})^{n+1}}{1 - e^{i(k-m)h}},$$

en remarquant que le numérateur du membre de droite s'annule, puisque

$$1 - e^{i(k-m)h(n+1)} = 1 - e^{i(k-m)2\pi}$$
$$= 1 - \cos((k-m)2\pi) - i\sin((k-m)2\pi).$$

92   3 Approximation de fonctions et de données

Avec (3.22), on en déduit les expressions suivantes des coefficients de $\tilde{f}$

$$c_k = \frac{1}{n+1}\sum_{j=0}^{n} f(x_j)e^{-ikjh}, \quad k = -(M+\mu), \ldots, M+\mu \qquad (3.23)$$

On déduit de (3.23) que, si f est une fonction à valeurs réelles, alors $c_{-k} = \overline{c_k}$, pour $k = -(M+\mu), \ldots, M+\mu$ (puisque $e^{ikjh} = \overline{e^{-ikjh}}$), c'est-à-dire $a_k, b_k \in \mathbb{R}$ (pour $k = 0, \ldots, M+\mu$), et donc $\tilde{f}$ est aussi une fonction à valeurs réelles.

Le calcul de tous les coefficients $\{c_k\}$ peut être effectué en un nombre d'opérations de l'ordre de $n \log_2 n$ en utilisant la *transformation de Fourier rapide* (FFT pour *Fast Fourier Transform*), qui est implémentée dans le programme fft de MATLAB (voir Exemple 3.6). La transformation de Fourier inverse, par laquelle on obtient les valeurs $\{f(x_j)\}$ à partir des coefficients $\{c_k\}$, possède des caractéristiques analogues. Elle est implémentée dans le programme ifft de MATLAB.

Exemple 3.6 Considérons la fonction $f(x) = x(x - 2\pi)e^{-x}$ pour $x \in [0, 2\pi]$. Afin d'utiliser le programme **fft** de MATLAB, on commence par calculer les valeurs de f aux noeuds $x_j = j\pi/5$ pour $j = 0, \ldots, 9$ à l'aide des instructions suivantes (on rappelle que .* permet de multiplier deux vecteurs composante par composante) :

```
n=9; x=2*pi/(n+1)*[0:n]; y=x.*(x-2*pi).*exp(-x);
```

On calcule alors par FFT le vecteur des coefficients de Fourier :
```
Y=fft(y);
C=fftshift(Y)/(n+1)
C =
  Columns 1 through 2
    0.0870              0.0926 - 0.0214i
  Columns 3 through 4
    0.1098 - 0.0601i    0.1268 - 0.1621i
  Columns 5 through 6
   -0.0467 - 0.4200i   -0.6520
  Columns 7 through 8
   -0.0467 + 0.4200i    0.1268 + 0.1621i
  Columns 9 through 10
    0.1098 + 0.0601i    0.0926 + 0.0214i
```

Les éléments de Y sont reliés aux coefficients c_k définis dans (3.23) par la relation suivante : Y= $(n+1)[c_0, \ldots, c_M, c_{-(M+\mu)}, \ldots, c_{-1}]$. Quand n est impair, le coefficient $c_{(M+1)}$ (qui coïncide avec $c_{-(M+1)}$) est négligé. La commande fftshift trie les éléments du tableau d'entrée, de sorte que C= $[c_{-(M+\mu)}, \ldots, c_{-1}, c_0, \ldots, c_M]$. Noter que le programme ifft est plus efficace quand n est une puissance 2, même s'il fonctionne pour toute valeur de n. ∎

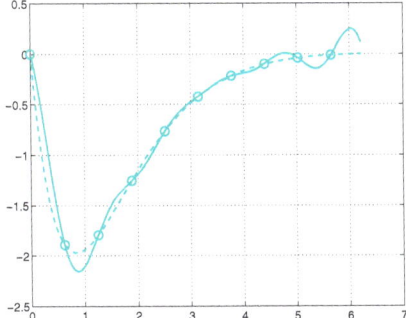

Figure 3.9. La fonction $f(x) = x(x - 2\pi)e^{-x}$ *(trait discontinu)* et son interpolation trigonométrique *(trait plein)* en 10 noeuds équidistants

La commande `interpft` renvoie la fonction d'interpolation trigonométrique d'un ensemble de données réelles. Elle réclame en entrée un entier m et un vecteur dont les composantes représentent les valeurs prises par une fonction (périodique de période p) aux points $x_j = jp/(n+1)$, $j = 0, \ldots, n$. `interpft` renvoie les m valeurs réelles de la fonction d'interpolation trigonométrique, obtenue par transformation de Fourier, aux noeuds $t_i = ip/m$, $i = 0, \ldots, m-1$. Par exemple, considérons à nouveau la fonction de l'Exemple 3.6 dans $[0, 2\pi]$ et prenons ses valeurs aux 10 noeuds équidistants $x_j = j\pi/5$, $j = 0, \ldots, 9$. Les valeurs de la fonction d'interpolation trigonométrique aux 100 noeuds équidistants $t_i = 2i\pi/100$, $i = 0, \ldots, 99$ peuvent être obtenues ainsi (voir Figure 3.9)

`interpft`

```
n=9; x=2*pi/(n+1)*[0:n]; y=x.*(x-2*pi).*exp(-x);
z=interpft(y,100);
```

Dans certains cas, la précision de l'interpolation trigonométrique peut être très mauvaise, comme le montre l'exemple suivant.

Exemple 3.7 Approchons la fonction $f(x) = f_1(x) + f_2(x)$ où $f_1(x) = \sin(x)$ et $f_2(x) = \sin(5x)$, en utilisant neuf noeuds équidistants dans l'intervalle $[0, 2\pi]$. Le résultat est tracé sur la Figure 3.10, à gauche. Remarquer que sur certains intervalles, l'interpolée trigonométrique présente même des inversions de phase par rapport à la fonction f. ∎

Ce manque de précision peut s'expliquer ainsi. Sur les noeuds considérés, la fonction f_2 coïncide avec $f_3(x) = -\sin(3x)$ qui a une fréquence plus faible (voir Figure 3.10, à droite). La fonction effectivement approchée est donc $F(x) = f_1(x) + f_3(x)$ et non $f(x)$ (la ligne en trait discontinu de la Figure 3.10, à gauche coïncide effectivement avec F).

Ce phénomène, connu sous le nom d'*aliasing*, peut se produire quand la fonction à approcher est la somme de plusieurs contributions de fréquences différentes. Quand le nombre de noeuds n'est pas assez élevé pour résoudre les fréquences les plus hautes, ces dernières peuvent in-

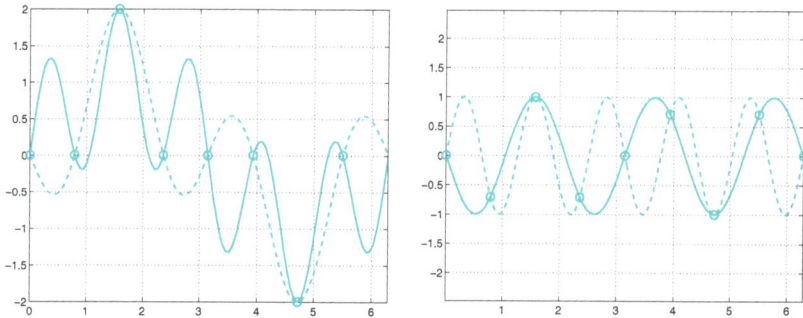

Figure 3.10. Effet d'*aliasing*. A gauche, comparaison entre la fonction $f(x) = \sin(x) + \sin(5x)$ *(trait plein)* et son interpolée trigonométrique (3.16) avec $M = 3$ *(trait discontinu)*. A droite, les fonctions $\sin(5x)$ *(trait discontinu)* et $-\sin(3x)$ *(pointillés)* prennent les mêmes valeurs aux noeuds d'interpolation. Ceci explique la mauvaise précision observée à gauche

terférer avec les basses fréquences, ce qui rend l'interpolation imprécise. Pour obtenir une meilleure approximation des fonctions comportant de hautes fréquences, il faut augmenter le nombre de noeuds d'interpolation.

Un exemple de la vie courante où se produit un phénomène d'*aliasing* est l'apparente inversion du sens de rotation des roues d'un chariot. Quand une vitesse critique est atteinte, le cerveau humain n'est plus capable d'échantillonner correctement les mouvements et perçoit donc des images altérées.

Résumons-nous

1. Approcher un ensemble de données ou une fonction f dans $[a, b]$ consiste à trouver une fonction $\tilde{f}$ capable de les représenter avec suffisamment de précision ;
2. l'interpolation consiste à déterminer une fonction $\tilde{f}$ telle que $\tilde{f}(x_i) = y_i$, où les $\{x_i\}$ sont des noeuds donnés et les $\{y_i\}$ sont soit de la forme $\{f(x_i)\}$, soit des valeurs prescrites ;
3. si les $n+1$ noeuds $\{x_i\}$ sont distincts, il existe un unique polynôme de degré inférieur ou égal à n qui interpole les valeurs données $\{y_i\}$ aux noeuds $\{x_i\}$;
4. pour une distribution de noeuds équidistants dans $[a, b]$, l'erreur d'interpolation en un point quelconque de $[a, b]$ ne tend pas nécessairement vers 0 quand n tend vers l'infini. Néanmoins, il existe des noeuds particuliers, par exemple ceux de Chebyshev, pour lesquels on a cette propriété de convergence pour toutes les fonctions continûment différentiables ;

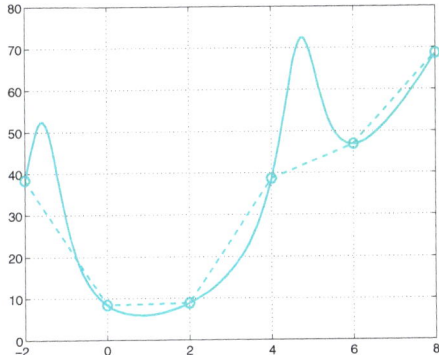

Figure 3.11. La fonction $f(x) = x^2 + 10/(\sin(x) + 1.2)$ *(trait plein)* et son interpolation linéaire par morceau $\Pi_1^H f$ *(trait discontinu)*

5. l'interpolation trigonométrique est bien adaptée à l'approximation des fonctions périodiques. Elle est basée sur le choix d'une fonction $\tilde{f}$ combinaison linéaire de sinus et de cosinus. La FFT est un algorithme très efficace qui permet le calcul des coefficients de Fourier d'une fonction d'interpolation trigonométrique à partir de ses valeurs aux noeuds. Elle admet une inverse, la IFFT, également très rapide.

3.4 Interpolation linéaire par morceaux

L'interpolation aux noeuds de Chebyshev fournit une approximation précise de toute fonction régulière f dont l'expression est connue. Quand f n'est pas régulière ou quand f n'est connue qu'en certains points (qui ne coïncident pas avec les noeuds de Chebyshev), on peut recourir à une autre méthode d'interpolation, appelée interpolation linéaire composite.

Etant donné une distribution (non nécessairement uniforme) de noeuds $x_0 < x_1 < \ldots < x_n$, on note I_i l'intervalle $[x_i, x_{i+1}]$. On approche f par une fonction continue qui, sur chaque intervalle, est définie par le segment joignant les deux points $(x_i, f(x_i))$ et $(x_{i+1}, f(x_{i+1}))$ (voir Figure 3.11). Cette fonction, notée $\Pi_1^H f$, est appelée *interpolation linéaire par morceau* et son expression est

$$\Pi_1^H f(x) = f(x_i) + \frac{f(x_{i+1}) - f(x_i)}{x_{i+1} - x_i}(x - x_i) \quad \text{pour } x \in I_i.$$

L'exposant H désigne la longueur du plus grand intervalle I_i.

96   3 Approximation de fonctions et de données

Le résultat suivant découle de (3.7) avec $n = 1$ et $h = H$.

> **Proposition 3.3** *Si $f \in C^2(I)$, où $I = [x_0, x_n]$, alors*
>
> $$\max_{x \in I}|f(x) - \Pi_1^H f(x)| \leq \frac{H^2}{8}\max_{x \in I}|f''(x)|.$$

Par conséquent, pour tout x dans l'intervalle d'interpolation, $\Pi_1^H f(x)$ tend vers $f(x)$ quand $H \to 0$, à condition que f soit assez régulière.

interp1   Avec l'instruction s1=interp1(x,y,z), on peut calculer les valeurs en des points arbitraires, stockés dans le vecteur z, de la fonction linéaire par morceaux qui interpole les quantités y(i) aux noeuds x(i), pour i = 1,...,n+1. Noter que la dimension de z est quelconque. Si les noeuds sont rangés dans l'ordre croissant (*i.e.* x(i+1) > x(i), pour i=1,...,n)
interp1q   on peut utiliser la version plus rapide interp1q (q vient de l'anglais *quickly*). Remarquer que la fonction interp1q est plus rapide que interp1 sur des noeuds non équidistribués car elle n'effectue aucune vérification des données, mais les variables d'entrée de interp1q doivent être des vecteurs colonnes alors que celles interp1 peuvent être indifféremment des vecteurs lignes ou colonnes.

Il est intéressant de noter que la commande fplot, utilisée pour afficher le graphe d'une fonction f sur un intervalle donné $[a, b]$, remplace en fait la fonction par une interpolée linéaire par morceaux. Les points d'interpolation sont générés automatiquement en tenant compte de la fonction : ils sont plus nombreux autour des points où f présente de fortes variations. Une procédure de ce type est appelée *adaptative*.

Octave 3.2 interp1q existe dans Octave depuis la version 3.2.0.   ■

3.5 Approximation par fonctions splines

On peut définir l'interpolation polynomiale par morceaux de degré $n \geq 2$ en procédant comme pour l'interpolation de degré 1. Par exemple, $\Pi_2^H f$ est une fonction continue, polynomiale de degré 2 sur chaque intervalle I_i et qui interpole f aux extrémités et au milieu de I_i. Si $f \in C^3(I)$, l'erreur $f - \Pi_2^H f$ dans la norme du maximum décroit comme H^3 quand H tend vers zéro.

Le principal défaut de cette interpolation par morceaux est que $\Pi_k^H f$, $k \geq 1$, est une fonction qui n'est "que" continue. Or, dans de nombreuses applications, p.ex. en informatique graphique, il est préférable d'utiliser des fonctions ayant au moins une dérivée continue.

On peut construire pour cela une fonction s_3 possédant les propriétés suivantes :

1. sur chaque $I_i = [x_i, x_{i+1}]$, $i = 0, \ldots, n-1$, la fonction s_3 est un polynôme de degré 3 qui interpole les quantités $(x_j, f(x_j))$ pour $j = i, i+1$ (s_3 est donc une fonction continue) ;

2. s_3 a des dérivées première et seconde continues aux noeuds intérieurs x_i, $i = 1, \ldots, n-1$.

Pour déterminer complètement s_3, il y a 4 conditions par intervalle, donc un total de $4n$ équations réparties en :

- $n+1$ relations venant de la propriété d'interpolation aux noeuds x_i, $i = 0, \ldots, n$;
- $n-1$ relations traduisant la continuité du polynôme aux noeuds internes $x_1, \ldots, x_{n-1}$;
- $2(n-1)$ relations traduisant la continuité des dérivées première et seconde aux noeuds internes.

Il manque encore deux relations. On peut par exemple choisir

$$s_3''(x_0) = 0, \ s_3''(x_n) = 0. \tag{3.24}$$

La fonction s_3 ainsi obtenue est appelée *spline naturelle d'interpolation cubique*.

En choisissant convenablement les inconnues (voir [QSS07, Section 8.7], pour représenter s_3, on aboutit à un système $(n+1) \times (n+1)$ tridiagonal qu'on peut résoudre en un nombre d'opérations proportionnel à n (voir Section 5.6) et dont les solutions sont les valeurs $s''(x_i)$, $i = 0, \ldots, n$.

Avec le Programme 3.1, on obtient cette solution en un nombre d'opérations égal à la dimension du système (voir Section 5.6). Les paramètres d'entrée sont les vecteurs x et y contenant les noeuds et les données à interpoler, et le vecteur zi contenant les abscisses où on souhaite évaluer la spline s_3.

D'autres conditions que (3.24) peuvent être choisies pour fermer le système ; par exemple, on peut imposer la valeur de la dérivée première de s_3 aux extrémités x_0 et x_n.

Par défaut, le Programme 3.1 calcule la spline d'interpolation cubique naturelle. Les paramètres optionnels type et der (un vecteur à deux composantes) permettent de choisir d'autres types de splines. Avec type=0, le Programme 3.1 calcule la spline d'interpolation cubique dont la dérivée première vaut der(1) en x_0 et der(2) en x_n. Avec type=1, on calcule la spline d'interpolation cubique dont la dérivée seconde vaut der(1) en x_0 et der(2) en x_n.

Programme 3.1. cubicspline : spline d'interpolation cubique

```
function s=cubicspline(x,y,zi,type,der)
%CUBICSPLINE calcule une spline cubique
% S=CUBICSPLINE(X,Y,ZI) calcule la valeur aux abscisses
% ZI de la spline d'interpolation cubique naturelle qui
% interpole les valeurs Y aux noeuds X.
% S=CUBICSPLINE(X,Y,ZI,TYPE,DER) si TYPE=0 calcule la
% valeur aux abscisses ZI de la spline cubique
% interpolant les valeurs Y et dont la dérivée
% première aux extrémités vaut DER(1) et DER(2).
% Si TYPE=1 alors DER(1) et DER(2) sont les valeurs de
% la dérivée seconde aux extrémités.
[n,m]=size(x);
if n == 1
   x = x';    y = y';    n = m;
end
if nargin == 3
   der0 = 0; dern = 0; type = 1;
else
   der0 = der(1); dern = der(2);
end
h = x(2:end)-x(1:end-1);
e = 2*[h(1); h(1:end-1)+h(2:end); h(end)];
A = spdiags([[h; 0] e [0; h]],-1:1,n,n);
d = (y(2:end)-y(1:end-1))./h;
rhs = 3*(d(2:end)-d(1:end-1));
if type == 0
   A(1,1) = 2*h(1);    A(1,2) = h(1);
   A(n,n) = 2*h(end); A(end,end-1) = h(end);
   rhs = [3*(d(1)-der0); rhs; 3*(dern-d(end))];
else
   A(1,:) = 0; A(1,1) = 1;
   A(n,:) = 0; A(n,n) = 1;
   rhs = [der0; rhs; dern];
end
S = zeros(n,4);
S(:,3) = A\rhs;
for m = 1:n-1
   S(m,4) = (S(m+1,3)-S(m,3))/3/h(m);
   S(m,2) = d(m) - h(m)/3*(S(m + 1,3)+2*S(m,3));
   S(m,1) = y(m);
end
S = S(1:n-1, 4:-1:1);
pp = mkpp(x,S);   s = ppval(pp,zi);
return
```

spline   La commande MATLAB spline (voir aussi la *toolbox* **splines**) force la dérivée troisième de s_3 à être continue en x_1 et x_{n-1}. On donne à cette condition le nom curieux de condition *not-a-knot*. Les paramètres d'entrée sont les vecteurs x, y et le vecteur zi (ayant la même significa-
mkpp   tion que précédemment). Les commandes mkpp et ppval utilisées dans le
ppval   Programme 3.1 servent à construire et évaluer un polynôme composite.

Exemple 3.8 Considérons à nouveau les données de la Table 3.1 correspondant à la colonne $K = 0.67$ et calculons la spline cubique associée s_3. Les

3.5 Approximation par fonctions splines   99

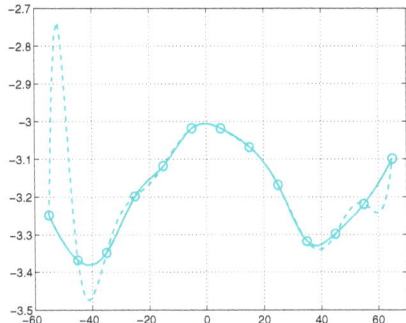

Figure 3.12. Comparaison entre la spline cubique (*trait plein*) et le polynôme d'interpolation de Lagrange (*trait discontinu*) dans le cas de l'Exemple 3.8

noeuds x_i, $i = 0, \ldots, 12$ sont les différentes valeurs de la latitude. Si on veut calculer $s_3(z_i)$, pour $z_i = -55 + i$, $i = 0, \ldots, 120$, on peut procéder ainsi :

```
x = [-55:10:65];
y = [-3.25 -3.37 -3.35 -3.2 -3.12 -3.02 -3.02 ...
     -3.07 -3.17 -3.32 -3.3 -3.22 -3.1];
zi = [-55:1:65];
s = spline(x,y,zi);
```

Le graphe de s_3, tracé sur la Figure 3.12, semble mieux convenir que celui du polynôme d'interpolation de Lagrange calculé avec les mêmes noeuds. ∎

Exemple 3.9 (Robotique) Pour trouver la trajectoire du robot dans le plan xy satisfaisant les contraintes décrites dans le Problème 3.4, on subdivise l'intervalle de temps $[0,5]$ en deux sous-intervalles $[0,2]$ et $[2,5]$. On cherche alors dans chaque sous-intervalle deux splines $x = x(t)$ et $y = y(t)$ qui interpolent les données et qui ont des dérivées nulles aux extrémités. On utilise le Programme 3.1 pour obtenir la solution voulue :

```
x1 = [0 1 4]; y1 = [0 2 4];
t1 = [0 1 2]; ti1 = [0:0.01:2];
x2 = [0 3 4]; y2 = [0 1 4];
t2 = [0 2 3]; ti2 = [0:0.01:3]; d=[0,0];
six1 = cubicspline(t1,x1,ti1,0,d);
siy1 = cubicspline(t1,y1,ti1,0,d);
six2 = cubicspline(t2,x2,ti2,0,d);
siy2 = cubicspline(t2,y2,ti2,0,d);
```

La trajectoire est tracée sur la Figure 3.13. ∎

L'erreur commise en approchant une fonction f (quatre fois continûment différentiable) par sa spline cubique naturelle s_3 satisfait l'inégalité suivante ([dB01])

$$\max_{x \in I} |f^{(r)}(x) - s_3^{(r)}(x)| \leq C_r H^{4-r} \max_{x \in I} |f^{(4)}(x)|, \quad r = 0, 1, 2,$$

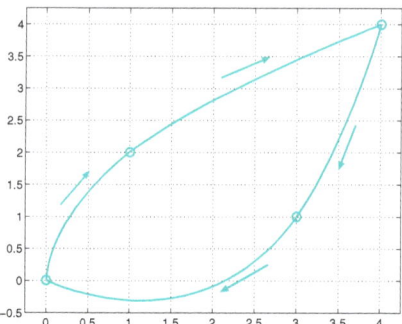

Figure 3.13. Trajectoire du robot dans le plan xy (Problème 3.4). Les cercles représentent les points de contrôle par lesquels le robot doit passer au cours de son déplacement

et

$$\max_{x\in I\setminus\{x_0,\ldots,x_n\}}|f^{(3)}(x) - s_3^{(3)}(x)| \leq C_3 H \max_{x\in I}|f^{(4)}(x)|,$$

où $I = [x_0, x_n]$, $H = \max_{i=0,\ldots,n-1}(x_{i+1} - x_i)$, et C_r (pour $r = 0,\ldots,3$) est une constante dépendant de r mais pas de H. Il est alors clair que non seulement f, mais aussi ses dérivées première, seconde et troisième sont bien approchées par s_3 quand H tend vers 0.

Remarque 3.1 En général, les splines cubiques ne préservent pas la monotonie entre des noeuds voisins. Par exemple, en approchant le premier quart du cercle unité avec les points $(x_k = \sin(k\pi/6), y_k = \cos(k\pi/6))$, $k = 0,\ldots,3$, on obtient une spline oscillante (voir Figure 3.14). Dans ces cas, d'autres techniques d'approximation sont mieux adaptées. Par exemple, la commande pchip de MATLAB calcule l'interpolation d'Hermite cubique par morceaux ([Atk89]) qui est localement monotone et interpole la fonction ainsi que sa dérivée aux noeuds $\{x_i, i = 1,\ldots,n-1\}$ (voir Figure 3.14). L'interpolation d'Hermite est obtenue avec les instructions suivantes :

pchip

```
t = linspace(0,pi/2,4);
x = sin(t);
y = cos(t);
xx = linspace(0,1,40);
plot(x,y,'o',xx,[pchip(x,y,xx);spline(x,y,xx)])
```

■

Voir les Exercices 3.5–3.8.

3.6 La méthode des moindres carrés

Nous avons déjà indiqué qu'augmenter le degré d'un polynôme d'interpolation de Lagrange n'améliore pas toujours l'approximation d'une fonction donnée. Ce problème peut être résolu avec l'interpolation composite

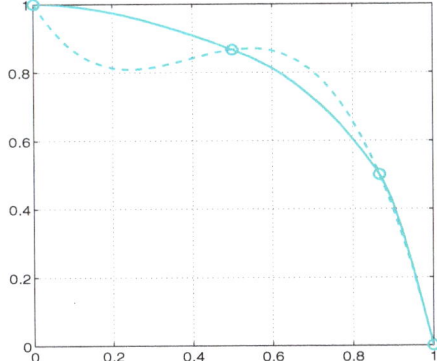

Figure 3.14. Approximation du premier quart du cercle unité utilisant seulement 4 noeuds. La ligne en trait discontinu est la spline cubique, celle en trait plein est l'interpolation d'Hermite cubique par morceaux

(avec des fonctions linéaires par morceau ou des splines). Néanmoins, aucune des deux méthodes n'est adaptée à l'extrapolation d'informations à partir des données disponibles, c'est-à-dire, à la génération de nouvelles valeurs en des points situés à l'extérieur de l'intervalle contenant les noeuds d'interpolation.

Exemple 3.10 (Finance) Sur la base des données représentées sur la Figure 3.1, on aimerait prédire si le prix de l'action va augmenter ou diminuer dans les jours à venir. L'interpolation de Lagrange est inadaptée, car elle nécessiterait le calcul d'un polynôme (extrêmement oscillant) de degré 719, ce qui fournirait une prédiction parfaitement inutilisable. L'interpolation linéaire par morceaux, dont le graphe est représenté sur la Figure 3.1, produit des résultats extrapolés qui ne tiennent compte que des deux derniers jours, ignorant totalement l'histoire antérieure. On obtient un meilleur résultat en abandonnant le principe de l'interpolation, et en utilisant la méthode des moindres carrés expliquée ci-dessous. ∎

Considérons les données $\{(x_i, y_i), i = 0, \ldots, n\}$ où y_i peut être vue comme la valeur $f(x_i)$ prise par une fonction f au noeud x_i. Pour un entier $m \geq 1$ donné (en général $m \ll n$), on cherche un polynôme $\tilde{f} \in \mathbb{P}_m$ vérifiant l'inégalité

$$\sum_{i=0}^{n}[y_i - \tilde{f}(x_i)]^2 \leq \sum_{i=0}^{n}[y_i - p_m(x_i)]^2 \qquad (3.25)$$

pour tout polynôme p_m de degré au plus m. Si elle existe, $\tilde{f}$ est appelée approximation *au sens des moindres carrés* dans $\mathbb{P}_m$ des données $\{(x_i, y_i), i = 0, \ldots, n\}$. A moins que $m \geq n$, il n'est en général pas possible d'avoir $\tilde{f}(x_i) = y_i$ pour tout $i = 0, \ldots, n$.

En posant
$$\tilde{f}(x) = a_0 + a_1 x + \ldots + a_m x^m, \tag{3.26}$$

où les coefficients $a_0, \ldots, a_m$ sont inconnus, le problème (3.25) peut être reformulé ainsi : trouver $a_0, a_1, \ldots, a_m$ tels que

$$\Phi(a_0, a_1, \ldots, a_m) = \min_{\{b_i,\ i=0,\ldots,m\}} \Phi(b_0, b_1, \ldots, b_m)$$

où

$$\Phi(b_0, b_1, \ldots, b_m) = \sum_{i=0}^{n} [y_i - (b_0 + b_1 x_i + \ldots + b_m x_i^m)]^2 \ .$$

Résolvons ce problème dans le cas particulier où $m = 1$. Puisque

$$\Phi(b_0, b_1) = \sum_{i=0}^{n} \left[y_i^2 + b_0^2 + b_1^2 x_i^2 + 2 b_0 b_1 x_i - 2 b_0 y_i - 2 b_1 x_i y_i \right],$$

le graphe de Φ est un paraboloïde convexe. Le point (a_0, a_1) où Φ atteint son minimum satisfait les conditions

$$\frac{\partial \Phi}{\partial b_0}(a_0, a_1) = 0, \quad \frac{\partial \Phi}{\partial b_1}(a_0, a_1) = 0,$$

où le symbole $\partial \Phi / \partial b_j$ désigne la dérivée partielle (c'est-à-dire, le taux de variation) de Φ par rapport à b_j, les autres variables étant fixées (voir la définition (8.3)).

En calculant explicitement les deux dérivées partielles, on obtient

$$\sum_{i=0}^{n} [a_0 + a_1 x_i - y_i] = 0, \quad \sum_{i=0}^{n} [a_0 x_i + a_1 x_i^2 - x_i y_i] = 0,$$

qui est un système de deux équations à deux inconnues a_0 et a_1

$$\begin{aligned} a_0(n+1) + a_1 \sum_{i=0}^{n} x_i &= \sum_{i=0}^{n} y_i, \\ a_0 \sum_{i=0}^{n} x_i + a_1 \sum_{i=0}^{n} x_i^2 &= \sum_{i=0}^{n} y_i x_i. \end{aligned} \tag{3.27}$$

En posant $D = (n+1) \sum_{i=0}^{n} x_i^2 - (\sum_{i=0}^{n} x_i)^2$, la solution s'écrit

$$\begin{aligned} a_0 &= \frac{1}{D} \left(\sum_{i=0}^{n} y_i \sum_{j=0}^{n} x_j^2 - \sum_{j=0}^{n} x_j \sum_{i=0}^{n} x_i y_i \right), \\ a_1 &= \frac{1}{D} \left((n+1) \sum_{i=0}^{n} x_i y_i - \sum_{j=0}^{n} x_j \sum_{i=0}^{n} y_i \right). \end{aligned} \tag{3.28}$$

Le polynôme correspondant $\tilde{f}(x) = a_0 + a_1 x$ s'appelle la *droite des moindres carrés*, ou *de régression linéaire*.

Cette approche peut être généralisée de plusieurs manières. La première généralisation consiste à prendre un m plus grand. Le système linéaire $(m+1) \times (m+1)$ associé est symétrique et a la forme suivante

$$\begin{aligned}
a_0(n+1) + a_1 \sum_{i=0}^{n} x_i &+ \ldots + a_m \sum_{i=0}^{n} x_i^m = \sum_{i=0}^{n} y_i, \\
a_0 \sum_{i=0}^{n} x_i + a_1 \sum_{i=0}^{n} x_i^2 &+ \ldots + a_m \sum_{i=0}^{n} x_i^{m+1} = \sum_{i=0}^{n} x_i y_i, \\
\vdots \qquad \vdots \qquad & \qquad \vdots \qquad \vdots \\
a_0 \sum_{i=0}^{n} x_i^m + a_1 \sum_{i=0}^{n} x_i^{m+1} &+ \ldots + a_m \sum_{i=0}^{n} x_i^{2m} = \sum_{i=0}^{n} x_i^m y_i.
\end{aligned}$$

Quand $m = n$, le polynôme des moindres carrés $\tilde{f}$ coïncide avec le polynôme d'interpolation de Lagrange $\Pi_n \tilde{f}$ (voir Exercice 3.9).

La commande `c=polyfit(x,y,m)` de MATLAB calcule par défaut les coefficients du polynôme de degré `m` qui approche `n+1` couples `(x(i),y(i))` au sens des moindres carrés. Comme on l'a déjà noté à la Section 3.3.1, quand `m` est égal à `n`, la commande renvoie le polynôme d'interpolation.

Exemple 3.11 (Finance) Sur la Figure 3.15, à gauche, on trace les graphes des polynômes de degrés 1, 2 et 4 qui approchent les données de la Figure 3.1 au sens des moindres carrés. Le polynôme de degré 4 reproduit assez raisonnablement le comportement du prix de l'action dans l'intervalle de temps considéré. Il suggère que, dans un futur proche, la cotation va augmenter. ■

Exemple 3.12 (Biomécanique) En utilisant la méthode des moindres carrés, on peut répondre à la question du Problème 3.3 et trouver que la droite qui approche le mieux les données a pour équation $\epsilon(\sigma) = 0.3471\sigma + 0.0654$ (voir Figure 3.15, à droite). Quand $\sigma = 0.9$, ceci donne une déformation ϵ estimée à 0.2915. ■

Une généralisation de l'approximation au sens des moindres carrés consiste à utiliser dans (3.25) des fonctions $\tilde{f}$ et p_m qui ne sont pas des polynômes mais des fonctions d'un espace vectoriel V_m engendré par $m+1$ fonctions indépendantes $\{\psi_j, j = 0, \ldots, m\}$. On peut considérer par exemple des fonctions trigonométriques $\psi_j(x) = \cos(\gamma j x)$ (pour un paramètre $\gamma \neq 0$ donné), des fonctions exponentielles $\psi_j(x) = e^{\delta j x}$ (pour un $\delta > 0$ donné) ou des fonctions splines.

Le choix des fonctions $\{\psi_j\}$ est en pratique dicté par la forme supposée de la loi décrivant les données. Par exemple, sur la Figure 3.16, on a tracé le graphe de l'approximation au sens des moindres carrés des

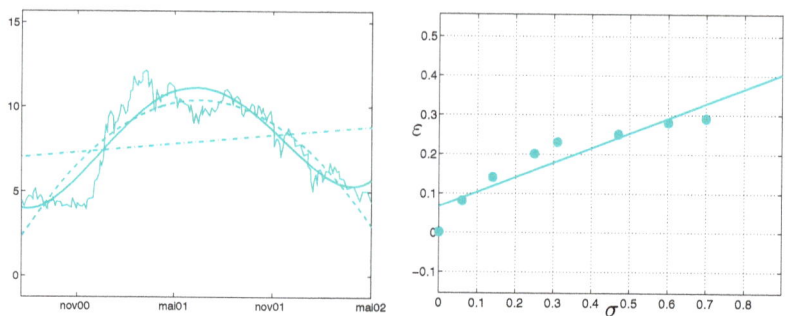

Figure 3.15. A gauche, pour les données du Problème 3.2, approximation au sens des moindres carrés de degré 1 *(trait mixte)*, 2 *(trait discontinu)* et 4 *(trait plein épais)*. Les données exactes sont représentées en *trait plein*. A droite, approximation linéaire au sens des moindres carrés des données du Problème 3.3

données de l'Exemple 3.1, en choisissant des fonctions trigonométriques $\psi_j(x) = \cos(\gamma j x)$, $j = 0, \ldots, 4$, avec $\gamma = \pi/60$.

Le lecteur pourra vérifier que les composantes de

$$\tilde{f}(x) = \sum_{j=0}^{m} a_j \psi_j(x),$$

sont solutions du système suivant (appelé *équations normales*)

$$\boxed{B^T B a = B^T y} \qquad (3.29)$$

où B est la matrice rectangulaire $(n+1) \times (m+1)$ de coefficients $b_{ij} = \psi_j(x_i)$, **a** est le vecteur des inconnues et **y** le vecteur des données. Le système linéaire (3.29) peut être efficacement résolu avec une factorisation QR ou bien une décomposition en valeurs singulières de la matrice B (voir Section 5.7).

Résumons-nous

1. L'interpolée linéaire par morceaux d'une fonction f est la fonction continue, linéaire par morceaux, $\tilde{f}$, qui interpole f en un ensemble de noeuds $\{x_i\}$. On l'appelle aussi *interpolation par éléments finis linéaires* (voir Chapitre 8). Avec cette approximation, on évite le phénomène de Runge quand le nombre de noeuds augmente ;
2. l'interpolation par des splines cubiques permet d'approcher f par une fonction cubique par morceaux $\tilde{f}$ deux fois continûment dérivable ;
3. l'approximation au sens des moindres carrés consiste à chercher une fonction $\tilde{f}$, polynomiale de degré m (typiquement $m \ll n$) qui minimise le carré de la norme euclidienne de l'erreur $\sum_{i=0}^{n}[y_i - \tilde{f}(x_i)]^2$.

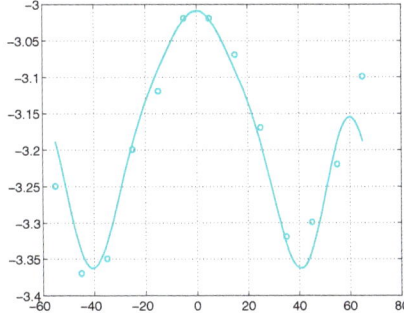

Figure 3.16. Approximation au sens des moindres carrés des données de l'Exemple 3.16 en utilisant une base de cosinus. Les données exactes sont représentées par les petits cercles

On peut aussi chercher à minimiser cette erreur à l'aide de fonctions non polynomiales.

Voir les Exercices 3.9–3.14.

3.7 Ce qu'on ne vous a pas dit

Pour une introduction plus générale à la théorie de l'interpolation et de l'approximation, le lecteur pourra consulter [Dav63], [Mei67] et [Gau97].

Les polynômes d'interpolation peuvent aussi approcher des données ou des fonctions en plusieurs dimensions. En particulier, l'interpolation composite, basée sur des fonctions linéaires par morceaux ou des splines, est bien adaptée quand le domaine Ω est subdivisé en polygones en 2D (triangles ou quadrilatères) ou en polyèdres en 3D (tétraèdres ou prismes).

Dans le cas particulier où Ω est un rectangle (resp. un parallélépipède) on peut utiliser simplement la commande `interp2` (resp. `interp3`). Ceci suppose qu'on veuille représenter sur une grille régulière et fine une fonction dont les valeurs sont connues sur une grille régulière plus grossière.

Par exemple, pour approcher avec une spline cubique les valeurs de la fonction $f(x,y) = \sin(2\pi x)\cos(2\pi y)$ pour une grille uniforme de 6×6 noeuds sur le carré $[0,1]^2$, on utilise les instructions suivantes :

```
[x,y]=meshgrid(0:0.2:1,0:0.2:1);
z=sin(2*pi*x).*cos(2*pi*y);
```

On obtient ainsi la spline d'interpolation cubique, évaluée sur une grille uniforme de 21×21 noeuds :

```
xi = [0:0.05:1]; yi=[0:0.05:1];
[xf,yf]=meshgrid(xi,yi);
pi3=interp2(x,y,z,xf,yf);
```

106   3 Approximation de fonctions et de données

`meshgrid`   La commande `meshgrid` transforme le domaine spécifié par les vecteurs `xi` et `yi` en tableaux `xf` et `yf` pouvant être utilisés pour évaluer une fonction de deux variables ou pour tracer une surface en 3 dimensions. Les lignes de la matrice `xf` sont des copies du vecteur `xi` et les colonnes de la matrice `yf` sont des copies du vecteur `yi`. Alternativement, on peut
`griddata`   utiliser la fonction `griddata`, ou `griddata3` pour les données 3D, ou
`griddata3`
`griddatan` `griddatan` pour le calage d'hypersurfaces en n dimensions.

Les commandes décrites ci-dessous ne concernent que MATLAB.

Quand Ω est un domaine bidimensionnel de forme quelconque, il peut
`pdetool`   être subdivisé en triangles en utilisant l'interface graphique `pdetool`.

Pour une présentation générale des fonctions splines voir p.ex. [Die93] et [PBP02]. La *toolbox* `splines` permet d'explorer diverses applications
`spdemos`   des splines. En particulier, la commande `spdemos` permet à l'utilisateur d'explorer les propriétés des principaux types de splines. Les splines rationnelles, c'est-à-dire les quotients de deux splines, sont obtenues avec
`rpmak`   les commandes `rpmak` et `rsmak`. Un type particulier de splines, appelées
`rsmak`   NURBS, est très utilisé en CAO (*Conception Assistée par Ordinateur*).

Dans un cadre voisin de l'approximation de Fourier, mentionnons l'approximation par *ondelettes* qui est très utilisée en reconstruction et compression d'images et en analyse du signal (pour une introduction, voir [DL92], [Urb02]). On trouvera une riche collection d'ondelettes (et
`wavelet`   des applications) dans la *toolbox* `wavelet` de MATLAB.

Octave 3.3 Le package Octave-Forge `msh` propose une interface pour importer dans l'environnement Octave les maillages triangulaires ou tétraédriques générés grâce à l'interface graphique de GMSH (http://geuz.org/gmsh/).

Il y a un package `splines` dans Octave-Forge, mais ses fonctionnalités sont limitées et il ne propose pas de commande `spdemos`. Le package `nurbs` propose un ensemble de fonctions pour créer et gérer des surfaces et des volumes NURBS. ■

3.8 Exercices

Exercice 3.1 Montrer l'inégalité (3.6).

Exercice 3.2 Majorer l'erreur d'interpolation de Lagrange pour les fonctions suivantes

$$f_1(x) = \cosh(x), \ f_2(x) = \sinh(x), \ x_k = -1 + 0.5k, \ k = 0, \ldots, 4,$$
$$f_3(x) = \cos(x) + \sin(x), \qquad x_k = -\pi/2 + \pi k/4, \ k = 0, \ldots, 4.$$

Exercice 3.3 Les données suivantes concernent l' des habitants de deux régions d'Europe

Année	1975	1980	1985	1990
Europe de l'ouest	72.8	74.2	75.2	76.4
Europe de l'est	70.2	70.2	70.3	71.2

Utiliser le polynôme d'interpolation de degré 3 pour estimer l'espérance de vie en 1977, 1983 et 1988.

Exercice 3.4 Le prix d'un magazine (en euros) a évolué de la manière suivante

Nov.87	Dec.88	Nov.90	Jan.93	Jan.95	Jan.96	Nov.96	Nov.00
4.5	5.0	6.0	6.5	7.0	7.5	8.0	8.0

Estimer son prix en novembre 2002 en extrapolant ces données.

Exercice 3.5 Reprendre l'Exercice 3.3 en utilisant à présent une spline d'interpolation cubique obtenue avec la fonction `spline`. Comparer les résultats des deux approches.

Exercice 3.6 On indique dans le tableau ci-dessous les valeurs de la densité de l'eau de mer ρ (en Kg/m^3) pour différentes températures T (en degrés Celsius)

T	4°	8°	12°	16°	20°
ρ	1000.7794	1000.6427	1000.2805	999.7165	998.9700

Calculer la spline d'interpolation cubique s_3 sur l'intervalle $4 \leq T \leq 20$, divisé en 4 sous-intervalles égaux. Comparer alors les résultats obtenus pour la spline d'interpolation avec les valeurs suivantes (qui correspondent à des valeurs supplémentaires de T)

T	6°	10°	14°	18°
ρ	1000.74088	1000.4882	1000.0224	999.3650

Exercice 3.7 La production italienne de citrons a évolué de la manière suivante

Année	1965	1970	1980	1985	1990	1991
production ($\times 10^5$ Kg)	17769	24001	25961	34336	29036	33417

Utiliser des splines d'interpolation cubique de différents types pour estimer la production en 1962, 1977 et 1992. Comparer ces résultats avec les valeurs réelles : 12380, 27403 et 32059 ($\times 10^5$ Kg), respectivement. Reprendre les calculs avec un polynôme d'interpolation de Lagrange.

Exercice 3.8 Evaluer la fonction $f(x) = \sin(2\pi x)$ en 21 noeuds équidistants de l'intervalle $[-1, 1]$. Calculer le polynôme d'interpolation de Lagrange et la spline d'interpolation cubique. Comparer les graphes de ces deux fonctions avec celui de f sur l'intervalle donné. Reprendre le calcul avec les données perturbées : $f(x_i) = (-1)^{i+1} 10^{-4}$ ($i = 0, \ldots, n$), et observer que le polynôme de Lagrange est plus sensible aux petites perturbations que la spline cubique.

Exercice 3.9 Vérifier que si $m = n$ le polynôme des moindres carrés d'une fonction f aux noeuds $x_0, \ldots, x_n$ coïncide avec le polynôme d'interpolation $\Pi_n f$ aux mêmes noeuds.

Exercice 3.10 Calculer le polynôme des moindres carrés de degré 4 qui approche les valeurs de K données dans les différentes colonnes de la Table 3.1.

Exercice 3.11 Reprendre les calculs de l'Exercice 3.7 en utilisant une approximation au sens des moindres carrés de degré 3.

Exercice 3.12 Exprimer les coefficients du système (3.27) en fonction de la *moyenne* $M = \frac{1}{(n+1)} \sum_{i=0}^{n} x_i$ et de la *variance* $v = \frac{1}{(n+1)} \sum_{i=0}^{n} (x_i - M)^2$ des données $\{x_i, i = 0, \ldots, n\}$.

Exercice 3.13 Vérifier que la droite de régression linéaire passe par le point dont l'abscisse est la moyenne des $\{x_i\}$ et l'ordonnée est la moyenne des y_i.

Exercice 3.14 Les valeurs suivantes

Débit	0	35	0.125	5	0	5	1	0.5	0.125	0

représentent des mesures du débit sanguin dans une section de l'artère carotide pendant un battement cardiaque. La fréquence d'acquisition des données est constante et égale à $10/T$, où $T = 1$ s est la période du battement. Représenter ces données avec une fonction continue de période T.

4
Intégration et différentiation numérique

Nous présentons dans ce chapitre des méthodes pour approcher les dérivées et les intégrales de fonctions. Concernant l'intégration, on sait bien qu'il n'est pas toujours possible, pour une fonction arbitraire, de trouver la forme explicite d'une primitive. Mais même quand on la connaît, il est parfois difficile de l'utiliser. C'est par exemple le cas de la fonction $f(x) = \cos(4x)\cos(3\sin(x))$ pour laquelle on a

$$\int_0^\pi f(x)dx = \pi \left(\frac{3}{2}\right)^4 \sum_{k=0}^\infty \frac{(-9/4)^k}{k!(k+4)!};$$

on voit que le calcul de l'intégrale est transformé en un calcul, aussi difficile, de la somme d'une série. Dans certains cas, la fonction à intégrer ou à différentier n'est connue que par les valeurs qu'elle prend sur un ensemble fini de points (par exemple, des mesures expérimentales). On se trouve alors dans la même situation que celle abordée au Chapitre 3 pour l'approximation des fonctions.

Dans tous ces cas, il faut considérer des méthodes numériques afin d'approcher la quantité à laquelle on s'intéresse, indépendamment de la difficulté à intégrer ou à dériver la fonction.

4.1 Quelques problèmes types

Problème 4.1 (Hydraulique) On considère un réservoir cylindrique à base circulaire de rayon $R = 1$ m, rempli d'eau, et ayant à sa base un trou d'évacuation de rayon $r = 0.1$ m. On mesure toutes les 5 secondes la hauteur d'eau $q(t)$ dans le réservoir (t désigne le temps)

t	0	5	10	15	20
$q(t)$	0.6350	0.5336	0.4410	0.3572	0.2822

On veut calculer une approximation de la vitesse de vidange $q'(t)$ et la comparer à celle prédite par la loi de Torricelli $q'(t) = -\gamma(r/R)^2 \sqrt{2gq(t)}$, où g est la norme de l'accélération de la gravité et $\gamma = 0.6$ est un coefficient de correction. Pour la résolution de ce problème, voir l'Exemple 4.1. ∎

Problème 4.2 (Optique) Afin d'aménager une pièce soumise à des rayons infrarouges, on souhaite calculer l'énergie émise par un corps noir (c'est-à-dire un objet capable, à température ambiante, d'irradier dans tout le spectre) dans les longueurs d'onde comprises entre 3μm et 14μm (infrarouges). La résolution de ce problème s'effectue en calculant l'intégrale

$$E(T) = 2.39 \cdot 10^{-11} \int_{3 \cdot 10^{-4}}^{14 \cdot 10^{-4}} \frac{dx}{x^5 (e^{1.432/(Tx)} - 1)}, \quad (4.1)$$

qui est l'équation de Planck pour l'énergie $E(T)$, où x est la longueur d'onde (en cm) et T la température (en Kelvin) du corps noir. Pour le calcul de cette intégrale voir l'Exercice 4.17. ∎

Problème 4.3 (Electromagnétisme) Considérons un conducteur électrique sphérique de rayon r et de conductivité σ. On veut calculer la distribution de la densité de courant $\mathbf{j}$ en fonction de r et t (le temps), connaissant la distribution initiale de la densité de charge $\rho(r)$. Le problème peut être résolu en utilisant les relations entre densité de courant, champ électrique et densité de charge, et en remarquant qu'avec la symétrie de la configuration, $\mathbf{j}(r,t) = j(r,t)\mathbf{r}/|\mathbf{r}|$, où $j = |\mathbf{j}|$. On obtient

$$j(r,t) = \gamma(r) e^{-\sigma t/\varepsilon_0}, \ \gamma(r) = \frac{\sigma}{\varepsilon_0 r^2} \int_0^r \rho(\xi) \xi^2 \, d\xi, \quad (4.2)$$

où $\varepsilon_0 = 8.859 \cdot 10^{-12}$ farad/m est la constante diélectrique du vide. Pour le calcul de cette intégrale, voir l'Exercice 4.16. ∎

Problème 4.4 (Démographie) On considère une population ayant un très grand nombre M d'individus. La distribution $n(s)$ de la taille de ces individus peut être représentée par une "courbe en cloche" caractérisée par sa moyenne $\bar{h}$ et son écart type σ

$$n(s) = \frac{M}{\sigma \sqrt{2\pi}} e^{-(s-\bar{h})^2/(2\sigma^2)}.$$

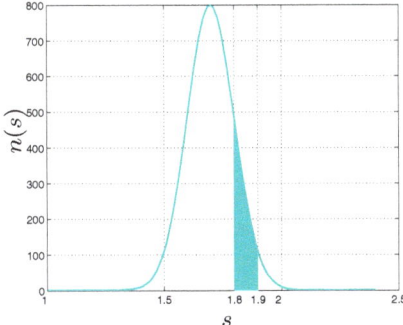

Figure 4.1. Distribution des tailles dans une population de $M = 200$ individus

Alors

$$N_{[h,h+\Delta h]} = \int_h^{h+\Delta h} n(s)\, ds \qquad (4.3)$$

représente le nombre d'individus dont la taille est comprise entre h et $h + \Delta h$ (pour un Δh positif). Sur la Figure 4.1, on a pris $M = 200$ individus, $\bar{h} = 1.7$ m, $\sigma = 0.1$ m. L'aire de la région grisée donne le nombre d'individus dont la taille est dans l'intervalle. Pour la solution de ce problème, voir l'Exemple 4.2. ■

4.2 Approximation des dérivées

Considérons une fonction $f : [a,b] \to \mathbb{R}$ continûment dérivable dans $[a,b]$. On cherche une approximation de la dérivée première de f en un point $\bar{x}$ de $]a,b[$.

Etant donné la définition (1.10), pour h assez petit et positif, on peut supposer que la quantité

$$\boxed{(\delta_+ f)(\bar{x}) = \frac{f(\bar{x}+h) - f(\bar{x})}{h}} \qquad (4.4)$$

est une approximation de $f'(\bar{x})$. On l'appelle *taux d'accroissement* ou *différence finie à droite*. On dit aussi parfois *différence finie progressive* (de l'anglais *forward finite difference*). Pour estimer l'erreur, il suffit d'écrire le développement de Taylor de f ; si $f \in C^2(]a,b[)$, on a

$$f(\bar{x}+h) = f(\bar{x}) + hf'(\bar{x}) + \frac{h^2}{2} f''(\xi), \qquad (4.5)$$

où ξ est un point de l'intervalle $]\bar{x}, \bar{x}+h[$.

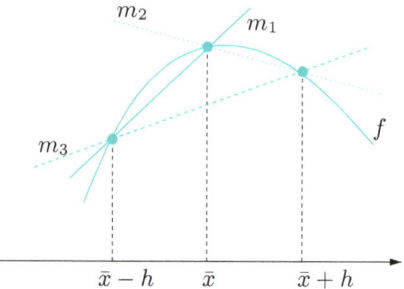

Figure 4.2. Approximation par différences finies de $f'(\bar{x})$: rétrograde *(trait plein)*, progressive *(pointillés)* et centré *(trait discontinu)*. Les valeurs m_1, m_2 et m_3 désignent les pentes des trois droites

Ainsi

$$(\delta_+ f)(\bar{x}) = f'(\bar{x}) + \frac{h}{2} f''(\xi), \tag{4.6}$$

et donc $(\delta_+ f)(\bar{x})$ est une approximation d'ordre 1 de $f'(\bar{x})$ par rapport à h. En procédant de même, et en supposant encore que $f \in C^2(]a,b[)$, on peut déduire du développement de Taylor que

$$f(\bar{x} - h) = f(\bar{x}) - h f'(\bar{x}) + \frac{h^2}{2} f''(\eta) \tag{4.7}$$

avec $\eta \in]\bar{x} - h, \bar{x}[$, le *taux d'accroissement* ou la *différence finie à gauche* (encore appelée *différence finie rétrograde*, de l'anglais *backward finite difference*)

$$\boxed{(\delta_- f)(\bar{x}) = \frac{f(\bar{x}) - f(\bar{x} - h)}{h}} \tag{4.8}$$

qui est également une approximation du premier ordre. On peut aussi obtenir les formules (4.4) et (4.8), qu'on appelle des *schémas*, en dérivant le polynôme qui interpole linéairement f aux points $\{\bar{x}, \bar{x} + h\}$ et $\{\bar{x} - h, \bar{x}\}$, respectivement. D'un point de vue géométrique, ces schémas reviennent à approcher $f'(\bar{x})$ par la pente de la droite passant par les points $(\bar{x}, f(\bar{x}))$ et $(\bar{x} + h, f(\bar{x} + h))$, ou par $(\bar{x} - h, f(\bar{x} - h))$ et $(\bar{x}, f(\bar{x}))$ respectivement (voir Figure 4.2).

Enfin, on définit la *différence finie centrée*

$$\boxed{(\delta f)(\bar{x}) = \frac{f(\bar{x} + h) - f(\bar{x} - h)}{2h}} \tag{4.9}$$

Si $f \in C^3(]a,b[)$, cette formule donne une approximation d'ordre 2 de $f'(\bar{x})$ par rapport à h. En développant $f(\bar{x} + h)$ et $f(\bar{x} - h)$ au troisième ordre autour de $\bar{x}$ et en additionnant, on obtient en effet

$$f'(\bar{x}) - (\delta f)(\bar{x}) = -\frac{h^2}{12}[f'''(\xi_-) + f'''(\xi_+)], \qquad (4.10)$$

où ξ_- (resp. ξ_+) est dans l'intervalle $]\bar{x} - h, \bar{x}[$ (resp. $]\bar{x}, \bar{x} + h[$) (voir Exercice 4.2).

D'après (4.9), $f'(\bar{x})$ est approché par la pente de la droite passant par les points $(\bar{x} - h, f(\bar{x} - h))$ et $(\bar{x} + h, f(\bar{x} + h))$.

Exemple 4.1 (Hydraulique) Résolvons le Problème 4.1 en utilisant les formules (4.4), (4.8) et (4.9) avec $h = 5$ pour approcher $q'(t)$ en cinq points. On obtient

t	0	5	10	15	20
$q'(t)$	-0.0212	-0.0194	-0.0176	-0.0159	-0.0141
$\delta_+ q$	-0.0203	-0.0185	-0.0168	-0.0150	$--$
$\delta_- q$	$--$	-0.0203	-0.0185	-0.0168	-0.0150
δq	$--$	$--$	-0.0194	-0.0176	-0.0159	$--$

En comparant les valeurs de la dérivée exacte et celles obtenues avec les formules de différences finies (pour $h = 5$), on constate que (4.9) donne un meilleur résultat que (4.8) et (4.4). ∎

Si on dispose des valeurs de f en $n+1$ points équidistants $x_i = x_0 + ih$, $i = 0, \ldots, n$, avec $h > 0$, on peut approcher $f'(x_i)$ en prenant l'une des formules (4.4), (4.8) ou (4.9) avec $\bar{x} = x_i$.

Remarquer que la formule centrée (4.9) ne peut être utilisée que pour les points intérieurs $x_1, \ldots, x_{n-1}$. Aux extrémités x_0 et x_n, on peut prendre

$$\begin{aligned} \frac{1}{2h}\left[-3f(x_0) + 4f(x_1) - f(x_2)\right] & \quad \text{en } x_0, \\ \frac{1}{2h}\left[3f(x_n) - 4f(x_{n-1}) + f(x_{n-2})\right] & \quad \text{en } x_n, \end{aligned} \qquad (4.11)$$

qui sont aussi des formules du second ordre en h. Elles sont obtenues en calculant au point x_0 (resp. x_n) la dérivée première du polynôme de degré 2 qui interpole f aux noeuds x_0, x_1, x_2 (resp. x_{n-2}, x_{n-1}, x_n).

Voir Exercices 4.1–4.4.

4.3 Intégration numérique

Dans cette section, nous proposons des méthodes numériques pour le calcul approché de

$$I(f) = \int_a^b f(x)\, dx,$$

où f est une fonction continue sur $[a,b]$. Nous commençons par introduire des formules simples qui sont des cas particuliers des formules de Newton-Cotes. Puis, nous présentons les formules de Gauss qui, pour un nombre d'évaluations fixé de f, sont celles qui ont le degré d'exactitude le plus élevé.

4.3.1 Formule du point milieu

On peut construire une méthode simple pour approcher $I(f)$ en subdivisant l'intervalle $[a,b]$ en sous-intervalles $I_k = [x_{k-1}, x_k]$, $k = 1, \ldots, M$, avec $x_k = a + kH$, $k = 0, \ldots, M$ et $H = (b-a)/M$. Remarquant que

$$I(f) = \sum_{k=1}^{M} \int_{I_k} f(x) \, dx, \qquad (4.12)$$

on peut approcher sur chaque sous-intervalle I_k l'intégrale de f par celle d'un polynôme $\tilde{f}$ approchant f sur I_k. Le plus simple est de choisir le polynôme constant qui interpole f au milieu de I_k

$$\bar{x}_k = \frac{x_{k-1} + x_k}{2}.$$

On obtient ainsi la *formule de quadrature composite du point milieu*

$$\boxed{I_{pm}^c(f) = H \sum_{k=1}^{M} f(\bar{x}_k)} \qquad (4.13)$$

L'indice pm signifie "point milieu", et l'exposant c signifie "composite". Cette formule est du second ordre par rapport à H. Plus précisément, si f est deux fois continûment différentiable sur $[a,b]$, on a

$$I(f) - I_{pm}^c(f) = \frac{b-a}{24} H^2 f''(\xi), \qquad (4.14)$$

où ξ est un point de $[a,b]$ (voir Exercice 4.6). La Formule (4.13) est aussi appelée *formule de quadrature composite du rectangle* à cause de son interprétation géométrique, qui est évidente su la Figure 4.3. La formule classique du point milieu (ou du rectangle) est obtenue est prenant $M = 1$ dans (4.13), c'est-à-dire en utilisant la formule directement sur l'intervalle $]a,b[$

$$\boxed{I_{pm}(f) = (b-a)f[(a+b)/2]} \qquad (4.15)$$

L'erreur est alors donnée par

$$I(f) - I_{pm}(f) = \frac{(b-a)^3}{24} f''(\xi), \qquad (4.16)$$

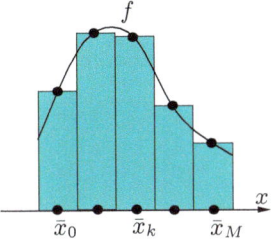 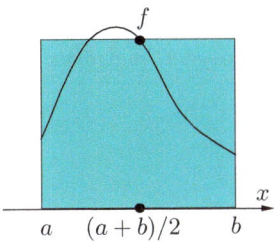

Figure 4.3. Formule composite du point milieu *(à gauche)*; formule du point milieu *(à droite)*

où ξ est un point de $[a,b]$. La relation (4.16) n'est qu'un cas particulier de (4.14), mais elle peut aussi être établie directement. En effet, on a, en posant $\bar{x} = (a+b)/2$,

$$I(f) - I_{pm}(f) = \int_a^b [f(x) - f(\bar{x})]\, dx$$
$$= \int_a^b f'(\bar{x})(x - \bar{x})\, dx + \frac{1}{2}\int_a^b f''(\eta(x))(x - \bar{x})^2\, dx,$$

où $\eta(x)$ est compris entre x et $\bar{x}$. On en déduit alors (4.16) puisque $\int_a^b (x - \bar{x})\, dx = 0$ et que, par le théorème de la moyenne pour les intégrales, $\exists \xi \in [a,b]$ tel que

$$\frac{1}{2}\int_a^b f''(\eta(x))(x - \bar{x})^2\, dx = \frac{1}{2}f''(\xi)\int_a^b (x - \bar{x})^2\, dx = \frac{(b-a)^3}{24}f''(\xi).$$

Le *degré d'exactitude* d'une formule de quadrature est l'entier le plus grand $r \geq 0$ pour lequel la valeur approchée de l'intégrale (obtenue avec la formule de quadrature) d'un polynôme quelconque de degré r est égale à la valeur exacte. On déduit de (4.14) et (4.16) que la formule du point milieu a un degré d'exactitude égal à 1 puisqu'elle intègre exactement tous les polynômes de degré inférieur ou égal à 1 (mais pas tous ceux de degré 2).

La formule composite du point milieu est implémentée dans le Programme 4.1. Les paramètres d'entrée sont les extrémités de l'intervalle d'intégration a et b, le nombre de subdivisions M et une chaîne f pour définir la fonction f.

Programme 4.1. midpointc : formule de quadrature composite du point milieu

```
function Imp=midpointc(a,b,M,fun,varargin)
%MIDPOINTC intégration numérique composite du point
% milieu.
% IMP=MIDPOINTC(A,B,M,FUN) calcule une approximation
% de l'intégrale de la fonction FUN par la méthode du
% point milieu (avec M intervalles équirépartis).
% FUN prend en entrée un vecteur réel x et renvoie
% un vecteur réel.
% FUN peut aussi être un objet inline, une fonction
% anonyme ou définie par un m-file.
% IMP=MIDPOINT(A,B,M,FUN,P1,P2,...) appelle la
% fonction FUN en passant les paramètres optionnels
% P1,P2,... de la maniere suivante: FUN(X,P1,P2,...).
H=(b-a)/M;
x = linspace(a+H/2,b-H/2,M);
fmp=feval(fun,x,varargin{:}).*ones(1,M);
Imp=H*sum(fmp);
return
```

Voir les Exercices 4.5–4.8.

4.3.2 Formule du trapèze

On peut obtenir une autre formule en remplaçant f sur I_k par le polynôme de degré 1 interpolant f aux noeuds x_{k-1} et x_k (ou de manière équivalente, en remplaçant f par $\Pi_1^H f$ sur l'intervalle $[a,b]$, voir Section 3.4). Ceci conduit à

$$
\begin{aligned}
I_t^c(f) &= \frac{H}{2}\sum_{k=1}^{M}[f(x_{k-1})+f(x_k)] \\
&= \frac{H}{2}[f(a)+f(b)] + H\sum_{k=1}^{M-1} f(x_k)
\end{aligned}
\tag{4.17}
$$

Cette formule est appelée *formule composite du trapèze*. Elle est précise au second ordre en H. On peut évaluer l'erreur de quadrature par la relation suivante

$$I(f) - I_t^c(f) = -\frac{b-a}{12}H^2 f''(\xi) \tag{4.18}$$

pour un $\xi \in]a,b[$, dès lors que $f \in C^2([a,b])$. La formule (4.17) avec $M=1$, donne

$$I_t(f) = \frac{b-a}{2}[f(a)+f(b)] \tag{4.19}$$

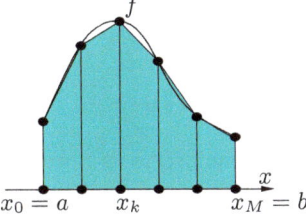
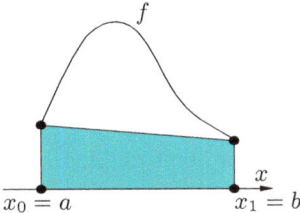

Figure 4.4. Formule composite du trapèze *(à gauche)*; formule du trapèze *(à droite)*

qu'on appelle *formule du trapèze* à cause de son interprétation géométrique. L'erreur correspondante s'exprime de la manière suivante

$$I(f) - I_t(f) = -\frac{(b-a)^3}{12} f''(\xi), \tag{4.20}$$

où ξ appartient à $[a, b]$. On en déduit que (4.19) a un degré d'exactitude égal à 1, tout comme la formule du point milieu.

On a implémenté la formule composite du trapèze (4.17) dans les programmes MATLAB trapz et cumtrapz. Si x est le vecteur des abscisses x_k, $k = 0, \ldots, M$ (avec $x_0 = a$ et $x_M = b$), et y le vecteur des $f(x_k)$, $k = 0, \ldots, M$, alors z=cumtrapz(x,y) retourne le vecteur z dont les composantes sont les $z_k \simeq \int_a^{x_k} f(x)dx$, l'intégrale étant approchée par la formule composite du trapèze. Ainsi z(M+1) est une approximation de l'intégrale de f sur $]a, b[$.

trapz
cumtrapz

Voir les Exercices 4.9–4.11.

4.3.3 Formule de Simpson

On obtient la formule de Simpson en remplaçant l'intégrale de f sur chaque I_k par celle de son polynôme d'interpolation de degré 2 aux noeuds x_{k-1}, $\bar{x}_k = (x_{k-1} + x_k)/2$ et x_k,

$$\Pi_2 f(x) = \frac{2(x - \bar{x}_k)(x - x_k)}{H^2} f(x_{k-1})$$
$$+ \frac{4(x_{k-1} - x)(x - x_k)}{H^2} f(\bar{x}_k) + \frac{2(x - \bar{x}_k)(x - x_{k-1})}{H^2} f(x_k).$$

La formule qui en découle s'appelle *formule de quadrature composite de Simpson*, et s'écrit

$$\boxed{I_s^c(f) = \frac{H}{6} \sum_{k=1}^{M} [f(x_{k-1}) + 4f(\bar{x}_k) + f(x_k)]} \tag{4.21}$$

4 Intégration et différentiation numérique

Quand $f \in C^4([a,b])$, on peut montrer que l'erreur vérifie

$$I(f) - I_s^c(f) = -\frac{b-a}{180}\frac{H^4}{16}f^{(4)}(\xi), \qquad (4.22)$$

où ξ est un point de $[a,b]$. La formule est donc précise à l'ordre 4 en H. Quand (4.21) est appliqué à un intervalle $[a,b]$, on obtient la *formule de quadrature de Simpson*

$$\boxed{I_s(f) = \frac{b-a}{6}\left[f(a) + 4f((a+b)/2) + f(b)\right]} \qquad (4.23)$$

L'erreur est alors donnée par

$$I(f) - I_s(f) = -\frac{1}{16}\frac{(b-a)^5}{180}f^{(4)}(\xi), \qquad (4.24)$$

pour un $\xi \in [a,b]$. Son degré d'exactitude est donc égal à 3.

On a implémenté la formule composite de Simpson dans le Programme 4.2.

Programme 4.2. simpsonc : formule de quadrature composite de Simpson

```
function [Isic]=simpsonc(a,b,M,fun,varargin)
%SIMPSONC intégration numérique composite de Simpson.
% ISIC = SIMPSONC(A,B,M,FUN) calcule une approximation
% de l'intégrale de la fonction FUN par la méthode de
% Simpson (avec M intervalles équirépartis).
% FUN prend en entrée un vecteur réel x et renvoie un
% vecteur de réels.
% FUN peut aussi être un objet inline, une fonction
% anonyme ou définie par un m-file.
% ISIC=SIMPSONC(A,B,M,FUN,P1,P2,...)   appelle la
% fonction FUN en passant les paramètres optionnels
% P1,P2,... de la maniere suivante: FUN(X,P1,P2,...).
H=(b-a)/M;
x=linspace(a,b,M+1);
fpm=feval(fun,x,varargin{:}).*ones(1,M+1);
fpm(2:end-1) = 2*fpm(2:end-1);
Isic=H*sum(fpm)/6;
x=linspace(a+H/2,b-H/2,M);
fpm=feval(fun,x,varargin{:}).*ones(1,M);
Isic = Isic+2*H*sum(fpm)/3;
return
```

Exemple 4.2 (Démographie) Considérons le Problème 4.4. Pour calculer le nombre d'individus dont la taille est comprise entre 1.8 et 1.9 m, on doit évaluer l'intégrale (4.3) pour $h = 1.8$ et $\Delta h = 0.1$. On se propose pour cela d'utiliser la formule composite de Simpson avec 100 sous-intervalles :

```
N = inline(['M/(sigma*sqrt(2*pi))*exp(-(h-hbar).^2'...
        './(2*sigma^2))'], 'h', 'M', 'hbar', 'sigma')
M = 200; hbar = 1.7; sigma = 0.1;
int = simpsonc(1.8, 1.9, 100, N, M, hbar, sigma)
```

4.4 Quadratures interpolatoires

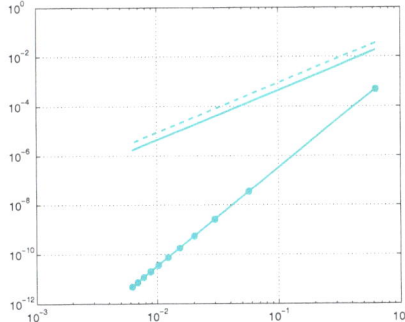

Figure 4.5. Représentation logarithmique des erreurs en fonction de H pour les formules de quadrature composites de Simpson *(trait plein avec des cercles)*, du point milieu *(trait plein)* et du trapèze *(trait discontinu)*

```
int =
    27.1810
```

On estime donc que le nombre d'individus dont la taille se situe dans cet intervalle est de 27.1810, ce qui correspond à 15.39 % des individus. ∎

Exemple 4.3 On souhaite comparer les approximations de l'intégrale $I(f) = \int_0^{2\pi} xe^{-x}\cos(2x)dx = -(10\pi - 3 + 3e^{2\pi})/(25e^{2\pi}) \simeq -0.122122604618968$ obtenues avec les formules composites du point milieu, du trapèze et de Simpson. Sur la Figure 4.5, on trace les erreurs en fonction de H en échelle logarithmique. On a vu à la Section 1.6 que, sur ce type de graphe, la pente est d'autant plus grande que l'ordre de convergence de la méthode est élevé. Conformément aux prédictions théoriques, les formules du point milieu et du trapèze sont du second ordre, tandis que la formule de Simpson est du quatrième ordre. ∎

4.4 Quadratures interpolatoires

Les formules de quadrature (4.15), (4.19) ou (4.23), sont dites *simples* (ou *non composites*) car elles ne portent que sur un intervalle (i.e. $M = 1$). On peut les voir comme des cas particuliers d'une formule plus générale du type

$$I_{appr}(f) = \sum_{j=0}^{n} \alpha_j f(y_j) \qquad (4.25)$$

Les nombres réels $\{\alpha_j\}$ sont les *poids de quadrature*, et les points y_j sont les *noeuds de quadrature*. En général, on souhaite que (4.25) intègre exactement au moins les fonctions constantes : cette propriété est vérifiée si $\sum_{j=0}^{n} \alpha_j = b - a$. On obtient clairement un degré d'exactitude (au moins) égal à n en prenant

$$I_{appr}(f) = \int_a^b \Pi_n f(x)dx,$$

où $\Pi_n f \in \mathbb{P}_n$ est le polynôme d'interpolation de Lagrange de la fonction f aux noeuds $y_i, i = 0, \ldots, n$, donné par (3.4). Ceci fournit l'expression suivante pour les poids

$$\alpha_i = \int_a^b \varphi_i(x)dx, \qquad i = 0, \ldots, n,$$

où $\varphi_i \in \mathbb{P}_n$ est le i-ème polynôme caractéristique de Lagrange, *i.e.* tel que $\varphi_i(y_j) = \delta_{ij}$, pour $i, j = 0, \ldots, n$ (defini en (3.3)).

Exemple 4.4 Pour la formule du trapèze (4.19) on a $n = 1$, $y_0 = a$, $y_1 = b$ et

$$\alpha_0 = \int_a^b \varphi_0(x)dx = \int_a^b \frac{x-b}{a-b}dx = \frac{b-a}{2},$$
$$\alpha_1 = \int_a^b \varphi_1(x)dx = \int_a^b \frac{x-a}{b-a}dx = \frac{b-a}{2}.$$

∎

On peut se demander s'il existe un choix particulier de noeuds qui permette d'atteindre un degré d'exactitude supérieur à n, plus précisément égal à $r = n + m$ pour un certain $m > 0$. Pour simplifier la présentation, on peut se restreindre à l'intervalle de référence $[-1, 1]$. En effet, si on connaît un ensemble de noeuds de quadrature $\{\bar{y}_j\}$ et de poids $\{\bar{\alpha}_j\}$ sur $[-1, 1]$, alors, par un simple changement de variable (3.11), on obtient immédiatement les noeuds et les poids correspondant,

$$y_j = \frac{a+b}{2} + \frac{b-a}{2}\bar{y}_j, \qquad \alpha_j = \frac{b-a}{2}\bar{\alpha}_j$$

sur un intervalle d'intégration $[a, b]$ quelconque.

La réponse à cette question est donnée par le résultat suivant (voir [QSS07, Chap. 10])

4.4 Quadratures interpolatoires

Proposition 4.1 *Pour un $m > 0$ donné, la formule de quadrature $\sum_{j=0}^{n} \bar{\alpha}_j f(\bar{y}_j)$ a un degré d'exactitude $n+m$ si et seulement si elle est de type interpolatoire et si le polynôme $\omega_{n+1} = \Pi_{i=0}^{n}(x - \bar{y}_i)$ associé aux noeuds $\{\bar{y}_i\}$ vérifie*

$$\int_{-1}^{1} \omega_{n+1}(x) p(x) dx = 0, \qquad \forall p \in \mathbb{P}_{m-1}. \tag{4.26}$$

La plus grande valeur que m peut prendre est $n+1$. Elle est atteinte quand ω_{n+1} est proportionnel au polynôme de Legendre de degré $n+1$, $L_{n+1}(x)$.

Les polynômes de Legendre peuvent être calculés par récurrence à l'aide de la formule suivante

$$L_0(x) = 1, \qquad L_1(x) = x,$$
$$L_{k+1}(x) = \frac{2k+1}{k+1} x L_k(x) - \frac{k}{k+1} L_{k-1}(x), \qquad k = 1, 2, \ldots.$$

Pour $n = 0, 1, \ldots$, les polynômes de $\mathbb{P}_n$ sont des combinaisons linéaires des $L_0, L_1, \ldots, L_n$. De plus, L_{n+1} est orthogonal à tous les polynômes de Legendre de degré inférieur ou égal à n, i.e., $\int_{-1}^{1} L_{n+1}(x) L_j(x) dx = 0$ pour $j = 0, \ldots, n$. Ceci explique pourquoi (4.26) est vrai pour m égal, mais pas supérieur, à $n+1$.

Le degré maximum d'exactitude est donc égal à $2n+1$ et est obtenu pour les *formules de Gauss-Legendre* (I_{GL} en abrégé), dont les noeuds et les poids sont donnés par

$$\begin{cases} \bar{y}_j = \text{zéros de } L_{n+1}(x), \\ \bar{\alpha}_j = \dfrac{2}{(1 - \bar{y}_j^2)[L'_{n+1}(\bar{y}_j)]^2}, \qquad j = 0, \ldots, n. \end{cases} \tag{4.27}$$

Les poids $\bar{\alpha}_j$ sont tous positifs et les noeuds sont intérieurs à l'intervalle $[-1, 1]$. On donne dans la Table 4.1 les noeuds et les poids des formules de quadrature de Gauss(-Legendre) avec $n = 1, 2, 3, 4$. Si $f \in C^{(2n+2)}([-1, 1])$, l'erreur correspondante est

$$I(f) - I_{GL}(f) = \frac{2^{2n+3}((n+1)!)^4}{(2n+3)((2n+2)!)^3} f^{(2n+2)}(\xi),$$

où ξ appartient à $]-1, 1[$.

Il est souvent utile de prendre les extrémités de l'intervalle comme noeuds de quadrature. Dans ce cas, le degré d'exactitude le plus élevé est $2n - 1$ et est obtenu avec les noeuds de *Gauss-Legendre-Lobatto* (GLL en abrégé) : pour $n \geq 1$

Table 4.1. Noeuds et poids de quelques formules de quadrature de type Gauss-Legendre sur l'intervalle $[-1, 1]$. Les poids correspondant à des couples de noeuds symétriques ne sont indiqués qu'une fois

n	$\{\bar{y}_j\}$	$\{\bar{\alpha}_j\}$
1	$\{\pm 1/\sqrt{3}\}$	$\{1\}$
2	$\{\pm\sqrt{15}/5, 0\}$	$\{5/9, 8/9\}$
3	$\{\pm(1/35)\sqrt{525 - 70\sqrt{30}},$	$\{(1/36)(18 + \sqrt{30}),$
	$\pm(1/35)\sqrt{525 + 70\sqrt{30}}\}$	$(1/36)(18 - \sqrt{30})\}$
4	$\{0, \pm(1/21)\sqrt{245 - 14\sqrt{70}}$	$\{128/225, (1/900)(322 + 13\sqrt{70})$
	$\pm(1/21)\sqrt{245 + 14\sqrt{70}}\}$	$(1/900)(322 - 13\sqrt{70})\}$

Table 4.2. Les noeuds et les poids de quelques formules de quadrature de Gauss(-Legendre)-Lobatto sur l'intervalle $[-1, 1]$. Les poids correspondant aux couples de noeuds symétriques ne sont indiqués qu'une fois

n	$\{\bar{y}_j\}$	$\{\bar{\alpha}_j\}$
1	$\{\pm 1\}$	$\{1\}$
2	$\{\pm 1, 0\}$	$\{1/3, 4/3\}$
3	$\{\pm 1, \pm\sqrt{5}/5\}$	$\{1/6, 5/6\}$
4	$\{\pm 1, \pm\sqrt{21}/7, 0\}$	$\{1/10, 49/90, 32/45\}$

$$\bar{y}_0 = -1, \ \bar{y}_n = 1, \ \bar{y}_j \text{ zéros de } L'_n(x), j = 1, \ldots, n-1 \quad (4.28)$$

$$\bar{\alpha}_j = \frac{2}{n(n+1)} \frac{1}{[L_n(\bar{y}_j)]^2}, \quad j = 0, \ldots, n.$$

Si $f \in C^{(2n)}([-1, 1])$, l'erreur correspondante est donnée par

$$I(f) - I_{GLL}(f) = -\frac{(n+1)n^3 2^{2n+1}((n-1)!)^4}{(2n+1)((2n)!)^3} f^{(2n)}(\xi),$$

pour un $\xi \in]-1, 1[$. Dans la Table 4.2, on donne les noeuds et les poids sur l'intervalle de référence $[-1, 1]$ pour $n = 1, 2, 3, 4$. (Pour $n = 1$ on retrouve la formule du trapèze.)

On peut calculer une intégrale dans MATLAB avec une formule de Gauss-Lobatto-Legendre en utilisant l'instruction `quadl(fun,a,b)`. La fonction `fun` peut être un objet *inline*. Par exemple, pour intégrer $f(x) = 1/x$ sur $[1, 2]$, on doit d'abord définir la fonction `fun` :

```
fun=inline('1./x','x');
```

puis appeler `quadl(fun,1,2)`. Remarquer que dans la définition de la fonction f on a utilisé une opération "élément par élément" (MATLAB évalue en effet cette expression composante par composante sur le vecteur de noeuds de quadrature).

Il n'est pas nécessaire d'indiquer le nombre de sous-intervalles. Celui-ci est automatiquement calculé afin d'assurer une erreur de quadrature plus petite que la tolérance par défaut de 10^{-3}. L'utilisateur peut choisir une tolérance différente avec la commande étendue `quadl(fun,a,b,tol)`. Dans la Section 4.5, nous présenterons une méthode pour estimer l'erreur de quadrature et pour adapter H en fonction de cette erreur.

Résumons-nous

1. Une formule de quadrature est une formule permettant d'approcher l'intégrale de fonctions continues sur un intervalle $[a, b]$;
2. elle s'exprime généralement comme une combinaison linéaire des valeurs de la fonction en des points prédéfinis (appelés *noeuds*) et avec des coefficients appelés *poids* ;
3. le *degré d'exactitude* d'une formule de quadrature est le degré maximal des polynômes pouvant être intégrés exactement. Le degré d'exactitude vaut 1 pour les formules du point milieu et du trapèze, 3 pour les formules de Gauss et Simpson, $2n + 1$ pour les formules de Gauss-Legendre avec $n + 1$ points de quadrature, et $2n - 1$ pour celles de Gauss-Legendre-Lobatto avec $n + 1$ points de quadratures ;
4. l'*ordre de précision* d'une formule de quadrature composite est exprimé par rapport à la taille H des sous-intervalles. Il vaut 2 pour les formules du point milieu et du trapèze.

Voir les Exercices 4.12–4.18.

4.5 Formule de Simpson adaptative

On peut choisir le pas d'intégration H d'une formule de quadrature composite (4.21) afin de garantir que l'erreur soit inférieure à une tolérance $\varepsilon > 0$ fixée. Par exemple, avec une formule de Simpson composite, (4.22) montre qu'on a

$$\frac{b-a}{180}\frac{H^4}{16}\max_{x\in[a,b]}|f^{(4)}(x)| < \varepsilon, \qquad (4.29)$$

où $f^{(4)}$ désigne la dérivée quatrième de f. Malheureusement, quand la valeur absolue de $f^{(4)}$ est grande sur une petite partie de l'intervalle d'intégration, le H maximum pour lequel (4.29) est vraie risque d'être trop petit. Pour garantir que l'erreur d'approximation de $I(f)$ est inférieure à une certaine tolérance ε, la formule adaptative de Simpson utilise des sous-intervalles d'intégration de tailles *non uniformes*. Ainsi, on conserve la même précision qu'avec la formule composite de Simpson, mais avec moins de noeuds de quadrature et, par conséquent, moins d'évaluations de f.

Pour mettre en oeuvre cette méthode et atteindre une tolérance fixée, on doit trouver un estimateur d'erreur et un procédé automatique pour modifier le pas d'intégration H. Commençons par analyser ce procédé, qui est indépendant de la formule de quadrature considérée.

A la première étape de l'algorithme adaptatif, on calcule une approximation $I_s(f)$ de $I(f) = \int_a^b f(x)\,dx$. On pose $H = b - a$ et on essaie d'estimer l'erreur de quadrature. Si cette erreur est inférieure à la tolérance fixée, on arrête ; sinon le pas H est réduit de moitié jusqu'à ce que l'intégrale $\int_a^{a+H} f(x)\,dx$ soit calculée avec la précision voulue. Quand l'opération réussie, on considère l'intervalle $]a + H, b[$ et on répète le procédé, en choisissant comme premier pas la longueur $b - (a + H)$ de l'intervalle.

Définissons les notations suivantes :

1. A : l'intervalle d'intégration *actif*, *i.e.* l'intervalle où l'intégrale est en train d'être calculée ;
2. S : l'intervalle d'intégration déjà examiné, pour lequel l'erreur est inférieure à la tolérance fixée ;
3. N : l'intervalle d'intégration qu'il reste à examiner.

Au début de la procédure, on a $A = [a, b]$, $N = \emptyset$ et $S = \emptyset$. La situation à une étape quelconque de l'algorithme est décrite sur la Figure 4.6. Notons $J_S(f)$ la valeur approchée de $\int_a^\alpha f(x)dx$ déjà calculée (avec $J_S(f) = 0$ à l'initialisation) ; si l'algorithme s'achève avec succès, $J_S(f)$ contient l'approximation voulue de $I(f)$. Notons aussi $J_{(\alpha,\beta)}(f)$ l'intégrale approchée de f sur l'intervalle actif $[\alpha, \beta]$. Cet intervalle est dessiné en blanc sur la Figure 4.6. Une étape type de l'algorithme adaptatif d'intégration se déroule ainsi :

1. si l'erreur estimée est inférieure à la tolérance fixée, alors :
    (i) $J_S(f)$ est "augmenté" de $J_{(\alpha,\beta)}(f)$, c'est-à-dire $J_S(f) \leftarrow J_S(f) + J_{(\alpha,\beta)}(f)$;
    (ii) on pose $S \leftarrow S \cup A$, $A = N$, $N = \emptyset$ (branche *(I)* de la Figure 4.6), $\alpha \leftarrow \beta$ et $\beta \leftarrow b$;
2. si l'erreur estimée est plus grande que la tolérance fixée, alors :
    (j) A est réduit de moitié et le nouvel intervalle actif devient $A = [\alpha, \alpha']$ avec $\alpha' = (\alpha + \beta)/2$ (branche *(II)* de la Figure 4.6) ;
    (jj) on pose $N \leftarrow N \cup [\alpha', \beta]$, $\beta \leftarrow \alpha'$;
    (jjj) une nouvelle estimation de l'erreur est calculée.

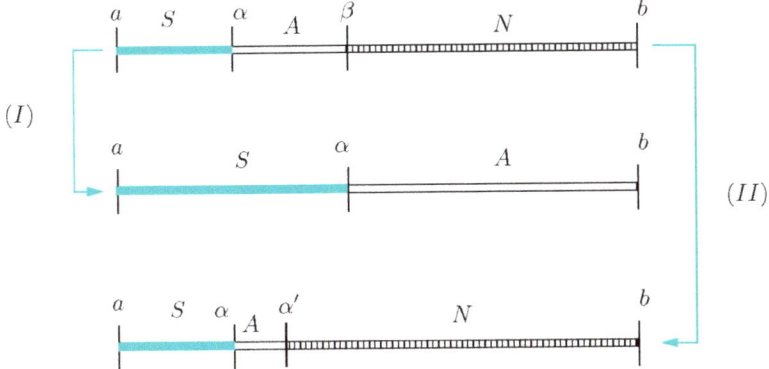

Figure 4.6. Une étape type de l'algorithme adaptatif : distribution et mise à jour des intervalles d'intégration

Naturellement, pour éviter que l'algorithme ne produise des intervalles trop petits, il est souhaitable de surveiller la longueur de A. On peut alors prévenir l'utilisateur quand celle-ci devient excessivement petite. Cela peut se produire en particulier au voisinage d'une singularité de la fonction à intégrer.

Il reste à trouver un bon estimateur d'erreur. Restreignons pour cela notre attention à un sous-intervalle quelconque $[\alpha, \beta] \subset [a, b]$ dans lequel on calcule $I_s(f)$: si, sur cet intervalle, l'erreur est inférieure à $\varepsilon(\beta - \alpha)/(b-a)$, alors l'erreur sur $[a, b]$ sera bien sûr inférieure à la tolérance ε fixée. Puisque d'après (4.24) on a

$$E_s(f; \alpha, \beta) = \int_\alpha^\beta f(x)dx - I_s(f) = -\frac{(\beta - \alpha)^5}{2880} f^{(4)}(\xi),$$

il serait suffisant de vérifier que $E_s(f; \alpha, \beta) < \varepsilon(\beta - \alpha)/(b-a)$ pour avoir une erreur acceptable. Mais cette procédure n'est pas réalisable en pratique car le point $\xi \in [\alpha, \beta]$ n'est pas connu.

Pour estimer l'erreur sans utiliser explicitement la valeur $f^{(4)}(\xi)$, on utilise à nouveau la formule composite de Simpson pour calculer $\int_\alpha^\beta f(x)\,dx$, mais avec un pas $H = (\beta - \alpha)/2$. En prenant $a = \alpha$ et $b = \beta$ dans (4.22), on trouve

$$\int_\alpha^\beta f(x)\,dx - I_s^c(f) = -\frac{(\beta - \alpha)^5}{46080} f^{(4)}(\eta), \qquad (4.30)$$

où η est un point différent de ξ. En soustrayant les deux dernières équations, on obtient

$$\Delta I = I_s^c(f) - I_s(f) = -\frac{(\beta - \alpha)^5}{2880} f^{(4)}(\xi) + \frac{(\beta - \alpha)^5}{46080} f^{(4)}(\eta). \quad (4.31)$$

Faisons maintenant l'hypothèse que $f^{(4)}(x)$ est approximativement constante sur l'intervalle $[\alpha, \beta]$. Dans ce cas, $f^{(4)}(\xi) \simeq f^{(4)}(\eta)$. On peut calculer $f^{(4)}(\eta)$ à partir de (4.31) puis, injectant cette valeur dans l'équation (4.30), on obtient cette estimation de l'erreur

$$\int_{\alpha}^{\beta} f(x)\, dx - I_s^c(f) \simeq \frac{1}{15} \Delta I.$$

Le pas $(\beta-\alpha)/2$ (qui est le pas utilisé pour calculer $I_s^c(f)$) sera accepté si $|\Delta I|/15 < \varepsilon(\beta - \alpha)/[2(b-a)]$. La formule de quadrature qui utilise ce critère dans le procédé d'adaptation décrit ci-dessus est appelée *formule de Simpson adaptative*. Elle est implémentée dans le Programme 4.3. Parmi les paramètres d'entrée, f est la chaîne de caractère qui définit la fonction f, a et b sont les extrémités de l'intervalle d'intégration, tol est la tolérance fixée sur l'erreur et hmin est la longueur minimale admise pour le pas d'intégration (afin d'assurer que le procédé d'adaptation ne boucle pas indéfiniment).

Programme 4.3. simpadpt : formule de Simpson adaptative

```
function[JSf,nodes]=simpadpt(fun,a,b,tol,hmin,varargin)
%SIMPADPT calcul numérique de l'integrale avec la
% méthode de Simpson adaptative.
% JSF = SIMPADPT(FUN,A,B,TOL,HMIN) tente d'approcher
% l'intégrale de la fonction FUN de A à B avec une
% erreur inférieure à TOL en utilisant par récurrence
% la méthode adaptative de Simpson avec H>=HMIN.
% La fonction Y = FUN(X) doit accepter en
% entrée un vecteur X et retourner dans un vecteur Y,
% les valeurs de l'intégrande en chaque composante de V.
% FUN peut être une fonction inline, une fonction
% anonyme ou définie par un m-file.
% JSF = SIMPADPT(FUN,A,B,TOL,HMIN,P1,P2,...) appelle la
% fonction FUN en passant les paramètres optionnels
% P1,P2,... de la maniere suivante: FUN(X,P1,P2,...).
% [JSF,NODES] = SIMPADPT(...) renvoie la
% distribution des noeuds.
A=[a,b]; N=[]; S=[]; JSf = 0; ba = 2*(b - a); nodes=[];
while ~isempty(A),
  [deltaI,ISc]=caldeltai(A,fun,varargin{:});
  if abs(deltaI) < 15*tol*(A(2)-A(1))/ba;
      JSf = JSf + ISc;      S = union(S,A);
      nodes = [nodes, A(1) (A(1)+A(2))*0.5 A(2)];
      S = [S(1), S(end)]; A = N; N = [];
  elseif A(2)-A(1) < hmin
      JSf=JSf+ISc;          S = union(S,A);
      S = [S(1), S(end)]; A=N; N=[];
      warning('Pas d''integration trop petit');
  else
      Am = (A(1)+A(2))*0.5;
      A = [A(1) Am];   N = [Am, b];
  end
end
```

```
nodes=unique(nodes);
return

function [deltaI,ISc]=caldeltai(A,fun,varargin)
L=A(2)-A(1);
t=[0; 0.25; 0.5; 0.75; 1];
x=L*t+A(1); L=L/6;
w=[1; 4; 1]; wp=[1;4;2;4;1];
fx=feval(fun,x,varargin{:}).*ones(5,1);
IS=L*sum(fx([1 3 5]).*w);
ISc=0.5*L*sum(fx.*wp);
deltaI=IS-ISc;
return
```

Exemple 4.5 Calculons l'intégrale $I(f) = \int_{-1}^{1} 20(1-x^2)^3 \, dx$ en utilisant la formule de Simpson adaptative. En exécutant le Programme 4.3 avec :

```
fun=inline('(1-x.^2).^3*20');
tol = 1.e-04; hmin = 1.e-03; a=-1;b=1;
```

on trouve la valeur approchée 18.2857116732797, au lieu de la valeur exacte 18.2857142857143. L'erreur est inférieure à la tolérance fixée `tol`=10^{-4} (elle vaut précisément 2.6124 10^{-6}). Pour obtenir ce résultat, il a suffi de 41 évaluations de la fonction. Noter que la formule composite correspondante, avec un pas d'intégration uniforme, nécessite 90 évaluations pour obtenir une erreur de 2.5989 10^{-6}. ∎

4.6 Ce qu'on ne vous a pas dit

Les formules du point milieu, du trapèze et de Simpson sont des cas particuliers d'une classe de méthodes de quadrature appelées *formules de Newton-Cotes*. Pour une introduction, voir [QSS07, Chap. 9]. De même, les formules de Gauss-Legendre et de Gauss-Legendre-Lobatto introduites à la Section 4.4 sont des cas particuliers des méthodes de quadrature gaussiennes. Elles sont *optimales* dans le sens qu'elles maximisent le degré d'exactitude pour un nombre donné de noeuds de quadrature. On trouvera une introduction aux quadratures gaussiennes dans [QSS07, Chap. 10], ou [RR01]. D'autres développements sur l'intégration numérique sont présentés par exemple dans [DR75] et [PdDKÜK83].

On peut également utiliser l'intégration numérique pour calculer des intégrales sur des intervalles non bornés. Par exemple, pour approcher $\int_0^\infty f(x) \, dx$, une première possibilité est de trouver un α tel que $\int_\alpha^\infty f(x) dx$ puisse être négligée par rapport à $\int_0^\alpha f(x) dx$. On calcule alors cette dernière intégrale par une formule de quadrature sur un intervalle borné. Une deuxième possibilité est de recourir à des formules de quadrature gaussiennes pour des intervalles non bornés (voir [QSS07, Chapitre 10]).

Enfin, on peut aussi calculer des intégrales multidimensionnelles par intégration numérique. Mentionnons en particulier l'instruction dblquad   dblquad('f',xmin,xmax,ymin,ymax) de MATLAB qui permet de calculer l'intégrale sur un domaine rectangulaire [xmin,xmax] × [ymin,ymax] d'une fonction définie dans un fichier f.m. La fonction f doit avoir au moins deux paramètres d'entrée correspondant aux variables x et y par rapport auxquelles l'intégrale est calculée.

Octave 4.1 La fonction dblquad n'existe dans Octave que depuis la version 3.2.0, dans le package Integration téléchargeable sur
http://octave.sourceforge.net. Mais deux autres fonctions ont un rôle similaire :

quad2dg 1. quad2dg pour une intégration bidimensionnelle utilisant une formule de quadrature de Gauss ;
quad2dc 2. quad2dc pour une intégration bidimensionnelle utilisant une formule de quadrature de Gauss-Chebyshev.

■

4.7 Exercices

Exercice 4.1 Vérifier que, si $f \in C^3$ dans un voisinage I_0 de x_0 (resp. I_n de x_n) l'erreur de la formule (4.11) est égale à $-\frac{1}{3}f'''(\xi_0)h^2$ (resp. $-\frac{1}{3}f'''(\xi_n)h^2$), où ξ_0 et ξ_n sont deux points appartenant à I_0 et I_n respectivement.

Exercice 4.2 Vérifier que si $f \in C^3$ dans un voisinage de $\bar{x}$ l'erreur de la formule (4.9) est égale à (4.10).

Exercice 4.3 Calculer l'ordre de précision par rapport à h des formules suivantes pour approcher $f'(x_i)$

a. $\dfrac{-11f(x_i) + 18f(x_{i+1}) - 9f(x_{i+2}) + 2f(x_{i+3})}{6h}$,

b. $\dfrac{f(x_{i-2}) - 6f(x_{i-1}) + 3f(x_i) + 2f(x_{i+1})}{6h}$,

c. $\dfrac{-f(x_{i-2}) - 12f(x_i) + 16f(x_{i+1}) - 3f(x_{i+2})}{12h}$.

Exercice 4.4 (Démographie) Les valeurs suivantes représentent l'évolution au cours du temps du nombre $n(t)$ d'individus d'une population dont le taux de naissance est constant $(b = 2)$ et dont le taux de mortalité est $d(t) = 0.01n(t)$

t (mois)	0	0.5	1	1.5	2	2.5	3
n	100	147	178	192	197	199	200

Utiliser ces données pour approcher aussi précisément que possible le taux de variation de cette population. Comparer le résultat avec le taux exact $n'(t) = 2n(t) - 0.01n^2(t)$.

Exercice 4.5 Déterminer le nombre minimum M de sous-intervalles nécessaires à approcher avec une erreur absolue inférieure à 10^{-4} les intégrales des fonctions suivantes

$$f_1(x) = \frac{1}{1+(x-\pi)^2} \quad \text{in } [0,5],$$
$$f_2(x) = e^x \cos(x) \quad \text{in } [0,\pi],$$
$$f_3(x) = \sqrt{x(1-x)} \quad \text{in } [0,1],$$

en utilisant la formule composite du point milieu. Vérifier les résultats obtenus en utilisant le Programme 4.1.

Exercice 4.6 Prouver (4.14) en partant de (4.16).

Exercice 4.7 Pourquoi la formule du point milieu perd-elle un ordre de convergence qu'on on l'utilise sous sa forme composite ?

Exercice 4.8 Vérifier que, si f est un polynôme de degré inférieur ou égal à 1, alors $I_{pm}(f) = I(f)$ (autrement dit la formule du point milieu a un degré d'exactitude au moins égal à 1).

Exercice 4.9 Pour la fonction f_1 de l'Exercice 4.5, calculer (numériquement) les valeurs de M qui assurent que l'erreur de quadrature est inférieure à 10^{-4} quand l'intégrale est approchée par les formules composites du trapèze et de Gauss-Legendre (avec $n = 1$).

Exercice 4.10 Soient I_1 et I_2 deux valeurs obtenues par la formule composite du trapèze appliquée avec deux pas d'intégration différents H_1 et H_2, pour approcher $I(f) = \int_a^b f(x)dx$. Vérifier que si $f^{(2)}$ varie peu sur $]a,b[$, la valeur

$$I_R = I_1 + (I_1 - I_2)/(H_2^2/H_1^2 - 1) \tag{4.32}$$

est une meilleure approximation de $I(f)$ que I_1 et I_2. Cette stratégie est appelée *méthode d'extrapolation de Richardson*. Déduire (4.32) à partir de (4.18).

Exercice 4.11 Vérifier que, parmi toutes les formules de la forme $I_{appr}(f) = \alpha f(\bar{x}) + \beta f(\bar{z})$ où $\bar{x}, \bar{z} \in [a, b]$ sont deux noeuds inconnus et α et β deux poids à déterminer, la formule de Gauss de la Table 4.1 avec $n = 1$ est celle qui a le plus grand degré d'exactitude.

Exercice 4.12 Pour les deux premières fonctions de l'Exercice 4.5, calculer le nombre minimum d'intervalles tel que l'erreur de quadrature de la formule composite de Simpson est inférieure à 10^{-4}.

Exercice 4.13 Calculer $\int_0^2 e^{-x^2/2}\,dx$ en utilisant la formule de Simpson (4.23) et celle de Gauss-Legendre (Table 4.1 pour $n = 1$). Comparer les résultats obtenus.

Exercice 4.14 Pour calculer les intégrales $I_k = \int_0^1 x^k e^{x-1} dx$, $k = 1, 2, \ldots$, on peut utiliser la relation de récurrence : $I_k = 1 - kI_{k-1}$, avec $I_1 = 1/e$. Calculer I_{20} avec la formule composite de Simpson en assurant une erreur de quadrature inférieure ou égale à 10^{-3}. Comparer l'approximation de Simpson et celle obtenue avec la formule de récurrence ci-dessus.

Exercice 4.15 Ecrire la méthode d'extrapolation de Richardson pour les formules de Simpson (4.23) et de Gauss-Legendre de la Table 4.1 pour $n = 1$. Utiliser les deux méthodes obtenues pour approcher l'intégrale $I(f) = \int_0^2 e^{-x^2/2} dx$, avec $H_1 = 1$ et $H_2 = 0.5$. Vérifier dans les deux cas que I_R est plus précise que I_1 et I_2.

Exercice 4.16 (Electromagnétisme) Calculer à l'aide de la formule composite de Simpson la fonction $j(r, 0)$ définie en (4.2) avec $r = k/10$ m pour $k = 1, \ldots, 10$, $\rho(\xi) = e^\xi$ et $\sigma = 0.36$ W/(mK). Garantir une erreur de quadrature inférieure à 10^{-10}. (On rappelle que : m=mètres, W=Watts, K=degrés Kelvin.)

Exercice 4.17 (Optique) En utilisant les formules composites de Simpson et de Gauss-Legendre (avec $n = 1$) calculer la fonction $E(T)$ définie en (4.1) pour $T = 213$ K avec au moins dix chiffres significatifs exacts.

Exercice 4.18 Mettre en oeuvre une stratégie pour calculer

$$I(f) = \int_1^0 |x^2 - 0.25|\, dx$$

à l'aide de la formule composite de Simpson en faisant en sorte que l'erreur de quadrature soit inférieure à 10^{-2}.

5
Systèmes linéaires

Il est fréquent, dans toutes les disciplines scientifiques, de devoir résoudre des systèmes linéaires de la forme

$$\mathbf{Ax} = \mathbf{b}, \qquad (5.1)$$

où A est une matrice carrée de dimension $n \times n$ dont les éléments a_{ij} sont réels ou complexes, et $\mathbf{x}$ et $\mathbf{b}$ sont des vecteurs colonnes de dimension n, où $\mathbf{x}$ est l'inconnue et $\mathbf{b}$ un vecteur donné.

L'équation (5.1) s'écrit aussi

$$a_{11}x_1 + a_{12}x_2 + \ldots + a_{1n}x_n = b_1,$$
$$a_{21}x_1 + a_{22}x_2 + \ldots + a_{2n}x_n = b_2,$$
$$\vdots \qquad\qquad \vdots \quad\; \vdots$$
$$a_{n1}x_1 + a_{n2}x_2 + \ldots + a_{nn}x_n = b_n.$$

Avant de présenter des méthodes de résolution, commençons par exposer quatre problèmes conduisant à des systèmes linéaires.

5.1 Quelques problèmes types

Problème 5.1 (Hydraulique) Considérons le réseau hydraulique composé de 10 conduites, représenté sur la Figure 5.1, alimenté par un réservoir d'eau à pression constante $p_0 = 10$ bar. Dans ce problème, on convient de prendre la pression atmosphérique comme valeur de référence pour les pressions. Pour la j-ème conduite, on a la relation suivante

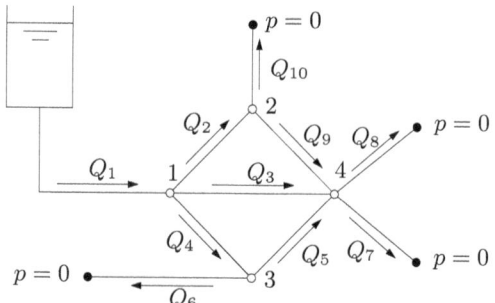

Figure 5.1. Le réseau de conduites du Problème 5.1

entre le débit Q_j (en m^3/s) et le saut de pression Δp_j entre l'entrée et la sortie

$$Q_j = \frac{1}{RL}\Delta p_j, \qquad (5.2)$$

où R est la résistance hydraulique par unité de longueur (en (bar s)/m^4) et L est la longueur (en m) de la conduite. On suppose que l'eau s'écoule par les sorties (indiquées par un point noir) où règne la pression atmosphérique, fixée à 0 bar (conformément à notre convention).

Le problème consiste à déterminer les valeurs de la pression en chaque noeud intérieur 1, 2, 3, 4. Pour cela, on complète les relations (5.2) pour $j = 1, 2, 3, 4$ en écrivant que la somme des débits algébriques en un noeud j doit être nulle (une valeur négative indiquerait la présence d'une fuite).

En notant $\mathbf{p} = (p_1, p_2, p_3, p_4)^T$ le vecteur des pressions aux noeuds intérieurs, on obtient un système 4×4 de la forme $\mathbf{Ap} = \mathbf{b}$.

On indique dans le tableau suivant les caractéristiques des différentes conduites

Conduite	R	L	Conduite	R	L	Conduite	R	L
1	0.2500	20	2	2.0000	10	3	1.0204	14
4	2.0000	10	5	2.0000	10	6	7.8125	8
7	7.8125	8	8	7.8125	8	9	2.0000	10
10	7.8125	8						

La matrice A et le vecteur $\mathbf{b}$ sont donnés par (en ne conservant que les 4 premiers chiffres significatifs)

$$A = \begin{bmatrix} -0.370 & 0.050 & 0.050 & 0.070 \\ 0.050 & -0.116 & 0 & 0.050 \\ 0.050 & 0 & -0.116 & 0.050 \\ 0.070 & 0.050 & 0.050 & -0.202 \end{bmatrix}, \mathbf{b} = \begin{bmatrix} -2 \\ 0 \\ 0 \\ 0 \end{bmatrix}.$$

La résolution de ce système sera vue dans l'Exemple 5.5. ∎

Problème 5.2 (Spectrométrie) Considérons un mélange de gaz constitué de n composants non-réactifs inconnus. En utilisant un spectromètre de masse, on bombarde le mélange par des électrons de faible énergie et on analyse le mélange d'ions résultant avec un galvanomètre qui présente des pics correspondant à des ratios masse/charge spécifiques. On ne considère que les n pics les plus significatifs. On peut conjecturer que la hauteur h_i du i-ème pic est une combinaison linéaire de $\{p_j, j = 1, \ldots, n\}$, où p_j est la pression partielle du j-ème composant (c'est-à-dire la pression exercée par un seul gaz du mélange), ce qui donne

$$\sum_{j=1}^{n} s_{ij} p_j = h_i, \qquad i = 1, \ldots, n, \tag{5.3}$$

où les s_{ij} sont les coefficients dits de sensibilité. La détermination des pressions partielles nécessite donc la résolution d'un système linéaire. Pour la résolution, voir l'Exemple 5.3. ∎

Problème 5.3 (Economie : analyse d'entrées-sorties) On veut déterminer l'équilibre entre la demande et l'offre de certains biens. Dans le modèle de production considéré, $m \geq n$ usines (ou lignes de production) produisent n produits différents. Elles doivent répondre à une demande interne (l'entrée) nécessaire au fonctionnement des usines, ainsi qu'à une demande externe (la sortie) provenant des consommateurs. Leontief a proposé en (1930)[1] un modèle de production linéaire, c'est-à-dire dans lequel la sortie est proportionnelle à l'entrée. Sous cette hypothèse, l'activité des usines est entièrement décrite par deux matrices : la matrice d'entrée $C = (c_{ij}) \in \mathbb{R}^{n \times m}$ et la matrice de sortie $P = (p_{ij}) \in \mathbb{R}^{n \times m}$. ("C" pour *consommable* et "P" pour *produit*.) Le coefficient c_{ij} (resp. p_{ij}) représente la quantité du i-ème bien absorbé (resp. produit) par la j-ème usine sur une période fixée. La matrice $A = P - C$ est appelée *matrice d'entrée-sortie* : un a_{ij} positif (resp. négatif) désigne la quantité du i-ème bien produit (resp. absorbé) par la j-ème usine. Enfin, on peut raisonnablement supposer que le système de production satisfait à la demande du marché, qu'on peut représenter par un vecteur $\mathbf{b} = (b_i) \in \mathbb{R}^n$ (le vecteur de la *demande finale*). La composante b_i représente la quantité du i-ème bien absorbé par le marché. L'équilibre est atteint quand le vecteur $\mathbf{x} = (x_i) \in \mathbb{R}^m$ représentant la production totale est égal à la demande totale, c'est-à-dire,

$$A\mathbf{x} = \mathbf{b}, \qquad \text{où } A = P - C. \tag{5.4}$$

Pour simplifier, nous supposerons que la i-ème usine produit seulement le i-ème bien (voir Figure 5.2). Par conséquent, $n = m$ et $P = I$. Pour la résolution de ce système linéaire voir l'Exercice 5.18. ∎

---

[1]. Wassily Leontieff a reçu en 1973 le prix Nobel d'économie pour ses travaux.

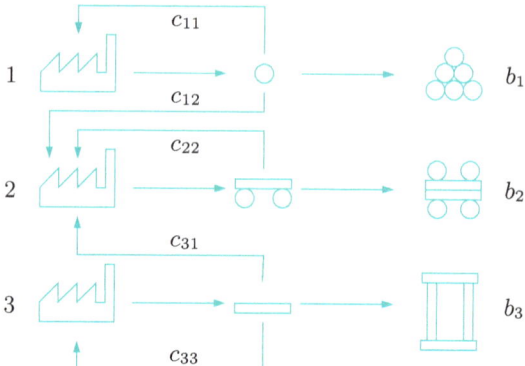

Figure 5.2. Schéma d'interaction entre 3 usines et le marché

Problème 5.4 (Réseaux de capillaires) Les capillaires sont les vaisseaux sanguins les plus petits du système circulatoire. Ils forment des réseaux, appelés "lits capillaires", qui regroupent d'une dizaine à une centaine de vaisseaux, selon le type d'organe ou de tissu biologique. Le sang chargé d'oxygène atteint les lits capillaires à partir des artérioles. Depuis les capillaires, il distribue l'oxygène aux tissus environnants à travers la membrane des globules rouges. Dans le même temps, des déchets métaboliques sont éliminés des tissus vers les lits capillaires. Le sang rejoint alors des veinules, puis le coeur, et de là, les poumons. Un lit capillaire peut être décrit par un réseau, similaire au réseau hydraulique du Problème 5.1 ; dans ce modèle, chaque capillaire est assimilé à un pipeline dont les extrémités sont appelées noeuds. Sur le schéma de la Figure 5.4, les noeuds sont représentés par des petits cercles vides. D'un point de vue fonctionnel, on peut voir les artérioles alimentant le lit capillaire comme un réservoir ayant une pression uniforme d'environ 50 mmHg (on rappelle que la pression atmosphérique est de l'ordre de 760 mmHg). Dans notre modèle, nous supposerons qu'aux noeuds de sortie (ceux indiqués par de petits cercles noirs sur la Figure 5.4) la pression a une valeur constante – la pression veineuse – que l'on peut choisir égale à zéro. Le sang s'écoule des artérioles aux noeuds de sortie grâce à la différence de pression entre un noeud et les suivants (ceux qui se trouvent à un niveau hiérarchique inférieur).

En se reportant à nouveau à la Figure 5.4, notons p_j, $j = 1, ..., 15$ la pression (exprimée en mmHg) au j-ème noeud et Q_m, $m = 1, ..., 31$ le débit (exprimé en mm^3/s) dans le m-ème capillaire. Si i et j sont les indices des extrémités d'un capillaire m arbitraire, on suppose qu'on a la loi de comportement suivante

$$Q_m = \frac{1}{R_m L_m}(p_i - p_j), \qquad (5.5)$$

5.1 Quelques problèmes types   135

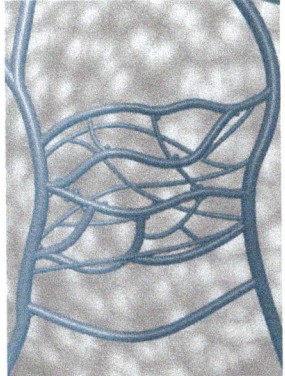

Figure 5.3. Un lit capillaire

où R_m désigne la résistance hydraulique par unité de longueur (en $(\text{mmHg s})/\text{mm}^4$) et L_m la longueur du capillaire (en mm). Naturellement, pour le noeud 1, nous prendrons $p_0 = 50$; de même, nous prendrons une pression nulle sur les noeuds de sortie (de 16 à 31) connectés aux noeuds 8 à 15. Enfin, en tout noeud du réseau, nous écrivons l'égalité entre débit entrant et sortant, i.e.

$$\left(\sum_{m \text{ in}} Q_m\right) - \left(\sum_{m \text{ out}} Q_m\right) = 0.$$

Nous obtenons ainsi le système linéaire

$$\mathbf{Ap} = \mathbf{b}, \tag{5.6}$$

où $\mathbf{p} = [p_1, p_2, \cdots, p_{15}]^T$ est le vecteur inconnu des pressions aux 15 noeuds du réseau, A est la matrice, et $\mathbf{b}$ un vecteur connu.

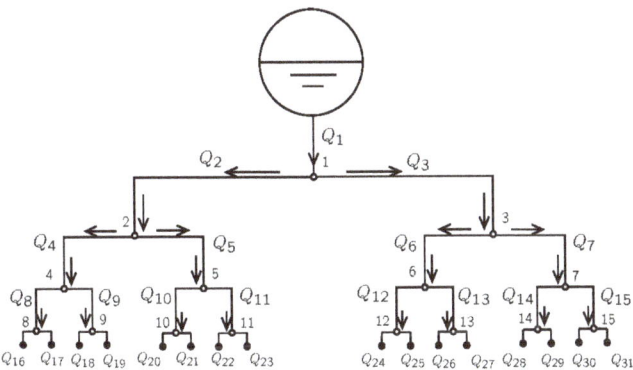

Figure 5.4. Schéma du lit capillaire

Pour simplifier, on suppose que tous les capillaires ont la même résistance hydraulique $R_m = 1$, que la longueur du premier capillaire vaut $L_1 = 20$, et que la longueur des autres est divisée par deux à chaque bifurcation (c'est-à-dire $L_2 = L_3 = 10$, $L_4 = \ldots = L_7 = 5$ etc.). On obtient alors la matrice suivante

$$A = \begin{bmatrix} -\frac{1}{4} & \frac{1}{10} & \frac{1}{10} & 0 & 0 & 0 & 0 & 0 & 0 & 0 & 0 & 0 & 0 & 0 & 0 \\ \frac{1}{10} & -\frac{1}{2} & 0 & \frac{1}{5} & \frac{1}{5} & 0 & 0 & 0 & 0 & 0 & 0 & 0 & 0 & 0 & 0 \\ \frac{1}{10} & 0 & -\frac{1}{2} & 0 & 0 & \frac{1}{5} & \frac{1}{5} & 0 & 0 & 0 & 0 & 0 & 0 & 0 & 0 \\ 0 & \frac{1}{5} & 0 & -1 & 0 & 0 & 0 & 0.4 & 0.4 & 0 & 0 & 0 & 0 & 0 & 0 \\ 0 & \frac{1}{5} & 0 & 0 & -1 & 0 & 0 & 0 & 0 & 0.4 & 0.4 & 0 & 0 & 0 & 0 \\ 0 & 0 & \frac{1}{5} & 0 & 0 & -1 & 0 & 0 & 0 & 0 & 0 & 0.4 & 0.4 & 0 & 0 \\ 0 & 0 & \frac{1}{5} & 0 & 0 & 0 & -1 & 0 & 0 & 0 & 0 & 0 & 0 & 0.4 & 0.4 \\ 0 & 0 & 0 & 0.4 & 0 & 0 & 0 & -2 & 0 & 0 & 0 & 0 & 0 & 0 & 0 \\ 0 & 0 & 0 & 0.4 & 0 & 0 & 0 & 0 & -2 & 0 & 0 & 0 & 0 & 0 & 0 \\ 0 & 0 & 0 & 0 & 0.4 & 0 & 0 & 0 & 0 & -2 & 0 & 0 & 0 & 0 & 0 \\ 0 & 0 & 0 & 0 & 0.4 & 0 & 0 & 0 & 0 & 0 & -2 & 0 & 0 & 0 & 0 \\ 0 & 0 & 0 & 0 & 0 & 0.4 & 0 & 0 & 0 & 0 & 0 & -2 & 0 & 0 & 0 \\ 0 & 0 & 0 & 0 & 0 & 0.4 & 0 & 0 & 0 & 0 & 0 & 0 & -2 & 0 & 0 \\ 0 & 0 & 0 & 0 & 0 & 0 & 0.4 & 0 & 0 & 0 & 0 & 0 & 0 & -2 & 0 \\ 0 & 0 & 0 & 0 & 0 & 0 & 0.4 & 0 & 0 & 0 & 0 & 0 & 0 & 0 & -2 \end{bmatrix}$$

et $\mathbf{b} = [-5/2, 0, 0, 0, 0, 0, 0, 0, 0, 0, 0, 0, 0, 0, 0]^T$.

On traitera la résolution de ce système dans l'Exemple 5.7. ∎

5.2 Systèmes linéaires et complexité

La solution du système (5.1) existe et est unique si et seulement si A n'est pas singulière. En théorie, la solution peut être calculée en utilisant les *formules de Cramer*

$$x_i = \frac{\det(A_i)}{\det(A)}, \quad i = 1, \ldots, n,$$

où A_i est la matrice obtenue en remplaçant la i-ème colonne de A par **b** et où det(A) désigne le déterminant de A. Si les $n+1$ déterminants sont calculés par le développement de Laplace (voir Exercice 5.1), environ $3(n+1)!$ opérations sont nécessaires. Comme d'habitude, on entend par opération une somme, une soustraction, un produit ou une division. A titre d'exemple, un ordinateur capable d'effectuer 10^9 opérations flottantes par seconde (*i.e.* 1 Giga *flops*), mettrait environ 17 heures pour résoudre un système de dimension $n = 15$, 4860 ans pour $n = 20$ et 10^{143} ans pour $n = 100$, voir la Table 5.1. La vitesse typique d'un PC actuel est environ 10^9 flops (p.ex. avec un processeur Intel® Core™2 Duo, 2.53 GHz) tandis que le Cray XT5-HE Jaguar, 1er du top 500 des supercalculateurs en December 2009, affiche une vitesse de 1.7 Peta-flops (i.e. $1.7 \cdot 10^{15}$ flops).

On peut réduire drastiquement le coût du calcul à environ $n^{3.8}$ opérations si les $n+1$ déterminants sont calculés par l'algorithme mentionné

Table 5.1. Temps nécessaire à la résolution d'un système linéaire de dimension n avec la formule de Cramer, "h.l." désigne des durées hors de limites raisonnables

	No. de flops de l'ordinateur				
n	10^9 (Giga)	10^{10}	10^{11}	10^{12} (Tera)	10^{15} (Peta)
10	10^{-1} sec	10^{-2} sec	10^{-3} sec	10^{-4} sec	négligeable
15	17 heures	1.74 heures	10.46 min	1 min	0.6 10^{-1} sec
20	4860 ans	486 ans	48.6 ans	4.86 ans	1.7 jour
25	h.l.	h.l.	h.l.	h.l.	38365 ans

dans l'Exemple 1.3. Néanmoins, ce coût est encore trop élevé pour les grandes valeurs de n qu'on rencontre souvent en pratique.

Deux classes de méthodes sont utilisées : les *méthodes directes*, qui donnent la solution en un nombre fini d'étapes, et les *méthodes itératives*, qui nécessitent (théoriquement) un nombre infini d'étapes. Les méthodes itératives seront traitées à la Section 5.9. Le lecteur doit être conscient que le choix entre méthodes directes et itératives dépend de nombreux critères : l'efficacité théorique de l'algorithme, le type de matrice, la capacité de stockage en mémoire, l'architecture de l'ordinateur (voir Section 5.13 pour plus de détails).

Notons enfin qu'un système associé à une matrice pleine ne peut pas être résolu par moins de n^2 opérations. En effet, si les équations sont toutes couplées, on peut s'attendre à ce que chacun des n^2 coefficients de la matrice soit impliqué au moins une fois dans une opération algébrique.

Bien que la plupart des méthodes de cette section soient applicables aux matrices complexes, nous restreindrons notre analyse aux matrices réelles. Noter que MATLAB et Octave traitent indifféremment les systèmes réels et complexes, sans qu'on ait à modifier les instructions utilisées.

Parfois, les hypothèses faites pour les matrices réelles doivent être adaptées dans le cas complexe. Nous indiquerons ces situations. Ce sera le cas par exemple pour définir la notion de matrice définie positive, ou pour définir le cadre de la factorisation de Cholesky d'une matrice.

5.3 Factorisation LU

Soit $A \in \mathbb{R}^{n \times n}$. Supposons qu'il existe deux matrices, L et U, respectivement triangulaire inférieure et supérieure, telles que

$$\boxed{A = LU} \qquad (5.7)$$

On appelle (5.7) factorisation (ou décomposition) LU de A. Si A est régulière, alors L et U le sont aussi, et leurs termes diagonaux sont donc non nuls (comme vu à la Section 1.4).

Dans ce cas, résoudre $\mathbf{Ax} = \mathbf{b}$ revient à résoudre deux systèmes triangulaires

$$\boxed{\mathbf{Ly} = \mathbf{b}, \quad \mathbf{Ux} = \mathbf{y}} \tag{5.8}$$

Les deux systèmes sont faciles à résoudre. En effet, L étant triangulaire inférieure, la première ligne du système $\mathbf{Ly} = \mathbf{b}$ est de la forme

$$l_{11} y_1 = b_1,$$

ce qui donne la valeur de y_1 puisque $l_{11} \neq 0$. En substituant cette valeur de y_1 dans les $n-1$ équations suivantes, on obtient un nouveau système dont les inconnues sont $y_2, \ldots, y_n$, pour lesquelles on peut faire de même. En procédant équation par équation, on calcule ainsi toutes les inconnues par l'algorithme dit *de descente*

$$\boxed{\begin{aligned} y_1 &= \frac{1}{l_{11}} b_1, \\ y_i &= \frac{1}{l_{ii}} \left(b_i - \sum_{j=1}^{i-1} l_{ij} y_j \right), \, i = 2, \ldots, n \end{aligned}} \tag{5.9}$$

Evaluons le nombre d'opérations requis par (5.9). On effectue $i-1$ sommes, $i-1$ produits et 1 division pour calculer l'inconnue y_i. Le nombre total d'opérations est donc

$$\sum_{i=1}^{n} 1 + 2 \sum_{i=1}^{n} (i-1) = 2 \sum_{i=1}^{n} i - n = n^2.$$

On peut résoudre le système $\mathbf{Ux} = \mathbf{y}$ de manière similaire. Cette fois, on commence par déterminer x_n puis, puis de proche en proche, les autres inconnues x_i, de $i = n-1$ à $i = 1$

$$\boxed{\begin{aligned} x_n &= \frac{1}{u_{nn}} y_n, \\ x_i &= \frac{1}{u_{ii}} \left(y_i - \sum_{j=i+1}^{n} u_{ij} x_j \right), \, i = n-1, \ldots, 1 \end{aligned}} \tag{5.10}$$

C'est l'*algorithme de remontée*. Il nécessite également n^2 opérations.

Il reste à présent à trouver un algorithme qui permette le calcul effectif des facteurs L et U. Illustrons le procédé général en commençant par deux exemples.

Exemple 5.1 Ecrivons la relation (5.7) pour une matrice quelconque A ∈ $\mathbb{R}^{2\times 2}$

$$\begin{bmatrix} l_{11} & 0 \\ l_{21} & l_{22} \end{bmatrix} \begin{bmatrix} u_{11} & u_{12} \\ 0 & u_{22} \end{bmatrix} = \begin{bmatrix} a_{11} & a_{12} \\ a_{21} & a_{22} \end{bmatrix}.$$

Les 6 éléments inconnus de L et U doivent vérifier les équations (non-linéaires) suivantes

$$\begin{array}{ll} (e_1)\ l_{11}u_{11} = a_{11},\ (e_2)\ l_{11}u_{12} = a_{12}, \\ (e_3)\ l_{21}u_{11} = a_{21},\ (e_4)\ l_{21}u_{12} + l_{22}u_{22} = a_{22}. \end{array} \quad (5.11)$$

Le système (5.11) est *sous-déterminé* puisqu'il comporte moins d'équations que d'inconnues. On peut le compléter en fixant *arbitrairement* les valeurs des coefficients diagonaux de L, par exemple en posant $l_{11} = 1$ et $l_{22} = 1$. Le système (5.11) peut alors être résolu de la manière suivante : on détermine les éléments u_{11} et u_{12} de la première ligne de U en utilisant (e_1) et (e_2). Si u_{11} est non nul, on déduit l_{21} de (e_3) (c'est-à-dire la première colonne de L, puisque l_{11} est déjà connu). On obtient alors, avec (e_4), le seul élément non nul u_{22} de la deuxième ligne de U. ■

Exemple 5.2 Reprenons les calculs dans le cas d'une matrice 3×3. Pour déterminer les 12 coefficients inconnus de L et U, on dispose des 9 équations suivantes

$(e_1)\ l_{11}u_{11} = a_{11},\ (e_2)\ l_{11}u_{12} = a_{12},\quad (e_3)\ l_{11}u_{13} = a_{13},$
$(e_4)\ l_{21}u_{11} = a_{21},\ (e_5)\ l_{21}u_{12}+l_{22}u_{22} = a_{22},\ (e_6)\ l_{21}u_{13}+l_{22}u_{23} = a_{23},$
$(e_7)\ l_{31}u_{11} = a_{31},\ (e_8)\ l_{31}u_{12}+l_{32}u_{22} = a_{32},\ (e_9)\ l_{31}u_{13}+l_{32}u_{23}+l_{33}u_{33} = a_{33}.$

Complétons ce système en posant $l_{ii} = 1$ pour $i = 1, 2, 3$. Les coefficients de la première ligne de U sont alors obtenus avec (e_1), (e_2) et (e_3). Ensuite, en utilisant (e_4) et (e_7), on détermine les coefficients l_{21} et l_{31} de la première colonne de L. Avec (e_5) et (e_6), on peut alors calculer les coefficients u_{22} et u_{23} de la deuxième ligne de U. Puis, avec (e_8), on détermine le coefficient l_{32} de la seconde colonne de L. Enfin, la dernière ligne de U (qui se résume au seul élément u_{33}) est obtenue en résolvant (e_9). ■

Pour une matrice quelconque A∈ $\mathbb{R}^{n\times n}$ de dimension n, on procède ainsi :

1. les éléments de L et U satisfont le système d'équations non linéaires

$$\sum_{r=1}^{\min(i,j)} l_{ir}u_{rj} = a_{ij},\ i,j = 1,\ldots,n; \quad (5.12)$$

2. le système (5.12) est sous-déterminé ; il y a en effet n^2 équations et $n^2 + n$ inconnues, la factorisation LU ne peut donc être unique ; il existe même une infinité de matrices L et U satisfaisant (5.12) ;

3. en fixant la valeur 1 pour les n éléments diagonaux de L, (5.12) devient un système déterminé qui peut être résolu avec l'*algorithme de Gauss* : posons $A^{(1)} = A$ *i.e.* $a_{ij}^{(1)} = a_{ij}$ pour $i, j = 1, \ldots, n$;

$$
\begin{aligned}
&\text{pour } k = 1, \ldots, n-1 \\
&\quad \text{pour } i = k+1, \ldots, n \\
&\quad\quad l_{ik} = \frac{a_{ik}^{(k)}}{a_{kk}^{(k)}}, \\
&\quad\quad \text{pour } j = k+1, \ldots, n \\
&\quad\quad\quad a_{ij}^{(k+1)} = a_{ij}^{(k)} - l_{ik} a_{kj}^{(k)}
\end{aligned}
\tag{5.13}
$$

Les termes $a_{kk}^{(k)}$, appelés *pivots*, doivent être tous non nuls. Pour $k = 1, \ldots, n-1$ la matrice $A^{(k+1)} = (a_{ij}^{(k+1)})$ a $n-k$ lignes et colonnes.

Remarque 5.1 Il n'est pas nécessaire de stocker toutes les matrices $A^{(k)}$ dans l'algorithme (5.13) ; on peut en effet écraser les $(n-k) \times (n-k)$ derniers éléments de la matrice originale A avec les $(n-k) \times (n-k)$ éléments de $A^{(k+1)}$. De plus, puisqu'à l'étape k, les éléments sous-diagonaux de la k-ème colonne n'ont aucun impact sur la matrice finale U, ils peuvent être remplacés par les coefficients de la k-ème colonne de L (les *multiplicateurs*). C'est ce qui est fait dans le Programme 5.1. A l'étape k de l'algorithme, les éléments stockés à la place des coefficients originaux de A sont

$$
\begin{bmatrix}
a_{11}^{(1)} & a_{12}^{(1)} & \cdots & & \cdots & a_{1n}^{(1)} \\
l_{21} & a_{22}^{(2)} & & & & a_{2n}^{(2)} \\
\vdots & \ddots & \ddots & & & \vdots \\
l_{k1} & \cdots & l_{k,k-1} & a_{kk}^{(k)} & \cdots & a_{kn}^{(k)} \\
\vdots & & \vdots & \vdots & & \vdots \\
l_{n1} & \cdots & l_{n,k-1} & a_{nk}^{(k)} & \cdots & a_{nn}^{(k)}
\end{bmatrix},
$$

où la matrice encadrée est $A^{(k)}$.

Ainsi, on peut implémenter l'algorithme en ne stockant qu'un seule matrice, qu'on initialise avec A et qu'on modifie à chaque itération $k \geq 2$ en écrasant les nouveaux termes $a_{ij}^{(k)}$, pour $i, j \geq k+1$, ainsi que les multiplicateurs l_{ik}, pour $i \geq k+1$. Noter qu'il n'est pas nécessaire de stocker les éléments diagonaux l_{ii} puisqu'on sait qu'ils valent tous 1. ■

A la fin de cette procédure, les éléments de la matrice triangulaire U sont donnés par $u_{ij} = a_{ij}^{(i)}$ pour $i = 1, \ldots, n$ et $j = i, \ldots, n$, tandis que ceux de L sont donnés par les coefficients l_{ij} calculés par l'algorithme. Dans (5.13), les termes diagonaux de L ne sont pas considérés, puisque leur valeur a été fixée à 1.

Table 5.2. Coefficients de sensibilité pour un mélange de gaz

Composants	Composants						
	Hydrogène 1	Méthane 2	Ethylène 3	Ethane 4	Propylène 5	Propane 6	n-Pentane 7
1	16.87	0.1650	0.2019	0.3170	0.2340	0.1820	0.1100
2	0.0	27.70	0.8620	0.0620	0.0730	0.1310	0.1200
3	0.0	0.0	22.35	13.05	4.420	6.001	3.043
4	0.0	0.0	0.0	11.28	0.0	1.110	0.3710
5	0.0	0.0	0.0	0.0	9.850	1.1684	2.108
6	0.0	0.0	0.0	0.0	0.2990	15.98	2.107
7	0.0	0.0	0.0	0.0	0.0	0.0	4.670

Cette décomposition est appelée *factorisation de Gauss* ; déterminer les éléments de L et U requiert environ $2n^3/3$ opérations (voir Exercice 5.4).

Exemple 5.3 (Spectrométrie) Dans le Problème 5.2, on considère un mélange de gaz qui, après examen spectroscopique, présente pour les sept composants les plus significatifs : $h_1 = 17.1$, $h_2 = 65.1$, $h_3 = 186.0$, $h_4 = 82.7$, $h_5 = 84.2$, $h_6 = 63.7$ et $h_7 = 119.7$. On veut comparer la pression totale mesurée, égale à 38.78 μm de Hg (qui prend en compte également les composants qu'on a négligés dans notre modèle simplifié) avec celle obtenue en utilisant les relations (5.3) pour $n = 7$, où les coefficients de sensibilité sont donnés dans la Table 5.2 (d'après [CLW69, p.331]). On peut calculer les pressions partielles en résolvant le système (5.3) pour $n = 7$ à l'aide de la factorisation LU. On obtient :

```
partpress=
    0.6525
    2.2038
    0.3348
    6.4344
    2.9975
    0.5505
   25.6317
```

En utilisant ces valeurs, on calcule la pression totale approchée (donnée par `sum(partpress)`) du mélange de gaz qui diffère de celle mesurée de 0.0252 μm de Hg. ■

Exemple 5.4 On considère la matrice de Vandermonde

$$A = (a_{ij}) \text{ avec } a_{ij} = x_i^{n-j}, \; i,j = 1,\ldots,n, \tag{5.14}$$

où les x_i sont n abscisses distinctes. On peut construire cette matrice avec la commande MATLAB `vander`. On indique dans la Table 5.3 la durée du calcul de la factorisation de Gauss de A (dont le nombre d'opérations est de l'ordre de $2n^3/3$, voir Figure 5.5) sur des ordinateurs de 1 GigaFlops, 1

Table 5.3. Durée nécessaire à la résolution d'un système linéaire de dimension n par la méthode d'élimination de Gauss. "h.l." désigne des durées hors de limites raisonnables

	No. de flops de l'ordinateur		
n	10^9 (Giga)	10^{12} (Tera)	10^{15} (Peta)
10^2	$7 \cdot 10^{-4}$ sec	négligeable	négligeable
10^4	11 min	0.7 sec	$7 \cdot 10^{-4}$ sec
10^6	21 ans	7.7 mois	11 min
10^8	h.l.	h.l.	21 ans

TeraFlops et 1 PetaFlops. Sur la Figure 5.5, on trace, en fonction de n, le nombre d'opérations nécessaire à cette factorisation. Pour diverses valeurs de n ($n = 10, 20, \ldots, 100$) le nombre d'opérations est indiqué par des cercles. La courbe dessinée sur le graphe est un polynôme de degré 3 en n approchant au sens des moindres carrés les données précédentes. Le nombre d'opérations a été obtenu avec la commande `flops` qui existait dans les versions 5.3.1 (et précédentes) de MATLAB. ∎

flops

La factorisation de Gauss est à la base de nombreuses commandes MATLAB :

lu
- `[L,U]=lu(A)` dont l'usage sera décrit à la Section 5.4 ;

inv
- `inv` qui permet le calcul de l'inverse d'une matrice ;

\
- `\` grâce à laquelle il est possible de résoudre un système linéaire de matrice `A` et de second membre `b` en écrivant simplement `A\b` (voir Section 5.8).

Une matrice A$\in \mathbb{R}^{n \times n}$ est *creuse* si elle a un nombre de termes non nuls de l'ordre de n (et non n^2). On appelle *profil* d'une matrice creuse l'ensemble de ses coefficients non nuls.

Quand un système est résolu à l'aide de la commande \, MATLAB reconnaît le type de matrice (par exemple s'il s'agit d'une matrice creuse

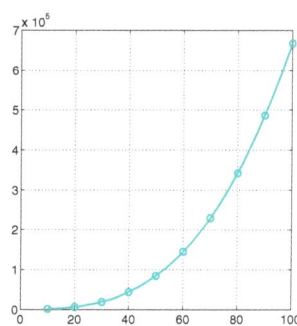

Figure 5.5. Nombre d'opérations nécessaire à la factorisation LU de la matrice de Vandermonde en fonction de la dimension n de la matrice. Cette fonction est un polynôme de degré 3 obtenu en approchant les valeurs correspondant à $n = 10, 20, \ldots, 100$ au sens des moindres carrés

obtenue avec les commandes sparse ou spdiags) et choisit l'algorithme le mieux adapté.

sparse
spdiags

Remarque 5.2 (Calculer un déterminant) La factorisation LU permet de calculer le déterminant de A avec environ $\mathcal{O}(n^3)$ opérations. Il suffit pour cela de remarquer que (voir Section 1.4)

$$\det(A) = \det(L)\det(U) = \prod_{k=1}^{n} u_{kk}.$$

C'est effectivement cette méthode qui est à la base de la commande MATLAB command det. ∎

Dans le Programme 5.1, on propose une implémentation de l'algorithme (5.13). Le facteur L est stocké dans la partie (strictement) triangulaire inférieure de A et U dans la partie triangulaire supérieure (ceci afin d'économiser de la mémoire). Après l'exécution du programme, on peut récupérer les deux facteurs L et U en écrivant simplement : L = eye(n) + tril(A,-1) et U = triu(A), où n est la taille de A.

Programme 5.1. lugauss : factorisation de Gauss

```
function A=lugauss(A)
%LUGAUSS Factorisation LU sans pivot.
% A = LUGAUSS(A) stocke une matrice triangulaire
% supérieure dans la partie triangulaire supérieure de
% A et une matrice triangulaire inférieure dans la
% partie strictement triangulaire inférieure A (les
% termes diagonaux de L valant 1).
[n,m]=size(A);
if n ~= m
   error('A n''est pas une matrice carrée');
else
 for k = 1:n-1
  for i = k+1:n
    A(i,k) = A(i,k)/A(k,k);
    if A(k,k) == 0, error('Elément diagonal nul'); end
    j = [k+1:n]; A(i,j) = A(i,j) - A(i,k)*A(k,j);
   end
  end
end
return
```

Exemple 5.5 Calculons la solution du système rencontré dans le Problème 5.1 en utilisant la factorisation LU, puis en appliquant les algorithmes de descente et remontée. Pour cela, on calcule la matrice A et le second membre b et on exécute les instructions suivantes :

```
A=lugauss(A);
y(1)=b(1);
for i=2:4; y=[y; b(i)-A(i,1:i-1)*y(1:i-1)]; end
x(4)=y(4)/A(4,4);
for i=3:-1:1;
    x(i)=(y(i)-A(i,i+1:4)*x(i+1:4)')/A(i,i);
end
```

Le résultat est $\mathbf{p} = (8.1172, 5.9893, 5.9893, 5.7779)^T$. ■

Exemple 5.6 Supposons qu'on résolve $A\mathbf{x} = \mathbf{b}$ avec

$$A = \begin{bmatrix} 1 & 1-\varepsilon & 3 \\ 2 & 2 & 2 \\ 3 & 6 & 4 \end{bmatrix}, \mathbf{b} = \begin{bmatrix} 5-\varepsilon \\ 6 \\ 13 \end{bmatrix}, \varepsilon \in \mathbb{R}, \qquad (5.15)$$

dont la solution est $\mathbf{x} = (1,1,1)^T$ (indépendamment de la valeur de ε).

Posons $\varepsilon = 1$. La factorisation de Gauss de A obtenue avec le Programme 5.1 conduit à

$$L = \begin{bmatrix} 1 & 0 & 0 \\ 2 & 1 & 0 \\ 3 & 3 & 1 \end{bmatrix}, U = \begin{bmatrix} 1 & 0 & 3 \\ 0 & 2 & -4 \\ 0 & 0 & 7 \end{bmatrix}.$$

Si on pose $\varepsilon = 0$, on ne peut pas effectuer la factorisation de Gauss – bien que A ne soit pas singulière – car l'algorithme (5.13) entraînerait une division par 0. ■

L'exemple précédent montre que la factorisation de Gauss, A=LU, n'existe malheureusement pas pour toute matrice régulière A. On peut en revanche établir le résultat suivant

> **Proposition 5.1** *Pour une matrice quelconque* $A \in \mathbb{R}^{n \times n}$, *la factorisation de Gauss existe et est unique ssi les sous-matrices principales* A_i *de A d'ordre* $i = 1, \ldots, n-1$ *(celles que l'on obtient en restreignant A à ses i premières lignes et colonnes) ne sont pas singulières (autrement dit si les mineurs principaux, i.e. les déterminants des sous-matrices principales, sont non nuls). Ce résultat est aussi valable pour* $A \in \mathbb{C}^{n \times n}$ *[Zha99, Section 3.2]*.

En revenant à l'Exemple 5.6, on remarque que quand $\varepsilon = 0$ la seconde sous-matrice principale A_2 de A est singulière.

On peut identifier des classes de matrices particulières pour lesquelles les hypothèses de la Proposition 5.1 sont satisfaites. Mentionnons par exemple :

1. les matrices à diagonale strictement dominante.

    Une matrice est dite à *diagonale dominante par ligne* si

    $$|a_{ii}| \geq \sum_{\substack{j=1 \\ j \neq i}}^{n} |a_{ij}|, \quad i = 1, \ldots, n,$$

    par colonne si

$$|a_{ii}| \geq \sum_{\substack{j=1 \\ j \neq i}}^{n} |a_{ji}|, \quad i = 1, \ldots, n.$$

Quand on peut remplacer $\geq$ par $>$ dans les inégalités précédentes, la matrice A est dite à diagonale *strictement* dominante (par ligne ou par colonne). Cette définition est aussi valable pour $A \in \mathbb{C}^{n \times n}$ (voir [GI04]);

2. les matrices réelles symétriques définies positives. Une matrice symétrique $A \in \mathbb{R}^{n \times n}$ est *définie positive* si

$$\forall \mathbf{x} \in \mathbb{R}^n \text{ avec } \mathbf{x} \neq \mathbf{0}, \quad \mathbf{x}^T A \mathbf{x} > 0;$$

3. les matrices complexes définies positives. Une matrice $A \in \mathbb{C}^{n \times n}$ est *définie positive* si

$$\forall \mathbf{x} \in \mathbb{C}^n \text{ avec } \mathbf{x} \neq \mathbf{0}, \quad \mathbf{x}^H A \mathbf{x} > 0;$$

noter que ces matrices sont nécessairement hermitiennes (voir [Zha99, Section 3.2]).

Si $A \in \mathbb{R}^{n \times n}$ est symétrique définie positive, on peut construire une factorisation particulière

$$A = R^T R \qquad (5.16)$$

où R est une matrice triangulaire supérieure avec des éléments diagonaux positifs. Cette décomposition s'appelle *factorisation de Cholesky* et nécessite environ $n^3/3$ opérations (la moitié du nombre d'opérations de la factorisation LU de Gauss). De plus, grâce à la symétrie, on ne stocke que la partie supérieure de A et on peut ranger les coefficients de R au même endroit.

On peut calculer les coefficients de R avec l'algorithme suivant : on pose $r_{11} = \sqrt{a_{11}}$ et, pour $i = 2, \ldots, n$, on définit

$$\begin{aligned} r_{ji} &= \frac{1}{r_{jj}} \left(a_{ij} - \sum_{k=1}^{j-1} r_{ki} r_{kj} \right), \, j = 1, \ldots, i-1 \\ r_{ii} &= \sqrt{a_{ii} - \sum_{k=1}^{i-1} r_{ki}^2} \end{aligned} \qquad (5.17)$$

On peut effectuer la factorisation de Cholesky dans MATLAB avec la commande `R=chol(A)`. Pour une matrice complexe définie positive $A \in \mathbb{C}^{n \times n}$, la formule (5.16) devient $A = R^H R$, où R^H est la transconjuguée de R.

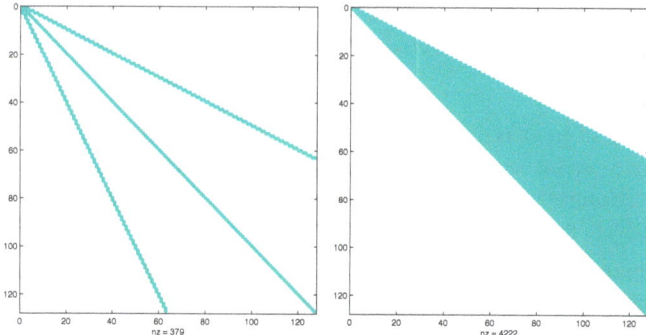

Figure 5.6. Structure des matrices A et R de l'Exemple 5.7

Exemple 5.7 (Réseaux de capillaires) La matrice A du Problème 5.4 est symétrique définie positive. Le système associé peut être résolu par factorisation de Cholesky et sa solution est donnée par

$$\mathbf{p} = [12.46, 3.07, 3.07, .73, .73, .73, .15, .15, .15, .15, .15, .15, .15, .15, .15]^T.$$

En appliquant la relation (5.5), on trouve alors les débits suivants

$$\begin{array}{rcl} Q_1 & = & 1.88 \\ Q_{2,3} & = & 0.94 \\ Q_{4,\cdots,7} & = & 0.47 \\ Q_{8,\cdots,15} & = & 0.23 \\ Q_{16,\cdots,31} & = & 0.12. \end{array}$$

La matrice A a une structure bande particulière. Considérons la Figure 5.6 qui correspond au cas d'un lit capillaire avec 8 niveaux de bifurcation. Les points représentent les termes non nuls de A. Sur chaque ligne, il y a au plus 3 termes non nuls ; ainsi dans toute la matrice, seuls 379 des $(127)^2 = 16129$ termes sont non nuls. La factorisation de Cholesky induit un remplissage à l'intérieur des bandes, comme le montre la Figure 5.6 (à droite), où est représentée la structure creuse de la matrice triangulaire supérieure R de la factorisation de Cholesky. Il est possible de limiter le remplissage en utilisant un algorithme de renumérotation de la matrice. Sur la Figure 5.7, on a représenté à gauche une renumérotation de la matrice A (dont la forme originale est représentée sur la Figure 5.6 à gauche) et à droite la matrice de Cholesky R. Nous renvoyons le lecteur intéressé par ces techniques de renumérotation à [QSS07, Section 3.9]. ∎

Voir Exercices 5.1–5.5.

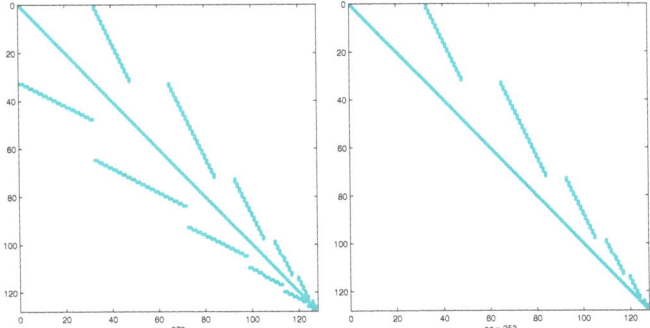

Figure 5.7. Structure des matrices A et R de l'Exemple 5.7 après renumérotation

5.4 Méthode du pivot

Nous allons expliquer une technique qui permet d'effectuer la factorisation LU pour toute matrice régulière, même quand les hypothèses de la Proposition 5.1 ne sont pas vérifiées.

Revenons au cas décrit dans l'Exemple 5.6 et prenons $\varepsilon = 0$. En posant $A^{(1)} = A$ après avoir effectué la première itération ($k = 1$) de l'algorithme, les nouveaux coefficients de A sont

$$\begin{bmatrix} 1 & 1 & 3 \\ 2 & 0 & -4 \\ 3 & 3 & -5 \end{bmatrix}. \tag{5.18}$$

Comme le *pivot* a_{22} est égal à zéro, on ne peut aller plus loin dans cette voie. Cependant, en intervertissant préalablement la deuxième et la troisième ligne, on aurait obtenu la matrice

$$\begin{bmatrix} 1 & 1 & 3 \\ 3 & 3 & -5 \\ 2 & 0 & -4 \end{bmatrix}$$

sur laquelle on aurait pu faire les calculs sans entraîner une division par 0.

Ainsi, en effectuant une *permutation* convenable des lignes de la matrice originale A, on rend la factorisation possible même quand les hypothèses de la Proposition 5.1 ne sont pas vérifiées, à condition bien sûr d'avoir $\det(A) \neq 0$. On ne peut malheureusement pas savoir *a priori* quelles lignes devront être permutées. Néanmoins, on peut effectuer une permutation à chaque étape k où un terme diagonal $a_{kk}^{(k)}$ s'annule.

Revenons à la matrice (5.18), dans laquelle le coefficient (2,2) est nul. En remarquant que le terme (3,2) est non nul, échangeons la troisième et la deuxième ligne et vérifions si le nouveau coefficient $(2,2)$ est encore nul. En effectuant la deuxième étape de l'algorithme de factorisation, on trouve la matrice qu'on aurait obtenue en permutant *a priori* les lignes correspondantes de A.

On peut donc effectuer une permutation de ligne seulement quand c'est nécessaire, et éviter ainsi de procéder à des transformations *a priori* de A. Comme une permutation de ligne revient à changer le *pivot*, cette technique s'appelle *méthode du pivot par ligne*. La factorisation construite de cette manière redonne la matrice originale à une permutation de lignes près. Plus précisément, on a

$$\boxed{\mathrm{PA} = \mathrm{LU}} \tag{5.19}$$

où P est une matrice de *permutation*, initialement égale à l'identité. Quand, au cours de l'algorithme, les lignes r et s de A sont permutées, la même permutation est appliquée sur les lignes correspondantes de P. On doit donc résoudre les systèmes triangulaires suivants

$$\mathbf{Ly} = \mathbf{Pb}, \qquad \mathbf{Ux} = \mathbf{y}. \tag{5.20}$$

Dans (5.13), on voit non seulement que les pivots $a_{kk}^{(k)}$ ne doivent pas être nuls, mais aussi qu'ils ne doivent pas être trop petits en valeur absolue. En effet, si $a_{kk}^{(k)}$ est proche de zéro, des erreurs d'arrondi affectant les coefficients $a_{kj}^{(k)}$ risquent d'être très amplifiées.

Exemple 5.8 Considérons la matrice inversible

$$A = \begin{bmatrix} 1 & 1 + 0.5 \cdot 10^{-15} & 3 \\ 2 & 2 & 20 \\ 3 & 6 & 4 \end{bmatrix}.$$

Aucun pivot nul n'apparaît durant la factorisation effectuée par le Programme 5.1. Pourtant, les facteurs L et U s'avèrent très imprécis, comme on le constate en calculant le résidu $A - LU$ (qui serait égal à la matrice nulle si toutes les opérations avaient été effectuées en arithmétique exacte)

$$A - LU = \begin{bmatrix} 0 & 0 & 0 \\ 0 & 0 & 0 \\ 0 & 0 & k \end{bmatrix}.$$

Avec MATLAB, nous obtenons $k = 4$, et avec Octave $k = 4$ ou 6. Le résultat dépend de l'implémentation de l'arithmétique flottante, c'est-à-dire à la fois du matériel et de la version du logiciel. ∎

Il est par conséquent recommandé d'utiliser une stratégie de pivot à chaque étape de la factorisation, en choisissant parmi tous les pivots possibles $a_{ik}^{(k)}$, $i = k, \ldots, n$, celui de module maximum. L'algorithme de

5.5 Quelle est la précision de la solution d'un système linéaire ? 149

(5.13) avec pivot par ligne effectué à chaque itération a la forme suivante :
poser $A^{(1)} = A$ et P=I, puis

$$
\begin{aligned}
&\text{pour } k = 1, \ldots, n-1, \\
&\quad \text{trouver } \bar{r} \text{ tel que } |a_{\bar{r}k}^{(k)}| = \max_{r=k,\ldots,n} |a_{rk}^{(k)}|, \\
&\quad \text{échanger les lignes } k \text{ et } \bar{r} \\
&\quad \text{dans A et P}, \\
&\quad \text{pour } i = k+1, \ldots, n \\
&\qquad l_{ik} = \frac{a_{ik}^{(k)}}{a_{kk}^{(k)}}, \\
&\quad \text{pour } j = k+1, \ldots, n \\
&\qquad a_{ij}^{(k+1)} = a_{ij}^{(k)} - l_{ik} a_{kj}^{(k)}
\end{aligned}
\qquad (5.21)
$$

Comme pour l'algorithme (5.13) (celui sans permutation), on peut stocker les coefficients $(a_{ij}^{(k)})$ et les multiplicateurs (l_{ik}) dans une unique matrice. Ainsi, à chaque étape, on applique la même permutation aux multiplicateurs qu'à A et P.

Le programme lu de MATLAB mentionné précédemment calcule la factorisation de Gauss avec pivot par ligne. Sa syntaxe complète est [L,U,P]=lu(A), P étant la matrice de permutation. Quand on l'utilise sous sa forme abrégée [L,U]=lu(A), la matrice L est égale à P*M, où M est triangulaire inférieure et P est la matrice de permutation obtenue avec la technique du pivot par ligne. Le programme lu active automatiquement la stratégie de pivot par ligne quant un pivot est nul (ou très petit). Quand la matrice A est stockée sous forme creuse (voir les Sections 5.6 et 5.8), la permutation de lignes n'est effectuée que pour un pivot nul (ou très petit).

Voir Exercices 5.6–5.8.

5.5 Quelle est la précision de la solution d'un système linéaire ?

On a déjà remarqué dans l'Exemple 5.8 que le produit LU n'est pas exactement égal à A en pratique, à cause des erreurs d'arrondi. Bien que la stratégie du pivot atténue ces erreurs, le résultat n'est pas toujours très satisfaisant.

Exemple 5.9 Considérons le système linéaire $A_n \mathbf{x}_n = \mathbf{b}_n$, où $A_n \in \mathbb{R}^{n \times n}$ est la *matrice de Hilbert* dont les éléments sont

$$a_{ij} = 1/(i+j-1), \qquad i,j = 1, \ldots, n,$$

150   5 Systèmes linéaires

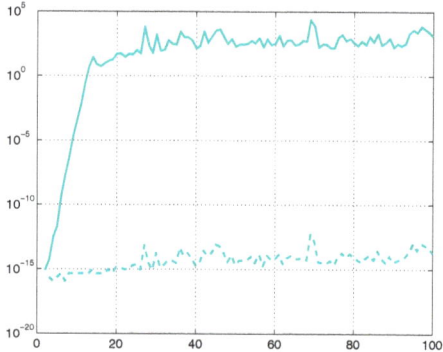

Figure 5.8. Comportement en fonction de n de E_n (*trait plein*) et de $\max_{i,j=1,\ldots,n} |r_{ij}|$ (*trait discontinu*) en échelle logarithmique, pour le système de Hilbert de l'Exemple 5.9. Les r_{ij} sont les coefficients de la matrice R_n

tandis que $\mathbf{b}_n$ est choisi de sorte que la solution exacte soit $\mathbf{x}_n = (1, 1, \ldots, 1)^T$. La matrice A_n est clairement symétrique et on peut prouver qu'elle est de plus définie positive.

On fait appel à la fonction `lu` de MATLAB pour différentes valeurs de n afin d'obtenir la factorisation de Gauss A_n, avec stratégie de pivot par ligne. On résout alors les systèmes linéaires associés (5.20) et on note $\widehat{\mathbf{x}}_n$ la solution calculée. On a tracé sur la Figure 5.8 en échelle logarithmique les erreurs relatives

$$E_n = \|\mathbf{x}_n - \widehat{\mathbf{x}}_n\|/\|\mathbf{x}_n\|, \tag{5.22}$$

où $\|\cdot\|$ désigne la norme euclidienne introduite à la Section 1.4.1. On a $E_n \geq 10$ si $n \geq 13$ (c'est-à-dire une erreur relative supérieure à 1000% !), tandis que $R_n = L_n U_n - P_n A_n$ est bien la matrice nulle (à la précision machine près) pour tout n. ∎

La remarque précédente suggère que pour étudier la résolution numérique d'un système linéaire $A\mathbf{x} = \mathbf{b}$, on peut considérer la résolution *exacte* $\widehat{\mathbf{x}}$ d'un système *perturbé*

$$(A + \delta A)\widehat{\mathbf{x}} = \mathbf{b} + \delta\mathbf{b}, \tag{5.23}$$

où δA et $\delta\mathbf{b}$ sont respectivement une matrice et un vecteur qui dépendent de la méthode numérique utilisée. Pour simplifier, commençons par le cas où $\delta A = 0$ et $\delta\mathbf{b} \neq \mathbf{0}$ et supposons $A \in \mathbb{R}^{n\times n}$ symétrique définie positive.

En comparant (5.1) et (5.23), on trouve $\mathbf{x} - \widehat{\mathbf{x}} = -A^{-1}\delta\mathbf{b}$, et donc

$$\|\mathbf{x} - \widehat{\mathbf{x}}\| = \|A^{-1}\delta\mathbf{b}\|. \tag{5.24}$$

Trouvons un majorant du membre de droite de (5.24). La matrice A étant symétrique définie positive, on peut construire une base orthonormale de

5.5 Quelle est la précision de la solution d'un système linéaire ?

$\mathbb{R}^n$ constituée de vecteurs propres $\{\mathbf{v}_i\}_{i=1}^n$ de A (voir [QSS07, Chapitre 5]). Autrement dit

$$\mathbf{A}\mathbf{v}_i = \lambda_i \mathbf{v}_i, \, i = 1, \ldots, n, \qquad \mathbf{v}_i^T \mathbf{v}_j = \delta_{ij}, \, i, j = 1, \ldots, n,$$

où λ_i est la valeur propre de A associée à $\mathbf{v}_i$ et δ_{ij} est le symbole de Kronecker. Un vecteur quelconque $\mathbf{w} \in \mathbb{R}^n$ peut s'écrire

$$\mathbf{w} = \sum_{i=1}^n w_i \mathbf{v}_i,$$

où les coefficients $w_i \in \mathbb{R}$ sont déterminés de manière unique. On a

$$\begin{aligned}
\|\mathbf{A}\mathbf{w}\|^2 &= (\mathbf{A}\mathbf{w})^T (\mathbf{A}\mathbf{w}) \\
&= [w_1 (\mathbf{A}\mathbf{v}_1)^T + \ldots + w_n (\mathbf{A}\mathbf{v}_n)^T][w_1 \mathbf{A}\mathbf{v}_1 + \ldots + w_n \mathbf{A}\mathbf{v}_n] \\
&= (\lambda_1 w_1 \mathbf{v}_1^T + \ldots + \lambda_n w_n \mathbf{v}_n^T)(\lambda_1 w_1 \mathbf{v}_1 + \ldots + \lambda_n w_n \mathbf{v}_n) \\
&= \sum_{i=1}^n \lambda_i^2 w_i^2.
\end{aligned}$$

Notons λ_{max} la plus grande valeur propre de A. Comme $\|\mathbf{w}\|^2 = \sum_{i=1}^n w_i^2$, on en déduit que

$$\|\mathbf{A}\mathbf{w}\| \le \lambda_{max} \|\mathbf{w}\| \quad \forall \mathbf{w} \in \mathbb{R}^n. \tag{5.25}$$

On obtient de manière analogue

$$\|\mathbf{A}^{-1}\mathbf{w}\| \le \frac{1}{\lambda_{min}} \|\mathbf{w}\|,$$

en rappelant que les valeurs propres de $\mathbf{A}^{-1}$ sont les inverses des valeurs propres de A. Grâce à cette inégalité, on déduit de (5.24) que

$$\frac{\|\mathbf{x} - \widehat{\mathbf{x}}\|}{\|\mathbf{x}\|} \le \frac{1}{\lambda_{min}} \frac{\|\boldsymbol{\delta}\mathbf{b}\|}{\|\mathbf{x}\|}. \tag{5.26}$$

En utilisant (5.25) et l'égalité $\mathbf{A}\mathbf{x} = \mathbf{b}$, on obtient finalement

$$\boxed{\frac{\|\mathbf{x} - \widehat{\mathbf{x}}\|}{\|\mathbf{x}\|} \le \frac{\lambda_{max}}{\lambda_{min}} \frac{\|\boldsymbol{\delta}\mathbf{b}\|}{\|\mathbf{b}\|}} \tag{5.27}$$

On en déduit que l'erreur relative sur la solution est bornée par l'erreur relative sur les données multipliée par la constante (≥ 1)

$$\boxed{K(\mathrm{A}) = \frac{\lambda_{max}}{\lambda_{min}}} \tag{5.28}$$

qu'on appelle *conditionnement spectral de la matrice* A. On peut calculer $K(\mathrm{A})$ dans MATLAB avec la commande cond.

cond

152   5 Systèmes linéaires

Remarque 5.3 La commande `cond(A)` de MATLAB permet le calcul du conditionnement de n'importe quelle matrice A, y compris celles qui ne sont pas symétriques définies positives. Noter qu'il existe plusieurs définitions du conditionnement d'une matrice. Pour une matrice quelconque A, la commande `cond(A)` calcule la valeur $K_2(A) = \|A\|_2 \cdot \|A^{-1}\|_2$, où $\|A\|_2 = \sqrt{\lambda_{max}(A^T A)}$. Quand A n'est pas symétrique définie positive, $K_2(A)$ peut être très différente du conditionnement spectral $K(A)$. Pour une matrice creuse A, la commande `condest(A)` calcule (à faible coût) une approximation du conditionnement $K_1(A) = \|A\|_1 \cdot \|A^{-1}\|_1$, où $\|A\|_1 = \max_j \sum_{i=1}^n |a_{ij}|$ est appelée la *norme 1* de A. Il existe d'autres définitions du conditionnement pour les matrices non symétriques, voir [QSS07, Chapitre 3]. ∎

`condest`

Une preuve plus compliquée donnerait le résultat suivant dans le cas où A est symétrique définie positive et δA est une matrice symétrique définie positive "assez petite" pour vérifier $\lambda_{max}(\delta A) < \lambda_{min}(A)$

$$\frac{\|\mathbf{x} - \widehat{\mathbf{x}}\|}{\|\mathbf{x}\|} \leq \frac{K(A)}{1 - \lambda_{max}(\delta A)/\lambda_{min}(A)} \left(\frac{\lambda_{max}(\delta A)}{\lambda_{max}(A)} + \frac{\|\boldsymbol{\delta b}\|}{\|\mathbf{b}\|} \right) \quad (5.29)$$

Si A et δA ne sont pas symétriques définies positives, et si δA est telle que $\|\delta A\|_2 \|A^{-1}\|_2 < 1$, on a l'estimation suivante

$$\frac{\|\mathbf{x} - \widehat{\mathbf{x}}\|}{\|\mathbf{x}\|} \leq \frac{K_2(A)}{1 - K_2(A)\|\delta A\|_2/\|A\|_2} \left(\frac{\|\delta A\|_2}{\|A\|_2} + \frac{\|\boldsymbol{\delta b}\|}{\|\mathbf{b}\|} \right) \quad (5.30)$$

Si $K(A)$ est "petit", c'est-à-dire de l'ordre de l'unité, on dit que A est *bien conditionnée*. Dans ce cas, des erreurs sur les données induisent des erreurs du même ordre de grandeur sur la solution. Cette propriété intéressante n'est plus vérifiée par les matrices *mal conditionnées*.

Exemple 5.10 Pour la matrice de Hilbert introduite dans l'Exemple 5.9, $K(A_n)$ est une fonction qui croit rapidement avec n. On a $K(A_4) > 15000$, et si $n > 13$ le conditionnement est si grand que MATLAB renvoie un avertissement indiquant que la matrice est "presque singulière". La croissance de $K(A_n)$ est en fait exponentielle : $K(A_n) \simeq e^{3.5n}$ (voir [Hig02]). Ceci explique de manière indirecte les mauvais résultats obtenus dans l'Exemple 5.9. ∎

L'inégalité (5.27) peut être reformulée à l'aide du *résidu*

$$\mathbf{r} = \mathbf{b} - A\widehat{\mathbf{x}}. \quad (5.31)$$

Si $\widehat{\mathbf{x}}$ était la solution exacte, le résidu serait nul. Ainsi, on peut voir $\mathbf{r}$ comme un *estimateur* de l'erreur $\mathbf{x} - \widehat{\mathbf{x}}$. La qualité de cet estimateur dépend du conditionnement de A. En effet, en observant que $\boldsymbol{\delta b} = A(\widehat{\mathbf{x}} - \mathbf{x}) = A\widehat{\mathbf{x}} - \mathbf{b} = -\mathbf{r}$, on déduit de (5.27) que

5.6 Comment résoudre un système tridiagonal

$$\boxed{\frac{\|\mathbf{x}-\widehat{\mathbf{x}}\|}{\|\mathbf{x}\|} \leq K(A)\frac{\|\mathbf{r}\|}{\|\mathbf{b}\|}} \quad (5.32)$$

Donc si $K(A)$ est "petit", on peut être sûr que l'erreur est petite quand le résidu est petit, tandis que ce n'est pas nécessairement le cas quand $K(A)$ est "grand".

Exemple 5.11 Les résidus associés à la solution numérique des systèmes linéaires de l'Exemple 5.9 sont très petits (leurs normes varient entre 10^{-16} et 10^{-11}); pourtant les solutions calculées diffèrent notablement de la solution exacte. ∎

Voir Exercices 5.9–5.10.

5.6 Comment résoudre un système tridiagonal

Dans de nombreuses applications (voir par exemple le Chapitre 8), on doit résoudre un système dont la matrice est de la forme

$$A = \begin{bmatrix} a_1 & c_1 & & 0 \\ e_2 & a_2 & \ddots & \\ & \ddots & \ddots & c_{n-1} \\ 0 & & e_n & a_n \end{bmatrix}.$$

On dit que cette matrice est *tridiagonale* car les seuls éléments non nuls sont sur la diagonale principale et sur les premières sur- et sous-diagonales.

Alors, si la factorisation LU de A existe, les matrices L et U sont *bidiagonales* (inférieure et supérieure respectivement), plus précisément

$$L = \begin{bmatrix} 1 & & & 0 \\ \beta_2 & 1 & & \\ & \ddots & \ddots & \\ 0 & & \beta_n & 1 \end{bmatrix}, \quad U = \begin{bmatrix} \alpha_1 & c_1 & & 0 \\ & \alpha_2 & \ddots & \\ & & \ddots & c_{n-1} \\ 0 & & & \alpha_n \end{bmatrix}.$$

Les coefficients inconnus α_i et β_i sont déterminés en écrivant l'égalité LU = A. Ceci conduit aux relations de récurrence

$$\alpha_1 = a_1, \quad \beta_i = \frac{e_i}{\alpha_{i-1}}, \quad \alpha_i = a_i - \beta_i c_{i-1}, \quad i = 2, \ldots, n. \quad (5.33)$$

Avec (5.33), il est facile de résoudre les deux systèmes bidiagonaux $\mathbf{Ly} = \mathbf{b}$ et $\mathbf{Ux} = \mathbf{y}$, pour obtenir les formules suivantes

$$(\mathbf{Ly}=\mathbf{b}) \quad y_1 = b_1, \quad y_i = b_i - \beta_i y_{i-1}, \quad i = 2, \ldots, n, \quad (5.34)$$

$$(\mathbf{Ux}=\mathbf{y}) \quad x_n = \frac{y_n}{\alpha_n}, \quad x_i = (y_i - c_i x_{i+1})/\alpha_i, \, i = n-1, \ldots, 1. \quad (5.35)$$

Cette technique est connue sous le nom *d'algorithme de Thomas*. Son coût est de l'ordre de n opérations.

La commande spdiags de MATLAB permet de construire une matrice tridiagonale en ne stockant que les diagonales non nulles. Par exemple, les lignes suivantes :

```
b=ones(10,1); a=2*b; c=3*b;
T=spdiags([b a c],-1:1,10,10);
```

donnent la matrice tridiagonale T $\in \mathbb{R}^{10 \times 10}$ dont les éléments valent 2 sur la diagonale principale, 1 sur la première sous-diagonale et 3 sur la première sur-diagonale.

Remarquer que T est définie de manière *creuse*, ce qui signifie que seuls les éléments non nuls sont stockés.

Quand un système est résolu avec la commande \, MATLAB détecte le type de matrice (en particulier si elle est stockée sous forme creuse) et sélectionne l'algorithme de résolution le plus approprié. Par exemple, quand A est tridiagonale et stockée sous forme creuse, c'est l'algorithme de Thomas qui est utilisé par la commande \ de MATLAB (voir la Section 5.8 pour une discussion sur cette commande).

5.7 Systèmes sur-déterminés

Un système linéaire $\mathbf{Ax}=\mathbf{b}$ avec A$\in \mathbb{R}^{m \times n}$ est dit *sur-déterminé* si $m > n$, et *sous-déterminé* si $m < n$.

Un système sur-déterminé n'a généralement pas de solution, à moins que le second membre $\mathbf{b}$ ne soit un élément de l'image de A, définie par

$$\text{Im}(A) = \{\mathbf{z} \in \mathbb{R}^m : \mathbf{z} = A\mathbf{y} \text{ pour } \mathbf{y} \in \mathbb{R}^n\}. \tag{5.36}$$

Pour un second membre $\mathbf{b}$ quelconque, on peut chercher un vecteur $\mathbf{x}^* \in \mathbb{R}^n$ qui minimise la norme euclidienne du résidu, c'est-à-dire

$$\Phi(\mathbf{x}^*) = \|A\mathbf{x}^* - \mathbf{b}\|_2^2 \leq \|A\mathbf{y} - \mathbf{b}\|_2^2 = \Phi(\mathbf{y}) \quad \forall \mathbf{y} \in \mathbb{R}^n. \tag{5.37}$$

Quand il existe, le vecteur $\mathbf{x}^*$ est appelé *solution au sens des moindres carrés* du système sur-déterminé $\mathbf{Ax}=\mathbf{b}$.

Comme on l'a fait dans la Section 3.6, on peut trouver la solution de (5.37) en écrivant que le gradient de Φ s'annule en $\mathbf{x}^*$. On trouve, avec des calculs similaires, que $\mathbf{x}^*$ est en fait solution du système linéaire carré $n \times n$

$$\boxed{A^T A \mathbf{x}^* = A^T \mathbf{b}} \tag{5.38}$$

qu'on appelle système d'*équations normales*. Ce système (5.38) est inversible si A est de *rang maximal* (c'est-à-dire rang(A) = min(m,n)), où le *rang* de A, noté rang(A), est la taille de la matrice carrée extraite de A

5.7 Systèmes sur-déterminés

la plus grande dont le déterminant est non nul). Dans ce cas, $B = A^T A$ est symétrique définie positive, et la solution au sens des moindres carrés existe et est unique.

Pour la calculer, on pourrait utiliser la factorisation de Cholesky (5.16) appliquée à la matrice B. Mais le calcul de $A^T A$ est très sensible aux erreurs d'arrondi (qui peuvent même faire perdre la propriété de définie positivité). Plutôt que ce calcul direct, il vaut mieux soit effectuer une factorisation QR de A, soit une décomposition en valeurs singulières de A.

Commençons par la première approche. Toute matrice de rang maximum $A \in \mathbb{R}^{m \times n}$, avec $m \geq n$, admet une unique *factorisation QR*

$$A = QR \tag{5.39}$$

où $Q \in \mathbb{R}^{m \times m}$ est une matrice orthogonale (i.e. $Q^T Q = I$), et $R \in \mathbb{R}^{m \times n}$ est une matrice trapézoïdale supérieure dont les lignes sont nulles à partir de la $n+1$-ème. Voir la Figure 5.9.

On peut montrer que $A = \tilde{Q}\tilde{R}$, où $\tilde{Q} = Q(1 : m, 1 : n)$ et $\tilde{R} = R(1 : n, 1 : n)$ sont les sous-matrices représentées sur la Figure 5.9. $\tilde{Q}$ est composée de vecteurs colonnes orthonormés, et $\tilde{R}$ est une matrice triangulaire supérieure qui coïncide en fait avec la matrice triangulaire R de la factorisation de Cholesky de $A^T A$. Comme $\tilde{R}$ est inversible, l'unique solution de (5.37) est alors donnée par

$$\mathbf{x}^* = \tilde{R}^{-1}\tilde{Q}^T \mathbf{b}. \tag{5.40}$$

Considérons à présent l'autre approche qui consiste à utiliser la décomposition en valeurs singulières : pour toute matrice rectangulaire, $A \in \mathbb{C}^{m \times n}$, il existe deux matrices unitaires $U \in \mathbb{C}^{m \times m}$ et $V \in \mathbb{C}^{n \times n}$ telles que

$$U^H A V = \Sigma = \mathrm{diag}(\sigma_1, \ldots, \sigma_p) \in \mathbb{R}^{m \times n}, \tag{5.41}$$

où $p = \min(m, n)$ et $\sigma_1 \geq \ldots \geq \sigma_p \geq 0$. Une matrice U est dite unitaire si $U^H U = U U^H = I$. La relation (5.41) est appelée *décomposition en*

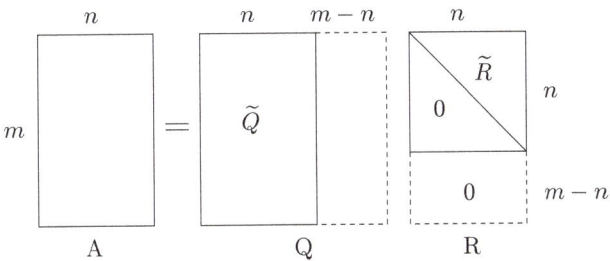

Figure 5.9. La factorisation QR

valeurs singulières de A (en abrégé SVD, de l'anglais *Singular Value Decomposition*) et les éléments σ_i de Σ (ou $\sigma_i(A)$) sont appelés *valeurs singulières* de A. On a la relation $\sigma_i = \sqrt{\lambda_i(A^H A)}$, où les $\lambda_i(A^H A)$ sont les valeurs propres (positives) de la matrice $A^H A$.

Si la matrice A est réelle, alors U et V le sont aussi. Dans ce cas, U et V sont *orthogonales* et U^H est égale à U^T.

Utilisons donc la décomposition en valeurs singulières (5.41) de la matrice A dans (5.38). Comme U est orthogonale, $A^T A = V^T \Sigma^T \Sigma V$, et donc le système d'équations normales (5.38) est équivalent à

$$V^T \Sigma^T \Sigma V \mathbf{x}^* = V^T \Sigma^T U \mathbf{b}. \qquad (5.42)$$

La matrice V est également orthogonale et $\Sigma^T \Sigma$ est une matrice inversible dont les termes diagonaux sont les carrés des valeurs singulières de A. Par conséquent, en multipliant à gauche l'équation (5.42) par $V^T (\Sigma^T \Sigma)^{-1} V$, on trouve

$$\mathbf{x}^* = V^T \Sigma^\dagger U \mathbf{b} = A^\dagger \mathbf{b}, \qquad (5.43)$$

où $\Sigma^\dagger = \text{diag}(1/\sigma_1, \ldots, 1/\sigma_n, 0, \ldots, 0)$ et $A^\dagger = V^T \Sigma^\dagger U$. Cette dernière matrice est appelée *pseudoinverse* de A.

On voit avec la formule (5.43) que la solution des équations normales (5.38) s'obtient très aisément une fois calculées les valeurs singulières de A et les matrices U et V.

svd
svds

Il y a deux fonctions dans MATLAB concernant la SVD : svd et svds. La première calcule toutes les valeurs singulières d'une matrice A, la deuxième seulement les k plus grandes. L'entier k doit être donné (par défaut k=6). On renvoie à [ABB+99] pour une description complète de l'algorithme utilisé.

Exemple 5.12 Considérons une méthode alternative pour déterminer la droite de régression $\epsilon(\sigma) = a_1 \sigma + a_0$ (voir Section 3.6) pour les données du Problème 3.3. En utilisant les données de la Table 3.2 et en imposant les conditions d'interpolation, on obtient le système sur-déterminé $A\mathbf{a} = \mathbf{b}$, où $\mathbf{a} = (a_1, a_0)^T$ et

$$A = \begin{bmatrix} 0 & 1 \\ 0.06 & 1 \\ 0.14 & 1 \\ 0.25 & 1 \\ 0.31 & 1 \\ 0.47 & 1 \\ 0.60 & 1 \\ 0.70 & 1 \end{bmatrix}, \quad \mathbf{b} = \begin{bmatrix} 0 \\ 0.08 \\ 0.14 \\ 0.20 \\ 0.23 \\ 0.25 \\ 0.28 \\ 0.29 \end{bmatrix}.$$

Pour calculer sa solution au sens des moindres carrés, on utilise les instructions suivantes :
```
[Q,R]=qr(A);
Qt=Q(:,1:2); Rt=R(1:2,:);
xstar = Rt \ (Qt'*b)

xstar =
   0.3741
   0.0654
```

Ce sont précisément les mêmes coefficients que pour la droite de régression calculée dans l'Exemple 3.12. Ce procédé est utilisé dans la commande \. L'instruction `xstar = A\b` fournit effectivement le même vecteur `xstar`, calculé avec les formules (5.39) et (5.40). ∎

5.8 Ce qui se cache sous la commande MATLAB \

Il est utile de savoir que l'algorithme utilisé par MATLAB quand on invoque la commande \ dépend de la structure de la matrice A. Pour déterminer la structure de A et choisir l'algorithme approprié, MATLAB suit cette démarche :

1. si A est creuse et a une structure bande, alors des algorithmes spécifiques à ces structures sont utilisés (comme l'algorithme de Thomas de la Section 5.6). On dit qu'une matrice $A \in \mathbb{R}^{m \times n}$ (ou $\mathbb{C}^{m \times n}$) a une *bande inférieure de taille p* si $a_{ij} = 0$ quand $i > j + p$ et a une *bande supérieure de taille q* si $a_{ij} = 0$ quand $j > i + q$. Le maximum entre p et q est appelé *largeur de bande* de la matrice ;

2. si A est une matrice triangulaire supérieure ou inférieure (ou bien une permutation d'une matrice triangulaire), alors le système est résolu par un algorithme de remontée (matrices triangulaires supérieures), ou par un algorithme de descente (matrices triangulaires inférieures). Le test de "triangularité" est effectué pour les matrices pleines en vérifiant les éléments nuls et pour les matrices creuses en inspectant la structure de la matrice ;

3. si A est symétrique et a des éléments diagonaux réels positifs (ce qui n'implique pas que A est définie positive), une factorisation de Cholesky est tentée (`chol`). Si A est creuse, un algorithme de réordonnement est d'abord appliqué ;

4. si aucun des critères précédents n'est vérifié, alors une factorisation en matrices triangulaires est calculée par élimination de Gauss avec pivot partiel (`lu`) ;

5. si A est creuse, la bibliothèque UMFPACK (qui fait partie de la suite Suitesparse, voir par exemple http://www.cise.ufl.edu/research/sparse/SuiteSparse/) est utilisée pour calculer la solution du système ;

6. si A n'est pas carrée, on utilise des méthodes spécifiques, basées sur la factorisation QR des systèmes indéterminés (pour le cas surdéterminé, voir Section 5.7).

La commande \ existe aussi dans Octave. Pour un système associé à une matrice pleine, Octave utilise la procédure suivante :

1. si la matrice est triangulaire supérieure (resp. inférieure), Octave appelle l'algorithme de remontée (resp. de descente) de LAPACK (une bibliothèque d'algèbre linéaire très utilisée [ABB+99]) ;
2. si la matrice est symétrique à coefficients diagonaux réels strictement positifs, Octave tente une factorisation de Cholesky avec LAPACK ;
3. si la factorisation de Cholesky échoue ou si la matrice n'est pas symétrique à coefficients diagonaux strictement positifs, le système est résolu avec LAPACK par élimination de Gauss avec pivots par lignes ;
4. si la matrice n'est pas carrée, ou si toutes les tentatives précédentes ont conclu à une matrice singulière ou quasi-singulière, Octave cherche une solution au sens des moindres carrés.

Quand la matrice est creuse, Octave, comme MATLAB, repose sur UMFPACK et sur d'autres packages de la suite Suitesparse pour résoudre le système, en particulier :

1. si la matrice est carrée et a une structure par bande, avec une densité de bande "assez petite" continuer en a), sinon aller en 2 ;
    a) si la matrice est tridiagonale et si le second membre n'est pas creux continuer, sinon aller en b) ;
        i. si la matrice est symétrique à coefficients diagonaux strictement positifs, Octave tente une factorisation de Cholesky ;
        ii. si ce qui précède a échoué ou si la matrice n'est pas symétrique à coefficients diagonaux strictement positifs, Octave utilise la méthode de Gauss avec pivot ;
2. si la matrice est triangulaire supérieure (en permutant des colonnes) ou inférieure (en permutant des lignes), Octave fait une remontée ou une descente creuse ;
3. si la matrice est carrée, symétrique avec coefficients diagonaux strictement positifs, Octave tente une factorisation de Cholesky creuse ;
4. si la factorisation de Cholesky creuse échoue ou si la matrice n'est pas symétrique avec coefficients diagonaux strictement positifs, Octave fait une factorisation avec la bibliothèque UMFPACK ;
5. si la matrice n'est pas carrée, ou si toutes les tentatives précédentes ont conclu à une matrice singulière ou quasi-singulière, Octave cherche une solution au sens des moindres carrés.

Résumons-nous

1. La factorisation LU de A$\in \mathbb{R}^{n\times n}$ consiste à calculer un matrice triangulaire inférieure L et une matrice triangulaire supérieure U telles que A = LU;
2. la factorisation LU, quand elle existe, n'est pas unique. Cependant, on peut la rendre unique en se donnant des conditions supplémentaires, par exemple en fixant les valeurs de éléments diagonaux de L à 1. Ceci s'appelle *factorisation de Gauss*;
3. la factorisation de Gauss existe et est unique si et seulement si les mineurs principaux de A d'ordre 1 à $n-1$ sont non nuls (autrement, au moins un pivot est nul);
4. quand on trouve un pivot nul, un nouveau pivot peut être obtenu en échangeant des lignes (ou colonnes) convenablement choisies. C'est la *stratégie du pivot*;
5. le calcul de la factorisation de Gauss nécessite de l'ordre de $2n^3/3$ opérations en général, et seulement de l'ordre de n opérations dans le cas d'un système tridiagonal;
6. pour les matrices symétriques définies positives, on peut utiliser la factorisation de Cholesky A = $R^T R$, où R est une matrice triangulaire supérieure. Le coût de calcul est alors de l'ordre de $n^3/3$ opérations;
7. la sensibilité du résultat aux perturbations des données dépend du conditionnement de la matrice du système : la solution calculée peut être imprécise quand la matrice est mal conditionnée (c'est-à-dire quand son conditionnement est beaucoup plus grand que 1);
8. la solution d'un système sur-déterminé peut être comprise au sens des moindres carrés et obtenue par soit par factorisation QR soit par décomposition en valeurs singulières (SVD).

5.9 Méthodes itératives

Considérons le système linéaire (5.1) avec A$\in \mathbb{R}^{n\times n}$ et $\mathbf{b} \in \mathbb{R}^n$. Résoudre un tel système par une méthode itérative consiste à construire une suite de vecteurs $\{\mathbf{x}^{(k)}, k \geq 0\}$ de $\mathbb{R}^n$ qui *converge* vers la solution exacte $\mathbf{x}$, c'est-à-dire

$$\lim_{k\to\infty} \mathbf{x}^{(k)} = \mathbf{x}, \tag{5.44}$$

pour n'importe quelle donnée initiale $\mathbf{x}^{(0)} \in \mathbb{R}^n$. On peut par exemple considérer la relation de récurrence suivante

$$\mathbf{x}^{(k+1)} = \mathrm{B}\mathbf{x}^{(k)} + \mathbf{g}, \qquad k \geq 0, \qquad (5.45)$$

où B est une matrice bien choisie (dépendant de A) et $\mathbf{g}$ est un vecteur (dépendant de A et $\mathbf{b}$), qui vérifient la relation de consistance

$$\mathbf{x} = \mathrm{B}\mathbf{x} + \mathbf{g}. \qquad (5.46)$$

Comme $\mathbf{x} = \mathrm{A}^{-1}\mathbf{b}$, ceci implique $\mathbf{g} = (\mathrm{I} - \mathrm{B})\mathrm{A}^{-1}\mathbf{b}$.

Soit $\mathbf{e}^{(k)} = \mathbf{x} - \mathbf{x}^{(k)}$ l'erreur à l'étape k. En soustrayant (5.45) de (5.46), on obtient

$$\mathbf{e}^{(k+1)} = \mathrm{B}\mathbf{e}^{(k)}.$$

Pour cette raison, on appelle B *matrice d'itération* associée à (5.45). Si B est symétrique définie positive, on a d'après (5.25)

$$\|\mathbf{e}^{(k+1)}\| = \|\mathrm{B}\mathbf{e}^{(k)}\| \leq \rho(\mathrm{B})\|\mathbf{e}^{(k)}\|, \qquad \forall k \geq 0,$$

où $\rho(\mathrm{B})$ désigne le *rayon spectral* de B, c'est-à-dire le plus grand module des valeurs propres de B. Si B est symétrique définie positive, alors $\rho(\mathrm{B})$ est égal à la plus grande valeur propre de B. En itérant cette relation, on obtient

$$\|\mathbf{e}^{(k)}\| \leq [\rho(\mathrm{B})]^k \|\mathbf{e}^{(0)}\|, \quad k \geq 0. \qquad (5.47)$$

Donc, si $\rho(\mathrm{B}) < 1$, alors $\mathbf{e}^{(k)} \to \mathbf{0}$ quand $k \to \infty$ pour tout $\mathbf{e}^{(0)}$ (et donc pour tout $\mathbf{x}^{(0)}$), autrement dit la méthode converge. Cette condition suffisante est également nécessaire.

Si, par chance, on connaissait une valeur approchée de $\rho(\mathrm{B})$, (5.47) nous permettrait de déduire le nombre minimum d'itérations k_{min} nécessaire pour multiplier l'erreur initiale par facteur ε. En effet, k_{min} serait alors le plus petit entier positif pour lequel $[\rho(\mathrm{B})]^{k_{min}} \leq \varepsilon$.

En conclusion, pour une matrice quelconque, on a le résultat suivant

Proposition 5.2 *Pour une méthode itérative de la forme (5.45) dont la matrice d'itération satisfait (5.46), on a convergence pour tout $\mathbf{x}^{(0)}$ ssi $\rho(\mathrm{B}) < 1$. Enfin, plus le nombre $\rho(\mathrm{B})$ est petit, moins il est nécessaire d'effectuer d'itérations pour réduire l'erreur initiale d'un facteur donné.*

5.9.1 Comment construire une méthode itérative

Une méthode générale pour construire une méthode itérative est basée sur la *décomposition* (on utilise aussi couramment le terme anglais *splitting*) de la matrice A, $A = P - (P - A)$, où P est une matrice inversible (appelée *préconditionneur* de A). Alors

$$P\mathbf{x} = (P - A)\mathbf{x} + \mathbf{b},$$

qui est de la forme (5.46), en posant $B = P^{-1}(P - A) = I - P^{-1}A$ et $\mathbf{g} = P^{-1}\mathbf{b}$. On peut définir la méthode itérative correspondante

$$P(\mathbf{x}^{(k+1)} - \mathbf{x}^{(k)}) = \mathbf{r}^{(k)}, \qquad k \geq 0,$$

où

$$\boxed{\mathbf{r}^{(k)} = \mathbf{b} - A\mathbf{x}^{(k)}} \qquad (5.48)$$

désigne le résidu à l'itération k. On peut généraliser cette méthode de la manière suivante

$$\boxed{P(\mathbf{x}^{(k+1)} - \mathbf{x}^{(k)}) = \alpha_k \mathbf{r}^{(k)}, \qquad k \geq 0} \qquad (5.49)$$

où $\alpha_k \neq 0$ est un paramètre qui peut changer à chaque itération k et qui sera *a priori* utile pour améliorer les propriétés de convergence de la suite $\{\mathbf{x}^{(k)}\}$.

La méthode (5.49), appelée *méthode de Richardson*, conduit à chercher à chaque itération le *résidu préconditionné* $\mathbf{z}^{(k)}$, c'est-à-dire la solution du système linéaire

$$P\mathbf{z}^{(k)} = \mathbf{r}^{(k)}, \qquad (5.50)$$

la nouvelle itérée est alors définie par $\mathbf{x}^{(k+1)} = \mathbf{x}^{(k)} + \alpha_k \mathbf{z}^{(k)}$. Ainsi, la matrice P doit être choisie de telle manière que le coût de la résolution de (5.50) soit assez faible (p.ex. une matrice P diagonale ou triangulaire vérifierait à ce critère). Considérons à présent quelques cas particuliers de méthodes itératives de la forme (5.49).

Méthode de Jacobi
Si les termes diagonaux de A sont non nuls, on peut poser $P = D = \text{diag}\{a_{11}, a_{22}, \ldots, a_{nn}\}$, où D est la matrice diagonale contenant les termes diagonaux de A. La méthode de Jacobi correspond à ce choix, avec $\alpha_k = 1$ pour tout k. On déduit alors de (5.49)

$$D\mathbf{x}^{(k+1)} = \mathbf{b} - (A - D)\mathbf{x}^{(k)}, \qquad k \geq 0,$$

ou, par composantes,

$$x_i^{(k+1)} = \frac{1}{a_{ii}} \left(b_i - \sum_{j=1, j\neq i}^{n} a_{ij} x_j^{(k)} \right), \ i = 1, \ldots, n \quad (5.51)$$

pour $k \geq 0$ et avec $\mathbf{x}^{(0)} = (x_1^{(0)}, x_2^{(0)}, \ldots, x_n^{(0)})^T$ comme vecteur initial. La matrice d'itération est alors

$$B = D^{-1}(D - A) = \begin{bmatrix} 0 & -a_{12}/a_{11} & \ldots & -a_{1n}/a_{11} \\ -a_{21}/a_{22} & 0 & & -a_{2n}/a_{22} \\ \vdots & & \ddots & \vdots \\ -a_{n1}/a_{nn} & -a_{n2}/a_{nn} & \ldots & 0 \end{bmatrix}. \quad (5.52)$$

Le résultat suivant permet de vérifier la Proposition 5.2 sans calculer explicitement $\rho(B)$

Proposition 5.3 *Si la matrice* $A \in \mathbb{R}^{n \times n}$ *du système (5.1) est à diagonale strictement dominante par ligne, alors la méthode de Jacobi converge.*

Soit B définie en (5.52). On va vérifier que $\rho(B) < 1$, c'est-à-dire que toutes les valeurs propres de B sont de module strictement inférieur à 1. Pour commencer, on remarque que les éléments diagonaux de A sont non nuls, la matrice étant à diagonale dominante stricte (voir Section 6.4). Soit λ une valeur propre quelconque de B et $\mathbf{x}$ un vecteur propre associé. Alors

$$\sum_{j=1}^{n} b_{ij} x_j = \lambda x_i, \ i = 1, \ldots, n.$$

Supposons pour simplifier que $\max_{k=1,\ldots,n} |x_k| = 1$ (ceci n'est pas restrictif puisque les vecteurs propres sont définis à une constante multiplicative près) et soit x_i une coordonnée de module 1. Alors

$$|\lambda| = \left| \sum_{j=1}^{n} b_{ij} x_j \right| = \left| \sum_{j=1, j\neq i}^{n} b_{ij} x_j \right| \leq \sum_{j=1, j\neq i}^{n} \left| \frac{a_{ij}}{a_{ii}} \right|,$$

où on a utilisé le fait que les éléments diagonaux de B étaient tous nuls. Ainsi $|\lambda| < 1$ d'après l'hypothèse sur A.

La méthode de Jacobi est implémentée dans le Programme 5.2 (en choisissant P='J'). Les autres paramètres d'entrée sont : la matrice du système A, le second membre b, le vecteur initial x0, le nombre maximum d'itérations **nmax** et la tolérance **tol** pour le test d'arrêt. On stoppe les itérations si le rapport entre la norme euclidienne du résidu courant et celle du résidu initial est inférieur ou égal à la tolérance **tol** (pour une justification de ce critère d'arrêt, voir la Section 5.12).

Programme 5.2. itermeth : méthode itérative générale

```
function [x, iter]= itermeth(A,b,x0,nmax,tol,P)
%ITERMETH     Méthode itérative générale
% X = ITERMETH(A,B,X0,NMAX,TOL,P) tente de résoudre le
% système d'équations linéaires A*X=B d'inconnue X.
% La matrice A, de taille NxN, doit etre inversible et
% le second membre B doit être de longueur N.
% P='J' sélectionne la méthode de Jacobi, P='G' celle
% de Gauss-Seidel. Autrement, P est une matrice N x N
% qui joue le rôle de préconditionneur dans la methode
% de Richardson dynamique.
% Les itérations s'arrêtent quand le rapport entre la
% norme du k-ème residu et celle du résidu initial est
% inférieure ou égale à TOL, le nombre d'itérations
% effectuées est alors renvoyé dans ITER.
% NMAX est le nombre maximum d'itérations. Si P
% n'est pas défini, c'est la méthode du Gradient à
% pas optimal qui est utilisée
[n,n]=size(A);
if nargin == 6
 if ischar(P)==1
   if P=='J'
    L=diag(diag(A)); U=eye(n);
    beta=1; alpha=1;
   elseif P == 'G'
    L=tril(A); U=eye(n);
    beta=1; alpha=1;
   end
  else
      [L,U]=lu(P);
      beta = 0;
  end
else
  L = eye(n); U = L;
  beta = 0;
end
iter = 0;
x = x0;
r = b - A * x0;
r0 = norm(r);
err = norm (r);
while err > tol & iter < nmax
   iter = iter + 1;
   z = L\r; z = U\z;
   if beta == 0
      alpha = z'*r/(z'*A*z);
   end
   x = x + alpha*z;
   r = b - A * x;
   err = norm (r) / r0;
end
return
```

Méthode de Gauss-Seidel

Quand on applique la méthode de Jacobi, chaque composante $x_i^{(k+1)}$ du nouveau vecteur $\mathbf{x}^{(k+1)}$ est calculée indépendamment des autres. On peut espérer accélérer la convergence si, pour calculer $x_i^{(k+1)}$, on exploite les nouvelles composantes $x_j^{(k+1)}$, $j = 1, \ldots, i-1$, en plus des anciennes $x_j^{(k)}$, $j \geq i$. Ceci revient à modifier (5.51) comme suit : pour $k \geq 0$ (en supposant encore que $a_{ii} \neq 0$ pour $i = 1, \ldots, n$)

$$x_i^{(k+1)} = \frac{1}{a_{ii}} \left(b_i - \sum_{j=1}^{i-1} a_{ij} x_j^{(k+1)} - \sum_{j=i+1}^{n} a_{ij} x_j^{(k)} \right), i = 1, .., n \quad (5.53)$$

La mise à jour des composantes est donc à présent *séquentielle*, alors que dans la méthode originale de Jacobi, elle se faisait *simultanément* (ou *en parallèle*). La nouvelle méthode, appelée *méthode de Gauss-Seidel*, correspond au choix $P = D - E$ et $\alpha_k = 1$, $k \geq 0$, dans (5.49), où E est la matrice triangulaire inférieure dont les coefficients non nuls sont $e_{ij} = -a_{ij}$, $i = 2, \ldots, n$, $j = 1, \ldots, i-1$. La matrice d'itération correspondante est alors

$$B = (D - E)^{-1}(D - E - A).$$

Une généralisation de cette idée conduit à la *méthode de relaxation* dans laquelle $P = \frac{1}{\omega}D - E$, où $\omega \neq 0$ est le paramètre de relaxation, et $\alpha_k = 1$, $k \geq 0$ (voir Exercice 5.13).

Pour la méthode de Gauss-Seidel, il existe, comme pour celle de Jacobi, certaines classes de matrices qui donnent des matrices d'itération satisfaisant les hypothèses de la Proposition 5.2 (celles garantissant la convergence). Indiquons par exemple :

1. les matrices à diagonale strictement dominante par ligne ;
2. les matrices réelles symétriques définies positives.

La méthode de Gauss-Seidel est implémentée dans le Programme 5.2 (en choisissant P = 'G').

Il n'y a pas de résultat général établissant que la méthode de Gauss-Seidel converge toujours plus vite que celle de Jacobi. On peut cependant l'affirmer dans certains cas, comme le montre la proposition suivante

Proposition 5.4 *Soit* $A \in \mathbb{R}^{n \times n}$ *une matrice tridiagonale* $n \times n$ *inversible dont les coefficients diagonaux sont tous non nuls. Alors les méthodes de Jacobi et de Gauss-Seidel sont soit toutes les deux convergentes soit toutes les deux divergentes. En cas de convergence, la méthode de Gauss-Seidel est plus rapide que celle de Jacobi ; plus précisément le rayon spectral de sa matrice d'itération est égal au carré de celui de Jacobi.*

Exemple 5.13 Considérons un système linéaire $A\mathbf{x} = \mathbf{b}$, où $\mathbf{b}$ est choisi tel que la solution soit le vecteur unité $(1, 1, \ldots, 1)^T$ et où A est une matrice 10×10 tridiagonale dont les coefficients diagonaux sont égaux à 3, dont la première sous-diagonale est composée de -2 et la première sur-diagonale de -1. Les méthodes de Jacobi et de Gauss-Seidel convergent toutes les deux car les rayons spectraux de leurs matrices d'itération sont strictement inférieurs à 1. En partant d'un vecteur initial nul et en fixant tol $=10^{-12}$, la méthode de Jacobi converge en 277 itérations tandis celle de Gauss-Seidel converge en seulement 143 itérations. Ces résultats ont été obtenus avec les instructions suivantes :

```
n=10;
A=3*eye(n)-2*diag(ones(n-1,1),1)-diag(ones(n-1,1),-1);
b=A*ones(n,1);
x0=zeros(n,1);
[x,iterJ]=itermeth(A,b,x0,400,1.e-12,'J');
[x,iterG]=itermeth(A,b,x0,400,1.e-12,'G');
iterJ =
   277
iterG =
   143
```

■

Voir Exercices 5.11–5.14.

5.10 Méthode de Richardson et du gradient

Considérons à présent une méthode pouvant être mise sous la forme générale (5.49). La méthode est dite *stationnaire* quand $\alpha_k = \alpha$ (une constante donnée) pour tout $k \geq 0$, *dynamique* quand α_k peut varier au cours des itérations. La matrice inversible P est encore appelée *préconditionneur* de A.

Le choix des paramètres est le point crucial. On dispose pour cela du résultat suivant (voir p.ex. [QV94, Chapitre 2], [Axe94]).

Proposition 5.5 *Soit* $A \in \mathbb{R}^{n \times n}$. *Pour toute matrice inversible* $P \in \mathbb{R}^{n \times n}$ *la méthode de Richardson stationnaire converge ssi*

$$|\lambda_i|^2 < \frac{2}{\alpha} \mathrm{Re} \lambda_i \qquad \forall i = 1, \ldots, n,$$

où les λ_i *sont les valeurs propres de* $P^{-1}A$.
Si ces dernières sont toutes réelles, alors la méthode converge ssi

$$0 < \alpha \lambda_i < 2 \qquad \forall i = 1, \ldots, n.$$

Si les matrices P *et* A *sont symétriques et définies positives, la méthode de Richardson stationnaire converge pour tout* $\mathbf{x}^{(0)}$ *ssi* $0 < \alpha < 2/\lambda_{max}$, *où* $\lambda_{max} (> 0)$ *est la valeur propre maximale de* $P^{-1}A$.
De plus, le rayon spectral $\rho(B_\alpha)$ *de la matrice d'itération* $B_\alpha = I - \alpha P^{-1} A$ *est minimum quand* $\alpha = \alpha_{opt}$, *où*

$$\boxed{\alpha_{opt} = \frac{2}{\lambda_{min} + \lambda_{max}}} \qquad (5.54)$$

λ_{min} *étant la valeur propre minimale de* $P^{-1}A$.
Enfin, on a le résultat de convergence suivant

$$\boxed{\|\mathbf{e}^{(k)}\|_A \leq \left(\frac{K(P^{-1}A) - 1}{K(P^{-1}A) + 1} \right)^k \|\mathbf{e}^{(0)}\|_A, \quad k \geq 0} \qquad (5.55)$$

où $\|\mathbf{v}\|_A = \sqrt{\mathbf{v}^T A \mathbf{v}}$, $\forall \mathbf{v} \in \mathbb{R}^n$, *s'appelle* norme de l'énergie *associée à la matrice* A.

5.10 Méthode de Richardson et du gradient

Proposition 5.6 *Si* $A \in \mathbb{R}^{n \times n}$ *et* $P \in \mathbb{R}^{n \times n}$ *sont des matrices symétriques définies positives, la méthode de Richardson dynamique converge si, par exemple,* α_k *est choisi de la manière suivante*

$$\alpha_k = \frac{(\mathbf{z}^{(k)})^T \mathbf{r}^{(k)}}{(\mathbf{z}^{(k)})^T A \mathbf{z}^{(k)}} \quad \forall k \geq 0 \qquad (5.56)$$

où $\mathbf{z}^{(k)} = P^{-1} \mathbf{r}^{(k)}$ *est le résidu préconditionné défini en (5.50).*
La méthode (5.49) avec ce choix de α_k *est appelée méthode du gradient préconditionné à pas optimal, ou simplement méthode du gradient à pas optimal quand le préconditionneur* P *est l'identité. Enfin, on a l'estimation suivante*

$$\|\mathbf{e}^{(k)}\|_A \leq \left(\frac{K(P^{-1}A) - 1}{K(P^{-1}A) + 1} \right)^k \|\mathbf{e}^{(0)}\|_A, \quad k \geq 0 \qquad (5.57)$$

Le paramètre α_k dans (5.56) est celui qui minimise la nouvelle erreur $\|\mathbf{e}^{(k+1)}\|_A$ (voir Exercice 5.17).

En général, on préférera donc la version dynamique qui, contrairement à la version stationnaire, ne nécessite pas la connaissance des valeurs propres extrêmes de $P^{-1}A$. Noter que le paramètre α_k est déterminé à l'aide de quantités obtenues à l'itération précédente.

On peut récrire plus efficacement la méthode du gradient préconditionné de la manière suivante (le faire en exercice) : soit $\mathbf{x}^{(0)}$, poser $\mathbf{r}^{(0)} = \mathbf{b} - A\mathbf{x}^{(0)}$, puis

$$\begin{aligned}
&\text{pour } k = 0, 1, \ldots \\
&\quad P\mathbf{z}^{(k)} = \mathbf{r}^{(k)}, \\
&\quad \alpha_k = \frac{(\mathbf{z}^{(k)})^T \mathbf{r}^{(k)}}{(\mathbf{z}^{(k)})^T A \mathbf{z}^{(k)}}, \\
&\quad \mathbf{x}^{(k+1)} = \mathbf{x}^{(k)} + \alpha_k \mathbf{z}^{(k)}, \\
&\quad \mathbf{r}^{(k+1)} = \mathbf{r}^{(k)} - \alpha_k A \mathbf{z}^{(k)}
\end{aligned} \qquad (5.58)$$

Le même algorithme peut être utilisé pour implémenter la méthode de Richardson en remplaçant simplement α_k par une valeur constante α.

D'après (5.55), on voit que si $P^{-1}A$ est mal conditionnée la vitesse de convergence sera très faible, même pour $\alpha = \alpha_{opt}$ (puisque dans ce cas $\rho(B_{\alpha_{opt}}) \simeq 1$). Un choix convenable de P permettra d'éviter cette

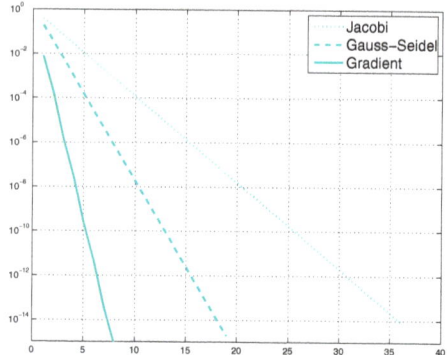

Figure 5.10. Convergence des méthodes de Jacobi, de Gauss-Seidel et du gradient, appliquées au système (5.59)

situation. C'est pour cette raison que P est appelé préconditionneur (ou matrice de préconditionnement).

Trouver, pour une matrice quelconque, un préconditionneur qui soit à la fois rapide à résoudre (système (5.50)) et qui diminue significativement le conditionnement, est un problème difficile. De façon générale, il faut choisir P en tenant compte des propriétés de A.

La méthode dynamique de Richardson est implémentée dans le Programme 5.2 où le paramètre d'entrée P contient le préconditionneur (quand P n'est pas donné, le programme pose P=I, ce qui correspond à la version non préconditionnée).

Exemple 5.14 Dans cet exemple, dont l'intérêt est purement académique, on compare la convergence des méthodes de Jacobi, Gauss-Seidel et du gradient appliquées à la résolution du (petit) système linéaire

$$2x_1 + x_2 = 1, \; x_1 + 3x_2 = 0 \qquad (5.59)$$

avec pour vecteur initial $\mathbf{x}^{(0)} = (1, 1/2)^T$. La matrice de ce système est symétrique définie positive, et la solution exacte est $\mathbf{x} = (3/5, -1/5)^T$. On indique sur la Figure 5.10 le comportement du résidu relatif

$$E^{(k)} = \|\mathbf{r}^{(k)}\|/\|\mathbf{r}^{(0)}\| \qquad (5.60)$$

pour les trois méthodes ci-dessus. Les itérations sont stoppées à la première itération k_{min} pour laquelle $E^{(k_{min})} \leq 10^{-14}$. La méthode du gradient est la plus rapide. ∎

Exemple 5.15 Considérons un système $A\mathbf{x} = \mathbf{b}$, où $A \in \mathbb{R}^{100 \times 100}$ est une matrice pentadiagonale dont la diagonale principale est composée de 4, et dont les premières et troisièmes sur- et sous-diagonales sont composées de -1. Comme précédemment, $\mathbf{b}$ est choisi de manière à ce que $\mathbf{x} = (1, \ldots, 1)^T$ soit la solution exacte du système. Soit P la matrice tridiagonale dont les coefficients diagonaux sont égaux à 2 et les coefficients sur- et sous-diagonaux sont égaux à -1. Les matrices A et P sont toutes les deux symétriques définies positives. On utilise le Programme 5.2 pour tester la méthode de Richardson dynamique préconditionnée par P. On fixe `tol=1.e-05, nmax=5000, x0=zeros(100,1)`. La méthode converge en 43 itérations. Le même Programme 5.2 avec `P='G'` montre que pour la méthode de Gauss-Seidel, 1658 itérations sont nécessaires pour satisfaire le même critère d'arrêt. ∎

5.11 Méthode du gradient conjugué

Dans une méthode itérative du type (5.58), la nouvelle itérée $\mathbf{x}^{(k+1)}$ est obtenue en ajoutant à l'ancienne $\mathbf{x}^{(k)}$ un vecteur appelé *direction de descente*, qui est soit le résidu $\mathbf{r}^{(k)}$ soit le résidu préconditionné $\mathbf{z}^{(k)}$. On peut se demander s'il ne serait pas possible de construire d'autres directions de descente, $\mathbf{p}^{(k)}$, qui permettraient de converger plus vite.

Quand la matrice $A \in \mathbb{R}^{n \times n}$ est symétrique définie positive, la méthode du gradient conjugué (en abrégé CG) utilise une suite de directions de descente constituée par des vecteurs *A-orthogonaux* (on dit aussi *A-conjugués*), c'est-à-dire vérifiant $\forall k \geq 1$,

$$(A\mathbf{p}^{(j)})^T \mathbf{p}^{(k+1)} = 0, \qquad j = 0, 1, \ldots, k. \tag{5.61}$$

Pour tout vecteur $\mathbf{x}^{(0)}$, après avoir posé $\mathbf{r}^{(0)} = \mathbf{b} - A\mathbf{x}^{(0)}$ et $\mathbf{p}^{(0)} = \mathbf{r}^{(0)}$, la méthode du gradient conjugué s'écrit

$$\begin{aligned}
&\text{pour } k = 0, 1, \ldots \\
&\alpha_k = \frac{\mathbf{p}^{(k)^T} \mathbf{r}^{(k)}}{\mathbf{p}^{(k)^T} A\mathbf{p}^{(k)}}, \\
&\mathbf{x}^{(k+1)} = \mathbf{x}^{(k)} + \alpha_k \mathbf{p}^{(k)}, \\
&\mathbf{r}^{(k+1)} = \mathbf{r}^{(k)} - \alpha_k A\mathbf{p}^{(k)}, \\
&\beta_k = \frac{(A\mathbf{p}^{(k)})^T \mathbf{r}^{(k+1)}}{(A\mathbf{p}^{(k)})^T \mathbf{p}^{(k)}}, \\
&\mathbf{p}^{(k+1)} = \mathbf{r}^{(k+1)} - \beta_k \mathbf{p}^{(k)}
\end{aligned} \tag{5.62}$$

Le paramètre α_k permet de minimiser l'erreur $\|\mathbf{e}^{(k+1)}\|_A$ le long de la direction de descente $\mathbf{p}^{(k)}$, et β_k est choisi pour que la nouvelle direction $\mathbf{p}^{(k+1)}$ soit A-conjuguée avec $\mathbf{p}^{(k)}$, c'est-à-dire $(A\mathbf{p}^{(k)})^T \mathbf{p}^{(k+1)} = 0$. En fait, on peut montrer par récurrence que si la dernière relation est satisfaite alors toutes les relations d'orthogonalité (5.61) pour $j = 0, \ldots, k-1$ sont également satisfaites. On pourra trouver les détails de la construction de cette méthode dans [QSS07, Chapitre 4] ou [Saa03] par exemple.

On a le résultat important suivant

Proposition 5.7 *Soit* A *une matrice symétrique définie positive. En arithmétique exacte, la méthode du gradient conjugué pour résoudre (5.1) converge en au plus n étapes (en arithmétique exacte). De plus, l'erreur* $\mathbf{e}^{(k)}$ *à la k-ème itération (avec $k < n$) est orthogonale à* $\mathbf{p}^{(j)}$, *pour $j = 0, \ldots, k-1$ et*

$$\|\mathbf{e}^{(k)}\|_A \leq \frac{2c^k}{1+c^{2k}}\|\mathbf{e}^{(0)}\|_A, \text{ avec } c = \frac{\sqrt{K(A)}-1}{\sqrt{K(A)}+1}. \quad (5.63)$$

Ainsi, en l'absence d'erreur d'arrondi, on peut considérer CG comme une méthode directe puisqu'elle fournit le résultat en un nombre fini d'étapes. Cependant, pour les matrices de grande taille, CG est utilisé comme une méthode itérative, c'est-à-dire dont les itérations sont interrompues quand un estimateur de l'erreur (p. ex. le résidu relatif (5.60)) devient inférieur à une tolérance donnée. En comparant (5.63) et (5.57), on notera que la vitesse de convergence de l'erreur dépend du conditionnement de la matrice de manière plus favorable que pour la méthode du gradient (grâce à la présence de la racine carrée de $K(A)$).

On peut aussi considérer une version préconditionnée de CG (PCG en abrégé) avec un préconditionneur P symétrique et défini positif : étant donné $\mathbf{x}^{(0)}$, on pose $\mathbf{r}^{(0)} = \mathbf{b} - A\mathbf{x}^{(0)}$, $\mathbf{z}^{(0)} = P^{-1}\mathbf{r}^{(0)}$ et $\mathbf{p}^{(0)} = \mathbf{z}^{(0)}$, puis

$$\text{pour } k = 0, 1, \ldots$$
$$\alpha_k = \frac{\mathbf{p}^{(k)T}\mathbf{r}^{(k)}}{\mathbf{p}^{(k)T}A\mathbf{p}^{(k)}},$$
$$\mathbf{x}^{(k+1)} = \mathbf{x}^{(k)} + \alpha_k \mathbf{p}^{(k)},$$
$$\mathbf{r}^{(k+1)} = \mathbf{r}^{(k)} - \alpha_k A\mathbf{p}^{(k)}, \quad (5.64)$$
$$P\mathbf{z}^{(k+1)} = \mathbf{r}^{(k+1)},$$
$$\beta_k = \frac{(A\mathbf{p}^{(k)})^T \mathbf{z}^{(k+1)}}{(A\mathbf{p}^{(k)})^T \mathbf{p}^{(k)}},$$
$$\mathbf{p}^{(k+1)} = \mathbf{z}^{(k+1)} - \beta_k \mathbf{p}^{(k)}$$

Dans ce cas, l'estimation d'erreur (5.60) est encore valable, mais en remplaçant $K(A)$ par $K(P^{-1}A)$, qui est plus petit.

pcg   La méthode PCG est implémentée dans la fonction pcg de MATLAB.

5.11 Méthode du gradient conjugué

Table 5.4. Erreurs obtenues pour la résolution du système de Hilbert avec les méthodes du gradient préconditionné (PG), du gradient conjugué préconditionné (PCG) et la méthode directe utilisée par la commande \ de Matlab. Pour les méthodes itératives, on indique aussi le nombre d'itérations

		\	PG		PCG	
n	$K(A_n)$	Erreur	Erreur	Iter	Erreur	Iter
4	1.55e+04	7.72e-13	8.72e-03	995	1.12e-02	3
6	1.50e+07	7.61e-10	3.60e-03	1813	3.88e-03	4
8	1.53e+10	6.38e-07	6.30e-03	1089	7.53e-03	4
10	1.60e+13	5.24e-04	7.98e-03	875	2.21e-03	5
12	1.70e+16	6.27e-01	5.09e-03	1355	3.26e-03	5
14	6.06e+17	4.12e+01	3.91e-03	1379	4.32e-03	5

Exemple 5.16 Revenons à l'Exemple 5.9 sur les matrices de Hilbert et résolvons le système correspondant, pour différentes valeurs de n, par les méthodes du gradient préconditionné (PG) et du gradient conjugué préconditionné (PCG), en utilisant comme préconditionneur la matrice diagonale D constituée des coefficients diagonaux de la matrice de Hilbert. On prend $\mathbf{x}^{(0)}$ égal au vecteur nul et on itère jusqu'à ce que le résidu relatif (5.60) soit inférieur à 10^{-6}. On indique dans la Table 5.4 les erreurs absolues (par rapport à la solution exacte) obtenues avec PG et PCG et avec la commande \ de MATLAB. On voit dans ce dernier cas que l'erreur augmente considérablement quand n devient grand. On appréciera en revanche la convergence très rapide qu'on peut obtenir avec une méthode itérative bien choisie comme PCG. ■

Remarque 5.4 (Systèmes non-symétriques) La méthode CG est un cas particulier des méthodes de *Krylov* (ou *Lanczos*) qui peuvent s'appliquer à des systèmes non nécessairement symétriques. On trouvera une présentation de ces méthodes dans [Axe94], [Saa03] et [vdV03] par exemple.

Certaines d'entre elles possèdent, comme CG, la propriété de converger en un nombre fini d'étapes (en arithmétique exacte). Pour des systèmes non symétriques, c'est aussi le cas de *GMRES* (*Generalized Minimum RESidual*) qui est l'une des méthodes de Krylov les plus remarquables, disponible dans la toolbox `sparfun` de MATLAB sous le nom `gmres`.   `gmres`

Une autre méthode, Bi-CGStab ([vdV03]), est également très efficace. La commande MATLAB correspondante est `bicgstab`. ■ `bicgstab`

Octave 5.1 Octave implémente la méthode du gradient conjugué préconditionné (PCG) dans la fonction `pcg` et la méthode des résidus conjugués préconditionnés (PCR/Richardson) dans la fonction `pcr`. La fonction `bicgstab` existe dans Octave depuis la version 3.2.0. ■

Voir Exercices 5.15–5.18.

5.12 Quand doit-on arrêter une méthode itérative ?

En théorie, il faudrait effectuer un nombre infini d'itérations pour obtenir la solution exacte d'un système linéaire avec une méthode itérative. En pratique, ce n'est ni nécessaire, ni raisonnable (même si effectivement le nombre d'itérations pour obtenir la solution avec la précision machine peut être très élevé pour de grands systèmes). En effet, ce n'est en général pas d'une solution exacte dont on a besoin, mais plutôt d'une valeur $\mathbf{x}^{(k)}$ qui approche la solution exacte avec une erreur inférieure à une tolérance ϵ fixée. Mais comme l'erreur est elle-même inconnue (puisqu'elle dépend de la solution exacte), on a besoin d'un estimateur d'erreur *a posteriori* qui donne une estimation de l'erreur à partir de quantités calculées au cours de la résolution.

Un premier estimateur est donné par le *résidu*, défini en (5.48). Ainsi, on peut décider de stopper les itérations à la première étape k_{min} pour laquelle

$$\|\mathbf{r}^{(k_{min})}\| \leq \varepsilon \|\mathbf{b}\|.$$

En posant $\widehat{\mathbf{x}} = \mathbf{x}^{(k_{min})}$ et $\mathbf{r} = \mathbf{r}^{(k_{min})}$ dans (5.32) on obtient

$$\frac{\|\mathbf{e}^{(k_{min})}\|}{\|\mathbf{x}\|} \leq \varepsilon K(\mathrm{A}),$$

qui est une estimation de l'erreur relative. On voit donc que le contrôle par le résidu n'est pertinent que pour les matrices dont le conditionnement n'est pas trop grand.

Exemple 5.17 Considérons le système linéaire (5.1) où A=A_{20} est la matrice de Hilbert de dimension 20 définie dans l'Exemple 5.9. On choisit **b** pour que la solution exacte soit $\mathbf{x} = (1, 1, \ldots, 1)^T$. Comme A est symétrique définie positive, on est assuré de la convergence de la méthode de Gauss-Seidel. On utilise le Programme 5.2 pour résoudre ce système, avec x0 égal au vecteur nul et une tolérance de 10^{-5} sur le résidu. La méthode converge en 472 itérations ; l'erreur relative est cependant très grande (égale à 0.26). Ceci est dû au fait que A est extrêmement mal conditionnée ($K(\mathrm{A}) \simeq 10^{17}$). Sur la Figure 5.11, on trace le résidu (normalisé par le résidu initial) et l'erreur en fonction du nombre d'itérations. ■

Un autre estimateur est donné par l'*incrément* $\boldsymbol{\delta}^{(k)} = \mathbf{x}^{(k+1)} - \mathbf{x}^{(k)}$. Autrement dit, on peut choisir de stopper la méthode à la première itération k_{min} pour laquelle

$$\|\boldsymbol{\delta}^{(k_{min})}\| \leq \varepsilon. \qquad (5.65)$$

Dans le cas particulier où B est symétrique définie positive, on a

$$\|\mathbf{e}^{(k)}\| = \|\mathbf{e}^{(k+1)} - \boldsymbol{\delta}^{(k)}\| \leq \rho(\mathrm{B})\|\mathbf{e}^{(k)}\| + \|\boldsymbol{\delta}^{(k)}\|.$$

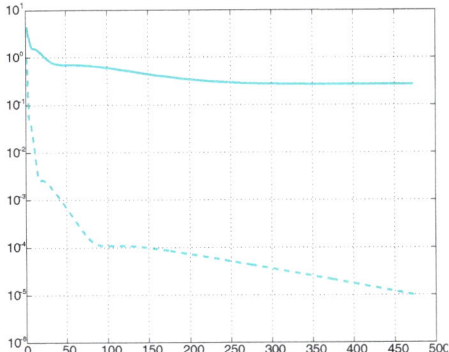

Figure 5.11. Comportement, en fonction des itérations k, du résidu normalisé $\|\mathbf{r}^{(k)}\|/\|\mathbf{r}^{(0)}\|$ (*trait discontinu*) et de l'erreur $\|\mathbf{x} - \mathbf{x}^{(k)}\|$ (*trait plein*) pour les itérations de Gauss-Seidel appliquées au système de l'Exemple 5.17

Comme $\rho(\mathrm{B})$ doit être strictement plus petit que 1 pour que la méthode converge, on en déduit

$$\|\mathbf{e}^{(k)}\| \leq \frac{1}{1-\rho(\mathrm{B})} \|\boldsymbol{\delta}^{(k)}\| \tag{5.66}$$

On voit avec cette dernière inégalité que le contrôle par l'incrément n'est pertinent que quand $\rho(\mathrm{B})$ est beaucoup plus petit que 1. Dans ce cas, l'erreur sera en effet du même ordre de grandeur que l'incrément.

On peut tirer la même conclusion quand B n'est pas symétrique définie positive (comme pour les méthodes de Jacobi et Gauss-Seidel) ; mais dans ce cas (5.66) n'est plus vrai.

Si on s'intéresse aux erreurs relatives, on doit remplacer (5.65) par

$$\frac{\|\boldsymbol{\delta}^{(k_{min})}\|}{\|\mathbf{b}\|} \leq \varepsilon$$

et par conséquent, (5.66) par

$$\frac{\|\mathbf{e}^{(k)}\|}{\|\mathbf{b}\|} \leq \frac{1}{1-\rho(\mathrm{B})} \varepsilon.$$

Exemple 5.18 Considérons un système dont la matrice $\mathrm{A} \in \mathbb{R}^{50 \times 50}$ est tridiagonale, symétrique, dont les coefficients valent 2.001 sur la diagonale principale et 1 sur la sous- et la sur-diagonale. On choisit comme d'habitude $\mathbf{b}$ de manière à ce que $(1, \ldots, 1)^T$ soit la solution exacte. Comme A est tridiagonale et à diagonale dominante stricte, la méthode de Gauss-Seidel converge environ deux fois plus vite que celle de Jacobi (Proposition 5.4). On utilise le Programme 5.2

pour résoudre ce système, mais on remplace le test d'arrêt basé sur le résidu par un test basé sur l'incrément, i.e. $\|\delta^{(k)}\| \leq \varepsilon$. Avec une donnée initiale dont les composantes sont $(\mathbf{x}_0)_i = 10\sin(100i)$ (pour $i = 1, \ldots, n$) et une tolérance `tol`$= 10^{-5}$, le programme donne, après 859 itérations, une solution telle que $\|\mathbf{e}^{(859)}\| \simeq 0.0021$. La convergence est très lente et l'erreur assez grande car le rayon spectral de la matrice (environ 0.9952) est très proche de 1. Si les coefficients diagonaux valent 3, on obtient après seulement 17 itérations une erreur $\|\mathbf{e}^{(17)}\| \simeq 8.96 \cdot 10^{-6}$. Dans ce cas, le rayon spectral de la matrice d'itération est égal à 0.443. ∎

Résumons-nous

1. Résoudre un système linéaire avec une méthode itérative consiste à construire, en partant d'une donnée initiale $\mathbf{x}^{(0)}$, une suite de vecteurs $\mathbf{x}^{(k)}$ convergeant vers la solution exacte quand $k \to \infty$;

2. une méthode itérative converge pour toute donnée initiale $\mathbf{x}^{(0)}$ ssi le rayon spectral de la matrice d'itération est strictement plus petit que 1 ;

3. les méthodes itératives traditionnelles sont celles de Jacobi et de Gauss-Seidel. Une condition suffisante de convergence est que la matrice soit à diagonale strictement dominante par ligne (ou symétrique définie positive dans le cas de Gauss-Seidel) ;

4. dans la méthode de Richardson, la convergence est accélérée à l'aide d'un paramètre et (éventuellement) d'un préconditionneur bien choisi ;

5. avec la méthode du gradient conjugué, la solution d'un système symétrique défini positif est calculée en un nombre fini d'itérations (en arithmétique exacte). Cette méthode peut se généraliser au cas non symétrique ;

6. on a deux critères d'arrêt possible pour les méthodes itératives : l'un basé sur le résidu, l'autre sur l'incrément. Le premier est pertinent quand le système est bien conditionné, le second quand le rayon spectral de la matrice d'itération n'est pas trop proche de 1.

5.13 Pour finir : méthode directe ou itérative ?

Dans cette section, on compare méthodes directes et itératives pour divers cas tests simples. Pour les systèmes linéaires de petite taille, le choix n'a pas beaucoup d'importance car toutes les méthodes feront l'affaire. En revanche, pour les grands systèmes linéaires, le choix dépendra principalement des propriétés de la matrice (telles que la symétrie, la définie positivité, la structure creuse, le conditionnement), mais également des ressources informatiques disponibles (accès mémoire, processeurs rapides, *etc.*). Il faut reconnaître que nos tests sont biaisés par le fait qu'on compare les méthodes directes implémentées dans la fonction \ de MATLAB, qui est compilée et optimisée, avec des méthodes itératives implémentées dans des fonctions qui ne sont ni compilées ni optimisées. Nos calculs sont effectués sur un processeur Intel® Core™2 Duo 2.53GHz avec 3072KB de mémoire cache et 3GByte de mémoire vive.

Un système linéaire creux avec faible largeur de bande
Le premier cas test concerne les systèmes qu'on rencontre dans la discrétisation du problème de Poisson sur le carré $]-1,1[^2$, avec conditions aux limites de Dirichlet homogènes, avec un schéma aux différences finies à 5 points (voir Section 8.2.4). On considère des grilles uniformes, de pas $h = 2/(N+1)$ dans les deux directions de l'espace, pour diverses valeurs de N. Les matrices correspondantes, à N^2 lignes et colonnes, sont construites avec le Programme 8.2. Sur la Figure 5.12, à gauche, on trace la structure de la matrice pour $N^2 = 256$ (avec la commande spy) : la matrice est creuse, et elle a une structure bande, avec seulement 5 termes non nuls par ligne. En éliminant les lignes et les colonnes correspondant aux noeuds de la frontière, on obtient une matrice réduite de taille $n = (N-1)^2$. Ces matrices sont symétriques définies positives mais mal conditionnées : leur conditionnement spectral en fonction de h se comporte comme une constante fois h^{-2}. Autrement dit, plus le paramètre h est petit, plus le conditionnement de la matrice se dégrade. Pour résoudre les systèmes linéaires, on utilise la factorisation de Cholesky, le gradient conjugué préconditionné (PCG) par une factorisation de Cholesky incomplète et la commande \ de MATLAB qui, dans le cas présent, utilise un algorithme adapté aux matrices pentadiagonales symétriques. La factorisation incomplète de Cholesky est obtenue à partir de manipulations algébriques des coefficients de la matrice R associée à A (voir [QSS07]). On la calcule avec la commande cholinc(A,1.e-3).

Le critère d'arrêt pour PCG porte sur la norme du résidu relatif (5.60) (qui doit être inférieure à 10^{-13}) ; le temps de calcul prend en compte le temps nécessaire à la construction du préconditionneur.

Sur la Figure 5.12, à droite, on compare le temps de calcul (CPU) pour les trois méthodes en fonction de la taille de la matrice. La méthode directe qui se cache derrière la commande \ est de loin la plus rapide : elle est basée sur une variante de l'élimination gaussienne particulièrement efficace pour les matrices avec faible largeur de bande.

La méthode PCG est plus efficace que CG (sans préconditionnement). Par exemple, si $n = 3969$ (ce qui correspond à $N = 64$) PCG ne requiert que 18 itérations, alors que CG en nécessite 154. Les deux méthodes sont cependant moins efficaces que la factorisation de Cholesky. Mais nous mettons en garde le lecteur : ces conclusions doivent être prises

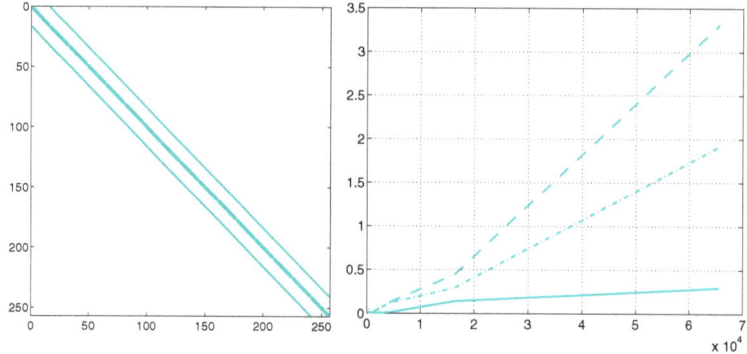

Figure 5.12. Structure de la matrice pour le premier cas test (*à gauche*), et temps CPU (en sec.) nécessaire à la résolution du système linéaire associé (*à droite*) : le *trait plein* correspond à la commande \, le *trait mixte* à la factorisation de Cholesky, le *trait discontinu* à la méthode itérative PCG. Les valeurs en abscisses correspondent à la dimension n de la matrice

avec précaution car elles sont dépendantes de l'implémentation et de l'ordinateur utilisé.

Le cas d'une bande large

On considère à nouveau l'équation de Poisson, mais cette fois discrétisée par une méthode spectrale avec formules de quadrature de Gauss-Lobatto-Legendre (voir par exemple [Qua09, CHQZ06]). La grille a autant de points que pour les différences finies, mais les méthodes spectrales utilisent beaucoup plus de noeuds pour approcher les dérivées (en chaque noeud, la dérivée selon x est approchée en utilisant tous les noeuds se trouvant sur la même ligne ; de même, la dérivée selon y fait appel à tous les noeuds se trouvant sur la même colonne). Les matrices résultantes sont toujours creuses et structurées, mais ont beaucoup plus de coefficients non nuls que dans le cas précédent. On le voit sur l'exemple de la Figure 5.13, à gauche, où la matrice spectrale a toujours $N^2 = 256$ lignes et colonnes, mais cette fois-ci 7936 termes non nuls (au lieu de 1216 avec la méthode des différences finies, Figure 5.12).

Le temps CPU indiqué sur la Figure 5.13, à droite, montre que, pour cette matrice, l'algorithme PCG préconditionné par une factorisation de Cholesky incomplète est beaucoup plus efficace que les deux autres méthodes.

La conclusion de ce test est que pour les matrices symétriques définies positives à large bande, PCG est plus efficace que la méthode directe implémentée dans MATLAB (qui n'utilise pas la factorisation de Cholesky, la matrice étant stockée en format `sparse` (creux)). Soulignons qu'il est néanmoins crucial d'utiliser un bon préconditionneur pour que la méthode PCG soit compétitive.

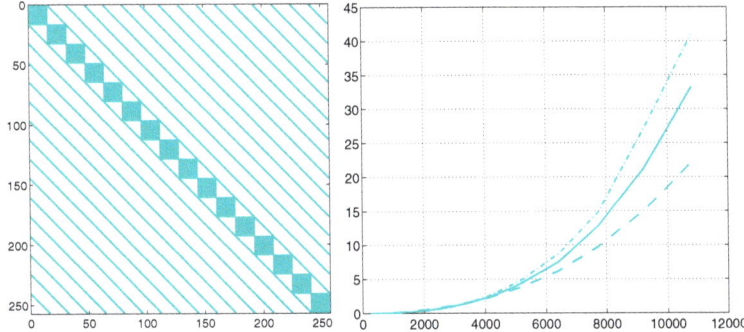

Figure 5.13. Structure de la matrice utilisée pour le second cas test (*à gauche*), et temps CPU (en sec.) nécessaire à la résolution du système linéaire associé (*à droite*) : le *trait plein* correspond à la commande \, le *trait mixte* à la factorisation de Cholesky, le *trait discontinu* à la méthode itérative PCG. Les valeurs en abscisses correspondent à la dimension n de la matrice

Enfin, il faut se souvenir que les méthodes directes nécessitent davantage de mémoire que les méthodes itératives, ce qui peut être rédhibitoire pour les très grands problèmes.

Systèmes avec matrices pleines
La commande gallery de MATLAB donne accès à une collection de matrices ayant diverses structures et propriétés. En particulier pour notre troisième cas test, nous utilisons `A=gallery('riemann',n)` pour construire la matrice de Riemann de dimension n, c'est-à-dire une matrice pleine n × n, non symétrique, dont le déterminant se comporte en $\mathcal{O}(n!n^{-1/2+\epsilon})$ pour tout $\epsilon > 0$. Le système linéaire associé est résolu avec la méthode itérative GMRES (voir Remarque 5.4) et les itérations sont stoppées dès que la norme du résidu relatif (5.60) est inférieure à 10^{-13}. Nous utiliserons aussi la commande \ qui, dans le cas considéré, effectue une factorisation LU.

gallery

On résout le système linéaire pour diverses valeurs de n. Le second membre est tel que la solution exacte est le vecteur $\mathbf{1}^T$. On effectue les tests avec GMRES sans préconditionneur Sur la Figure 5.14, à droite, on indique le temps CPU pour n allant de 100 à 1000. A gauche, on représente le conditionnement de A, `cond(A)`. Comme on peut le voir, la méthode de factorisation directe est beaucoup moins chère que la méthode GMRES non préconditionnée. Cependant pour des grandes valeurs de n, la méthode directe devient plus chère que la méthode itérative utilisée avec un bon préconditionneur.

Octave 5.2 La commande `gallery` n'existe pas en Octave. Cependant quelques matrices particulières sont disponibles *via* les commandes `hilb`, `hankel`, `vander`, `invhilb` `sylvester_matrix`, `toeplitz` (matrices de Hilbert,

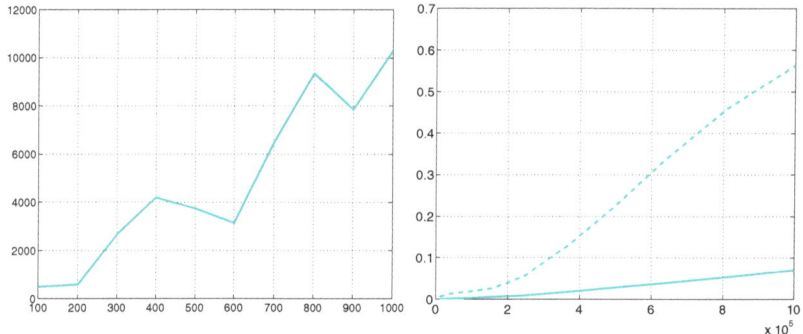

Figure 5.14. A gauche, le conditionnement de la matrice de Riemann A. A droite, comparaison du temps de calcul (CPU) (en sec.) pour la résolution du système linéaire : *trait plein* pour la commande \, *trait discontinu* pour la méthode itérative GMRES sans préconditionneur. Les valeurs en abscisses correspondent à la dimension n de la matrice

Hankel, Vandermonde, *etc.*). De plus, si vous avez accès à MATLAB, vous pouvez sauver une matrice définie dans la galerie avec la commande save et la charger dans Octave avec la commande load.
En MATLAB :
```
riemann10=gallery('riemann',10);
save 'riemann10' riemann10
```
En Octave :
```
load 'riemann10' riemann10
```
■

Systèmes creux non symétriques
On considère des systèmes linéaires obtenus en discrétisant avec des éléments finis des problèmes aux limites de diffusion-transport-réaction en dimensions deux. Ces problèmes sont similaires à celui décrit en (8.17) en une dimension d'espace. L'approximation en éléments finis, présentée en Section 8.2.3 en dimension un, utilise des fonctions affines par morceaux pour représenter la solution dans chaque triangle d'un maillage qui recouvre le domaine où est posé le problème aux limites. Les inconnues du système algébrique associé sont les valeurs prises par la solution aux sommets des triangles intérieurs. Nous renvoyons par exemple à [QV94] pour une description de la méthode et pour la détermination des coefficients de la matrice. Contentons-nous ici d'indiquer que cette matrice est creuse, mais n'a pas une structure bande (sa structure creuse dépend de la manière dont les sommets sont numérotés) et non symétrique à cause du terme de transport. Noter que l'absence de symétrie ne se voit pas sur la structure (Figure 5.15, à gauche).

Plus le *diamètre h* des triangles (*i.e.* la longueur du plus grand coté) est petit, plus la taille de la matrice est grande. Des maillages triangu-

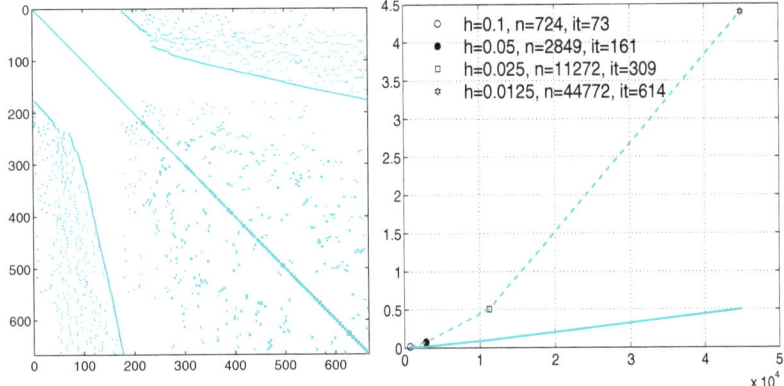

Figure 5.15. Structure d'une des matrices utilisées dans le quatrième cas test (à gauche), et temps CPU (en sec.) nécessaire à la résolution du système linéaire associé (à droite) : le *trait plein* correspond à la commande \, le *trait discontinu* à la méthode itérative Bi-CGStab. Les valeurs en abscisses correspondent à la dimension n de la matrice, et *it* indique le nombre d'itérations de Bi-CGStab

laires non structurés ont été générés avec la toolbox `pdetool` de MATLAB. On a comparé le temps de calcul nécessaire à la résolution du système linéaire pour $h = 0.1$, 0.05, 0.025 et 0.0125. On a utilisé la commande \ de MATLAB, qui fait appel dans ce cas à la bibliothèque UMFPACK, et l'implémentation MATLAB de la méthode itérative Bi-CGStab qu'on peut voir comme une généralisation de la méthode du gradient conjugué pour les systèmes non symétriques. En abscisse, on indique le nombre d'inconnues qui va de 724 (pour $h = 0.1$) à 44772 (pour $h = 0.0125$). Dans ce cas encore, la méthode directe est moins coûteuse que la méthode itérative. Si on préconditionne Bi-CGStab avec une factorisation LU incomplète, le nombre d'itérations serait réduit mais le temps CPU serait plus élevé que dans le cas non préconditionné.

En guise de conclusion

Les comparaisons qu'on vient d'effectuer, bien que très limitées, permettent de souligner quelques points intéressants. En général, les méthodes directes (surtout quand elles sont implémentées de manière sophistiquée, comme pour la commande \ de MATLAB) sont plus efficaces que les méthodes itératives quand ces dernières ne sont pas utilisées avec des préconditionneurs performants. Cependant, elles sont plus sensibles au conditionnement de la matrice (voir l'Exemple 5.16) et peuvent nécessiter une mémoire importante.

Il est également utile de souligner que les méthodes directes ont explicitement besoin des coefficients de la matrice, contrairement aux méthodes itératives. Pour ces dernières, il est seulement nécessaire de pouvoir calculer le produit matrice-vecteur pour des vecteurs arbitraires. Cette propriété est particulièrement intéressante dans les problèmes où la matrice n'est pas construite explicitement.

5.14 Ce qu'on ne vous a pas dit

Il existe de nombreuses variantes très efficaces de la factorisation LU de Gauss pour les systèmes creux de grande dimension. Parmi les plus avancées, citons les *méthodes multifrontales* qui réordonnent les inconnues du système afin de rendre les matrices triangulaires L et U aussi creuses que possible. La méthode multifrontale est implémentée dans le logiciel UMFPACK. On trouvera plus de renseignements sur ce point dans [GL96] et [DD99].

Concernant les méthodes itératives, le gradient conjugué et GMRES sont des cas particuliers des méthodes de Krylov. Pour une description des méthodes de Krylov voir p.ex. [Axe94], [Saa03] et [vdV03].

Comme on l'a dit, les méthodes itératives convergent lentement si la matrice est très mal conditionnée. De nombreuses stratégies de préconditionnement ont été développées (voir p.ex. [dV89] et [vdV03]). Certaines d'entre elles sont purement algébriques, c'est-à-dire basées sur des factorisations incomplètes (ou inexactes) de la matrice du système. C'est le cas des méthodes implémentées dans les fonctions MATLAB `luinc` ou `cholinc` (déjà mentionnée plus haut). Des stratégies de préconditionnement *ad hoc* tirent profit de l'origine physique ou de la structure du problème qui a conduit au système linéaire considéré.

Il est enfin important de mentionner les méthodes *multigrilles*. Elles sont basées sur la résolution séquentielle d'une hiérarchie de systèmes de dimension variable "ressemblant" au système original, qui permet de réduire astucieusement l'erreur (voir p.ex [Hac85], [Wes04] et [Hac94]).

Octave 5.3 Dans Octave, `cholinc` n'est pas encore disponible. Seul `luinc` a été implémenté. ∎

5.15 Exercices

Exercice 5.1 Pour une matrice $A \in \mathbb{R}^{n \times n}$, déterminer le nombre d'opérations (en fonction de n) nécessaire au calcul du déterminant par la formule de récurrence (1.8).

Exercice 5.2 Utiliser la commande `magic(n)`, de MATLAB, pour construire les carrés magiques d'ordre n, avec $n=3, 4, \ldots, 500$, c'est-à-dire les matrices dont les sommes de coefficients par lignes, par colonnes ou par diagonales sont identiques. Calculer alors leur déterminant à l'aide de la commande det vue à la Section 1.4 et évaluer le temps de calcul avec la commande cputime. Enfin, approcher ces données par la méthode des moindres carrés et en déduire que le temps de calcul croît approximativement comme n^3.

Exercice 5.3 Déterminer pour quelles valeurs de ε la matrice définie en (5.15) ne satisfait pas les hypothèses de la Proposition 5.1. Pour quelle valeur de ε cette matrice est singulière ? Est-il possible de calculer la factorisation LU dans ce cas ?

Exercice 5.4 Vérifier que le nombre d'opérations nécessaire au calcul de la factorisation LU d'une matrice carrée A d'ordre n est environ $2n^3/3$.

Exercice 5.5 Montrer que la factorisation LU de A peut être utilisée pour calculer la matrice inverse A^{-1}. (On remarquera que la j-ème colonne $\mathbf{x}_j$ de A^{-1} vérifie le système linéaire $A\mathbf{x}_j = \mathbf{e}_j$, $\mathbf{e}_j$ étant le vecteur dont les composantes sont toutes nulles exceptée la j-ème qui vaut 1.)

Exercice 5.6 Calculer les facteurs L et U de la matrice de l'Exemple 5.8 et vérifier que la factorisation LU est imprécise.

Exercice 5.7 Expliquer pourquoi la stratégie de pivot partiel par ligne n'est pas adaptée aux matrices symétriques.

Exercice 5.8 On considère le système linéaire $A\mathbf{x} = \mathbf{b}$ avec

$$A = \begin{bmatrix} 2 & -2 & 0 \\ \varepsilon - 2 & 2 & 0 \\ 0 & -1 & 3 \end{bmatrix},$$

$\mathbf{b}$ tel que la solution vaut $\mathbf{x} = (1, 1, 1)^T$ et ε un nombre réel positif. Calculer la factorisation de Gauss de A et remarquer que $l_{32} \to \infty$ quand $\varepsilon \to 0$. Vérifier que la solution calculée n'est pas affectée par des erreurs d'arrondi quand $\varepsilon = 10^{-k}$ avec $k = 0, .., 9$ et $\mathbf{b} = (0, \varepsilon, 2)^T$. Analyser l'erreur relative pour $\varepsilon = 1/3 \cdot 10^{-k}$ avec $k = 0, .., 9$ quand la solution exacte est donnée par $\mathbf{x}_{ex} = (\log(5/2), 1, 1)^T$.

Exercice 5.9 On considère les systèmes linéaires $A_i \mathbf{x}_i = \mathbf{b}_i$, $i = 1, 2, 3$, avec

$$A_1 = \begin{bmatrix} 15 & 6 & 8 & 11 \\ 6 & 6 & 5 & 3 \\ 8 & 5 & 7 & 6 \\ 11 & 3 & 6 & 9 \end{bmatrix}, A_i = (A_1)^i, \ i = 2, 3,$$

et $\mathbf{b}_i$ tel que la solution est toujours $\mathbf{x}_i = (1, 1, 1, 1)^T$. Résoudre le système avec la factorisation de Gauss en utilisant une méthode de pivot partiel par ligne. Commenter les résultats obtenus.

Exercice 5.10 Montrer que pour une matrice symétrique définie positive A, on a $K(A^2) = (K(A))^2$.

Exercice 5.11 Analyser la convergence des méthodes de Jacobi et Gauss-Seidel pour la résolution d'un système linéaire associé à la matrice

$$A = \begin{bmatrix} \alpha & 0 & 1 \\ 0 & \alpha & 0 \\ 1 & 0 & \alpha \end{bmatrix}, \quad \alpha \in \mathbb{R}.$$

Exercice 5.12 Donner une condition suffisante sur β pour que les méthodes de Jacobi et de Gauss-Seidel convergent toutes les deux quand on les applique à un système associé à la matrice

$$A = \begin{bmatrix} -10 & 2 \\ \beta & 5 \end{bmatrix}. \tag{5.67}$$

Exercice 5.13 On considère la méthode de *relaxation* pour la résolution du système linéaire $A\mathbf{x} = \mathbf{b}$ avec $A \in \mathbb{R}^{n \times n}$: étant donné $\mathbf{x}^{(0)} = (x_1^{(0)}, \ldots, x_n^{(0)})^T$, pour $k = 0, 1, \ldots$ calculer

$$r_i^{(k)} = b_i - \sum_{j=1}^{i-1} a_{ij} x_j^{(k+1)} - \sum_{j=i+1}^{n} a_{ij} x_j^{(k)}, \quad x_i^{(k+1)} = (1-\omega) x_i^{(k)} + \omega \frac{r_i^{(k)}}{a_{ii}},$$

pour $i = 1, \ldots, n$, où ω est un paramètre réel. Expliciter la matrice d'itération correspondante et vérifier que la condition $0 < \omega < 2$ est nécessaire pour la convergence. Remarquer que si $\omega = 1$, on retrouve l'algorithme de Gauss-Seidel. Si $1 < \omega < 2$, cette méthode est connue sous le nom de *SOR* (pour *successive over-relaxation*).

Exercice 5.14 On considère un système linéaire $A\mathbf{x} = \mathbf{b}$ avec $A = \begin{bmatrix} 3 & 2 \\ 2 & 6 \end{bmatrix}$. Dire si la méthode de Gauss-Seidel converge, sans calculer explicitement le rayon spectral de la matrice d'itération. Recommencer avec $A = \begin{bmatrix} 1 & 1 \\ 1 & 2 \end{bmatrix}$.

Exercice 5.15 Calculer la première itération des méthodes de Jacobi, Gauss-Seidel et du gradient préconditionné (où le préconditionneur est la diagonale de A) pour le système (5.59) avec $\mathbf{x}^{(0)} = (1, 1/2)^T$.

Exercice 5.16 Montrer (5.54), puis

$$\rho(B_{\alpha_{opt}}) = \frac{\lambda_{max} - \lambda_{min}}{\lambda_{max} + \lambda_{min}} = \frac{K(P^{-1}A) - 1}{K(P^{-1}A) + 1}. \tag{5.68}$$

Exercice 5.17 Remarquer qu'en utilisant un paramètre d'accélération α au lieu de α_k, on a, d'après (5.58), $\mathbf{x}^{(k+1)} = \mathbf{x}^{(k)} + \alpha \mathbf{z}^{(k)}$. Donc l'erreur $\mathbf{e}^{(k+1)} = \mathbf{x} - \mathbf{x}^{(k+1)}$ dépend de α. Montrer que l'expression de α_k donnée par (5.56) minimise la fonction $\Phi(\alpha) = \|\mathbf{e}^{(k+1)}\|_A^2$ par rapport à $\alpha \in \mathbb{R}$.

Exercice 5.18 On considère un ensemble de $n = 20$ usines qui produisent 20 biens différents. En se référant au modèle de Leontieff introduit dans le Problème 5.3, on suppose que la matrice C a les coefficients entiers suivants : $c_{ij} = i + j$ pour $i, j = 1, \ldots, n$, tandis que $b_i = i$, pour $i = 1, \ldots, 20$. Est-il possible de résoudre ce système par une méthode de gradient ? Proposer une méthode basée sur la méthode de gradient en remarquant que si A est inversible, la matrice $A^T A$ est symétrique définie positive.

6
Valeurs propres et vecteurs propres

Etant donné une matrice carrée $A \in \mathbb{C}^{n \times n}$, le problème de valeurs propres consiste à trouver un scalaire λ (réel ou complexe) et un vecteur non nul $\mathbf{x}$ tel que

$$\boxed{A\mathbf{x} = \lambda \mathbf{x}} \tag{6.1}$$

Un tel λ est appelé *valeur propre* de A, et $\mathbf{x}$ est appelé *vecteur propre* associé. Ce dernier n'est pas unique ; en effet tous les vecteurs $\alpha \mathbf{x}$ avec $\alpha \neq 0$, réel ou complexe, sont aussi des vecteurs propres associés à λ. Si $\mathbf{x}$ est connu, on peut trouver λ en utilisant le *quotient de Rayleigh* $\mathbf{x}^H A \mathbf{x} / \|\mathbf{x}\|^2$, où $\mathbf{x}^H = \bar{\mathbf{x}}^T$ est le vecteur dont la i-ème composante est égale à $\bar{x}_i$.

Un nombre λ est une valeur propre de A s'il est racine du polynôme suivant de degré n (appelé *polynôme caractéristique* de A)

$$p_A(\lambda) = \det(A - \lambda I).$$

Ainsi, une matrice carrée d'ordre n a exactement n valeurs propres (réelles ou complexes), non nécessairement distinctes. Si les coefficients de A sont réels, il en est de même de ceux de $p_A(\lambda)$. Par conséquent dans ce cas, si une valeur propre est complexe, le complexe conjugué est aussi valeur propre.

Rappelons qu'une matrice $A \in \mathbb{C}^{n \times n}$ est dite diagonalisable s'il existe une matrice inversible $U \in \mathbb{C}^{n \times n}$ telle que

$$U^{-1} A U = \Lambda = \mathrm{diag}(\lambda_1, \ldots, \lambda_n). \tag{6.2}$$

Les colonnes de U sont les vecteurs propres de A et forment une base de $\mathbb{C}^n$.

Dans le cas particulier où A est diagonale ou triangulaire, ses valeurs propres sont simplement ses coefficients diagonaux. Mais quand A est une matrice quelconque d'ordre n, assez grand, il n'est en général pas facile de déterminer les zéros de $p_A(\lambda)$. Les algorithmes de recherche des

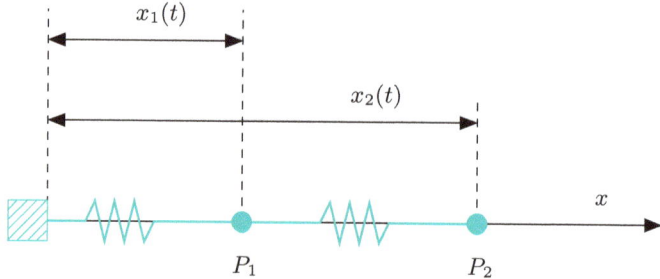

Figure 6.1. Le système de deux corps ponctuels de même masse, reliés par des ressorts

valeurs propres sont en fait mieux adaptés. L'un d'eux est décrit dans la section suivante.

6.1 Quelques problèmes types

Problème 6.1 (Ressorts élastiques) Considérons le système de la Figure 6.1 constitué de deux corps ponctuels P_1 et P_2 de masse m, reliés par deux ressorts et libres de se déplacer le long d'une ligne joignant P_1 et P_2. Soit $x_i(t)$ la position de P_i au temps t, pour $i = 1, 2$. La relation fondamentale de la dynamique donne

$$m\ddot{x}_1 = K(x_2 - x_1) - Kx_1, \qquad m\ddot{x}_2 = K(x_1 - x_2),$$

où K est le coefficient de raideur des deux ressorts. On s'intéresse aux oscillations libres $x_i = a_i \sin(\omega t + \phi)$, $i = 1, 2$, avec $a_i \neq 0$. On trouve dans ce cas

$$-ma_1\omega^2 = K(a_2 - a_1) - Ka_1, \qquad -ma_2\omega^2 = K(a_1 - a_2). \quad (6.3)$$

C'est un système 2×2 homogène qui a une solution non triviale $\mathbf{a} = (a_1, a_2)^T$ ssi le nombre $\lambda = m\omega^2/K$ est une valeur propre de la matrice

$$A = \begin{bmatrix} 2 & -1 \\ -1 & 1 \end{bmatrix}.$$

Avec cette définition de λ, (6.3) devient $A\mathbf{a} = \lambda\mathbf{a}$. Comme $p_A(\lambda) = (2-\lambda)(1-\lambda) - 1$, les deux valeurs propres sont $\lambda_1 \simeq 2.618$ et $\lambda_2 \simeq 0.382$ et correspondent aux fréquences de vibrations propres $\omega_i = \sqrt{K\lambda_i/m}$ du système. ∎

Problème 6.2 (Dynamique des populations) Divers modèles mathématiques ont été proposés pour prédire l'évolution de certaines espèces (humaines ou animales). Le modèle le plus simple, introduit par

Lotka en 1920 et formalisé 20 ans plus tard par Leslie, est basé sur le taux de mortalité et de fécondité pour différentes tranches d'âge $i = 0, \ldots, n$. Soit $x_i^{(t)}$ le nombre de femelles (les mâles n'interviennent pas dans ce modèle) dont l'âge au temps t appartient à la i-ème tranche. On suppose que les valeurs de $x_i^{(0)}$ sont données. Notons s_i le taux de survie des femelles de la i-ème tranche, et m_i le nombre moyen de femelles engendrées par des femelles de la i-ème tranche d'âge.

Le modèle de Lotka et Leslie est défini par les équations

$$x_{i+1}^{(t+1)} = x_i^{(t)} s_i \qquad i = 0, \ldots, n-1,$$
$$x_0^{(t+1)} = \sum_{i=0}^{n} x_i^{(t)} m_i.$$

Les n premières équations décrivent le développement de la population, la dernière sa reproduction. Sous forme matricielle, cela donne

$$\mathbf{x}^{(t+1)} = A\mathbf{x}^{(t)},$$

où $\mathbf{x}^{(t)} = (x_0^{(t)}, \ldots, x_n^{(t)})^T$ et A est la *matrice de Leslie*

$$A = \begin{bmatrix} m_0 & m_1 & \cdots\cdots & m_n \\ s_0 & 0 & \cdots\cdots & 0 \\ 0 & s_1 & \ddots & \vdots \\ \vdots & \ddots & \ddots & \ddots & \vdots \\ 0 & 0 & 0 & s_{n-1} & 0 \end{bmatrix}.$$

Nous verrons dans la Section 6.2 que la dynamique de cette population est déterminée par la valeur propre de module maximal de A, λ_1, tandis que la distribution des individus dans les différentes tranches d'âge (normalisée par la population totale), est obtenue comme la limite de $\mathbf{x}^{(t)}$ pour $t \to \infty$ et vérifie $A\mathbf{x} = \lambda_1 \mathbf{x}$. Ce problème sera résolu dans l'Exercice 6.2. ∎

Problème 6.3 (Connections interurbaines) Etant donné n villes, on note A la matrice dont les coefficients a_{ij} valent 1 si la i-ème ville est directement reliée à la j-ème, et 0 sinon. On peut montrer que les composantes d'un vecteur propre $\mathbf{x}$ de norme 1 associé à la valeur propre la plus grande donnent le taux d'accessibilité (qui est une mesure de la facilité d'accès) des diverses villes. Dans l'Exemple 6.2, on calculera ce vecteur dans le cas des connections ferroviaires entre les onze plus grandes villes de Lombardie (voir Figure 6.2). ∎

Problème 6.4 (Compression d'images) Le problème de la compression d'images peut être traité à l'aide de la décomposition en valeurs

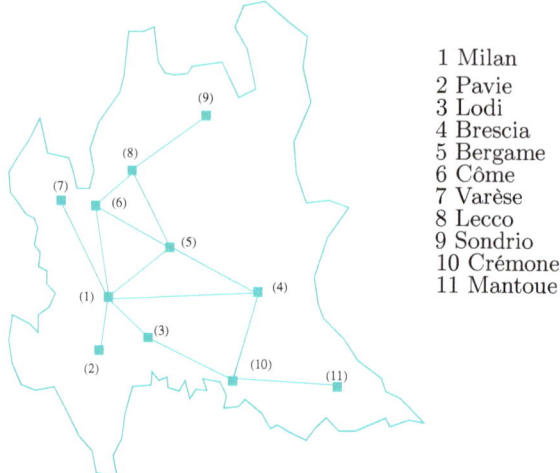

Figure 6.2. Représentation schématique du réseau ferroviaire entre les principales villes de Lombardie

singulières d'une matrice définie en (5.41). En effet, une image en noir et blanc peut être représentée par une matrice réelle A rectangulaire $m \times n$, où m et n sont respectivement le nombre de pixels dans les directions horizontale et verticale, et les coefficients a_{ij} représentent le niveau de gris du pixel (i,j). En effectuant la décomposition en valeurs singulières (5.41) de A, et en notant $\mathbf{u}_i$ et $\mathbf{v}_i$ les i-ème vecteurs colonnes de U et V respectivement, on trouve

$$A = \sigma_1 \mathbf{u}_1 \mathbf{v}_1^T + \sigma_2 \mathbf{u}_2 \mathbf{v}_2^T + \ldots + \sigma_p \mathbf{u}_p \mathbf{v}_p^T. \qquad (6.4)$$

On peut approcher A par la matrice A_k obtenue en tronquant la somme (6.4) aux k premiers termes, pour $1 \leq k \leq p$. Si les valeurs singulières σ_i sont rangées en ordre décroissant, $\sigma_1 \geq \sigma_2 \geq \ldots \geq \sigma_p$, négliger les $p - k$ dernières ne devrait pas affecter significativement la qualité de l'image. Pour transférer l'image "compressée" A_k (par exemple d'un ordinateur à un autre), il suffit de transférer les vecteurs $\mathbf{u}_i$, $\mathbf{v}_i$ et les valeurs singulières σ_i pour $i = 1, \ldots, k$. On évite ainsi d'avoir à transférer tous les coefficients de A. On mettra en oeuvre cette technique dans l'Exemple 6.9. ∎

6.2 Méthode de la puissance

Comme on l'a vu dans les Problèmes 6.2 et 6.3, la connaissance du *spectre* de A (c'est-à-dire de l'ensemble de toutes ses valeurs propres) n'est pas toujours nécessaire. Souvent, seules importent les valeurs propres *extrémales*, c'est-à-dire celles ayant les plus grands et plus petits modules.

Soit A une matrice carrée d'ordre n. Supposons que ses valeurs propres soient rangées comme suit

$$|\lambda_1| > |\lambda_2| \geq |\lambda_3| \geq \ldots \geq |\lambda_n|. \quad (6.5)$$

Remarquer, en particulier, que $|\lambda_1|$ est distinct des autres modules des valeurs propres de A. Notons $\mathbf{x}_1$ un vecteur propre de norme 1 associé à λ_1. Si les vecteurs propres de A sont linéairement indépendants, λ_1 et $\mathbf{x}_1$ peuvent être calculés par la méthode itérative suivante, appelée *méthode de la puissance* :

étant donné un vecteur initial arbitraire $\mathbf{x}^{(0)} \in \mathbb{C}^n$, poser $\mathbf{y}^{(0)} = \mathbf{x}^{(0)}/\|\mathbf{x}^{(0)}\|$, puis calculer

$$\text{pour } k = 1, 2, \ldots$$
$$\mathbf{x}^{(k)} = A\mathbf{y}^{(k-1)}, \quad \mathbf{y}^{(k)} = \frac{\mathbf{x}^{(k)}}{\|\mathbf{x}^{(k)}\|}, \quad \lambda^{(k)} = (\mathbf{y}^{(k)})^H A \mathbf{y}^{(k)} \quad (6.6)$$

Remarquer qu'on trouve par récurrence que $\mathbf{y}^{(k)} = \beta^{(k)} A^k \mathbf{y}^{(0)}$ où $\beta^{(k)} = (\Pi_{i=1}^k \|\mathbf{x}^{(i)}\|)^{-1}$ pour $k \geq 1$. La présence des puissances de A explique le nom de la méthode.

Dans la section suivante, nous verrons que cette méthode consiste à construire une suite de vecteurs $\{\mathbf{y}^{(k)}\}$ de norme 1 qui, quand $k \to \infty$, s'alignent le long de la direction du vecteur propre $\mathbf{x}_1$. Les erreurs $\|\mathbf{y}^{(k)} - \mathbf{x}_1\|$ et $|\lambda^{(k)} - \lambda_1|$ sont proportionnelles au rapport $|\lambda_2/\lambda_1|^k$ dans le cas d'une matrice quelconque. Si A est réelle et symétrique, on peut même prouver que $|\lambda^{(k)} - \lambda_1|$ est en fait proportionnel à $|\lambda_2/\lambda_1|^{2k}$ (voir [GL96, Chapitre 8]). Dans tous les cas, on a $\lambda^{(k)} \to \lambda_1$ pour $k \to \infty$.

Une implémentation de la méthode de la puissance est donnée dans le Programme 6.1. On stoppe l'algorithme à la première itération k pour laquelle

$$|\lambda^{(k)} - \lambda^{(k-1)}| < \varepsilon |\lambda^{(k)}|,$$

où ε est une tolérance fixée. Les paramètres d'entrée sont la matrice A, la tolérance pour le critère d'arrêt tol, le nombre maximal d'itérations nmax et le vecteur initial x0. Les paramètres de sortie sont la valeur propre lambda de plus grand module, un vecteur propre associé et le nombre d'itérations effectuées.

Programme 6.1. eigpower : méthode de la puissance

```
function [lambda,x,iter]=eigpower(A,tol,nmax,x0)
%EIGPOWER Evalue numériquement une valeur propre
% d'une matrice
% LAMBDA=EIGPOWER(A) calcule avec la méthode de la
% puissance la valeur propre de A de module maximal
```

```
% à partir d'une donnée initial qui par défaut est
% le vecteur constitué de 1
% LAMBDA=EIGPOWER(A,TOL,NMAX,X0) utilise la tolérance
% TOL pour l'erreur absolue (1.e-6 par défaut), un
% nombre maximal d'itérations NMAX (100 par défaut),
% et démarre d'un vecteur initial X0.
% [LAMBDA,V,ITER]=EIGPOWER(A,TOL,NMAX,X0) retourne
% aussi le vecteur propre V tel que A*V=LAMBDA*V et le
% numéro de l'itération à laquelle V a été calculé.
[n,m] = size(A);
if n ~= m, error('Matrices carrées seulement'); end
if nargin == 1
   tol = 1.e-06;    x0 = ones(n,1);    nmax = 100;
end
x0 = x0/norm(x0);
pro = A*x0;
lambda = x0'*pro;
err = tol*abs(lambda) + 1;
iter = 0;
while err>tol*abs(lambda) & abs(lambda)~=0 & iter<=nmax
   x = pro;                 x = x/norm(x);
   pro = A*x;               lambdanew = x'*pro;
   err = abs(lambdanew - lambda);
   lambda = lambdanew;      iter = iter + 1;
end
return
```

Exemple 6.1 Considérons la famille de matrices

$$A(\alpha) = \begin{bmatrix} \alpha & 2 & 3 & 13 \\ 5 & 11 & 10 & 8 \\ 9 & 7 & 6 & 12 \\ 4 & 14 & 15 & 1 \end{bmatrix}, \quad \alpha \in \mathbb{R}.$$

On veut approcher la valeur propre de plus grand module par la méthode de la puissance. Quand $\alpha = 30$, les valeurs propres de la matrice sont données par $\lambda_1 = 39.396$, $\lambda_2 = 17.8208$, $\lambda_3 = -9.5022$ et $\lambda_4 = 0.2854$ (où on se limite aux 4 premiers chiffres après la virgule). La méthode approche λ_1 en 22 itérations avec une tolérance $\varepsilon = 10^{-10}$ et $\mathbf{x}^{(0)} = \mathbf{1}^T$. Cependant, si $\alpha = -30$, il faut 708 itérations. Cette différence de comportement peut s'expliquer en remarquant que dans le dernier cas on a $\lambda_1 = -30.643$, $\lambda_2 = 29.7359$, $\lambda_3 = -11.6806$ et $\lambda_4 = 0.5878$. Donc, $|\lambda_2|/|\lambda_1|$ est proche de un (0.9704). ∎

Exemple 6.2 (Connections interurbaines) On note $A \in \mathbb{R}^{11 \times 11}$ la matrice associée au réseau ferroviaire de la Figure 6.2, *i.e.* la matrice dont les coefficients a_{ij} sont égaux à un s'il y a une connexion directe entre la ville i et la ville j, et à zéro sinon. En posant `tol=1.e-12` et `x0=ones(11,1)`, le Programme 6.1 retourne, après 26 itérations, l'approximation suivante d'un vecteur propre (de norme 1) associé à la valeur propre de A de plus grand module :

```
x' =
 Columns 1 through 8
  0.5271  0.1590  0.2165  0.3580  0.4690  0.3861  0.1590  0.2837
```

```
Columns 9 through 11
0.0856  0.1906  0.0575
```

La ville associée à la première composante (plus grand module) de **x**, Milan, est la mieux desservie. Celle associé à la dernière composante (plus petit module) de **x**, Mantua, est la moins bien desservie. Remarquer que notre analyse ne prend en compte que l'existence de connections ferroviaires entre les villes, mais pas la fréquence des trains. ∎

6.2.1 Analyse de convergence

Les vecteurs propres $\mathbf{x}_1, \ldots, \mathbf{x}_n$ de A forment une base de $\mathbb{C}^n$, puisqu'on les a supposés linéairement indépendants. On peut donc écrire $\mathbf{x}^{(0)}$ et $\mathbf{y}^{(0)}$ comme

$$\mathbf{x}^{(0)} = \sum_{i=1}^{n} \alpha_i \mathbf{x}_i, \ \mathbf{y}^{(0)} = \beta^{(0)} \sum_{i=1}^{n} \alpha_i \mathbf{x}_i, \ \text{ avec } \beta^{(0)} = 1/\|\mathbf{x}^{(0)}\| \text{ et } \alpha_i \in \mathbb{C}.$$

A la première itération, la méthode de la puissance donne

$$\mathbf{x}^{(1)} = A\mathbf{y}^{(0)} = \beta^{(0)} A \sum_{i=1}^{n} \alpha_i \mathbf{x}_i = \beta^{(0)} \sum_{i=1}^{n} \alpha_i \lambda_i \mathbf{x}_i$$

et, de même,

$$\mathbf{y}^{(1)} = \beta^{(1)} \sum_{i=1}^{n} \alpha_i \lambda_i \mathbf{x}_i, \quad \beta^{(1)} = \frac{1}{\|\mathbf{x}^{(0)}\| \, \|\mathbf{x}^{(1)}\|}.$$

A l'étape k, on a

$$\mathbf{y}^{(k)} = \beta^{(k)} \sum_{i=1}^{n} \alpha_i \lambda_i^k \mathbf{x}_i, \quad \beta^{(k)} = \frac{1}{\|\mathbf{x}^{(0)}\| \cdots \|\mathbf{x}^{(k)}\|}$$

et donc

$$\mathbf{y}^{(k)} = \lambda_1^k \beta^{(k)} \left(\alpha_1 \mathbf{x}_1 + \sum_{i=2}^{n} \alpha_i \frac{\lambda_i^k}{\lambda_1^k} \mathbf{x}_i \right).$$

Comme $|\lambda_i/\lambda_1| < 1$ pour $i = 2, \ldots, n$, le vecteur $\mathbf{y}^{(k)}$ tend à s'aligner le long de la direction du vecteur propre $\mathbf{x}_1$ quand k tend vers $+\infty$, à condition que $\alpha_1 \neq 0$. Cette condition sur α_1, impossible à assurer en pratique puisque $\mathbf{x}_1$ est inconnu, n'est en fait pas restrictive. En effet, les erreurs d'arrondi entraînent l'apparition d'une composante non nulle selon $\mathbf{x}_1$, même quand le vecteur initial $\mathbf{x}^{(0)}$ n'en a pas (on peut dire que c'est un des rares cas où les erreurs d'arrondi nous aident !).

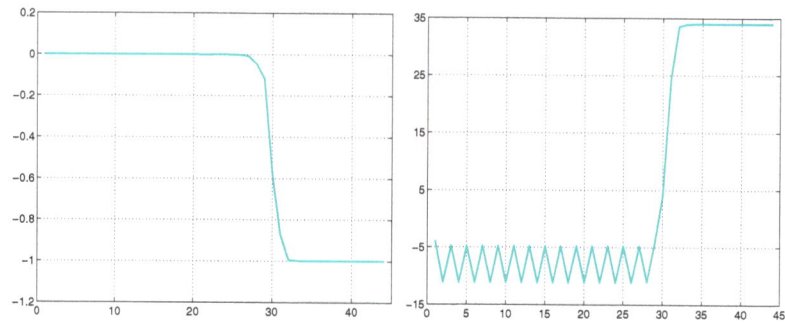

Figure 6.3. Valeurs de $(\mathbf{y}^{(k)})^T \mathbf{x}_1/(\|\mathbf{y}^{(k)}\| \, \|\mathbf{x}_1\|)$ (à gauche) et de $\lambda^{(k)}$ (à droite), pour $k = 1, \ldots, 44$.

Exemple 6.3 Considérons la matrice A(α) de l'Exemple 6.1, avec $\alpha = 16$. Un vecteur propre $\mathbf{x}_1$ de norme 1 associé à λ_1 est $(1/2, 1/2, 1/2, 1/2)^T$. Choisissons (à dessein !) le vecteur initial $(2, -2, 3, -3)^T$, qui est orthogonal à $\mathbf{x}_1$. On indique sur la Figure 6.3 la quantité $\cos(\theta^{(k)}) = (\mathbf{y}^{(k)})^T \mathbf{x}_1/(\|\mathbf{y}^{(k)}\| \, \|\mathbf{x}_1\|)$. On voit qu'après environ 30 itérations de la méthode de la puissance, le cosinus tend vers -1 et l'angle vers π, tandis que la suite $\lambda^{(k)}$ approche $\lambda_1 = 34$. Avec la méthode de la puissance, on a donc construit, grâce aux erreurs d'arrondi, une suite de vecteurs $\mathbf{y}^{(k)}$ dont les composantes selon $\mathbf{x}_1$ sont de plus en plus significatives. ■

Il est possible de montrer que la méthode de la puissance converge même si λ_1 est une racine multiple de $p_A(\lambda)$. En revanche, elle ne converge pas quand il existe deux valeurs propres distinctes de même module maximal. Dans ce cas, la suite $\lambda^{(k)}$ oscille entre deux valeurs et ne converge vers aucune limite.

Voir Exercices 6.1–6.3.

6.3 Généralisation de la méthode de la puissance

Une première généralisation de la méthode de la puissance consiste à l'appliquer à l'inverse de la matrice A (à condition bien sûr que A soit inversible !). Comme les valeurs propres de A^{-1} sont les inverses de celles de A, la méthode de la puissance nous permet alors d'approcher la valeur propre de A de plus petit module. C'est la *méthode de la puissance inverse* :

étant donné un vecteur $\mathbf{x}^{(0)}$, on pose $\mathbf{y}^{(0)} = \mathbf{x}^{(0)}/\|\mathbf{x}^{(0)}\|$ et on calcule

6.3 Généralisation de la méthode de la puissance

$$\boxed{\begin{array}{l}\text{pour } k = 1, 2, \ldots \\[4pt] \mathbf{x}^{(k)} = \mathbf{A}^{-1}\mathbf{y}^{(k-1)}, \ \mathbf{y}^{(k)} = \dfrac{\mathbf{x}^{(k)}}{\|\mathbf{x}^{(k)}\|}, \ \mu^{(k)} = (\mathbf{y}^{(k)})^H \mathbf{A}^{-1}\mathbf{y}^{(k)}\end{array}} \qquad (6.7)$$

Si les vecteurs propres de A sont linéairement indépendants, et s'il n'y a qu'une valeur propre λ_n de module minimal, alors

$$\lim_{k\to\infty} \mu^{(k)} = 1/\lambda_n,$$

i.e. $(\mu^{(k)})^{-1}$ tend vers λ_n pour $k \to \infty$.

À chaque étape k, on doit résoudre un système linéaire de la forme $\mathbf{A}\mathbf{x}^{(k)} = \mathbf{y}^{(k-1)}$. Il est donc commode d'effectuer une factorisation LU de A (ou une factorisation de Cholesky si A est symétrique définie positive) une fois pour toute, afin de n'avoir à résoudre que deux systèmes triangulaires à chaque itération.

Rappelons que la commande lu (MATLAB et Octave) peut également effectuer la décomposition LU pour des matrices complexes.

Une autre généralisation de la méthode de la puissance permet de calculer une approximation de la valeur propre (inconnue) la plus proche d'un μ donné (réel ou complexe). Notons λ_μ une telle valeur propre et définissons la matrice translatée $\mathbf{A}_\mu = \mathbf{A} - \mu \mathbf{I}$, dont les valeurs propres sont $\lambda(\mathbf{A}_\mu) = \lambda(\mathbf{A}) - \mu$. Pour approcher λ_μ, on peut d'abord estimer $\lambda_{min}(\mathbf{A}_\mu)$, valeur propre de plus petite norme de $\mathbf{A}_\mu$, en appliquant la méthode de la puissance inverse à $\mathbf{A}_\mu$, puis calculer $\lambda_\mu = \lambda_{min}(\mathbf{A}_\mu) + \mu$. Cette technique est connue sous le nom de *méthode de la puissance avec décalage* ou *avec translation* (*shift* en anglais), et le nombre μ est appelé *décalage* (ou *shift*).

Dans le Programme 6.2, on implémente la méthode de la puissance inverse avec décalage. Le paramètre d'entrée mu est le décalage, les autres sont identiques à ceux du Programme 6.1. La méthode de la puissance inverse (sans décalage) est simplement obtenue en prenant $\mu = 0$. Les paramètres de sortie sont la valeur propre approchée λ_μ de A, un vecteur propre associé x et le nombre d'itérations effectuées.

Programme 6.2. invshift : méthode de la puissance inverse avec décalage

```
function [lambda,x,iter]=invshift(A,mu,tol,nmax,x0)
%INVSHIFT Evalue numériquement une valeur propre d'une
%   matrice
%   LAMBDA=INVSHIFT(A) calcule  la valeur propre de A
%   de module minimum avec la méthode de la puissance
%   inverse
%   LAMBDA=INVSHIFT(A,MU) calcule la valeur propre de A
%   la plus proche d'un nombre réel ou complexe MU
%   LAMBDA=INVSHIFT(A,MU,TOL,NMAX,X0) utilise une
```

```
%       tolérance sur l'erreur absolue TOL (1e-6 par défaut)
%       un nombre maximum d'itérations NMAX (100 par défaut)
%       en démarrant d'un vecteur initial X0.
%       [LAMBDA,V,ITER]=INVSHIFT(A,MU,TOL,NMAX,X0) retourne
%       aussi un vecteur propre V tel que A*V=LAMBDA*V et
%       l'itération à laquelle V est calculée.
[n,m]=size(A);
if n ~= m, error('Matrices carrées seulement'); end
if nargin == 1
    x0 = rand(n,1); nmax = 100; tol = 1.e-06; mu = 0;
elseif nargin == 2
    x0 = rand(n,1); nmax = 100; tol = 1.e-06;
end
[L,U]=lu(A-mu*eye(n));
if norm(x0) == 0
    x0 = rand(n,1);
end
x0=x0/norm(x0);
z0=L\x0;
pro=U\z0;
lambda=x0'*pro;
err=tol*abs(lambda)+1;          iter=0;
while err>tol*abs(lambda)&abs(lambda)~=0&iter<=nmax
    x = pro; x = x/norm(x);
    z=L\x;     pro=U\z;
    lambdanew = x'*pro;
    err = abs(lambdanew - lambda);
    lambda = lambdanew;
    iter = iter + 1;
end
lambda = 1/lambda + mu;
return
```

Exemple 6.4 Appliquons la méthode de la puissance inverse pour calculer la valeur propre de plus petit module de la matrice A(30) définie dans l'Exemple 6.1. Le Programme 6.2, appelé avec l'instruction :

`[lambda,x,iter]=invshift(A(30))`

converge en 5 itérations vers la valeur 0.2854. ■

Exemple 6.5 Pour la matrice A(30) de l'Exemple 6.1, on cherche la valeur propre la plus proche de 17. On utilise pour cela le Programme 6.2 avec `mu=17`, `tol` $=10^{-10}$ et `x0=[1;1;1;1]`. Après 8 itérations, le programme retourne la valeur `lambda=17.82079703055703`. Une connaissance moins précise du décalage aurait entraîné plus d'itérations. Par exemple, si on pose `mu=13` on obtient la valeur 17.82079703064106 après 19 itérations. ■

On peut modifier la valeur du décalage au cours des itérations, en posant $\mu = \lambda^{(k)}$. Ceci accélère la convergence mais augmente significativement le coût de chaque itération puisque la matrice A_μ doit être refactorisée à chaque modification de μ.

Voir Exercices 6.4–6.6.

6.4 Comment calculer le décalage

Pour que la méthode de la puissance avec décalage soit efficace, il faut localiser (plus ou moins précisément) les valeurs propres de A dans le plan complexe. Commençons par quelques définitions.

Soit A une matrice carrée d'ordre n. Les *disques de Gershgorin* $C_i^{(r)}$ et $C_i^{(c)}$ associés à la i-ème ligne et à la i-ème colonne sont respectivement définis par

$$C_i^{(r)} = \{z \in \mathbb{C}: |z - a_{ii}| \leq \sum_{j=1, j \neq i}^{n} |a_{ij}|\},$$
$$C_i^{(c)} = \{z \in \mathbb{C}: |z - a_{ii}| \leq \sum_{j=1, j \neq i}^{n} |a_{ji}|\}.$$

$C_i^{(r)}$ est le disque de la i-ème ligne et $C_i^{(c)}$ celui de la i-ème colonne.

On peut visualiser avec le Programme 6.3 dans deux fenêtres (ouvertes avec la commande figure) les disques des lignes et des colonnes d'une matrice. La commande hold on permet de superposer les images suivantes (dans notre cas, les différents disques qui sont calculés les uns après les autres). Cette commande est annulée par la commande hold off. Les commandes title, xlabel et ylabel permettent de visualiser le titre de la figure et la légende des axes.

La commande patch sert à afficher les disques en couleurs, et la commande axis permet de choisir l'échelle sur les axes x et y pour le graphe courant.

figure
hold on

hold off
title
xlabel
ylabel
patch
axis

Programme 6.3. gershcircles : disques de Gershgorin

```
function gershcircles(A)
%GERSHCIRCLES trace les disques de Gershgorin
%   GERSHCIRCLES(A) trace les disques de Gershgorin
%   pour la matrice carrée A et sa transposée.
n = size(A);
if n(1) ~= n(2)
    error('Matrices carrées seulement');
else
    n=n(1); circler=zeros(n,201); circlec=circler;
end
center = diag(A);
radiic = sum(abs(A-diag(center)));
radiir = sum(abs(A'-diag(center)));
one = ones(1,201); cosisin = exp(i*[0:pi/100:2*pi]);
figure(1); title('Disques des lignes');
xlabel('Re'); ylabel('Im');
figure(2); title('Disques des colonnes');
xlabel('Re'); ylabel('Im');
for k = 1:n
    circlec(k,:) = center(k)*one + radiic(k)*cosisin;
```

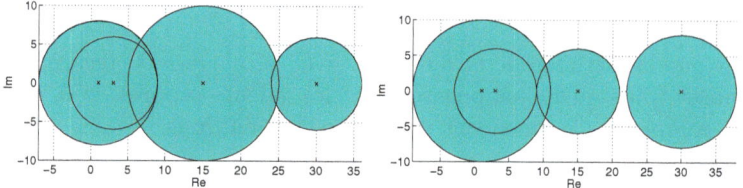

Figure 6.4. Disques des lignes *(à gauche)* et disques des colonnes *(à droite)* pour la matrice de l'Exemple 6.6

```
    circler(k,:) = center(k)*one + radiir(k)*cosisin;
    figure(1);
    patch(real(circler(k,:)),imag(circler(k,:)),'red');
    hold on
    plot(real(circler(k,:)),imag(circler(k,:)),'k-',...
       real(center(k)),imag(center(k)),'kx');
    figure(2);
    patch(real(circlec(k,:)),imag(circlec(k,:)),'green');
    hold on
    plot(real(circlec(k,:)),imag(circlec(k,:)),'k-',...
       real(center(k)),imag(center(k)),'kx');
end
for k = 1:n
    figure(1);
    plot(real(circler(k,:)),imag(circler(k,:)),'k-',...
       real(center(k)),imag(center(k)),'kx');
    figure(2);
    plot(real(circlec(k,:)),imag(circlec(k,:)),'k-',...
       real(center(k)),imag(center(k)),'kx');
end
figure(1); axis image; hold off;
figure(2); axis image; hold off
return
```

Exemple 6.6 On a tracé sur la Figure 6.4 les disques de Gershgorin associés à la matrice

$$A = \begin{bmatrix} 30 & 1 & 2 & 3 \\ 4 & 15 & -4 & -2 \\ -1 & 0 & 3 & 5 \\ -3 & 5 & 0 & -1 \end{bmatrix}.$$

Les centres des disques sont repérés par une croix. ∎

Les disques de Gershgorin peuvent servir à localiser les valeurs propres d'une matrice, comme le montre la proposition suivante

Proposition 6.1 *Toutes les valeurs propres d'une matrice* $A \in \mathbb{C}^{n \times n}$ *appartiennent à la région du plan complexe définie par l'intersection des deux régions constituées respectivement de la réunion des disques des lignes et des disques des colonnes.*
Si de plus m disques des lignes (ou des colonnes), $1 \leq m \leq n$, sont disjoints de la réunion des $n - m$ autres disques, alors leur réunion contient exactement m valeurs propres.

Rien n'assure qu'un disque contienne des valeurs propres, à moins qu'il ne soit isolé des autres. L'estimation fournie par les disques de Ghersghorin est en général assez grossière. On peut cependant utiliser le résultat ci-dessus pour avoir une première estimation du décalage, comme le montre l'exemple suivant.

Remarquer qu'on peut déduire de la Proposition 6.1 que toutes les valeurs propres d'une matrice à diagonale strictement dominante sont non nulles.

Exemple 6.7 On déduit de l'analyse des disques des lignes de la matrice A(30) de l'Exemple 6.1, que les parties réelles des valeurs propres de A sont comprises entre -32 et 48. On peut donc utiliser le Programme 6.2 pour calculer la valeur propre de module maximal en choisissant un décalage μ égal à 48. La méthode converge alors en 15 itérations, tandis que 22 itérations sont nécessaires pour la méthode de la puissance avec la même donnée initiale x0=[1;1;1;1] et la même tolérance tol=1.e-10. ■

Résumons-nous

1. La méthode de la puissance est un algorithme itératif qui permet le calcul de la valeur propre de plus grand module d'une matrice donnée ;
2. la méthode de la puissance inverse permet le calcul de la valeur propre de plus petit module ; pour l'implémenter efficacement, il est recommandé de factoriser la matrice avant de démarrer les itérations ;
3. la méthode de la puissance avec décalage permet le calcul de la valeur propre la plus proche d'une valeur donnée ; pour être efficace, elle nécessite une connaissance *a priori* de la localisation des valeurs propres de la matrice. Cette localisation peut se faire à l'aide des disque de Gershgorin.

Voir Exercices 6.7–6.8.

6.5 Calcul de toutes les valeurs propres

Deux matrices carrées A et B de même dimension sont dites *semblables* s'il existe une matrice P inversible telle que

$$P^{-1}AP = B.$$

Deux matrices semblables ont les mêmes valeurs propres. En effet, si λ est une valeur propre de A et $\mathbf{x} \neq \mathbf{0}$ un vecteur propre associé, on a

$$BP^{-1}\mathbf{x} = P^{-1}A\mathbf{x} = \lambda P^{-1}\mathbf{x},$$

ce qui revient à dire que λ est aussi valeur propre de B et $\mathbf{y} = P^{-1}\mathbf{x}$ est un vecteur propre associé.

Les méthodes permettant le calcul simultané de toutes les valeurs propres d'une matrice transforment généralement A (après une infinité d'itérations) en une matrice semblable diagonale ou triangulaire. Les valeurs propres sont alors simplement les coefficients diagonaux de la matrice obtenue.

Parmi ces méthodes, citons la *méthode QR* qui est implémentée dans la fonction `eig` de MATLAB. La commande `D=eig(A)` renvoie un vecteur `D` contenant toutes les valeurs propres de `A`. En écrivant `[X,D]=eig(A)`, on obtient deux matrices : la matrice diagonale `D` constituée par les valeurs propres de `A`, et une matrice `X` dont les vecteurs colonnes sont des vecteurs propres de `A`, de sorte que `A*X=X*D`.

Le nom de la méthode QR pour le calcul de valeurs propres provient de l'utilisation répétée de la factorisation QR (Section 5.7). Nous ne présentons ici la méthode QR que pour les matrices réelles et sous sa forme la plus simple (dont la convergence n'est pas toujours garantie). Pour une description plus complète, on renvoie à [QSS07, Chap. 5], et à [GL96, Section 5.2.10], [Dem97, Section 4.2.1] pour une extension au cas complexe.

L'idée consiste à construire une suite de matrices $A^{(k)}$, toutes semblables à A. Après avoir posé $A^{(0)} = A$, on utilise la factorisation QR pour calculer les matrices carrées $Q^{(k+1)}$ et $R^{(k+1)}$ pour $k = 0, 1, \ldots$ telles que

$$Q^{(k+1)}R^{(k+1)} = A^{(k)},$$

puis on pose $A^{(k+1)} = R^{(k+1)}Q^{(k+1)}$.

Les matrices $A^{(k)}$, $k = 0, 1, 2, \ldots$ sont toutes semblables, elles ont donc les mêmes valeurs propres que A (voir Exercice 6.9). De plus, si $A \in \mathbb{R}^{n \times n}$ et si ses valeurs propres vérifient $|\lambda_1| > |\lambda_2| > \ldots > |\lambda_n|$, alors

6.5 Calcul de toutes les valeurs propres

$$\lim_{k \to +\infty} A^{(k)} = T = \begin{bmatrix} \lambda_1 & t_{12} & \cdots & t_{1n} \\ 0 & \ddots & \ddots & \vdots \\ \vdots & & \lambda_{n-1} & t_{n-1,n} \\ 0 & \cdots & 0 & \lambda_n \end{bmatrix}. \qquad (6.8)$$

La vitesse de décroissance vers zéro des coefficients triangulaires inférieurs, $a_{i,j}^{(k)}$, $i > j$, quand k tend vers l'infini, dépend de $\max_i |\lambda_{i+1}/\lambda_i|$. En pratique, on stoppe les itérations quand $\max_{i>j} |a_{i,j}^{(k)}| \leq \epsilon$, où $\epsilon > 0$ est une tolérance fixée.

Si de plus A est symétrique, la suite $\{A^{(k)}\}$ converge vers une matrice diagonale.

Le Programme 6.4 implémente la méthode QR. Les paramètres d'entrée sont la matrice A, la tolérance tol et le nombre maximum d'itérations nmax.

Programme 6.4. qrbasic : méthode des itérations QR

```
function D=qrbasic(A,tol,nmax)
%QRBASIC calcule les valeurs propres de la matrice A.
%   D=QRBASIC(A,TOL,NMAX) calcule par itérations QR
%   toutes les valeurs propres de A avec une tolérance
%   TOL en NMAX itérations au maximum. La convergence
%   de cette méthode n'est pas toujours garantie.
[n,m]=size(A);
if n ~= m, error('Matrices carrées seulement'); end
T = A; niter = 0; test = norm(tril(A,-1),inf);
while niter <= nmax & test >= tol
    [Q,R]=qr(T);    T = R*Q;
    niter = niter + 1;
    test = norm(tril(T,-1),inf);
end
if niter > nmax
   warning(['La méthode ne converge pas dans le ' 
            'nombre d''itérations maximum voulu\n']);
else
   fprintf(['La methode converge en ' ...
            '%i itérations\n'],niter);
end
D = diag(T);
return
```

Exemple 6.8 Considérons la matrice A(30) de l'Exemple 6.1 et appelons le Programme 6.4 pour calculer ses valeurs propres :

```
D=qrbasic(A(30),1.e-14,100)

La méthode converge en 56 itérations
D =
   39.3960
```

```
17.8208
-9.5022
 0.2854
```

Ces valeurs sont en bon accord avec celles obtenues dans l'Exemple 6.1 par la commande eig. La vitesse de convergence décroît quand des valeurs propres ont des modules presque identiques. C'est le cas de la matrice correspondant à $\alpha = -30$: deux valeurs propres ont à peu près le même module et la méthode a alors besoin de 1149 itérations pour converger avec la même tolérance :

```
D=qrbasic(A(-30),1.e-14,2000)
```

```
La méthode converge en 1149 itérations
D =
  -30.6430
   29.7359
  -11.6806
    0.5878
```

∎

eigs Les grandes matrices creuses sont un cas à part : si A est stockée sous forme creuse, la commande eigs(A,k) calcule les k premières valeurs propres de A de plus grand module.

Exemple 6.9 (Compression d'image) Avec la commande MATLAB A=
imread imread('lena'.'jpg'), on charge une image JPEG en noir et blanc (cette image est célèbre car très utilisée dans la communauté scientifique pour tester les algorithmes de compression d'images). La variable A est une matrice de taille 512 par 512, dont les coefficients sont des entiers codés sur 8 bits (uint8) représentant le niveau de gris. La commande :

```
image(A); colormap(gray(256));
```

crée l'image représentée à gauche de la Figure 6.5. Pour calculer la SVD de A, on doit d'abord convertir A en une matrice dont les coefficient sont des *doubles* (les nombres flottants utilisés d'habitude par MATLAB). Ceci se fait avec la commande :

```
A=double(A); [U,S,V]=svd(A);
```

Au milieu de la Figure 6.5, on montre l'image obtenue en n'utilisant que les 20 premières valeurs singulières de S. Les commandes sont :

```
k=20; X=U(:,1:k)*S(1:k,1:k)*(V(:,1:k))';
image(uint8(X));colormap(gray(256));
```

L'image à droite de la Figure 6.5 est obtenue avec les 60 premières valeurs singulières. Elle nécessite le stockage de 61500 coefficients (deux matrices de taille 512×60 et les 60 premières valeurs singulières) au lieu des 262144 coefficients nécessaires pour stocker l'image originale. ∎

Figure 6.5. L'image originale (*à gauche*), celle obtenue avec les 20 premières valeurs singulières (*au centre*) et avec les 60 premières valeurs singulières (*à droite*)

Octave 6.1 La commande `imread` s'écrit dans Octave :

`imread('lena.jpg')`

Noter que la syntaxe diffère légèrement de celle de MATLAB. ■

Résumons-nous

1. La méthode QR permet d'approcher toutes les valeurs propres d'une matrice A ;
2. dans sa version de base, on a un résultat de convergence si A est à coefficients réels et a des valeurs propres distinctes ;
3. sa vitesse de convergence asymptotique dépend du plus grand quotient des modules de deux valeurs propres successives.

Voir Exercices 6.9–6.10.

6.6 Ce qu'on ne vous a pas dit

Nous n'avons pas abordé la question du *conditionnement* du problème de la recherche des valeurs propres. Cette quantité mesure la sensibilité des valeurs propres à la variation des coefficients de la matrice. On renvoie le lecteur intéressé à [Wil88], [GL96] et [QSS07, Chapitre 5] par exemple.

Notons simplement que le calcul des valeurs propres n'est pas nécessairement mal conditionné quand le conditionnement de la matrice est grand. C'est le cas par exemple avec la matrice de Hilbert (voir Exemple 5.10) : bien que le conditionnement de la matrice soit très grand, le calcul de ses valeurs propres est très bien conditionné car la matrice est symétrique définie positive.

Pour calculer simultanément toutes les valeurs propres d'une matrice symétrique, on peut utiliser, à part la méthode QR, la méthode de Jacobi. Cette dernière consiste à transformer une matrice symétrique en une matrice diagonale en éliminant pas à pas, à l'aide de similitudes, tous les termes extra-diagonaux. Ce procédé ne converge pas en un nombre fini d'itérations car quand un terme extra-diagonal est annulé, un terme mis à zéro au cours d'une itération précédente peut reprendre une valeur non nulle.

Il existe encore d'autres méthodes, comme celles de Lanczos et celles utilisant les suites de Sturm. Pour une présentation de ces techniques, voir [Saa92].

Dans MATLAB, on peut utiliser la bibliothèque ARPACK (accessible avec la commande `arpackc`) pour calculer les valeurs propres des grandes matrices. La fonction `eigs` est une commande MATLAB qui utilise cette bibliothèque.

Mentionnons enfin que la technique de *déflation* (qui consiste à éliminer successivement les valeurs propres déjà calculées) permet d'accélérer la convergence des méthodes précédentes et donc de réduire leur coût de calcul.

6.7 Exercices

Exercice 6.1 En prenant une tolérance de $\varepsilon = 10^{-10}$ et en partant de la donnée initiale $\mathbf{x}^{(0)} = (1, 2, 3)^T$, utiliser la méthode de la puissance pour approcher la valeur propre de module maximal des matrices suivantes

$$A_1 = \begin{bmatrix} 1 & 2 & 0 \\ 1 & 0 & 0 \\ 0 & 1 & 0 \end{bmatrix}, A_2 = \begin{bmatrix} 0.1 & 3.8 & 0 \\ 1 & 0 & 0 \\ 0 & 1 & 0 \end{bmatrix}, A_3 = \begin{bmatrix} 0 & -1 & 0 \\ 1 & 0 & 0 \\ 0 & 1 & 0 \end{bmatrix}.$$

Commenter la convergence de la méthode dans les trois cas.

Exercice 6.2 (Dynamique des populations) Les caractéristiques d'une population de poissons sont décrites par la matrice de Leslie suivante, définie dans le Problème 6.2

i	Tranche d'âge (mois)	$x_i^{(0)}$	m_i	s_i
0	0–3	6	0	0.2
1	3–6	12	0.5	0.4
2	6–9	8	0.8	0.8
3	9–12	4	0.3	–

Trouver le vecteur $\mathbf{x}$ de la distribution normalisée de cette population pour différentes tranches d'âge (en s'inspirant du Problème 6.2).

Exercice 6.3 Démontrer que la méthode de la puissance ne converge pas pour des matrices ayant deux valeurs propres de module maximal $\lambda_1 = \gamma e^{i\vartheta}$ et $\lambda_2 = \gamma e^{-i\vartheta}$, où $i = \sqrt{-1}$, $\gamma \in \mathbb{R} \setminus \{0\}$ et $\vartheta \in \mathbb{R} \setminus \{k\pi,\ k \in \mathbb{Z}\}$.

Exercice 6.4 Montrer que les valeurs propres de A^{-1} sont les inverses de celles de A.

Exercice 6.5 Vérifier que la méthode de la puissance ne parvient pas à calculer la valeur propre de module maximal de la matrice suivante, et expliquer pourquoi

$$A = \begin{bmatrix} \frac{1}{3} & \frac{2}{3} & 2 & 3 \\ 1 & 0 & -1 & 2 \\ 0 & 0 & -\frac{5}{3} & -\frac{2}{3} \\ 0 & 0 & 1 & 0 \end{bmatrix}.$$

Exercice 6.6 En utilisant la méthode de la puissance avec décalage, calculer la plus grande valeur propre positive et la valeur propre négative de plus grand module de

$$A = \begin{bmatrix} 3 & 1 & 0 & 0 & 0 & 0 & 0 \\ 1 & 2 & 1 & 0 & 0 & 0 & 0 \\ 0 & 1 & 1 & 1 & 0 & 0 & 0 \\ 0 & 0 & 1 & 0 & 1 & 0 & 0 \\ 0 & 0 & 0 & 1 & 1 & 1 & 0 \\ 0 & 0 & 0 & 0 & 1 & 2 & 1 \\ 0 & 0 & 0 & 0 & 0 & 1 & 3 \end{bmatrix}.$$

A est appelée *matrice de Wilkinson* et peut être construite par la commande `wilkinson(7)`.

wilkinson

Exercice 6.7 En utilisant les disques de Gershgorin, donner une estimation du nombre maximal de valeurs propres complexes des matrices suivantes

$$A = \begin{bmatrix} 2 & -\frac{1}{2} & 0 & -\frac{1}{2} \\ 0 & 4 & 0 & 2 \\ -\frac{1}{2} & 0 & 6 & \frac{1}{2} \\ 0 & 0 & 1 & 9 \end{bmatrix}, B = \begin{bmatrix} -5 & 0 & \frac{1}{2} & \frac{1}{2} \\ \frac{1}{2} & 2 & \frac{1}{2} & 0 \\ 0 & 1 & 0 & \frac{1}{2} \\ 0 & \frac{1}{4} & \frac{1}{2} & 3 \end{bmatrix}.$$

Exercice 6.8 Utiliser le résultat de la Proposition 6.1 pour trouver un décalage permettant le calcul de la valeur propre de module maximale de

$$A = \begin{bmatrix} 5 & 0 & 1 & -1 \\ 0 & 2 & 0 & -\frac{1}{2} \\ 0 & 1 & -1 & 1 \\ -1 & -1 & 0 & 0 \end{bmatrix}.$$

Comparer alors le nombre d'itérations et le coût de calcul de la méthode de la puissance avec et sans décalage en fixant la tolérance à 10^{-14}.

Exercice 6.9 Montrer que les matrices $A^{(k)}$ construites au cours des itérations de la méthode QR sont toutes semblables à la matrice A.

Exercice 6.10 Avec la commande `eig`, calculer toutes le valeurs propres des deux matrices de l'Exercice 6.7. Vérifier alors la précision des conclusions qu'on peut tirer de la Proposition 6.1.

7
Equations différentielles ordinaires

Une équation différentielle est une équation impliquant une ou plusieurs dérivées d'une fonction inconnue. Si toutes les dérivées sont prises par rapport à une seule variable, on parle d'*équation différentielle ordinaire*. Une équation mettant en jeu des dérivées partielles est appelée *équation aux dérivées partielles*.

On dit qu'une équation différentielle (ordinaire ou aux dérivées partielles) est d'*ordre p* si elle implique des dérivées d'ordre au plus p. Nous consacrerons le chapitre suivant à l'étude d'équations aux dérivées partielles. Dans le présent chapitre, nous considérons des équations différentielles ordinaires d'ordre un.

7.1 Quelques problèmes types

Les équations différentielles décrivent l'évolution de nombreux phénomènes dans des domaines variés, comme le montre les quatre exemples suivants.

Problème 7.1 (Thermodynamique) Considérons un corps ponctuel de masse m et de température interne T situé dans un environnement de température constante T_e. Le transfert de chaleur entre le corps et l'extérieur peut être décrit par la loi de Stefan-Boltzmann

$$v(t) = \epsilon \gamma S (T^4(t) - T_e^4),$$

où t est la variable temporelle, ϵ la constante de Boltzmann (égale à $5.6 \cdot 10^{-8} \text{J/m}^2\text{K}^4\text{s}$, J est l'abréviation de Joule, K celle de Kelvin et, naturellement, m et s celles de mètre et seconde), γ est la constante d'émissivité du corps, S sa surface et v est la vitesse de transfert de chaleur. Le taux de variation de l'énergie $E(t) = mCT(t)$ (où C est la capacité calorifique du corps) est égal, en valeur absolue, à la vitesse

v. Par conséquent, en posant $T(0) = T_0$, le calcul de $T(t)$ nécessite la résolution de l'équation différentielle ordinaire

$$\frac{dT}{dt} = -\frac{v}{mC}. \tag{7.1}$$

Voir sa résolution dans l'Exercice 7.15. ∎

Problème 7.2 (Dynamique des populations) Considérons une population de bactéries dans un environnement confiné dans lequel pas plus de B individus ne peuvent coexister. On suppose qu'au temps initial le nombre d'individus est égal à $y_0 \ll B$ et que le taux de croissance des bactéries est une constante positive C. Alors, la vitesse de croissance de la population est proportionnelle au nombre de bactéries, sous la contrainte que ce nombre ne peut dépasser B. Ceci se traduit par l'équation différentielle suivante

$$\frac{dy}{dt} = Cy\left(1 - \frac{y}{B}\right), \tag{7.2}$$

dont la solution $y = y(t)$ représente le nombre de bactéries au temps t.

Supposons que deux populations y_1 et y_2 soient en compétition. L'équation (7.2) est alors remplacée par

$$\begin{aligned} \frac{dy_1}{dt} &= C_1 y_1 \left(1 - b_1 y_1 - d_2 y_2\right), \\ \frac{dy_2}{dt} &= -C_2 y_2 \left(1 - b_2 y_2 - d_1 y_1\right), \end{aligned} \tag{7.3}$$

où C_1 et C_2 représentent les taux de croissance des deux populations. Les coefficients d_1 et d_2 commandent le type d'interaction entre les deux populations, tandis que b_1 et b_2 sont reliés à la quantité de nutriments disponibles. Les équations (7.3) sont appelées *équations de Lotka-Volterra* et servent de base à divers modèles. Leur résolution numérique est traitée dans l'Exemple 7.7. ∎

Problème 7.3 (Trajectoire au baseball) On veut simuler la trajectoire d'une balle de baseball depuis le lanceur jusqu'au *catch*. En adoptant le référentiel représenté sur la Figure 7.1, les équations décrivant le mouvement de la balle sont (voir [Ada90], [GN06])

$$\frac{d\mathbf{x}}{dt} = \mathbf{v}, \qquad \frac{d\mathbf{v}}{dt} = \mathbf{F},$$

où $\mathbf{x}(t) = (x(t), y(t), z(t))^T$ désigne la position de la balle au temps t, $\mathbf{v}(t) = (v_x(t), v_y(t), v_z(t))^T$ sa vitesse, et $\mathbf{F}$ le vecteur de composantes

Figure 7.1. Référentiel pour le Problème 7.3

$$F_x = -F(v)vv_x + B\omega(v_z \sin\phi - v_y \cos\phi),$$
$$F_y = -F(v)vv_y + B\omega v_x \cos\phi, \qquad (7.4)$$
$$F_z = -g - F(v)vv_z - B\omega v_x \sin\phi.$$

v est le module de **v**, $B = 4.1\ 10^{-4}$ une constante normalisée, ϕ est l'angle de lancement, ω est le module de la vitesse angulaire appliquée à la balle par le lanceur. $F(v)$ est un coefficient de friction, défini par ([GN06])

$$F(v) = 0.0039 + \frac{0.0058}{1 + e^{(v-35)/5}}.$$

La résolution de ce système d'équations différentielles ordinaires sera traitée dans l'Exercice 7.20. ∎

Problème 7.4 (Circuits électriques) Considérons le circuit électrique de la Figure 7.2. On veut calculer la fonction $v(t)$ représentant la chute de potentiel aux bornes du condensateur C sachant que l'interrupteur I a été fermé à $t = 0$. On suppose que l'inductance L s'exprime comme une fonction explicite de l'intensité du courant i, c'est-à-dire $L = L(i)$. La loi d'Ohm donne

$$e - \frac{d(i_1 L(i_1))}{dt} = i_1 R_1 + v,$$

où R_1 est une résistance. En supposant que le courant est dirigé comme indiqué sur la Figure 7.2, on trouve, en dérivant par rapport à t la loi de Kirchhoff $i_1 = i_2 + i_3$ et en remarquant que $i_3 = C dv/dt$ et $i_2 = v/R_2$, l'équation supplémentaire

$$\frac{di_1}{dt} = C\frac{d^2v}{dt^2} + \frac{1}{R_2}\frac{dv}{dt}.$$

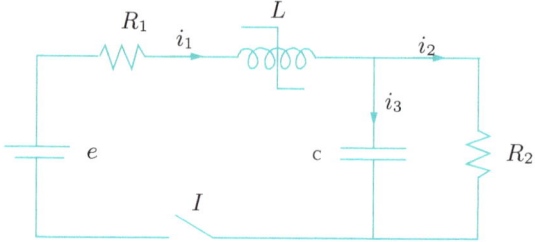

Figure 7.2. Le circuit électrique du Problème 7.4

On a donc trouvé un système de deux équations différentielles dont la résolution permet de décrire le comportement en temps des deux inconnues i_1 et v. La seconde équation est d'ordre deux. Pour sa résolution, voir l'Exemple 7.8. ∎

7.2 Le problème de Cauchy

Nous pouvons nous limiter aux équations différentielles du premier ordre, car une équation d'ordre $p > 1$ peut toujours se ramener à un système de p équations d'ordre 1. Le cas des systèmes du premier ordre sera traité à la Section 7.9.

Une équation différentielle ordinaire admet généralement une infinité de solutions. Pour en sélectionner une, on doit imposer une condition supplémentaire qui correspond à la valeur prise par la solution en un point de l'intervalle d'intégration. Par exemple, l'équation (7.2) admet la famille de solutions $y(t) = B\psi(t)/(1+\psi(t))$ avec $\psi(t) = e^{Ct+K}$, K étant une constante arbitraire. Si on impose la condition $y(0) = 1$, on sélectionne l'unique solution correspondant à la valeur $K = \ln[1/(B-1)]$.

On considérera par conséquent des problèmes, dits *de Cauchy*, de la forme suivante :

trouver $y : I \subset \mathbb{R} \to \mathbb{R}$ tel que

$$\begin{cases} y'(t) = f(t, y(t)) & \forall t \in I, \\ y(t_0) = y_0, \end{cases} \quad (7.5)$$

où $f : I \times \mathbb{R} \to \mathbb{R}$ est une fonction donnée et y' est la dérivée de y par rapport à t. Enfin, t_0 est un point de I et y_0 une valeur appelée *donnée initiale*.

On rappelle dans la proposition suivante un résultat classique d'analyse.

> **Proposition 7.1** *On suppose que la fonction $f(t,y)$ est*
> 1. *continue par rapport à ses deux variables ;*
> 2. *lipschitzienne par rapport à sa deuxième variable, c'est-à-dire qu'il existe une constante positive L (appelée constante de Lipschitz) telle que*
>
> $$|f(t,y_1) - f(t,y_2)| \leq L|y_1 - y_2|, \forall t \in I, \ \forall y_1, y_2 \in \mathbb{R}.$$
>
> *Alors la solution $y = y(t)$ du problème de Cauchy (7.5) existe, est unique et appartient à $C^1(I)$.*

Malheureusement, on ne peut expliciter les solutions que pour des équations différentielles ordinaires très particulières. Dans certains cas, on ne peut exprimer la solution que sous forme implicite. Par exemple, la solution de $y' = (y-t)/(y+t)$ vérifie la relation implicite

$$\frac{1}{2}\ln(t^2 + y^2) + \text{arctg}\frac{y}{t} = C,$$

où C est une constante. Dans d'autres cas, on ne parvient même pas à représenter la solution sous forme implicite. Par exemple, la solution générale de $y' = e^{-t^2}$ ne peut s'exprimer qu'à l'aide d'un développement en séries.

Pour ces raisons, on cherche des méthodes numériques capables d'approcher la solution de *toutes* les équations différentielles qui admettent une solution.

Le principe de toutes ces méthodes est de subdiviser l'intervalle $I = [t_0, T]$, avec $T < +\infty$, en N_h intervalles de longueur $h = (T - t_0)/N_h$; h est appelé le *pas de discrétisation*. Alors, pour chaque *noeud* $t_n = t_0 + nh$ ($1 \leq n \leq N_h$) on cherche la valeur inconnue u_n qui approche $y_n = y(t_n)$. L'ensemble des valeurs $\{u_0 = y_0, u_1, \ldots, u_{N_h}\}$ représente la *solution numérique*.

7.3 Méthodes d'Euler

Une méthode classique, la méthode *d'Euler explicite* (ou *progressive*, de l'anglais *forward*), consiste à construire une solution numérique ainsi

$$\boxed{u_{n+1} = u_n + hf_n, \qquad n = 0, \ldots, N_h - 1} \tag{7.6}$$

où on a utilisé la notation $f_n = f(t_n, u_n)$. Cette méthode est obtenue en considérant l'équation différentielle (7.5) en chaque noeud t_n, $n = 1, \ldots, N_h$ et en remplaçant la dérivée exacte $y'(t_n)$ par le taux d'accroissement (4.4).

De même, en utilisant le taux d'accroissement (4.8) pour approcher $y'(t_{n+1})$, on obtient la méthode *d'Euler implicite* (ou *rétrograde*, de l'anglais *backward*)

$$u_{n+1} = u_n + h f_{n+1}, \qquad n = 0, \ldots, N_h - 1 \qquad (7.7)$$

Ces deux méthodes sont dites *à un pas* : pour calculer la solution numérique u_{n+1} au noeud t_{n+1}, on a seulement besoin des informations disponibles au noeud précédent t_n.

Plus précisément, pour la méthode d'Euler progressive, u_{n+1} ne dépend que de la valeur u_n calculée précédemment, tandis que pour la méthode d'Euler rétrograde, u_{n+1} dépend aussi "de lui-même" à travers la valeur de f_{n+1}. C'est pour cette raison que la méthode d'Euler progressive est dite *explicite* tandis que la méthode d'Euler rétrograde est dite *implicite*.

Par exemple, la discrétisation de (7.2) par la méthode d'Euler explicite implique à chaque pas de temps le simple calcul de

$$u_{n+1} = u_n + hCu_n\left(1 - u_n/B\right),$$

tandis qu'avec la méthode d'Euler implicite on doit résoudre l'équation non linéaire

$$u_{n+1} = u_n + hCu_{n+1}\left(1 - u_{n+1}/B\right).$$

Les méthodes implicites sont plus coûteuses que les méthodes explicites car, si la fonction f de (7.5) est non linéaire, un problème non linéaire doit être résolu à chaque temps t_{n+1} pour calculer u_{n+1}. Néanmoins, nous verrons que les méthodes implicites jouissent de meilleures propriétés de stabilité que les méthodes explicites.

La méthode d'Euler explicite est implémentée dans le Programme 7.1 ; l'intervalle d'intégration est `tspan = [t0,tfinal]`, `odefun` est une chaîne (ou une fonction inline, ou une fonction anonyme) qui contient la fonction $f(t, y(t))$ dépendant des variables `t` et `y`, ou une fonction *inline* dont les deux premiers arguments jouent le rôle de t et y.

7.3 Méthodes d'Euler

Programme 7.1. feuler : méthode d'Euler explicite

```
function [t,u]=feuler(odefun,tspan,y0,Nh,varargin)
%FEULER Résout une équation différentielle avec la
%  méthode d'Euler explicite.
%  [T,Y]=FEULER(ODEFUN,TSPAN,Y0,NH) avec TSPAN=[T0,TF]
%  intègre le système d'équations différentielles
%  y'=f(t,y) du temps T0 au temps TF avec la condition
%  initiale Y0 en utilisant la méthode d'Euler
%  explicite sur une grille de NH intervalles
%  équidistribués. La fonction ODEFUN(T,Y) doit
%  retourner un vecteur, correspondant à f(t,y),
%  de même dimension que Y.
%  Chaque ligne de la solution Y correspond
%  à un temps du vecteur colonne T.
%  [T,Y] = FEULER(ODEFUN,TSPAN,Y0,NH,P1,P2,...) passe
%  les paramètres supplémentaires P1,P2,.. à la
%  fonction  ODEFUN de la maniere suivante:
%  ODEFUN(T,Y,P1,P2...).
h=(tspan(2)-tspan(1))/Nh;
y=y0(:); % crée toujours un vecteur colonne
w=y; u=y.';
tt=linspace(tspan(1),tspan(2),Nh+1);
for t = tt(1:end-1)
 w=w+h*feval(odefun,t,w,varargin{:});
 u = [u; w.'];
end
t=tt;
return
```

La méthode d'Euler implicite est implémentée dans le Programme 7.2. On a utilisé la fonction `fsolve` pour résoudre le problème non linéaire qui se pose à chaque pas de temps. Pour la donnée initiale de `fsolve`, on utilise la valeur de la solution à l'itération précédente.

Programme 7.2. beuler : méthode d'Euler implicite

```
function [t,u]=beuler(odefun,tspan,y0,Nh,varargin)
%BEULER Résout une équation différentielle avec la
%  méthode d'Euler implicite.
%  [T,Y]=BEULER(ODEFUN,TSPAN,Y0,NH) avec TSPAN=[T0,TF]
%  intègre le système d'équations différentielles
%  y'=f(t,y) du temps T0 au temps TF avec la condition
%  initiale Y0 en utilisant la méthode d'Euler
%  implicite sur une grille de NH intervalles
%  équidistribués. La fonction ODEFUN(T,Y) doit
%  retourner un vecteur, correspondant à f(t,y),
%  de même dimension que Y.
%  Chaque ligne de la solution Y correspond
%  à un temps du vecteur colonne T.
%  [T,Y] = BEULER(ODEFUN,TSPAN,Y0,NH,P1,P2,...) passe
%  les paramètres supplémentaires P1,P2,.. à la
%  fonction ODEFUN de la manière suivante:
%  ODEFUN(T,Y,P1,P2...).
tt=linspace(tspan(1),tspan(2),Nh+1);
y=y0(:); % crée un vecteur colonne
u=y.';
```

```
global glob_h glob_t glob_y glob_odefun;
glob_h=(tspan(2)-tspan(1))/Nh;
glob_y=y;
glob_odefun=odefun;
glob_t=tt(2);

if ( exist('OCTAVE_VERSION') )
o_ver=OCTAVE_VERSION;
version=str2num([o_ver(1),o_ver(3),o_ver(5)]);
end

if ( ~exist('OCTAVE_VERSION') | version >= 320 )
options=optimset;
options.Display='off';
options.TolFun=1.e-12;
options.MaxFunEvals=10000;
end
for glob_t=tt(2:end)
if ( exist('OCTAVE_VERSION') & version < 320 )
  w = fsolve('beulerfun',glob_y);
else
  w = fsolve(@(w) beulerfun(w),glob_y,options);
end
  u = [u; w.'];
  glob_y = w;
end
t=tt;
clear glob_h glob_t glob_y glob_odefun;
end

function [z]=beulerfun(w)
  global glob_h glob_t glob_y glob_odefun;
  z=w-glob_y-glob_h*feval(glob_odefun,glob_t,w);
end
```

7.3.1 Analyse de convergence

Une méthode numérique est *convergente* si

$$\forall n = 0, \ldots, N_h, \qquad |y_n - u_n| \leq C(h) \tag{7.8}$$

où $C(h)$ tend vers zéro quand h tend vers zéro. Si $C(h) = \mathcal{O}(h^p)$ pour $p > 0$, on dit que la convergence de la méthode est d'*ordre p*. Pour vérifier que la méthode d'Euler explicite converge, on écrit l'erreur ainsi

$$e_n = y_n - u_n = (y_n - u_n^*) + (u_n^* - u_n), \tag{7.9}$$

où

$$u_n^* = y_{n-1} + hf(t_{n-1}, y_{n-1})$$

désigne la solution numérique au temps t_n qu'on obtiendrait en partant de la solution exacte au temps t_{n-1}; voir Figure 7.3. Le terme $y_n - u_n^*$

dans (7.9) représente l'erreur engendrée par une seule itération de la méthode d'Euler explicite, tandis que le terme $u_n^* - u_n$ représente la propagation de t_{n-1} à t_n de l'erreur accumulée au temps précédent t_{n-1}. La méthode converge à condition que ces deux termes tendent vers zéro quand $h \to 0$. En supposant que la dérivée seconde de y existe et est continue, il existe d'après (4.6) $\xi_n \in]t_{n-1}, t_n[$ tel que

$$y_n - u_n^* = \frac{h^2}{2} y''(\xi_n). \qquad (7.10)$$

La quantité

$$\tau_n(h) = (y_n - u_n^*)/h$$

est appelée *erreur de troncature locale* de la méthode d'Euler explicite. De manière plus générale, l'erreur de troncature locale d'une méthode représente (à un facteur $1/h$ près) l'erreur qu'on obtient en insérant la solution exacte dans le schéma numérique. L'*erreur de troncature globale* (ou plus simplement l'*erreur de troncature*) est définie par

$$\tau(h) = \max_{n=0,\ldots,N_h} |\tau_n(h)|.$$

D'après (7.10), l'erreur de troncature de la méthode d'Euler explicite est de la forme

$$\tau(h) = Mh/2, \qquad (7.11)$$

où $M = \max_{t \in [t_0, T]} |y''(t)|$.

On en déduit que $\lim_{h \to 0} \tau(h) = 0$. Quand cette propriété est vérifiée, on dit que la méthode est *consistante*. On dit qu'elle est consistante d'ordre p si $\tau(h) = \mathcal{O}(h^p)$ pour un certain $p \geq 1$.

Considérons à présent l'autre terme dans (7.9). On a

$$u_n^* - u_n = e_{n-1} + h\left[f(t_{n-1}, y_{n-1}) - f(t_{n-1}, u_{n-1})\right]. \qquad (7.12)$$

Comme f est lipschitzienne par rapport à sa deuxième variable, on a

$$|u_n^* - u_n| \leq (1 + hL)|e_{n-1}|.$$

Si $e_0 = 0$, les relations précédentes donnent

$$\begin{aligned} |e_n| &\leq |y_n - u_n^*| + |u_n^* - u_n| \\ &\leq h|\tau_n(h)| + (1 + hL)|e_{n-1}| \\ &\leq \left[1 + (1 + hL) + \ldots + (1 + hL)^{n-1}\right] h\tau(h) \\ &= \frac{(1 + hL)^n - 1}{L} \tau(h) \leq \frac{e^{L(t_n - t_0)} - 1}{L} \tau(h). \end{aligned}$$

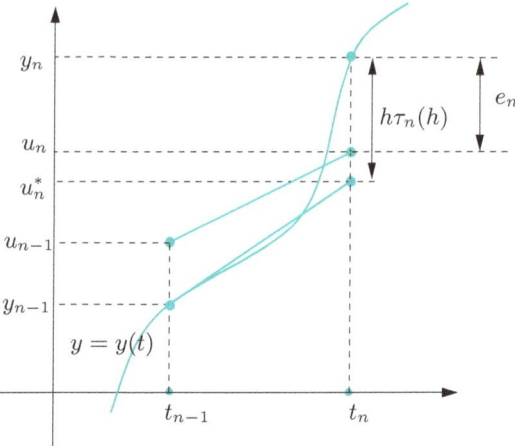

Figure 7.3. Représentation graphique d'une itération de la méthode d'Euler explicite

On a utilisé l'identité

$$\sum_{k=0}^{n-1}(1+hL)^k = [(1+hL)^n - 1]/hL,$$

l'inégalité $1 + hL \leq e^{hL}$ et le fait que $nh = t_n - t_0$. On trouve donc

$$|e_n| \leq \frac{e^{L(t_n - t_0)} - 1}{L} \frac{M}{2} h, \qquad \forall n = 0, \ldots, N_h, \qquad (7.13)$$

et on peut conclure que *la méthode d'Euler explicite est convergente d'ordre 1*. On remarque que l'ordre de cette méthode coïncide avec l'ordre de son erreur de troncature. On retrouve cette propriété dans de nombreuses méthodes de résolution numérique d'équations différentielles ordinaires.

L'estimation de convergence (7.13) est obtenue est supposant seulement f lipschitzienne. On peut établir une meilleure estimation,

$$|e_n| \leq Mh(t_n - t_0)/2, \qquad (7.14)$$

si $\partial f/\partial y$ existe et vérifie $\partial f(t,y)/\partial y \leq 0$ pour tout $t \in [t_0, T]$ et tout $-\infty < y < \infty$. En effet dans ce cas, on déduit de (7.12) et d'un développement de Taylor que

$$u_n^* - u_n = \left(1 + h\frac{\partial f}{\partial y}(t_{n-1}, \eta_n)\right) e_{n-1},$$

où η_n appartient à l'intervalle dont les extrémités sont y_{n-1} et u_{n-1}, ainsi $|u_n^* - u_n| \leq |e_{n-1}|$, dès lors qu'on a l'inégalité

$$0 < h < 2/ \max_{t \in [t_0, T]} \left| \frac{\partial f}{\partial y}(t, y(t)) \right| \qquad (7.15)$$

On en déduit $|e_n| \leq |y_n - u_n^*| + |e_{n-1}| \leq nh\tau(h) + |e_0|$, et donc (7.14) grâce à (7.11) et au fait que $e_0 = 0$. La restriction (7.15) sur le pas de discrétisation h est une *condition de stabilité*, comme on le verra dans la suite.

Remarque 7.1 (Consistance) La propriété de consistance est nécessaire pour avoir la convergence. En effet, si elle n'était pas consistante, la méthode engendrerait à chaque itération une erreur qui ne tendrait pas vers zéro avec h. L'accumulation de ces erreurs empêcherait l'erreur globale de tendre vers zéro quand $h \to 0$. ∎

Pour la méthode d'Euler implicite l'erreur de troncature locale s'écrit

$$\tau_n(h) = \frac{1}{h}[y_n - y_{n-1} - hf(t_n, y_n)].$$

En utilisant à nouveau un développement de Taylor, on a

$$\tau_n(h) = -\frac{h}{2} y''(\xi_n)$$

pour un certain $\xi_n \in]t_{n-1}, t_n[$, à condition que $y \in C^2$. La méthode d'Euler implicite converge donc aussi à l'ordre 1 en h.

Exemple 7.1 Considérons le problème de Cauchy

$$\begin{cases} y'(t) = \cos(2y(t)), & t \in]0, 1], \\ y(0) = 0, \end{cases} \qquad (7.16)$$

dont la solution est $y(t) = \frac{1}{2}\arcsin((e^{4t} - 1)/(e^{4t} + 1))$. On le résout avec les méthodes d'Euler explicite (Programme 7.1) et d'Euler implicite (Programme 7.2). On considère dans le programme qui suit différentes valeurs de h (1/2, 1/4, 1/8, ..., 1/512) :

```
tspan=[0,1]; y0=0; f=inline('cos(2*y)','t','y');
u=inline('0.5*asin((exp(4*t)-1)./(exp(4*t)+1))','t');
Nh=2;
for k=1:10
    [t,ufe]=feuler(f,tspan,y0,Nh);
    fe(k)=abs(ufe(end)-feval(u,t(end)));
    [t,ube]=beuler(f,tspan,y0,Nh);
    be(k)=abs(ube(end)-feval(u,t(end)));
    Nh = 2*Nh;
end
```

Les erreurs commises au point $t = 1$ sont stockées dans les variables `fe` (Euler explicite) et `be` (Euler implicite), respectivement. On applique alors la formule (1.12) pour estimer l'ordre de convergence. Avec les commandes suivantes :

`p=log(abs(fe(1:end-1)./fe(2:end)))/log(2); p(1:2:end)`

   1.2898   1.0349   1.0080   1.0019   1.0005

`p=log(abs(be(1:end-1)./be(2:end)))/log(2); p(1:2:end)`

   0.9070   0.9720   0.9925   0.9981   0.9995

on peut vérifier que les deux méthodes convergent à l'ordre 1. ∎

Remarque 7.2 (Effet des erreurs d'arrondi) L'estimation d'erreur (7.13) a été obtenue en supposant la solution numérique $\{u_n\}$ calculée en arithmétique exacte. Si on prenait en compte les (inévitables) erreurs d'arrondi, l'erreur pourrait exploser en $1/h$ quand h tend vers 0 (voir par exemple [Atk89]). Ceci suggère qu'en pratique, il n'est pas raisonnable de considérer des valeurs de h inférieures à un certain seuil h^* (évidemment très petit). ∎

Voir les Exercices 7.1–7.3.

7.4 Méthode de Crank-Nicolson

En combinant les itérations des méthodes d'Euler implicite et explicite, on trouve la *méthode de Crank-Nicolson*

$$\boxed{u_{n+1} = u_n + \frac{h}{2}[f_n + f_{n+1}], \quad n = 0, \ldots, N_h - 1} \qquad (7.17)$$

Une autre manière de l'obtenir consiste à appliquer le théorème fondamental de l'intégration (voir Section 1.5.3) au problème de Cauchy (7.5),

$$y_{n+1} = y_n + \int_{t_n}^{t_{n+1}} f(t, y(t))\, dt, \qquad (7.18)$$

puis à approcher l'intégrale sur $[t_n, t_{n+1}]$ avec la formule du trapèze (4.19).

L'erreur de troncature locale de la méthode de Crank-Nicolson satisfait

$$\tau_n(h) = \frac{1}{h}[y(t_n) - y(t_{n-1})] - \frac{1}{2}\left[f(t_n, y(t_n)) + f(t_{n-1}, y(t_{n-1}))\right]$$

$$= \frac{1}{h}\int_{t_{n-1}}^{t_n} f(t, y(t))\, dt - \frac{1}{2}\left[f(t_n, y(t_n)) + f(t_{n-1}, y(t_{n-1}))\right].$$

La dernière égalité, qui découle de (7.18), fait apparaître, à un facteur $1/h$ près, l'erreur de la formule du trapèze (4.19). En supposant $y \in C^3$ et en utilisant (4.20), on en déduit que

$$\tau_n(h) = -\frac{h^2}{12} y'''(\xi_n) \text{ pour un certain } \xi_n \in]t_{n-1}, t_n[. \qquad (7.19)$$

La méthode de Crank-Nicolson est donc consistante à l'ordre 2, *i.e.* son erreur de troncature locale tend vers 0 comme h^2. En procédant comme pour la méthode d'Euler explicite, on peut montrer que la méthode de Crank-Nicolson converge à l'ordre 2 en h.

La méthode de Crank-Nicolson est implémentée dans le Programme 7.3. Les paramètres d'entrée et de sortie sont les mêmes que pour les méthodes d'Euler.

Programme 7.3. cranknic : méthode de Crank-Nicolson

```
function [t,u]=cranknic(odefun,tspan,y0,Nh,varargin)
%CRANKNIC Résout une équation différentielle avec la
%   méthode de Crank-Nicolson.
%   [T,Y]=CRANKNIC(ODEFUN,TSPAN,Y0,NH) avec
%   TSPAN=[T0,TF]
%   intègre le système d'équations différentielles
%   y'=f(t,y) du temps T0 au temps TF avec la condition
%   initiale Y0 en utilisant la méthode de
%   Crank-Nicolson sur une grille de NH intervalles
%   équidistribués. La fonction ODEFUN(T,Y) doit
%   retourner un vecteur correspondant à f(t,y)
%   de même dimension que Y.
%   Chaque ligne de la solution Y correspond
%   à un temps du vecteur colonne T.
%   [T,Y] = CRANKNIC(ODEFUN,TSPAN,Y0,NH,P1,P2,...)
%   passe les paramètres supplémentaires P1,P2,... à
%   la fonction ODEFUN de la manière suivante:
%   ODEFUN(T,Y,P1,P2...).
tt=linspace(tspan(1),tspan(2),Nh+1);
y=y0(:); % crée toujours un vecteur colonne
u=y.';
global glob_h glob_t glob_y glob_odefun;
glob_h=(tspan(2)-tspan(1))/Nh;
glob_y=y;
glob_odefun=odefun;
if ( exist('OCTAVE_VERSION') )
o_ver=OCTAVE_VERSION;
version=str2num([o_ver(1),o_ver(3),o_ver(5)]);
end

if( ~exist('OCTAVE_VERSION')  | version >= 320 )
 options=optimset;
 options.Display='off';
 options.TolFun=1.e-12;
 options.MaxFunEvals=10000;
end
for glob_t=tt(2:end)
if ( exist('OCTAVE_VERSION') & version < 320 )
  w = fsolve('cranknicfun',glob_y);
```

où :
- C est une constante qui peut dépendre de la longueur $T - t_0$ de l'intervalle d'intégration I, mais pas de h ;
- z_n est la solution qu'on obtiendrait en appliquant la méthode numérique au problème *perturbé* ;
- ρ_n est la perturbation à la n-ème étape ;
- ε est la perturbation maximale.

Naturellement, ε_0 doit être assez petit pour que le problème perturbé ait encore une unique solution sur l'intervalle d'intégration I.

Par exemple, dans le cas de la méthode d'Euler explicite, u_n vérifie le problème

$$\begin{cases} u_{n+1} = u_n + h f(t_n, u_n), \\ u_0 = y_0, \end{cases} \quad (7.21)$$

tandis que z_n vérifie le problème perturbé

$$\begin{cases} z_{n+1} = z_n + h \left[f(t_n, z_n) + \rho_{n+1} \right], \\ z_0 = y_0 + \rho_0 \end{cases} \quad (7.22)$$

pour $0 \leq n \leq N_h - 1$, sous l'hypothèse $|\rho_n| \leq \varepsilon$, $0 \leq n \leq N_h$.

Pour une méthode consistante à un pas, on peut prouver que la zéro-stabilité est une conséquence du fait que f est lipschitzienne par rapport à sa deuxième variable (voir p.ex. [QSS07]). Dans ce cas, la constante C qui apparaît dans (7.20) dépend de $\exp((T-t_0)L)$, où L est la constante de Lipschitz.

Cependant, ceci n'est pas toujours vrai pour les autres familles de méthodes. Considérons par exemple une méthode numérique écrite sous sa forme générale

$$u_{n+1} = \sum_{j=0}^{p} a_j u_{n-j} + h \sum_{j=0}^{p} b_j f_{n-j} + h b_{-1} f_{n+1}, \quad n = p, p+1, \ldots \quad (7.23)$$

où les $\{a_k\}$ et $\{b_k\}$ sont des coefficients donnés et $p \geq 0$ un entier.

La formule (7.23) définit une importante famille de schémas : *les méthodes linéaires multi-pas* ($p+1$ représentent le nombre de pas). Ces méthodes seront analysées plus en détail à la Section 7.7. Les données initiales $u_0, u_1, \ldots, u_p$ doivent être fournies. Mis à part u_0, qui est égale à y_0, les autres valeurs, $u_1, \ldots, u_p$, peuvent être obtenues à l'aide de méthodes suffisament précises, telles que les méthodes de Runge-Kunta que nous verrons à la Section 7.7.

Le polynôme

$$\pi(r) = r^{p+1} - \sum_{j=0}^{p} a_j r^{p-j} \quad (7.24)$$

218   7 Equations différentielles ordinaires

```
else
  w = fsolve(@(w) cranknicfun(w),glob_y,options);
end
  u = [u; w.'];
  glob_y = w;
end
t=tt;
clear glob_h glob_t glob_y glob_odefun;
end

function z=cranknicfun(w)
  global glob_h glob_t glob_y glob_odefun;
  z=w - glob_y - ...
    0.5*glob_h*(feval(glob_odefun,glob_t,w) + ...
    feval(glob_odefun,glob_t-glob_h,glob_y));
end
```

Exemple 7.2 Résolvons le problème de Cauchy (7.16) avec la méthode de Crank-Nicolson et les valeurs de h utilisées dans l'Exemple 7.1. Comme on peut le voir, les résultats confirment que les erreurs estimées tendent vers zéro à l'ordre $p = 2$ en h :

```
y0=0;   tspan=[0 1];  N=2;  f=inline('cos(2*y)','t','y');
y='0.5*asin((exp(4*t)-1)./(exp(4*t)+1))';
for k=1:10
  [tt,u]=cranknic(f,tspan,y0,N);
  t=tt(end); e(k)=abs(u(end)-eval(y)); N=2*N;
end
p=log(abs(e(1:end-1)./e(2:end)))/log(2); p(1:2:end)
```

    1.7940   1.9944   1.9997   2.0000   2.0000

■

Voir les Exercices 7.4–7.5.

7.5 Zéro-stabilité

De manière générale, un schéma numérique est dit stable s'il permet de contrôler la solution quand on perturbe les données.

Il existe de nombreuses notions de stabilité. L'une d'elles, appelée *zéro-stabilité*, garantit que, sur un intervalle borné, des petites perturbations des données entraînent des perturbations bornées de la solution numérique quand $h \to 0$.

Plus précisément, une méthode numérique pour approcher le problème (7.5), où $I = [t_0, T]$, est *zéro-stable* si

$\exists h_0 > 0$, $\exists C > 0$, $\exists \varepsilon_0 > 0$ t.q. $\forall h \in]0, h_0], \forall \varepsilon \in]0, \varepsilon_0]$, si $|\rho_n| \leq \varepsilon, 0 \leq n \leq N_h$, alors

$$|z_n - u_n| \leq C\varepsilon, \qquad 0 \leq n \leq N_h, \qquad (7.20)$$

est appelé *premier polynôme caractéristique* associé à la méthode numérique (7.23). On note ses racines r_j, $j = 0, \ldots, p$. On peut montrer que la méthode (7.23) est zéro-stable ssi la *condition de racine* est satisfaite

$$\begin{cases} |r_j| \leq 1 \text{ pour tout } j = 0, \ldots, p, \\ \text{de plus } \pi'(r_j) \neq 0 \text{ pour les } j \text{ tels que } |r_j| = 1. \end{cases} \quad (7.25)$$

Par exemple, pour la méthode d'Euler explicite on a

$$p = 0, \ a_0 = 1, \ b_{-1} = 0, \ b_0 = 1,$$

pour la méthode d'Euler implicite on a

$$p = 0, \ a_0 = 1, \ b_{-1} = 1, \ b_0 = 0,$$

et pour la méthode de Crank-Nicolson on a

$$p = 0, \ a_0 = 1, \ b_{-1} = 1/2, \ b_0 = 1/2.$$

Dans tous les cas, il n'y a qu'une racine de $\pi(r)$ égale à 1. Toutes ces méthodes sont donc zéro-stables.

La propriété suivante, connue sous le nom de *théorème d'équivalence de Lax-Ritchmyer*, est fondamentale dans la théorie des méthodes numériques (voir p.ex. [IK66]), et met en évidence le rôle essentiel de la zéro-stabilité

> *Toute méthode consistante est convergente ssi elle est zéro-stable*

Conformément à ce qu'on a fait précédemment, on définit l'erreur de troncature locale de la méthode multi-pas (7.23) par

$$\tau_n(h) = \frac{1}{h} \left\{ y_{n+1} - \sum_{j=0}^{p} a_j y_{n-j} - h \sum_{j=0}^{p} b_j f(t_{n-j}, y_{n-j}) - h b_{-1} f(t_{n+1}, y_{n+1}) \right\}. \quad (7.26)$$

Comme vu précédemment, la méthode est dite consistante si $\tau(h) = \max |\tau_n(h)|$ tend vers zéro quand h tend vers zéro. Par un développement de Taylor assez fastidieux, on peut montrer que cette condition est équivalente à

$$\sum_{j=0}^{p} a_j = 1, \quad -\sum_{j=0}^{p} j a_j + \sum_{j=-1}^{p} b_j = 1 \quad (7.27)$$

qui, à son tour, revient à dire que $r = 1$ est une racine du polynôme $\pi(r)$ introduit en (7.24) (voir p.ex. [QSS07, Chapitre 11]).

7.6 Stabilité sur des intervalles non bornés

Dans la section précédente, on a considéré la résolution du problème de Cauchy sur des intervalles bornés. Dans ce cadre, le nombre N_h de sous-intervalles ne tend vers l'infini que quand h tend vers zéro.

Il existe cependant de nombreuses situations dans lesquelles le problème de Cauchy doit être intégré sur des intervalles en temps très grands ou même infini. Dans ce cas, même pour h fixé, N_h tend vers l'infini, et un résultat comme (7.13) n'a plus de sens puisque le membre de droite contient une quantité non bornée. On s'intéresse donc à des méthodes capables d'approcher la solution pour des intervalles en temps arbitrairement grands, même pour des pas de temps h "assez grands".

La méthode d'Euler explicite n'est pas coûteuse mais ne possède malheureusement pas ces propriétés. Pour le voir, considérons le *problème modèle* suivant

$$\begin{cases} y'(t) = \lambda y(t), & t \in]0, \infty[, \\ y(0) = 1, \end{cases} \qquad (7.28)$$

où λ est un réel négatif. La solution exacte est $y(t) = e^{\lambda t}$; elle tend vers 0 quand t tend vers l'infini. En appliquant la méthode d'Euler explicite à (7.28) on trouve

$$u_0 = 1, \qquad u_{n+1} = u_n(1 + \lambda h) = (1 + \lambda h)^{n+1}, \qquad n \geq 0. \quad (7.29)$$

Donc $\lim_{n \to \infty} u_n = 0$ ssi

$$\boxed{-1 < 1 + h\lambda < 1, \quad \text{i.e.} \quad h < 2/|\lambda|} \qquad (7.30)$$

La condition exprime le fait que, pour h *fixé*, la solution numérique reproduit le comportement de la solution exacte quand t_n tend vers l'infini. Si $h > 2/|\lambda|$, alors $\lim_{n \to \infty} |u_n| = +\infty$; ainsi (7.30) est une condition de stabilité. La propriété

$$\lim_{n \to \infty} u_n = 0 \qquad (7.31)$$

est appelée *stabilité absolue*.

Exemple 7.3 Appliquons la méthode d'Euler explicite pour résoudre le problème (7.28) avec $\lambda = -1$. Dans ce cas, la stabilité absolue impose $h < 2$. Sur la Figure 7.4, on indique les solutions obtenues sur l'intervalle $[0, 30]$ pour trois valeurs de h : $h = 30/14$ (qui viole la condition de stabilité), $h = 30/16$ (qui satisfait de justesse la condition de stabilité) et $h = 1/2$. On peut voir que dans les deux premiers cas la solution numérique oscille. Cependant, ce n'est que dans le premier cas (celui qui viole la condition de stabilité) que la valeur absolue de la solution numérique ne tend pas vers zéro à l'infini (et tend en fait vers l'infini). ■

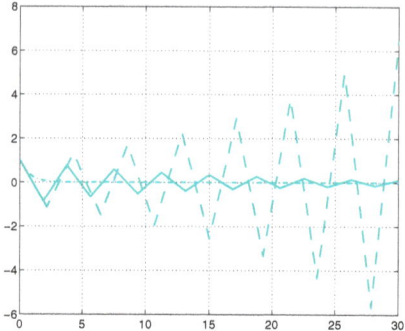

Figure 7.4. Solutions du problème (7.28), avec $\lambda = -1$, obtenues par la méthode d'Euler explicite, avec $h = 30/14 (> 2)$ (*trait discontinu*), $h = 30/16 (< 2)$ (*trait plein*) et $h = 1/2$ (*trait mixte*)

On peut tirer des conclusions analogues quand le λ de (7.28) est un complexe (voir Section 7.6.1) ou une fonction négative de t. Mais dans ce cas, on doit remplacer $|\lambda|$ par $\max_{t \in [0,\infty[} |\lambda(t)|$ dans la condition de stabilité (7.30). On peut relaxer cette condition en une condition moins stricte en utilisant un *pas variable* h_n qui tient compte du comportement local de $|\lambda(t)|$ dans les intervalles $]t_n, t_{n+1}[$.

On peut utiliser en particulier la méthode d'Euler explicite *adaptative* :

choisir $u_0 = y_0$ et $h_0 = 2\alpha/|\lambda(t_0)|$; puis

pour $n = 0, 1, \ldots$, faire

$$t_{n+1} = t_n + h_n,$$
$$u_{n+1} = u_n + h_n \lambda(t_n) u_n, \qquad (7.32)$$
$$h_{n+1} = 2\alpha/|\lambda(t_{n+1})|,$$

où α est une constante qui doit être inférieure à 1 pour avoir une méthode absolument stable.

Par exemple, considérons le problème

$$y'(t) = -(e^{-t} + 1)y(t), \qquad t \in]0, 10[,$$

avec $y(0) = 1$. Comme $|\lambda(t)|$ est décroissante, le condition la plus restrictive pour la stabilité absolue de la méthode d'Euler explicite est $h < h_0 = 2/|\lambda(0)| = 1$. Sur la Figure 7.5, à gauche, on compare la solution de la méthode d'Euler explicite avec celle de la méthode adaptative (7.32) pour trois valeurs de α. Remarquer que, bien que tout $\alpha < 1$ rende l'algorithme stable, il est nécessaire de choisir α assez petit pour avoir une solution précise. Sur la Figure 7.5, à droite, on trace le comportement de h_n sur l'intervalle $]0, 10]$ correspondant aux trois valeurs

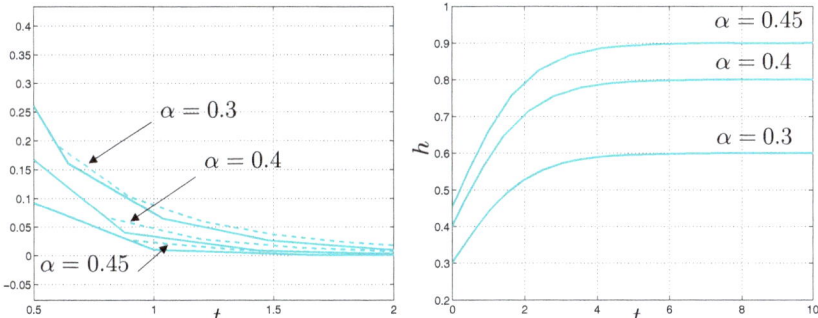

Figure 7.5. A gauche : solution numérique sur l'intervalle de temps $]0.5, 2[$ obtenue par la méthode d'Euler avec $h = \alpha h_0$ (*trait discontinu*) et par la méthode d'Euler explicite adaptative (7.32) (*trait plein*) pour trois valeurs de α. A droite : comportement du pas de discrétisation variable h pour la méthode adaptative (7.32)

de α. Ce graphique montre clairement que la suite $\{h_n\}$ croît de façon monotone avec n.

Contrairement à la méthode d'Euler explicite, les méthodes d'Euler implicite et de Crank-Nicolson sont absolument stables sans condition sur h. Avec la méthode d'Euler implicite, on a $u_{n+1} = u_n + \lambda h u_{n+1}$ et donc

$$u_{n+1} = \left(\frac{1}{1-\lambda h}\right)^{n+1}, \quad n \geq 0,$$

qui tend vers zéro quand $n \to \infty$ pour *toute valeur de $h > 0$*. De même, avec la méthode de Crank-Nicolson on a

$$u_{n+1} = \left[\left(1 + \frac{h\lambda}{2}\right) \Big/ \left(1 - \frac{h\lambda}{2}\right)\right]^{n+1}, \quad n \geq 0,$$

qui tend aussi vers zéro quand $n \to \infty$ pour toute valeur de $h > 0$. On en conclut que la méthode d'Euler explicite est *conditionnellement absolument stable*, tandis que les méthodes d'Euler implicite et de Crank-Nicolson sont *inconditionnellement absolument stables*.

7.6.1 Région de stabilité absolue

On suppose à présent que dans (7.28) λ est un complexe de partie réelle négative. La solution $u(t) = e^{\lambda t}$ tend donc encore vers 0 quand t tend vers l'infini. On appelle *région de stabilité absolue* $\mathcal{A}$ d'une méthode numérique l'ensemble des nombres complexes $z = h\lambda$ pour lesquels la méthode est absolument stable (c'est-à-dire $\lim_{n\to\infty} u_n = 0$). La région de stabilité absolue de la méthode d'Euler explicite est donnée par les

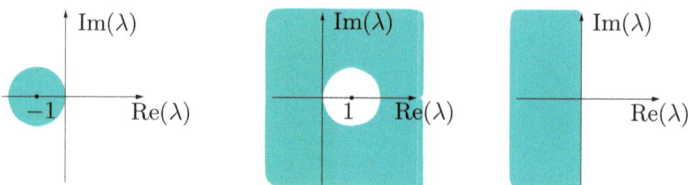

Figure 7.6. Régions de stabilité absolue (*colorées*) pour les méthodes d'Euler explicite (*à gauche*), d'Euler implicite (*au centre*) et de Crank-Nicolson (*à droite*)

$h\lambda \in \mathbb{C}$ tels que $|1+h\lambda| < 1$, et correspond donc au disque de rayon 1 et de centre $(-1, 0)$. Ceci fournit un majorant du pas de discrétisation $h < -2Re(\lambda)/|\lambda|^2$. Au contraire, la méthode d'Euler implicite est absolument stable pour tous les $h\lambda$ extérieurs au disque de rayon 1 centré en $(1, 0)$ (voir Figure 7.6). Enfin, la région de stabilité absolue de la méthode de Crank-Nicolson correspond au demi-plan des complexes de partie réelle négative.

Les méthodes qui sont inconditionnellement absolument stables pour tout complexe de partie réelle négative λ (dans (7.28)) sont dites *A-stables*. Les méthodes d'Euler implicite et de Crank-Nicolson sont donc *A-stables*. C'est aussi le cas de nombreuses autres méthodes implicites. Cette propriété rend les méthodes implicites attractives, bien qu'elles soient plus coûteuses que les méthodes explicites.

Exemple 7.4 Déterminons la condition sur h quand on utilise la méthode d'Euler explicite pour résoudre le problème de Cauchy $y'(t) = \lambda y$ avec $\lambda = -1+i$. Ce λ se situe sur la frontière de la région de stabilité absolue $\mathcal{A}$ de la méthode d'Euler explicite. Donc pour tout $h \in]0, 1[$, on a $h\lambda \in \mathcal{A}$. Si on avait $\lambda = -2 + 2i$, on devrait choisir $h \in]0, 1/2[$ afin de ramener $h\lambda$ dans la région de stabilité $\mathcal{A}$. ∎

7.6.2 La stabilité absolue contrôle les perturbations

Considérons à présent le *problème modèle généralisé*

$$\begin{cases} y'(t) = \lambda(t)y(t) + r(t), \quad t \in]0, +\infty[, \\ y(0) = 1, \end{cases} \quad (7.33)$$

où λ et r sont deux fonctions continues avec $-\lambda_{max} \leq \lambda(t) \leq -\lambda_{min}$ et $0 < \lambda_{min} \leq \lambda_{max} < +\infty$. Dans ce cas, la solution exacte ne tend pas nécessairement vers zéro quand t tend vers l'infini ; par exemple, si r et λ sont constants, on a

$$y(t) = \left(1 + \frac{r}{\lambda}\right)e^{\lambda t} - \frac{r}{\lambda}$$

7.6 Stabilité sur des intervalles non bornés

dont la limite est $-r/\lambda$ quand t tend vers l'infini. Ainsi, en général, il n'y a aucune raison d'exiger qu'une méthode numérique soit absolument stable, i.e. vérifie (7.31), quand on l'applique au problème (7.33). Cependant, on va montrer que quand une méthode absolument stable sur le problème modèle (7.28) est utilisée pour le problème modèle généralisé (7.33), on peut contrôler les perturbations quand t tend vers l'infini (avec éventuellement une contrainte sur le pas de temps h).

Pour simplifier, on limite l'analyse à la méthode d'Euler explicite. Appliquée à (7.33), elle s'écrit

$$\begin{cases} u_{n+1} = u_n + h(\lambda_n u_n + r_n), & n \geq 0, \\ u_0 = 1 \end{cases}$$

et sa solution est (voir Exercice 7.9)

$$u_n = u_0 \prod_{k=0}^{n-1}(1 + h\lambda_k) + h \sum_{k=0}^{n-1} r_k \prod_{j=k+1}^{n-1}(1 + h\lambda_j), \qquad (7.34)$$

où $\lambda_k = \lambda(t_k)$ et $r_k = r(t_k)$, avec la convention que le dernier produit est égal à 1 si $k+1 > n-1$. Considérons la méthode "perturbée" suivante

$$\begin{cases} z_{n+1} = z_n + h(\lambda_n z_n + r_n + \rho_{n+1}), & n \geq 0, \\ z_0 = u_0 + \rho_0, \end{cases} \qquad (7.35)$$

où $\rho_0, \rho_1, \ldots$ sont des perturbations données à chaque pas de temps. Les paramètres ρ_0 et ρ_{n+1} modélisent de manière simple le fait que ni u_0 ni r_n ne peuvent être évalués de manière exacte. Si on tenait compte de *toutes* les erreurs d'arrondi qui apparaissent à chaque pas de temps, notre modèle perturbé serait bien plus complexe et difficile à analyser. La solution de (7.35) s'obtient à partir de (7.34) en remplaçant u_k par z_k et r_k par $r_k + \rho_{k+1}$, pour $k = 0, \ldots, n-1$. Ainsi

$$z_n - u_n = \rho_0 \prod_{k=0}^{n-1}(1 + h\lambda_k) + h \sum_{k=0}^{n-1} \rho_{k+1} \prod_{j=k+1}^{n-1}(1 + h\lambda_j). \qquad (7.36)$$

La quantité $|z_n - u_n|$ est appelée erreur de perturbation à l'itération n. Soulignons que cette quantité ne dépend pas de la fonction $r(t)$.

i. Pour les besoins de l'exposé, commençons par considérer le cas particulier où λ_k et ρ_k sont deux constantes respectivement égales à λ et ρ. Supposons que $h < h_0(\lambda) = 2/|\lambda|$ (c'est la condition sur h qui assure la stabilité absolue de la méthode d'Euler explicite appliquée au problème modèle (7.28)). Alors, en utilisant la propriété suivante des suites géométriques

$$\sum_{k=0}^{n-1} a^k = \frac{1-a^n}{1-a}, \quad \text{si } |a| \neq 1, \tag{7.37}$$

on obtient

$$z_n - u_n = \rho \left\{ (1 + h\lambda)^n \left(1 + \frac{1}{\lambda} \right) - \frac{1}{\lambda} \right\}. \tag{7.38}$$

Il s'en suit que l'erreur de perturbation vérifie (voir Exercice 7.10)

$$|z_n - u_n| \leq \varphi(\lambda) |\rho|, \tag{7.39}$$

avec $\varphi(\lambda) = 1$ si $\lambda \leq -1$, tandis que $\varphi(\lambda) = |1 + 2/\lambda|$ si $-1 < \lambda < 0$. On peut donc en conclure que l'erreur de perturbation est bornée par $|\rho|$ fois une constante qui dépend de λ mais pas de n et h. De plus, d'après (7.38),

$$\lim_{n \to \infty} |z_n - u_n| = \frac{|\rho|}{|\lambda|}.$$

La Figure 7.7 correspond aux cas où $r(t) \equiv 0$, $\rho = 0.1$, $\lambda = -2$ (à gauche) et $\lambda = -0.5$ (à droite). Dans les deux cas, on a pris $h = h_0(\lambda) - 0.01$. Remarquer que l'estimation (7.38) est vérifiée exactement. Naturellement, l'erreur de perturbation explose quand n augmente si la condition de stabilité $h < h_0(\lambda)$ n'est pas satisfaite.

Remarque 7.3 Si la perturbation ne concerne que la donnée initiale, i.e. si $\rho_k = 0$, $k = 1, 2, \ldots$, on déduit de (7.36) que $\lim_{n \to \infty} |z_n - u_n| = 0$ sous la condition de stabilité $h < h_0(\lambda)$. ∎

ii. Dans le cas général où λ et r ne sont pas constants, supposons que h vérifie la condition $h < h_0(\lambda)$, où cette fois $h_0(\lambda) = 2/\lambda_{max}$. Alors,

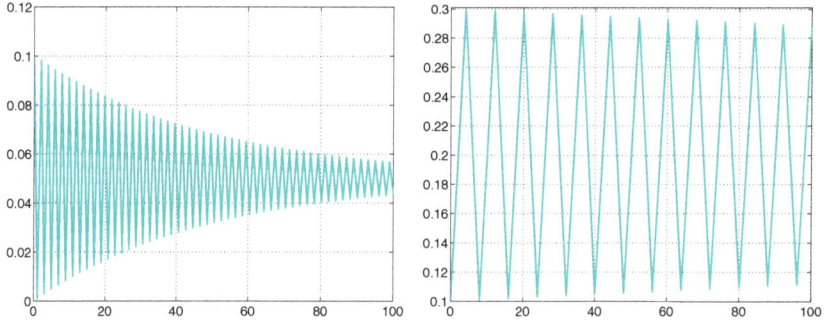

Figure 7.7. Erreur de perturbation quand $r(t) \equiv 0$, $\rho = 0.1$: $\lambda = -2$ (*à gauche*) et $\lambda = -0.5$ (*à droite*). Dans les deux cas $h = h_0(\lambda) - 0.01$

$$|1 + h\lambda_k| \leq a(h) = \max\{|1 - h\lambda_{min}|, |1 - h\lambda_{max}|\}.$$

Comme $0 < \frac{\lambda_{max} - \lambda_{min}}{\lambda_{max} + \lambda_{min}} \leq a(h) < 1$, on peut encore utiliser l'identité (7.37) dans (7.36) pour obtenir

$$|z_n - u_n| \leq \overline{\rho}\left([a(h)]^n + h\frac{1 - [a(h)]^n}{1 - a(h)}\right), \qquad (7.40)$$

où $\overline{\rho} = \sup_k |\rho_k|$. Pour commencer, prenons $h \leq h^* = 2/(\lambda_{min} + \lambda_{max})$, de sorte que $a(h) = (1 - h\lambda_{min})$. On a

$$|z_n - u_n| \leq \frac{\overline{\rho}}{\lambda_{min}}\left[1 - [a(h)]^n(1 - \lambda_{min})\right], \qquad (7.41)$$

i.e.,

$$\sup_n |z_n - u_n| \leq \frac{\overline{\rho}}{\lambda_{min}} \sup_n [1 - [a(h)]^n(1 - \lambda_{min})].$$

Si $\lambda_{min} = 1$, on a

$$\sup_n |z_n - u_n| \leq \overline{\rho}. \qquad (7.42)$$

Si $\lambda_{min} < 1$, la suite $b_n = [1 - [a(h)]^n(1 - \lambda_{min})]$ croît ne façon monotone avec n, de sorte que $\sup_n b_n = \lim_{n \to \infty} b_n = 1$ et

$$\sup_n |z_n - u_n| \leq \frac{\overline{\rho}}{\lambda_{min}}. \qquad (7.43)$$

Enfin, si $\lambda_{min} > 1$, la suite b_n décroît de façon monotone, $\sup_n b_n = b_0 = \lambda_{min}$, et on a également (7.42).

Prenons à présent $h^* < h < h_0(\lambda)$, on a

$$1 + h\lambda_k = 1 - h|\lambda_k| \leq 1 - h^*|\lambda_k| \leq 1 - h^*\lambda_{min}. \qquad (7.44)$$

Avec (7.44), en utilisant l'identité (7.37) dans (7.36), et en posant $a = 1 - h^*\lambda_{min}$, on trouve

$$\begin{aligned} z_n - u_n &\leq \overline{\rho}\left(a^n + h\frac{1 - a^n}{1 - a}\right) \\ &= \frac{\overline{\rho}}{\lambda_{min}}\left(a^n\left(\lambda_{min} - \frac{h}{h^*}\right) + \frac{h}{h^*}\right). \end{aligned} \qquad (7.45)$$

Il faut alors distinguer deux cas.

Si $\lambda_{min} \geq \frac{h}{h^*}$, alors $\frac{h}{h^*} \leq a^n\left(\lambda_{min} - \frac{h}{h^*}\right) + \frac{h}{h^*} < \lambda_{min}$ et on trouve

$$z_n - u_n \leq \overline{\rho} \qquad \forall n \geq 0. \qquad (7.46)$$

Autrement, si $\lambda_{min} < \frac{h}{h^*}$, alors $\lambda_{min} \leq a^n\left(\lambda_{min} - \frac{h}{h^*}\right) + \frac{h}{h^*} < \frac{h}{h^*}$ et

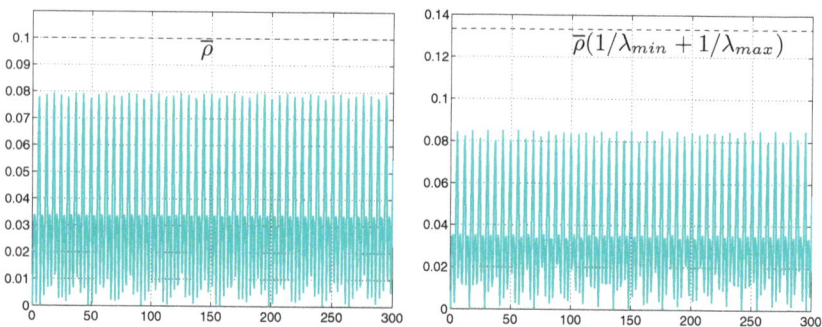

Figure 7.8. Erreur de perturbation quand $\rho(t) = 0.1\sin(t)$ et $\lambda(t) = -2 - \sin(t)$ pour $t \in]0, nh[$ avec $n = 500$: le pas de discrétisation est $h = h^* - 0.1 = 0.4$ (à gauche) et $h = h^* + 0.1 = 0.6$ (à droite). Dans ce cas $\lambda_{min} = 1$, on a donc l'estimation (7.42) quand $h \leq h^*$, et (7.47) quand $h > h^*$

$$z_n - u_n \leq \frac{\overline{\rho}}{\lambda_{min}} \frac{h}{h^*} \leq \frac{\overline{\rho}}{\lambda_{min}} \frac{h_0}{h^*} = \overline{\rho}\left(\frac{1}{\lambda_{min}} + \frac{1}{\lambda_{max}}\right). \quad (7.47)$$

Remarquer que le membre de droite de (7.47) est aussi un majorant de la valeur absolue de $z_n - u_n$.

Sur la Figure 7.8 sont représentées les erreurs de perturbation obtenues pour le problème (7.33), où $r(t) \equiv 0$, $\lambda_k = \lambda(t_k) = -2 - \sin(t_k)$, $\rho_k = \rho(t_k) = 0.1 \sin(t_k)$ avec $h \leq h^*$ (à gauche) et avec $h^* < h < h_0(\lambda)$ (à droite).

iii. Considérons à présent le problème de Cauchy (7.5) avec une fonction générale $f(\cdot, \cdot)$. Celui-ci peut être relié au problème modèle généralisé (7.33) dans les cas où

$$-\lambda_{max} < \frac{\partial f}{\partial y}(t, y) < -\lambda_{min}, \forall t \geq 0, \ \forall y \in]-\infty, \infty[, \quad (7.48)$$

pour des $\lambda_{min}, \lambda_{max} \in]0, +\infty[$. En effet, pour tout t dans un intervalle $]t_n, t_{n+1}[$, en soustrayant (7.6) à (7.22), on obtient l'équation suivante pour l'erreur de perturbation

$$z_n - u_n = (z_{n-1} - u_{n-1}) + h\{f(t_{n-1}, z_{n-1}) - f(t_{n-1}, u_{n-1})\} + h\rho_n.$$

En appliquant le théorème de la moyenne, on a

$$f(t_{n-1}, z_{n-1}) - f(t_{n-1}, u_{n-1}) = \lambda_{n-1}(z_{n-1} - u_{n-1}),$$

où $\lambda_{n-1} = f_y(t_{n-1}, \xi_{n-1})$ (f_y est une abréviation pour $\partial f/\partial y$), ξ_{n-1} est un point de l'intervalle d'extrémités u_{n-1} et z_{n-1}. Ainsi

$$z_n - u_n = (1 + h\lambda_{n-1})(z_{n-1} - u_{n-1}) + h\rho_n.$$

7.6 Stabilité sur des intervalles non bornés

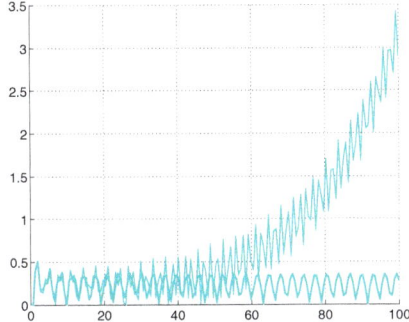

Figure 7.9. Erreurs de perturbation quand $\rho(t) = \sin(t)$ avec $h = h_0 - 0.01$ (*trait épais*) et $h = h_0 + 0.01$ (*trait fin*) pour le problème de Cauchy (7.49); $h_0 = 2/3$

On en déduit la relation (7.36) par récurrence. On peut alors tirer les mêmes conclusions qu'en *ii*, dès lors que la condition de stabilité $0 < h < 2/\lambda_{max}$ est vérifiée. Remarquer qu'il s'agit exactement de la condition (7.15).

Exemple 7.5 Considérons le problème de Cauchy

$$y'(t) = \arctan(3y) - 3y + t,\, t > 0,\, y(0) = 1. \tag{7.49}$$

Comme $f_y = 3/(1+9y^2) - 3$ est négative, on peut choisir $\lambda_{max} = \max|f_y| = 3$ et poser $h < h_0 = 2/3$. Ainsi, on s'attend à ce que les perturbations pour la méthode d'Euler explicite restent sous contrôle dès que $h < 2/3$. Ceci est confirmé par les résultats représentés sur la Figure 7.9. Noter que dans cet exemple, si $h = 2/3 + 0.01$ (ce qui viole la condition de stabilité) l'erreur de perturbation explose quand t augmente. ∎

Exemple 7.6 On cherche un majorant de h garantissant la stabilité de la méthode d'Euler explicite appliquée au problème de Cauchy

$$y' = 1 - y^2, \qquad t > 0, \tag{7.50}$$

avec $y(0) = \dfrac{e-1}{e+1}$. La solution exacte est $y(t) = (e^{2t+1} - 1)/(e^{2t+1} + 1)$ et $f_y = -2y$. Comme $f_y \in]-2, -0.9[$ pour tout $t > 0$, on peut prendre h inférieur à $h_0 = 1$. Sur la Figure 7.10, à gauche, on trace les solutions obtenues sur l'intervalle $]0, 35[$ avec $h = 0.95$ (*trait épais*) et $h = 1.05$ (*trait fin*). Dans les deux cas la solution oscille mais demeure bornée. De plus, dans le premier cas, la contrainte de stabilité est vérifiée : les oscillations sont amorties et la solution numérique tend vers la solution exacte quand t croît. Sur la Figure 7.10, à droite, on trace les erreurs de perturbation correspondant à $\rho(t) = \sin(t)$ avec $h = h^* = 2/2.9$ (*trait plein épais*) et $h = 0.9$ (*trait fin discontinu*). Dans les deux cas, les erreurs de perturbation demeurent bornées; plus précisément, l'estimation (7.42) est vérifiée quand $h = h^* = 2/2.9$, et (7.47) est vérifiée quand $h^* < h = 0.9 < h_0$. ∎

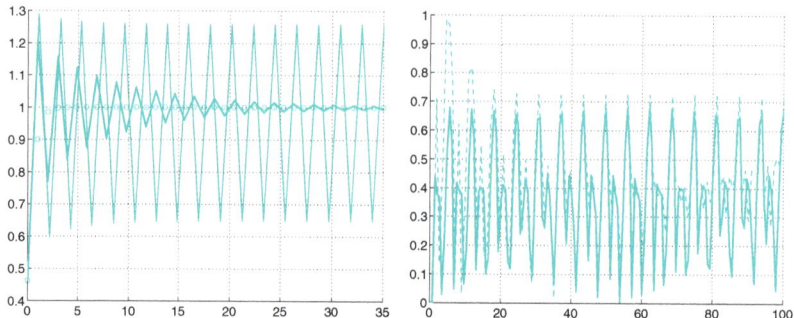

Figure 7.10. A gauche, solutions numériques du problème (7.50) obtenues par la méthode d'Euler explicite avec $h = 1.05$ (*trait fin*) et $h = 0.95$ (*trait épais*). Les valeurs de la solution exacte sont indiquées par des cercles. A droite, les erreurs de perturbation correspondant à $\rho(t) = \sin(t)$ avec $h = h^* = 2/2.9$ (*trait plein épais*) et $h = 0.9$ (*trait discontinu fin*)

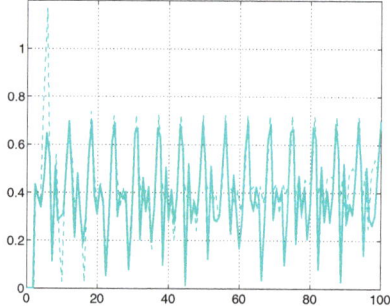

Figure 7.11. Erreurs de perturbation correspondant à $\rho(t) = \sin(t)$ avec $\alpha = 0.8$ (*trait épais*) et $\alpha = 0.9$ (*trait fin*) pour l'Exemple 7.6, en utilisant une stratégie adaptative

Dans les cas où on ne dispose d'aucune information sur y, il n'est pas simple de trouver $\lambda_{max} = \max |f_y|$. Dans ces cas, une approche plus heuristique consiste à utiliser un pas de temps variable. Plus précisément, on peut prendre $t_{n+1} = t_n + h_n$, où

$$0 < h_n < 2 \frac{\alpha}{|f_y(t_n, u_n)|}, \qquad (7.51)$$

pour des valeurs de α strictement inférieures à 1. Remarquer que le dénominateur dépend de u_n qui est connu. Sur la Figure 7.11, on trace les erreurs de perturbation de l'Exemple 7.6 pour deux valeurs de α.

L'analyse précédente peut être effectuée pour d'autres méthodes à un pas, en particulier pour les méthodes d'Euler implicite et de Crank-Nicolson. Pour ces méthodes qui sont A-stables, on arrive aux mêmes conclusions sur l'erreur de perturbation, mais sans aucune limitation sur

7.6 Stabilité sur des intervalles non bornés

le pas de temps. On doit remplacer dans l'analyse précédente chaque terme $1 + h\lambda_n$ par $(1 - h\lambda_n)^{-1}$ pour la méthode d'Euler implicite et par $(1 + h\lambda_n/2)/(1 - h\lambda_n/2)$ pour la méthode de Crank-Nicolson.

La méthode d'Euler explicite est bien adaptée à un calcul dynamique du pas de discrétisation h tenant compte des variations de l'inconnue sur l'intervalle d'intégration. Ce procédé, appelé *adaptation du pas de discrétisation*, est efficace mais nécessite d'avoir un bon estimateur d'erreur locale. En général, il s'agit d'un *estimateur d'erreur a posteriori*, car les estimateurs d'erreur *a priori* (comme (7.13) ou (7.14)) sont trop compliqués en pratique. Comme nous allons le voir, l'estimateur d'erreur peut être construit à l'aide de deux pas de discrétisation (typiquement h et $h/2$).

Supposons qu'on ait calculé la solution numérique jusqu'au temps $\bar{t}$. Le nouveau pas h est choisi afin que l'erreur de troncature locale au temps $\bar{t} + h$, en partant de $y(\bar{t}) = \bar{u}$, soit inférieure à une tolérance ϵ donnée. Choisissons un certain h et notons u^h (resp. $u^{h/2}$) la solution obtenue après un pas d'Euler explicite de longueur h (resp. deux pas de longueur $h/2$), en partant de la solution connue $\bar{u}$ au temps $\bar{t}$, i.e.

$$u^h = \bar{u} + hf(\bar{t}, \bar{u}),$$
$$\tilde{u}^{h/2} = \bar{u} + \frac{h}{2}f(\bar{t}, \bar{u}), \qquad u^{h/2} = \tilde{u}^{h/2} + \frac{h}{2}f\left(\bar{t} + \frac{h}{2}, \tilde{u}^{h/2}\right).$$

En effectuant un développement de Taylor d'ordre 1 de $y(\bar{t} + h)$ en $\bar{t}$ et en posant $y(\bar{t}) = \bar{u}$, on voit qu'il existe $\xi \in]\bar{t}, \bar{t} + h[$ tel que

$$y(\bar{t} + h) - u^h = \frac{h^2}{2}y''(\xi)$$

et, de même, il existe $\eta \in]\bar{t}, \bar{t} + h[$ tel que

$$y(\bar{t} + h) - u^{h/2} = \frac{(h/2)^2}{2}y''(\eta) + o(h^2).$$

En soustrayant cette dernière relation à la précédente et en supposant que y'' varie peu sur $]\bar{t}, \bar{t} + h[$, on a

$$u^{h/2} - u^h = \frac{h^2}{2}\left(y''(\xi) - \frac{1}{4}y''(\eta)\right) + o(h^2) = \frac{3}{4}\frac{h^2}{2}y''(\hat{\xi}) + o(h^2)$$

pour un certain $\hat{\xi} \in]\bar{t}, \bar{t} + h[$, donc

$$|y(\bar{t} + h) - u^{h/2}| \simeq \frac{1}{3}|u^{h/2} - u^h|,$$

i.e. la valeur $|u^{h/2} - u^h|/3$ fournit une estimation a posteriori de l'erreur $|y(\bar{t} + h) - u^{h/2}|$. Si ϵ est une tolérance donnée et

$$\frac{|u^{h/2} - u^h|}{3} < \epsilon,$$

alors on poursuit avec le pas de discrétisation h, et on prend $u^{h/2}$ comme solution numérique au temps $\bar{t} + h$. Autrement, h est divisé par deux et on répète le procédé jusqu'à convergence. Cependant, pour éviter des pas de discrétisation trop petits, on se donne généralement une valeur minimale h_{min}.

Enfin, il arrive qu'on remplace l'estimateur d'erreur $|u^{h/2} - u^h|/3$ par l'erreur relative $|u^{h/2} - u^h|/(3u_{max})$, où u_{max} est le maximum de la solution numérique jusqu'à $\bar{t}$.

Résumons-nous

1. Une méthode absolument stable fournit une solution u_n du problème modèle (7.28) qui tend vers zéro quand t_n tend vers l'infini ;
2. une méthode est dite *A-stable* si elle est absolument stable pour tout pas de temps h et tout $\lambda \in \mathbb{C}$ avec $Re(\lambda) < 0$ (autrement elle est dite conditionnellement stable, et h doit être plus petit qu'une constante dépendant de λ) ;
3. quand une méthode absolument stable est appliquée à un problème modèle généralisé (comme (7.33)), l'erreur de perturbation (qui est la valeur absolue de la différence entre la solution perturbée et la solution non perturbée) est bornée uniformément (par rapport à h). En bref, on peut dire que les méthodes absolument stables permettent de contrôler les perturbations ;
4. on peut utiliser l'analyse de stabilité absolue pour le problème modèle linéaire pour trouver des conditions de stabilité sur le pas de temps pour un problème de Cauchy non linéaire (7.5) avec une fonction f satisfaisant (7.48). Dans ce cas, la condition de stabilité impose de choisir le pas de discrétisation en fonction de $\partial f/\partial y$. Plus précisément, le nouvel intervalle d'intégration $[t_n, t_{n+1}]$ est choisi de manière à ce que $h_n = t_{n+1} - t_n$ satisfasse (7.51) pour un certain $\alpha \in]0,1[$, ou (7.15) si le pas h est constant.

Voir les Exercices 7.6–7.13.

7.7 Méthodes d'ordre élevé

Toutes les méthodes présentées jusqu'à présent étaient des exemples élémentaires de méthodes à un pas. Il existe des schémas plus sophistiqués, comme les *méthodes de Runge-Kutta* et les *méthodes multi-pas* (dont la

7.7 Méthodes d'ordre élevé

forme générale a été donnée en (7.23)), qui permettent d'atteindre des ordres de précision plus élevés.

Les *méthodes de Runge-Kutta* (RK en abrégé) sont encore des méthodes à un pas ; cependant, elles nécessitent plusieurs évaluations de la fonction $f(t, y)$ sur chaque intervalle $[t_n, t_{n+1}]$. Sous sa forme la plus générale, une méthode RK s'écrit

$$u_{n+1} = u_n + h\sum_{i=1}^{s} b_i K_i, \quad n \geq 0 \quad (7.52)$$

où

$$K_i = f(t_n + c_i h, u_n + h\sum_{j=1}^{s} a_{ij} K_j), \quad i = 1, 2, \ldots, s$$

et s désigne le nombre d'*étapes* de la méthode. Les coefficients $\{a_{ij}\}$, $\{c_i\}$ et $\{b_i\}$ caractérisent complètement une méthode RK et sont usuellement rassemblés dans un tableau dit de *Butcher*

$$\begin{array}{c|c} \mathbf{c} & \mathrm{A} \\ \hline & \mathbf{b}^T \end{array},$$

où $\mathrm{A} = (a_{ij}) \in \mathbb{R}^{s \times s}$, $\mathbf{b} = (b_1, \ldots, b_s)^T \in \mathbb{R}^s$ et $\mathbf{c} = (c_1, \ldots, c_s)^T \in \mathbb{R}^s$. Si les coefficients a_{ij} de A sont nuls pour $j \geq i$, avec $i = 1, 2, \ldots, s$, alors les K_i peuvent se calculer explicitement en fonction des $i-1$ coefficients $K_1, \ldots, K_{i-1}$ déjà déterminés. Dans ce cas, la méthode RK est *explicite*. Autrement, elle est *implicite* et il est nécessaire de résoudre un système non linéaire de taille s pour calculer les coefficients K_i.

Une des plus célèbres méthodes de Runge-Kutta s'écrit

$$\boxed{u_{n+1} = u_n + \frac{h}{6}(K_1 + 2K_2 + 2K_3 + K_4)} \quad (7.53)$$

où

$$K_1 = f_n,$$
$$K_2 = f(t_n + \tfrac{h}{2}, u_n + \tfrac{h}{2}K_1),$$
$$K_3 = f(t_n + \tfrac{h}{2}, u_n + \tfrac{h}{2}K_2),$$
$$K_4 = f(t_{n+1}, u_n + hK_3),$$

$$\begin{array}{c|cccc} 0 & & & & \\ \tfrac{1}{2} & \tfrac{1}{2} & & & \\ \tfrac{1}{2} & 0 & \tfrac{1}{2} & & \\ 1 & 0 & 0 & 1 & \\ \hline & \tfrac{1}{6} & \tfrac{1}{3} & \tfrac{1}{3} & \tfrac{1}{6} \end{array}.$$

On peut établir cette formule à partir de (7.18) en utilisant la méthode d'intégration de Simpson (4.23) pour évaluer l'intégrale entre t_n et t_{n+1}. Elle est explicite, d'ordre quatre par rapport à h ; à chaque pas de temps, elle nécessite quatre nouvelles évaluations de la fonction *f*. On peut construire d'autres méthodes de Runge-Kutta, explicites ou implicites, d'ordre arbitrairement élevé. Par exemple, voici le tableau de Butcher d'une méthode RK implicite d'ordre 4 à 2 étapes

$$
\begin{array}{c|cc}
\frac{3-\sqrt{3}}{6} & \frac{1}{4} & \frac{3-2\sqrt{3}}{12} \\
\frac{3+\sqrt{3}}{6} & \frac{3+2\sqrt{3}}{12} & \frac{1}{4} \\
\hline
 & \frac{1}{2} & \frac{1}{2}
\end{array}.
$$

La surface des régions de stabilité absolue $\mathcal{A}$ des méthodes RK, y compris explicites, peuvent augmenter avec l'ordre : voir par exemple sur la Figure 7.13, les régions $\mathcal{A}$ correspondant à des méthodes RK explicites : RK1, i.e. la méthode d'Euler explicite ; RK2 la méthode dite d'*Euler améliorée* qui sera définie plus tard (voir (7.60)) ; RK3, la méthode correspondant au tableau de Butcher suivant

$$
\begin{array}{c|ccc}
0 & & & \\
\frac{1}{2} & \frac{1}{2} & & \\
1 & -1 & 2 & \\
\hline
 & \frac{1}{6} & \frac{2}{3} & \frac{1}{6}
\end{array}
\qquad (7.54)
$$

et RK4, la méthode (7.53) introduite ci-dessus.

Tout comme la méthode d'Euler, les méthodes RK étant à un pas se prêtent bien aux techniques d'adaptation. On peut construire leur estimateur d'erreur de deux manières :
- en utilisant un schéma RK du même ordre, mais avec deux pas de discrétisation différents (comme pour la méthode d'Euler) ;
- en utilisant deux schémas RK d'ordre différent, mais avec le même nombre s d'étapes.

MATLAB utilise la deuxième approche dans les fonctions `ode23` et `ode45` ; voir plus loin.

Les méthodes RK servent de base aux programmes MATLAB dont les noms commencent par `ode` et sont suivis de nombres et de lettres. Par exemple, `ode45` est basé sur un couple de méthodes explicites de Runge-Kutta (dit couple de Dormand-Prince) d'ordre 4 et 5, respectivement. `ode23` implémente un autre couple de méthodes de Runge-Kutta explicites (le couple de Bogacki et Shampine). Dans les deux cas, le pas d'intégration est variable afin de garantir que l'erreur reste inférieure à une certaine tolérance (par défaut, la tolérance sur l'erreur relative `RelTol` est égale à 10^{-3}). Le programme `ode23tb` correspond à une formule implicite de Runge-Kutta dont la première étape est la formule du trapèze, et la seconde étape est la formule BDF2 de différentiation rétrograde d'ordre deux (voir (7.57)).

Les *méthodes multi-pas* (voir (7.23)) offrent un ordre de précision élevé en faisant appel aux quantités $u_n, u_{n-1}, \ldots, u_{n-p}$ pour déterminer

u_{n+1}. Elles peuvent être établies en partant de la formule (7.18) puis en approchant l'intégrale par une formule de quadrature appliquée à une interpolée de f sur un ensemble de noeuds. La formule d'Adams-Bashforth (AB3) est un exemple remarquable de méthode à trois pas ($p = 2$), du troisième ordre (explicite)

$$u_{n+1} = u_n + \frac{h}{12}(23f_n - 16f_{n-1} + 5f_{n-2}) \qquad (7.55)$$

Elle est obtenue en remplaçant f dans (7.18) par son polynôme d'interpolation de degré deux aux noeuds t_{n-2}, t_{n-1}, t_n. Un autre exemple important est la formule implicite à trois pas et du quatrième ordre d'Adams-Moulton (AM4)

$$u_{n+1} = u_n + \frac{h}{24}(9f_{n+1} + 19f_n - 5f_{n-1} + f_{n-2}) \qquad (7.56)$$

qu'on obtient en remplaçant f dans (7.18) par son polynôme d'interpolation de degré trois aux noeuds $t_{n-2}, t_{n-1}, t_n, t_{n+1}$.

On peut construire une autre famille de méthodes multi-pas en écrivant l'équation différentielle au temps t_{n+1} et en remplaçant $y'(t_{n+1})$ par un taux d'accroissement d'ordre élevé. Voici par exemple la méthode implicite à deux pas du second ordre dite de *différentiation rétrograde* (BDF2 de l'anglais *backward difference formula*)

$$u_{n+1} = \frac{4}{3}u_n - \frac{1}{3}u_{n-1} + \frac{2h}{3}f_{n+1} \qquad (7.57)$$

ou la méthode BDF3, implicite à trois pas du troisième ordre,

$$u_{n+1} = \frac{18}{11}u_n - \frac{9}{11}u_{n-1} + \frac{2}{11}u_{n-2} + \frac{6h}{11}f_{n+1} \qquad (7.58)$$

On peut mettre toutes ces méthodes sous la forme générale (7.23). On vérifie facilement qu'elles satisfont les relations (7.27), et qu'elles sont donc consistantes. Elles sont de plus zéro-stables. En effet, pour (7.55) et (7.56), le premier polynôme caractéristique est $\pi(r) = r^3 - r^2$ et ses racines sont $r_0 = 1$, $r_1 = r_2 = 0$; celui de (7.57) est $\pi(r) = r^2 - (4/3)r + 1/3$ et ses racines sont $r_0 = 1$ et $r_1 = 1/3$. Celui de (7.58) est $\pi(r) = r^3 - 18/11r^2 + 9/11r - 2/11$ dont les racines sont $r_0 = 1$, $r_1 = 0.3182 + 0.2839i$, $r_2 = 0.3182 - 0.2839i$. Dans tous les cas, la condition de racine (7.25) est vérifiée.

Quand on l'applique au problème modèle (7.28), pour tout $\lambda \in \mathbb{R}^-$, AB3 est absolument stable si $h < 0.545/|\lambda|$, tandis que AM4 est absolument stable si $h < 3/|\lambda|$. La méthode BDF2 est inconditionnellement

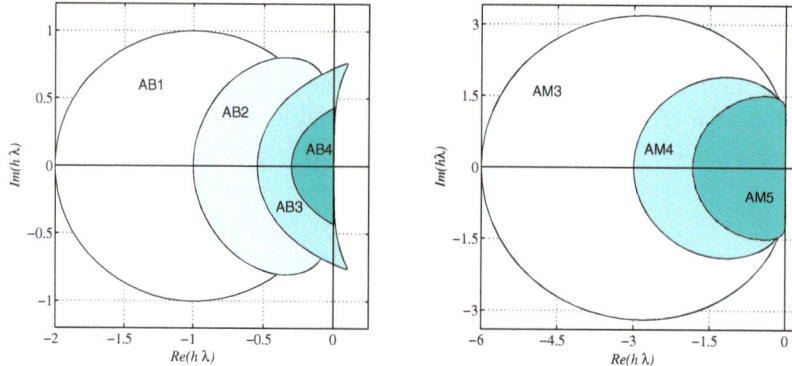

Figure 7.12. Régions de stabilité absolue de diverses méthodes d'Adams-Bashforth (*à gauche*) et Adams-Moulton (*à droite*)

absolument stable pour tout $\lambda \in \mathbb{C}$ avec une partie réelle négative (i.e. A-stable). Si $\lambda \in \mathbb{R}^-$, BDF3 est inconditionnellement absolument stable, cependant ce n'est plus vrai pour tout $\lambda \in \mathbb{C}$ avec partie réelle négative ; en d'autres termes, BDF3 n'est pas A-stable (voir, Figure 7.13). Plus généralement, d'après un résultat appelé *seconde barrière de Dahlquist*, il n'existe pas de méthode multi-pas A-stable et d'ordre strictement supérieur à deux.

On a représenté sur la Figure 7.12 les régions de stabilité absolue de diverses méthodes d'Adams-Bashforth et d'Adams-Moulton. Remarquer que leur taille diminue quand l'ordre augmente. A droite de la Figure 7.13, on a tracé les régions (non bornées) de stabilité absolue de quelques méthodes BDF : elles recouvrent une surface du plan complexe qui diminue quand l'ordre augmente, i.e. $\mathcal{A}_{BDF(k+1)} \subset \mathcal{A}_{BDF(k)}$, contrairement aux régions de stabilité absolue des méthodes de Runge-Kutta (à gauche de la figure) dont la surface augmente avec l'ordre, c'est-à-dire $\mathcal{A}_{RK(k)} \subset \mathcal{A}_{RK(k+1)}$, $k \geq 1$.

Remarque 7.4 (Comment calculer des régions de stabilité absolue)
Il est possible de calculer la frontière $\partial \mathcal{A}$ de la région de stabilité absolue $\mathcal{A}$ d'une méthode multi-pas à l'aide d'une astuce simple. La frontière est constituée de nombres complexes $h\lambda$ vérifiant

$$h\lambda = \left(r^{p+1} - \sum_{j=0}^{p} a_j r^{p-j} \right) \Big/ \left(\sum_{j=-1}^{p} b_j r^{p-j} \right), \qquad (7.59)$$

où r est un nombre complexe de module un. Par conséquent, pour obtenir avec MATLAB une représentation approchée de $\partial \mathcal{A}$, il suffit d'évaluer le second membre de (7.59) pour diverses valeurs de r sur le cercle unité (en posant par exemple `r = exp(i*pi*(0:2000)/1000)`, où `i` est le nombre imaginaire). Les graphiques des Figures 7.12 et 7.13 ont été obtenus de cette manière. ∎

7.7 Méthodes d'ordre élevé

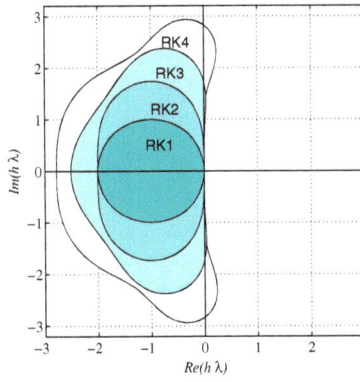 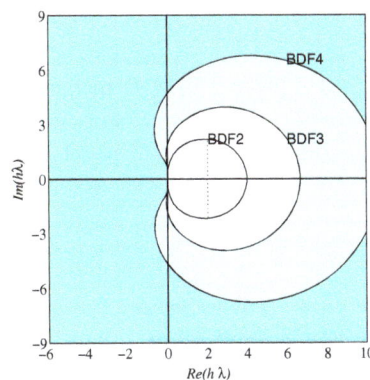

Figure 7.13. Régions de stabilité absolue de diverses méthodes RK explicites (*à gauche*) et BDF (*à droite*). Dans ce dernier cas les régions ne sont pas bornées et s'étendent au-delà des courbes fermées

D'après un résultat connu sous le nom de *première barrière de Dahlquist*, l'ordre maximum q d'une méthode à $p+1$ pas satisfaisant la condition de racine vaut $q = p + 1$ pour les méthodes explicites et, pour les méthodes implicites, $q = p + 2$ si $p + 1$ est impair, et $q = p + 3$ si $p + 1$ est pair.

Remarque 7.5 (Méthodes cycliques composites) On peut surmonter les limites imposées par les barrières de Dahlquist en combinant plusieurs méthodes multi-pas. Par exemple, les deux méthodes suivantes

$$u_{n+1} = -\frac{8}{11}u_n + \frac{19}{11}u_{n-1} + \frac{h}{33}(30f_{n+1} + 57f_n + 24f_{n-1} - f_{n-2}),$$

$$u_{n+1} = \frac{449}{240}u_n + \frac{19}{30}u_{n-1} - \frac{361}{240}u_{n-2}$$
$$+ \frac{h}{720}(251f_{n+1} + 456f_n - 1347f_{n-1} - 350f_{n-2}),$$

sont d'ordre cinq, mais sont instables. Cependant, en les combinant (la première si n est pair, la deuxième si n est impair), elles définissent une méthode A-stable à trois pas d'ordre cinq. ∎

Des méthodes multi-pas sont implémentées dans divers programmes MATLAB, par exemple dans `ode15s`. ode15s

Octave 7.1 `ode23` et `ode45` sont aussi disponibles dans Octave-forge. Les arguments optionnels sont cependant différents de ceux de MATLAB. Noter que `ode45` dans Octave-forge offre deux stratégies : celle par défaut, qui est basée sur la méthode de Dormand et Prince, donne généralement des résultats plus précis que l'autre, basée sur la méthode de Fehlberg. Les solveurs d'équations différentielles ordinaires et d'équations algébro-différentielles d'Octave (lsode, daspk, dassl, non disponibles dans MATLAB) utilisent aussi des méthodes à plusieurs pas, en particulier lsode qui peut utiliser les formules d'Adams ou BDF, alors que dassl et daspk utilisent les formules BDF. ■

7.8 Méthodes prédicteur-correcteur

On a vu dans la Section 7.3 que si la fonction f du problème de Cauchy est non linéaire, les méthodes implicites nécessitent la résolution à chaque pas de temps d'un problème non linéaire pour déterminer u_{n+1}. Cette résolution peut être effectuée à l'aide d'une des méthodes introduites au Chapitre 2, ou encore en utilisant la fonction fsolve comme on l'a fait dans les Programmes 7.2 et 7.3.

On peut aussi utiliser une méthode de point fixe à chaque pas de temps. Par exemple, pour la méthode de Crank-Nicolson (7.17), pour $k = 0, 1, \ldots$, on calcule jusqu'à convergence

$$u_{n+1}^{(k+1)} = u_n + \frac{h}{2}\left[f_n + f(t_{n+1}, u_{n+1}^{(k)})\right].$$

On peut montrer que si la donnée initiale $u_{n+1}^{(0)}$ est bien choisie, une seule itération suffit pour obtenir une solution numérique $u_{n+1}^{(1)}$ dont la précision est du même ordre que la solution u_{n+1} de la méthode implicite originale. Plus précisément, si la méthode implicite originale est d'ordre $p \geq 2$, la donnée initiale $u_{n+1}^{(0)}$ doit être construite avec une méthode explicite d'ordre (au moins) $p - 1$.

Par exemple, si on utilise la méthode (du premier ordre) d'Euler explicite pour initialiser la méthode de Crank-Nicolson, on obtient la *méthode de Heun*, appelée aussi *méthode d'Euler améliorée* et vue plus haut sous le nom de RK2

$$\begin{aligned} u_{n+1}^* &= u_n + hf_n, \\ u_{n+1} &= u_n + \frac{h}{2}\left[f_n + f(t_{n+1}, u_{n+1}^*)\right] \end{aligned} \quad (7.60)$$

La phase explicite est appelée *prédicteur*, tandis que la phase "implicite" est appelée *correcteur*. Un autre exemple combine (AB3) (7.55) comme prédicteur avec (AM4) (7.56) comme correcteur. Ces méthodes sont appelées *méthodes prédicteur-correcteur*. Elles héritent de l'ordre de précision du correcteur. Cependant, étant explicites, elles sont soumises à une condition de stabilité qui est typiquement celle du prédicteur (voir par exemple les régions de stabilité absolue de la Figure 7.14). Elles ne sont donc pas adaptées à la résolution des problèmes de Cauchy sur des intervalles non bornés.

7.8 Méthodes prédicteur-correcteur 239

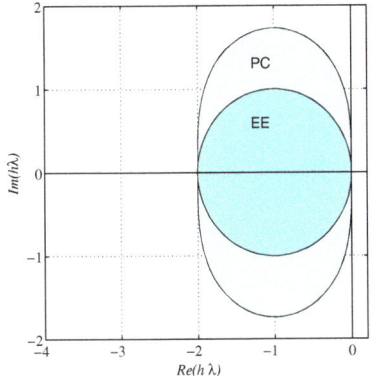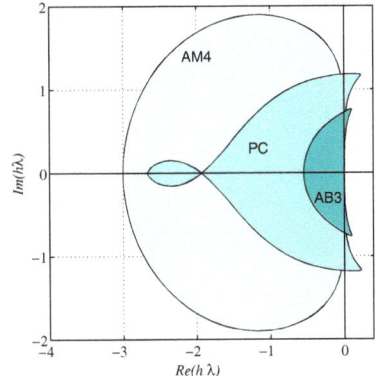

Figure 7.14. Régions de stabilité absolue des méthodes prédicteur-correcteur obtenues en combinant les méthodes d'Euler explicite (EE) et de Crank-Nicolson (*à gauche*), AB3 et AM4 (*à droite*). Remarquer la diminution de la taille des régions par rapport aux méthodes implicites correspondantes (dans le premier cas la région de la méthode de Crank-Nicolson n'a pas été indiquée car elle correspond à tout le demi-plan complexe $Re(h\lambda) < 0$)

Dans le Programme 7.4, on a implémenté une méthode prédicteur-correcteur générale. Les chaînes de caractères `predictor` et `corrector` indiquent la méthode choisie. Par exemple, si on utilise les fonctions `feonestep` et `cnonestep`, respectivement implémentées dans les Programmes 7.5 et 7.7, on peut appeler `predcor` de la manière suivante :

`[t,u]=predcor(f,[t0,T],y0,N,'feonestep','cnonestep');`

et obtenir la méthode de Heun.

Programme 7.4. predcor : méthode prédicteur-correcteur

```
function [t,u]=predcor(odefun,tspan,y0,Nh,...
            predictor,corrector,varargin)
%PREDCOR    Résout une équation différentielle avec une
%   méthode prédicteur-correcteur
%   [T,Y]=PREDCOR(ODEFUN,TSPAN,Y0,NH,PRED,CORR) avec
%   TSPAN=[T0 TF]
%   intègre le systême d'équations différentielles
%   y'=f(t,y) du temps T0 au temps TF avec la condition
%   initiale Y0 en utilisant une méthode générale
%   prédicteur-correcteur sur une grille de NH
%   intervalles équidistribués. La fonction ODEFUN(T,Y)
%   doit retourner un vecteur correspondant à f(t,y)
%   de même dimension que Y.
%   Chaque ligne de la solution Y correspond
%   à un temps du vecteur colonne T.
%   [T,Y]=PREDCOR(ODEFUN,TSPAN,Y0,NH,PRED,CORR,P1,..)
%   passe les paramètres supplémentaires P1,P2,.. aux
%   fonctions ODEFUN, PRED et COOR de la manière
```

240   7 Equations différentielles ordinaires

```
%    suivante: ODEFUN(T,Y,P1,...), PRED(T,Y,P1,P2...),
%    CORR(T,Y,P1,P2...).
h=(tspan(2)-tspan(1))/Nh;
y=y0(:); w=y; u=y.';
tt=linspace(tspan(1),tspan(2),Nh+1);
for t=tt(1:end-1)
    fn = feval(odefun,t,w,varargin{:});
    upre = feval(predictor,t,w,h,fn);
    w = feval(corrector,t+h,w,upre,h,odefun,...
             fn,varargin{:});
    u = [u; w.'];
end
t = tt;
end
```

Programme 7.5. feonestep : un pas de la méthode d'Euler explicite

```
function [u]=feonestep(t,y,h,f)
% FEONESTEP un pas de la méthode d'Euler explicite
u = y + h*f;
return
```

Programme 7.6. beonestep : un pas de la méthode d'Euler implicite

```
function [u]=beonestep(t,u,y,h,f,fn,varargin)
% BEONESTEP un pas de la méthode d'Euler implicite
u = u + h*feval(f,t,y,varargin{:});
return
```

Programme 7.7. cnonestep : un pas de la méthode de Crank-Nicolson

```
function [u]=cnonestep(t,u,y,h,f,fn,varargin)
% CNONESTEP un pas de la méthode de Crank-Nicolson
u = u + 0.5*h*(feval(f,t,y,varargin{:})+fn);
return
```

ode113   Le programme MATLAB ode113 implémente un schéma d'Adams-Bashforth-Moulton avec pas variable.

Voir les Exercices 7.14–7.17.

7.9 Systèmes d'équations différentielles

Considérons le système d'équations différentielles du premier ordre dont les inconnues sont $y_1(t), \ldots, y_m(t)$

$$\begin{cases} y_1' = f_1(t, y_1, \ldots, y_m), \\ \vdots \\ y_m' = f_m(t, y_1, \ldots, y_m), \end{cases}$$

où $t \in]t_0, T]$, avec des conditions initiales

$$y_1(t_0) = y_{0,1}, \ldots, y_m(t_0) = y_{0,m}.$$

Pour le résoudre, on pourrait appliquer à chaque équation une des méthodes introduites précédemment pour les problèmes scalaires. Par exemple, la n-ème itération de la méthode d'Euler explicite s'écrit

$$\begin{cases} u_{n+1,1} = u_{n,1} + h f_1(t_n, u_{n,1}, \ldots, u_{n,m}), \\ \vdots \\ u_{n+1,m} = u_{n,m} + h f_m(t_n, u_{n,1}, \ldots, u_{n,m}). \end{cases}$$

En écrivant le système sous forme vectorielle $\mathbf{y}'(t) = \mathbf{F}(t, \mathbf{y}(t))$, avec des notations évidentes, on étend directement au cas des systèmes les méthodes développées dans le cas d'une seule équation. Par exemple, la méthode

$$\mathbf{u}_{n+1} = \mathbf{u}_n + h(\vartheta \mathbf{F}(t_{n+1}, \mathbf{u}_{n+1}) + (1 - \vartheta)\mathbf{F}(t_n, \mathbf{u}_n)), \qquad n \geq 0,$$

avec $\mathbf{u}_0 = \mathbf{y}_0$, $0 \leq \vartheta \leq 1$, est la forme vectorielle de la méthode d'Euler explicite si $\vartheta = 0$, de la méthode d'Euler implicite si $\vartheta = 1$ et de la méthode de Crank-Nicolson si $\vartheta = 1/2$.

Exemple 7.7 (Dynamique des populations) Appliquons la méthode d'Euler explicite pour résoudre les équations de Lotka-Volterra (7.3) avec $C_1 = C_2 = 1$, $b_1 = b_2 = 0$ et $d_1 = d_2 = 1$. Afin d'utiliser le Programme 7.1 pour un *système* d'équations différentielles ordinaires, on crée une fonction f qui contient les composantes de la fonction vectorielle $\mathbf{F}$, et qu'on sauve dans un fichier f.m. Pour notre système particulier on a :

```
function fn = f(t,y)
C1=1;  C2=1;  d1=1;  d2=1;  b1=0;  b2=0;
[n,m]=size(y); fn=zeros(n,m);
fn(1)=C1*y(1)*(1-b1*y(1)-d2*y(2));
fn(2)=-C2*y(2)*(1-b2*y(2)-d1*y(1));
return
```

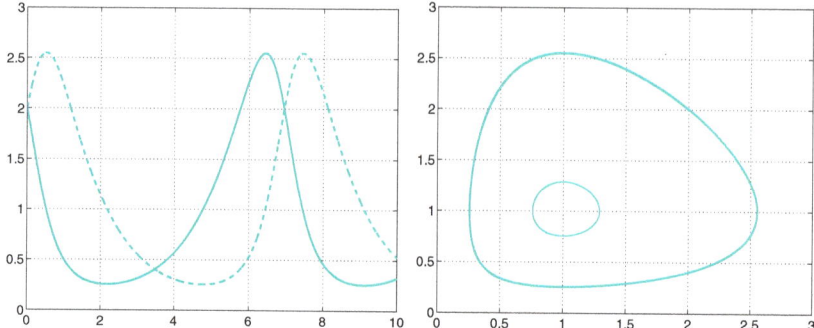

Figure 7.15. Solutions numériques du système (7.3). A gauche, on représente y_1 et y_2 sur l'intervalle de temps $]0, 10[$, le trait plein correspond à y_1, le trait discontinu y_2. On considère deux données initiales : $(2, 2)$ (*trait épais*) et $(1.2, 1.2)$ (*trait fin*). A droite, on trace les trajectoires correspondantes dans le plan de phase

On exécute alors le Programme 7.1 avec l'instruction suivante :
```
[t,u]=feuler('f',[0,10],[2 2],20000);
```
ou, de manière équivalente,
```
[t,u]=feuler(@f,[0,10],[2 2],20000);
```
qui permet de résoudre le système de Lotka-Volterra sur l'intervalle de temps $[0, 10]$ avec un pas de temps $h = 5 \cdot 10^{-4}$.

Le graphique de la Figure 7.15, à gauche, représente l'évolution en temps des deux composantes de la solution. Remarquer qu'elles sont périodiques. Le graphique de la Figure 7.15, à droite, montre des trajectoires dans le plan appelé *plan de phase*, c'est-à-dire, le plan cartésien dont les axes de coordonnées sont y_1 et y_2. La trajectoire partant de $(2, 2)$ reste dans une région bornée du plan (y_1, y_2). En partant du point $(1.2, 1.2)$, la trajectoire demeure dans une région encore plus petite autour du point $(1, 1)$. Ceci peut s'expliquer ainsi : notre système différentiel admet 2 *points d'équilibre*, c'est-à-dire deux points pour lesquels $y_1' = 0$ et $y_2' = 0$. L'un de ces points d'équilibre est justement $(1, 1)$, l'autre est $(0, 0)$. On les trouve en résolvant le système non linéaire

$$\begin{cases} y_1' = y_1 - y_1 y_2 = 0, \\ y_2' = -y_2 + y_2 y_1 = 0. \end{cases}$$

Si la donnée initiale coïncide avec un de ces points, la solution reste constante au cours du temps. On vérifie de plus que $(0, 0)$ est un équilibre instable, alors que $(1, 1)$ est stable. Donc toutes les trajectoires issues d'un point voisin de $(1, 1)$ restent dans une région bornée du plan de phase. ∎

Quand on utilise une méthode explicite, le pas de discrétisation h est soumis à une condition de stabilité similaire à celle rencontrée dans la Section 7.6. Quand les parties réelles des valeurs propres λ_k de la jacobienne $A(t) = [\partial \mathbf{F}/\partial \mathbf{y}](t, \mathbf{y})$ de $\mathbf{F}$ sont toutes négatives, on peut

7.9 Systèmes d'équations différentielles

poser $\lambda = -\max_t \rho(A(t))$, où $\rho(A(t))$ est le rayon spectral de $A(t)$. Ce λ est un bon candidat pour remplacer celui qui apparaissait dans les conditions de stabilité (comme p.ex. (7.30)) obtenues pour les problèmes de Cauchy scalaires.

Remarque 7.6 Les programmes MATLAB (ode23, ode45, ...) évoqués plus haut peuvent être utilisés pour résoudre les systèmes d'équations différentielles ordinaires. La syntaxe est odeXX(@f,[t0 tf],y0), où y0 est le vecteur des conditions initiales, f est une fonction donnée par l'utilisateur et odeXX est une des méthodes proposées par MATLAB. ■

Considérons à présent le cas d'une équation différentielle ordinaire d'ordre m

$$y^{(m)}(t) = f(t, y, y', \ldots, y^{(m-1)}) \tag{7.61}$$

pour $t \in]t_0, T]$, dont les solutions (quand elles existent) forment une famille de fonctions définies à m constantes près. Ces dernières peuvent être fixées en imposant m conditions initiales

$$y(t_0) = y_0,\, y'(t_0) = y_1,\, \ldots,\, y^{(m-1)}(t_0) = y_{m-1}.$$

En posant

$$w_1(t) = y(t),\, w_2(t) = y'(t),\, \ldots,\, w_m(t) = y^{(m-1)}(t),$$

on peut transformer l'équation (7.61) en un système du premier ordre de m équations différentielles

$$\begin{cases} w_1' = w_2, \\ w_2' = w_3, \\ \vdots \\ w_{m-1}' = w_m, \\ w_m' = f(t, w_1, \ldots, w_m), \end{cases}$$

avec les conditions initiales

$$w_1(t_0) = y_0,\, w_2(t_0) = y_1,\, \ldots,\, w_m(t_0) = y_{m-1}.$$

Ainsi, on peut toujours approcher la solution d'une équation différentielle d'ordre $m > 1$ en discrétisant le système équivalent de m équations du premier ordre.

Exemple 7.8 (Circuits électriques) On considère le circuit du Problème 7.4. On suppose que $L(i_1) = L$ est constante et que $R_1 = R_2 = R$. Dans ce cas, on peut calculer v en résolvant le système de deux équations différentielles suivant

$$\begin{cases} v'(t) = w(t), \\ w'(t) = -\dfrac{1}{LC}\left(\dfrac{L}{R} + RC\right)w(t) - \dfrac{2}{LC}v(t) + \dfrac{e}{LC}, \end{cases} \quad (7.62)$$

avec les conditions initiales $v(0) = 0$, $w(0) = 0$. Ce système a été obtenu à partir de l'équation différentielle du second ordre

$$LC\dfrac{d^2v}{dt^2} + \left(\dfrac{L}{R_2} + R_1 C\right)\dfrac{dv}{dt} + \left(\dfrac{R_1}{R_2} + 1\right)v = e. \quad (7.63)$$

On pose $L = 0.1$ Henry, $C = 10^{-3}$ Farad, $R = 10$ Ohm et $e = 5$ Volt, où Henry, Farad, Ohm et Volt sont respectivement les unités d'inductance, de capacitance, de résistance et de tension. On applique alors la méthode d'Euler explicite avec $h = 0.001$ secondes dans l'intervalle de temps $[0, 0.1]$, à l'aide du Programme 7.1 :

```
[t,u]=feuler(@fsys,[0,0.1],[0 0],100);
```

où `fsys` est définie dans le fichier `fsys.m` :

```
function fn=fsys(t,y)
L=0.1; C=1.e-03; R=10; e=5; LC = L*C;
[n,m]=size(y); fn=zeros(n,m);
fn(1)=y(2);
fn(2)=-(L/R+R*C)/(LC)*y(2)-2/(LC)*y(1)+e/(LC);
return
```

On indique sur la Figure 7.16 les valeurs approchées de $v(t)$ et $w(t)$. Comme prévu, $v(t)$ tend vers $e/2 = 2.5$ Volt pour $t \to \infty$. Dans ce cas $A = [\partial \mathbf{F}/\partial \mathbf{y}](t, \mathbf{y}) = [0, 1; -20000, -200]$ et ne dépend donc pas du temps. Ses valeurs propres sont $\lambda_{1,2} = -100 \pm 100i$, donc la condition de stabilité absolue est $h < -2Re(\lambda_i)/|\lambda_i|^2 = 0.01$. ∎

Parfois, on approche directement des équations d'ordre élevé sans passer par le système équivalent d'ordre un. Considérons par exemple le cas d'un problème de Cauchy du second ordre

$$\begin{cases} y''(t) = f(t, y(t), y'(t)), & t \in]t_0, T], \\ y(t_0) = \alpha_0, \quad y'(t_0) = \beta_0. \end{cases} \quad (7.64)$$

On va construire deux suites u_n et v_n pour approcher respectivement $y(t_n)$ et $y'(t_n)$. Une manière simple de procéder consiste par exemple à définir u_{n+1} par

$$\dfrac{u_{n+1} - 2u_n + u_{n-1}}{h^2} = f(t_n, u_n, v_n), \quad 1 \le n \le N_h, \quad (7.65)$$

avec $u_0 = \alpha_0$ et $v_0 = \beta_0$. Comme $(y_{n+1} - 2y_n + y_{n-1})/h^2$ est une approximation d'ordre 2 de $y''(t_n)$, il est naturel de considérer également une approximation d'ordre 2 de $y'(t_n)$ (voir (4.9))

$$v_n = \dfrac{u_{n+1} - u_{n-1}}{2h}, \text{ avec } v_0 = \beta_0. \quad (7.66)$$

7.9 Systèmes d'équations différentielles 245

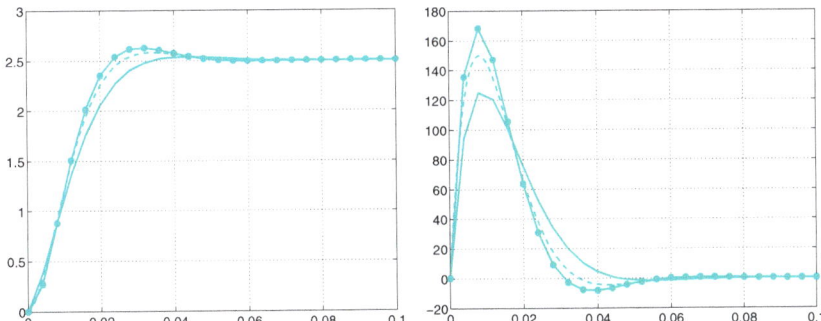

Figure 7.16. Solutions numériques du système (7.62). La chute de potentiel $v(t)$ est tracée à gauche, sa dérivée $w(t)$ à droite : les traits discontinus représentent la solution obtenue pour $h = 0.001$ avec la méthode d'Euler explicite, le trait plein est obtenu avec la même méthode pour $h = 0.004$. Les traits pleins avec cercles correspondent à la méthode de Newmark (7.67) avec $\zeta = 1/4$, $\theta = 1/2$ et $h = 0.004$

Le schéma (7.65)-(7.66), appelé *saute-mouton* (*leap-frog* en anglais), est précis à l'ordre 2 par rapport à h.

La *méthode de Newmark* est plus générale. Elle consiste à construire deux suites, approchant les mêmes fonctions que ci-dessus, définies par

$$u_{n+1} = u_n + hv_n + h^2 \left[\zeta f(t_{n+1}, u_{n+1}, v_{n+1}) + (1/2 - \zeta) f(t_n, u_n, v_n) \right],$$
$$v_{n+1} = v_n + h \left[(1 - \theta) f(t_n, u_n, v_n) + \theta f(t_{n+1}, u_{n+1}, v_{n+1}) \right],$$
(7.67)

avec $u_0 = \alpha_0$ et $v_0 = \beta_0$, où ζ et θ sont deux nombres réels positifs. Cette méthode est implicite, sauf pour $\zeta = \theta = 0$. Elle est du second ordre si $\theta = 1/2$ et du premier ordre si $\theta \neq 1/2$. La condition $\theta \geq 1/2$ est nécessaire pour la stabilité. Si $\theta = 1/2$ et $\zeta = 1/4$, on trouve une méthode inconditionnellement stable qui est très utilisée. Cependant, cette méthode n'est pas adaptée à la simulation sur de grands intervalles de temps car elle conduit à des oscillations parasites. Pour ce type de simulation, il vaut mieux utiliser $\theta > 1/2$ et $\zeta > (\theta + 1/2)^2/4$ bien que le schéma ne soit alors plus que d'ordre un.

Le Programme 7.8 propose une implémentation de la méthode de Newmark. Le vecteur `param` permet de préciser les valeurs des coefficients (`param(1)`=ζ, `param(2)`=θ).

Programme 7.8. newmark : méthode de Newmark

```
function [t,u]=newmark(odefun,tspan,y0,Nh,param,...
             varargin)
%NEWMARK résout une équation différentielle du second
%   ordre avec la méthode de Newmark
%   [T,Y]=NEWMARK(ODEFUN,TSPAN,Y0,NH,PARAM) avec TSPAN =
%   [T0 TF] intègre le système d'équations différen-
%   tielles y''=f(t,y,y') du temps T0 au temps TF avec
%   la condition initiale Y0=(y(t0),y'(t0)) en utilisant
%   la méthode de Newmark sur une grille de NH
%   intervalles équidistribués.
%   PARAM contient les paramètres zeta et theta.
%   La fonction ODEFUN(T,Y) doit retourner un vecteur
%   contenant les évaluations de f(t,y) et de même
%   dimension que Y. Chaque ligne de la solution Y
%   correspond à un temps contenu dans le vecteur
%   colonne T.
tt=linspace(tspan(1),tspan(2),Nh+1);
y=y0(:); u=y.';
global glob_h glob_t glob_y glob_odefun;
global glob_zeta glob_theta glob_varargin glob_fn;
glob_h=(tspan(2)-tspan(1))/Nh;
glob_y=y; glob_odefun=odefun;
glob_zeta = param(1); glob_theta = param(2);
glob_varargin=varargin;
if ( exist('OCTAVE_VERSION') )
o_ver=OCTAVE_VERSION;
version=str2num([o_ver(1),o_ver(3),o_ver(5)]);
end
if ( ~exist( 'OCTAVE_VERSION' )  | version >= 320 )
 options=optimset;
 options.Display='off';
 options.TolFun=1.e-12;
 options.MaxFunEvals=10000;
end
glob_fn =feval(odefun,tt(1),glob_y,varargin{:});
for glob_t=tt(2:end)
if ( exist( 'OCTAVE_VERSION' ) & version < 320 )
  w = fsolve('newmarkfun', glob_y );
else
  w = fsolve(@(w) newmarkfun(w),glob_y,options);
end
  glob_fn =feval(odefun,glob_t,w,varargin{:});
  u = [u; w.']; glob_y = w;
end
t=tt;    clear glob_h glob_t glob_y glob_odefun;
clear glob_zeta glob_theta glob_varargin glob_fn;
end

function z=newmarkfun(w)
 global glob_h glob_t glob_y glob_odefun;
 global glob_zeta glob_theta glob_varargin glob_fn;
 fn1=feval(glob_odefun,glob_t,w,glob_varargin{:});
 z(1)=w(1) - glob_y(1) -glob_h*glob_y(2)-...
    glob_h^2*(glob_zeta*fn1+(0.5-glob_zeta)*glob_fn);
 z(2)=w(2) - glob_y(2) -...
    glob_h*((1-glob_theta)*glob_fn+glob_theta*fn1);
end
```

Exemple 7.9 (Circuits électriques) On considère à nouveau le circuit du Problème 7.4 et on résout l'équation du second ordre (7.63) avec le schéma de Newmark. Sur la Figure 7.16, on compare les approximations numériques de la fonction v calculée avec le schéma d'Euler (*trait discontinu* et *trait plein*) et le schéma de Newmark avec $\theta = 1/2$ et $\zeta = 1/4$ (*trait plein avec cercles*), avec un pas de temps $h = 0.004$. La meilleure précision de la dernière solution est due au fait que la méthode (7.67) est d'ordre deux en h. ∎

Voir les Exercices 7.18–7.20.

7.10 Quelques exemples

On termine ce chapitre en considérant trois exemples non triviaux de systèmes d'équations différentielles ordinaires.

7.10.1 Le pendule sphérique

Le mouvement d'un point $\mathbf{x}(t) = (x_1(t), x_2(t), x_3(t))^T$ de masse m soumis à la gravité $\mathbf{F} = (0, 0, -gm)^T$ (avec $g = 9.8$ m/s^2) et contraint de se déplacer sur la surface sphérique d'équation $\Phi(\mathbf{x}) = x_1^2 + x_2^2 + x_3^2 - 1 = 0$ est décrit par le système d'équations différentielles ordinaires suivant

$$\ddot{\mathbf{x}} = \frac{1}{m}\left(\mathbf{F} - \frac{m\,\dot{\mathbf{x}}^T \mathrm{H}\,\dot{\mathbf{x}} + \nabla\Phi^T \mathbf{F}}{|\nabla\Phi|^2}\nabla\Phi\right) \text{ pour } t > 0. \quad (7.68)$$

On note $\dot{\mathbf{x}}$ la dérivée première et $\ddot{\mathbf{x}}$ la dérivée seconde par rapport à t, $\nabla\Phi$ le gradient spatial de Φ, égal à $2\mathbf{x}$, H la matrice hessienne de Φ dont les composantes sont $\mathrm{H}_{ij} = \partial^2\Phi/\partial x_i \partial x_j$ pour $i, j = 1, 2, 3$. Dans notre cas, H est une matrice diagonale dont les coefficients valent 2. On complète le système (7.68) avec les conditions initiales $\mathbf{x}(0) = \mathbf{x}_0$ et $\dot{\mathbf{x}}(0) = \mathbf{v}_0$.

Pour résoudre numériquement le système (7.68), transformons-le en un système d'équations différentielles du premier ordre en la nouvelle variable $\mathbf{y}$, qui est un vecteur à 6 composantes. En posant $y_i = x_i$, $y_{i+3} = \dot{x}_i$ avec $i = 1, 2, 3$, et

$$\lambda = \left(m(y_4, y_5, y_6)^T \mathrm{H}(y_4, y_5, y_6) + \nabla\Phi^T \mathbf{F}\right)/|\nabla\Phi|^2,$$

on obtient, pour $i = 1, 2, 3$,

$$\begin{cases} \dot{y}_i = y_{3+i}, \\ \dot{y}_{3+i} = \dfrac{1}{m}\left(F_i - \lambda\dfrac{\partial\Phi}{\partial y_i}\right). \end{cases} \quad (7.69)$$

On utilise les méthodes d'Euler et de Crank-Nicolson. On commence par définir une fonction MATLAB (`fvinc` dans le Programme 7.9) qui fournit l'expression du second membre de (7.69). On suppose que les conditions initiales sont données dans le vecteur y0=[0,1,0,.8,0,1.2] et que l'intervalle d'intégration est tspan=[0,25]. On exécute la méthode d'Euler explicite de la manière suivante :

[t,y]=feuler(@fvinc,tspan,y0,nt);

(on procède de même pour les méthodes d'Euler implicite beuler et de Crank-Nicolson cranknic), où nt est le nombre d'intervalles (de longueur constante) utilisés pour discrétiser l'intervalle [tspan(1),tspan(2)]. Les graphiques de la Figure 7.17 montrent les trajectoires obtenues avec 10000 et 100000 noeuds de discrétisation. La solution ne semble raisonnablement précise que dans le second cas. En effet, bien qu'on ne connaisse pas la solution exacte du problème, on peut avoir une idée de la précision en remarquant que la solution vérifie $r(\mathbf{y}) \equiv |y_1^2 + y_2^2 + y_3^2 - 1| = 0$. On peut donc mesurer la valeur maximale du résidu $r(\mathbf{y}_n)$ quand n varie, $\mathbf{y}_n$ étant l'approximation de la solution exacte construite au temps t_n. En utilisant 10000 noeuds de discrétisation, on trouve $r = 1.0578$, tandis qu'avec 100000 noeuds on a $r = 0.1111$, ce qui est en accord avec le résultat théorique prédisant une convergence d'ordre un pour la méthode d'Euler explicite.

En utilisant la méthode d'Euler implicite avec 20000 pas on obtient la solution tracée sur la Figure 7.18, tandis que la méthode de Crank-Nicolson (d'ordre 2) donne, avec seulement 1000 pas, la solution tracée sur la même figure (à droite) qui est visiblement plus précise. On trouve en effet $r = 0.5816$ pour la méthode d'Euler implicite et $r = 0.0928$ pour la méthode de Crank-Nicolson.

A titre de comparaison, résolvons le même problème avec les méthodes adaptatives explicites de Runge-Kutta ode23 et ode45 de MATLAB. Celles-ci adaptent le pas d'intégration afin d'assurer que l'erreur

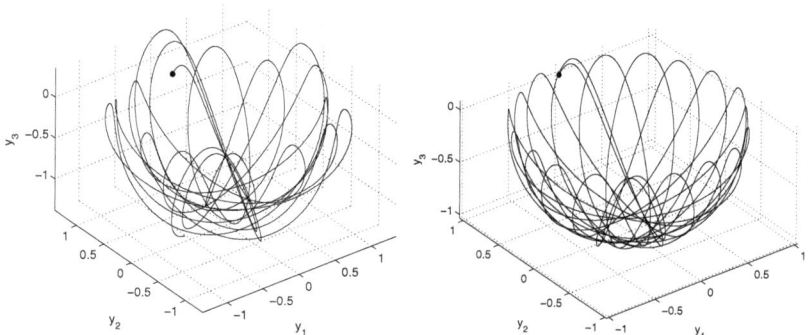

Figure 7.17. Trajectoires obtenues avec la méthode d'Euler explicite pour $h = 0.0025$ (à gauche), et pour $h = 0.00025$ (à droite). Le point noir désigne la donnée initiale

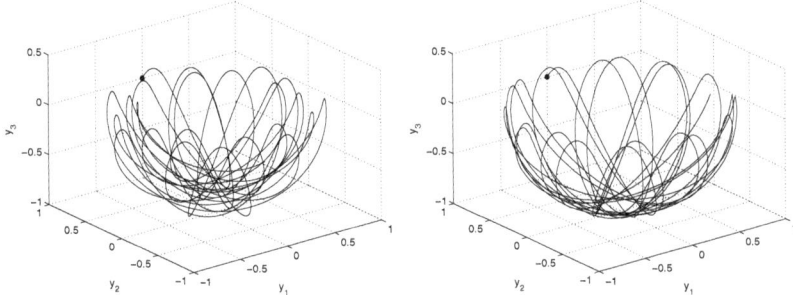

Figure 7.18. Trajectoires obtenues avec la méthode d'Euler implicite pour $h = 0.00125$ (à gauche), et avec la méthode de Crank-Nicolson pour $h = 0.025$ (à droite)

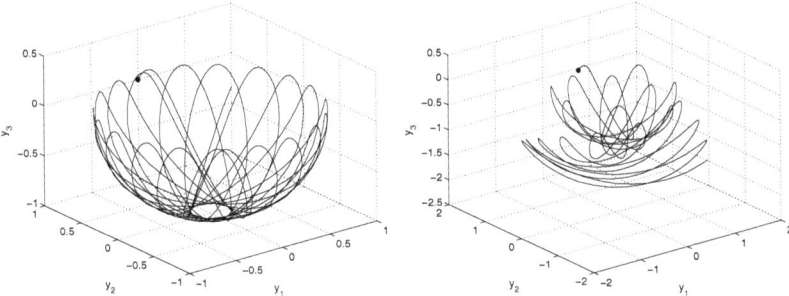

Figure 7.19. Trajectoires obtenues avec les méthodes ode23 (à gauche) et ode45 (à droite) en demandant la même précision. Dans le second cas, le contrôle de l'erreur échoue et la solution obtenue est moins précise

relative soit inférieure à 10^{-3} et l'erreur absolue inférieure à 10^{-6} (à moins de modifier ces valeurs par défaut). On les exécute avec les commandes suivantes :
```
[t1,y1]=ode23(@fvinc,tspan,y0');
[t2,y2]=ode45(@fvinc,tspan,y0');
```
et on obtient les solutions de la Figure 7.19.

Les deux méthodes utilisent respectivement 783 et 537 noeuds de discrétisation non uniformément distribués. Le résidu r est égal à 0.0238 pour ode23 et à 3.2563 pour ode45. Il est surprenant de constater que le résultat est moins précis avec la méthode d'ordre le plus élevé. Ceci nous montre qu'il faut être prudent en utilisant les fonctions ode de MATLAB. Ce comportement s'explique par le fait que l'estimateur d'erreur implémenté dans ode45 est moins contraignant que celui de ode23. En diminuant légèrement la tolérance relative (il suffit de prendre options=odeset('RelTol',1.e-04)) et en invoquant la commande [t,y]=ode45(@fvinc,tspan,y0,options); on obtient finalement des résultats comparables à ceux de ode23 : la fonction ode23

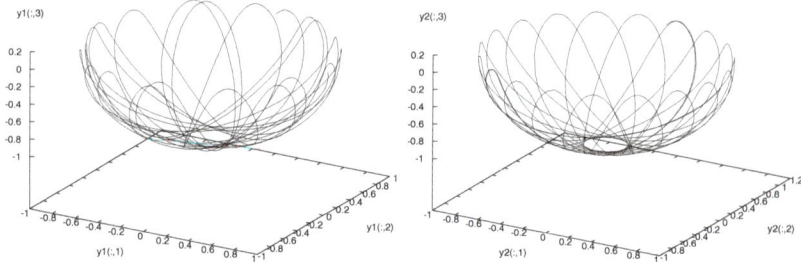

Figure 7.20. Trajectoires obtenues avec les méthodes `ode23` (à gauche) et `ode45` (à droite) en demandant la même précision.

requiert 1751 noeuds de discrétisation et donne un résidu $r = 0.003$, tandis que `ode45` requiert 1089 noeuds de discrétisation pour un résidu $r = 0.060$.

Programme 7.9. fvinc : terme de force pour le problème du pendule sphérique

```
function [f]=fvinc(t,y)
[n,m]=size(y); f=zeros(n,m);
phix='2*y(1)';
phiy='2*y(2)';
phiz='2*y(3)';
H=2*eye(3);
mass=1;  % Masse
F1='0*y(1)';
F2='0*y(2)';
F3='-mass*9.8'; % Gravité
xdot=zeros(3,1);
xdot(1:3)=y(4:6);
F=[eval(F1);eval(F2);eval(F3)];
G=[eval(phix);eval(phiy);eval(phiz)];
lambda=(mass*xdot'*H*xdot+F'*G)/(G'*G);
f(1:3)=y(4:6);
for k=1:3;
   f(k+3)=(F(k)-lambda*G(k))/mass;
end
return
```

Octave 7.2 `ode23` effectue 924 pas et `ode45` effectue 575 pas pour la même précision `tol=1.e-03`.

Remarquer que `ode45` donne des résultats similaires à ceux de `ode23`, contrairement à `ode45` de MATLAB, voir Figure 7.20. ∎

7.10.2 Le problème à trois corps

On souhaite calculer l'évolution d'un système composé de trois corps soumis aux forces de gravitation qu'ils exercent les uns sur les autres, connaissant leur position initiale, leur vitesse et leur masse. On peut

7.10 Quelques exemples 251

mettre le problème en équations à l'aide des lois de Newton. Cependant, contrairement au cas de deux corps, on ne connaît pas de solutions sous forme analytique. On suppose que l'un des trois corps a une masse beaucoup plus grande que les deux autres, comme dans le cas du système Soleil-Terre-Mars. Ce problème a été étudié par de célèbres mathématiciens, comme Lagrange au 18ème siècle, Poincaré vers la fin du 19ème et Levi-Civita au 20ème.

On note M_s la masse du Soleil, M_t celle de la Terre et M_m celle de Mars. La masse du Soleil étant environ 330000 fois plus grande que celle de la Terre, et la masse de Mars valant environ le dixième de celle de la Terre, on imagine sans peine que le centre de gravité des trois corps coïncide approximativement avec le centre du Soleil (qui reste donc fixe dans ce modèle) et que les trois corps demeurent dans le plan défini par leur position initiale. Les forces exercées sur la Terre sont alors

$$\mathbf{F}_t = \mathbf{F}_{ts} + \mathbf{F}_{tm} = M_t \frac{d^2\mathbf{x}_t}{dt^2}, \qquad (7.70)$$

où $\mathbf{x}_t = (x_t, y_t)^T$ est la position de Terre, $\mathbf{F}_{ts}$ et $\mathbf{F}_{tm}$ désignent respectivement les forces exercées sur la Terre par le Soleil et par Mars. En appliquant la relation fondamentale de la dynamique, en notant G la constant universelle de gravité et $\mathbf{x}_m$ la position de Mars, l'équation (7.70) s'écrit

$$M_t \frac{d^2\mathbf{x}_t}{dt^2} = -GM_t M_s \frac{\mathbf{x}_t}{|\mathbf{x}_t|^3} + GM_t M_m \frac{\mathbf{x}_m - \mathbf{x}_t}{|\mathbf{x}_m - \mathbf{x}_t|^3}.$$

Choisissons l'unité astronomique (1UA) comme unité de longueur, l'année (1an) comme unité de temps et définissons la masse du soleil par $M_s = \frac{4\pi^2 (1\text{UA})^3}{G(1\text{an})^2}$. En adimensionnant ces équations et en notant encore $\mathbf{x}_e, \mathbf{x}_m, \mathbf{x}_s$ et t les variables adimensionnées, on obtient

$$\frac{d^2\mathbf{x}_t}{dt^2} = 4\pi^2 \left(\frac{M_m}{M_s} \frac{\mathbf{x}_m - \mathbf{x}_t}{|\mathbf{x}_m - \mathbf{x}_t|^3} - \frac{\mathbf{x}_t}{|\mathbf{x}_t|^3} \right). \qquad (7.71)$$

En procédant de manière analogue pour Mars, on trouve

$$\frac{d^2\mathbf{x}_m}{dt^2} = 4\pi^2 \left(\frac{M_t}{M_s} \frac{\mathbf{x}_t - \mathbf{x}_m}{|\mathbf{x}_t - \mathbf{x}_m|^3} - \frac{\mathbf{x}_m}{|\mathbf{x}_m|^3} \right). \qquad (7.72)$$

Le système du second ordre (7.71)-(7.72) se ramène alors à un système de huit équations du premier ordre. Le Programme 7.10 implémente la fonction définissant le second membre du système (7.71)-(7.72).

Programme 7.10. threebody : second membre pour le système du problème à trois corps

```
function f=threebody(t,y)
[n,m]=size(y); f=zeros(n,m); Ms=330000; Me=1; Mm=0.1;
D1 = ((y(5)-y(1))^2+(y(7)-y(3))^2)^(3/2);
D2 = (y(1)^2+y(3)^2)^(3/2);
f(1)=y(2); f(2)=4*pi^2*(Me/Ms*(y(5)-y(1))/D1-y(1)/D2);
f(3)=y(4); f(4)=4*pi^2*(Me/Ms*(y(7)-y(3))/D1-y(3)/D2);
D2 = (y(5)^2+y(7)^2)^(3/2);
f(5)=y(6); f(6)=4*pi^2*(Mm/Ms*(y(1)-y(5))/D1-y(5)/D2);
f(7)=y(8); f(8)=4*pi^2*(Mm/Ms*(y(3)-y(7))/D1-y(7)/D2);
return
```

Comparons la méthode de Crank-Nicolson (implicite) et la méthode adaptative de Runge-Kutta implémentée dans ode23 (explicite). En normalisant la distance Terre-Soleil à 1, la distance Soleil-Mars vaut 1.52 : on prend donc $(1,0)$ pour la position initiale de Terre et $(1.52, 0)$ pour celle de Mars. Supposons de plus que la vitesse horizontale des deux planètes est nulle, que la vitesse verticale de la Terre est égale à -5.1 et que celle de Mars vaut -4.6 (en unités adimensionnées) : avec ce choix, elles devraient conserver une orbite relativement stable autour du Soleil. On choisit 2000 pas de discrétisation pour la méthode de Crank-Nicolson :

```
[t23,u23]=ode23(@threebody,[0 10],...
                [1.52 0 0 -4.6 1 0 0 -5.1]);
[tcn,ucn]=cranknic(@threebody,[0 10],...
                [1.52 0 0 -4.6 1 0 0 -5.1],2000);
```

Les graphes de la Figure 7.21 montrent que les deux méthodes reproduisent convenablement les orbites périodiques des deux planètes autour du Soleil. La méthode ode23 ne nécessite que 543 itérations (avec des pas non uniformes) pour construire une solution plus précise que celle

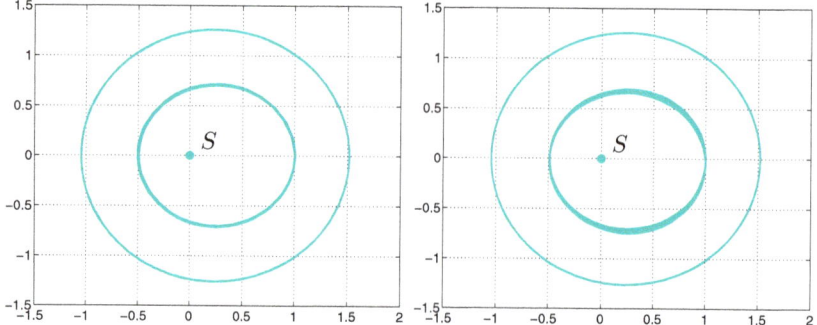

Figure 7.21. Les orbites de la Terre (la plus petite) et de Mars autour du Soleil calculées avec la méthode adaptative ode23 (*à gauche*) en 543 itérations et avec la méthode de Crank-Nicolson (*à droite*) en 2000 itérations

fournie par une méthode implicite du même ordre mais n'utilisant pas un pas de temps adaptatif.

Octave 7.3 `ode23` effectue 847 itérations pour construire une solution avec une tolérance de 1e-3. ∎

7.10.3 Des problèmes raides

Considérons l'équation différentielle suivante, proposée dans [Gea71] comme une variante du problème modèle (7.28)

$$\begin{cases} y'(t) = \lambda(y(t) - g(t)) + g'(t), & t > 0, \\ y(0) = y_0, \end{cases} \quad (7.73)$$

où g est une fonction régulière et $\lambda \ll 0$. La solution de ce problème est donnée par

$$y(t) = (y_0 - g(0))e^{\lambda t} + g(t), \quad t \geq 0. \quad (7.74)$$

Elle est constituée de deux termes, $(y_0 - g(0))e^{\lambda t}$ et $g(t)$, le premier étant négligeable par rapport au second pour t assez grand. Par exemple, on prend $g(t) = t$, $\lambda = -100$ et on résout le problème (7.73) sur l'intervalle $]0, 100[$ avec la méthode d'Euler explicite : puisque dans ce cas $f(t,y) = \lambda(y(t) - g(t)) + g'(t)$, on a $\partial f/\partial y = \lambda$, et l'analyse de stabilité effectuée à la Section 7.5 suggère de choisir $h < 2/100$. Cette restriction provient de la présence d'un terme en e^{-100t} et semble totalement injustifiée quand on pense à l'importance relative très faible de cette composante par rapport au reste de la solution (pour fixer les idées, si $t = 1$ on a $e^{-100} \approx 10^{-44}$). La situation empire encore quand on utilise une méthode explicite d'ordre plus élevé, comme par exemple la méthode d'Adams-Bashforth (7.55) d'ordre 3 : la région de stabilité absolue se réduit (voir Figure 7.12) et, par conséquent, la restriction sur h devient encore plus stricte, $h < 0.00545$. Ne pas respecter, même légèrement, cette restriction conduit à des solutions totalement inacceptables (comme le montre la Figure 7.22, à gauche).

Nous sommes donc face à un problème apparemment simple, mais qui est difficile à résoudre avec une méthode explicite (et plus généralement avec une méthode qui n'est pas A-stable) à cause de la présence de deux termes dans la solution dont le comportement est totalement différent quand t tend vers l'infini : un problème de ce type est appelé problème *raide*.

Plus généralement, on dit qu'un système d'équations différentielles de la forme

$$\mathbf{y}'(t) = \mathbf{A}\mathbf{y}(t) + \boldsymbol{\varphi}(t), \quad \mathbf{A} \in \mathbb{R}^{n \times n}, \quad \boldsymbol{\varphi}(t) \in \mathbb{R}^n, \quad (7.75)$$

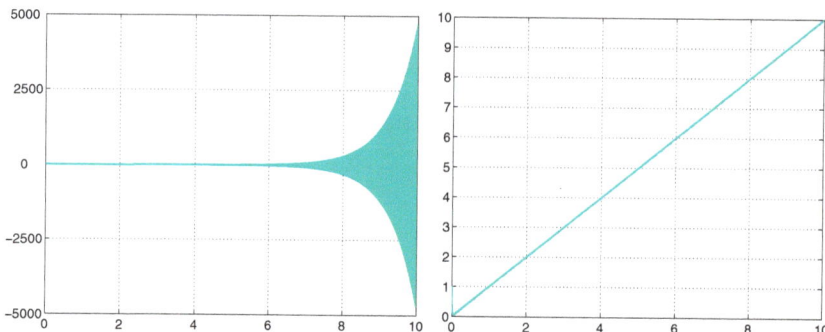

Figure 7.22. Solutions obtenues avec la méthode (7.55) pour le problème (7.73) en violant la condition de stabilité ($h = 0.0055$, à gauche) et en la respectant ($h = 0.0054$, à droite)

où A a n valeurs propres distinctes λ_j, $j = 1, \ldots, n$, avec $\text{Re}(\lambda_j) < 0$, $j = 1, \ldots, n$, est raide si

$$r_s = \frac{\max_j |\text{Re}(\lambda_j)|}{\min_j |\text{Re}(\lambda_j)|} \gg 1.$$

La solution exacte de (7.75) est

$$\mathbf{y}(t) = \sum_{j=1}^{n} C_j e^{\lambda_j t} \mathbf{v}_j + \boldsymbol{\psi}(t), \qquad (7.76)$$

où $C_1, \ldots, C_n$ sont n constantes, $\{\mathbf{v}_j\}$ est une base constituée par les vecteurs propres de A, et $\boldsymbol{\psi}(t)$ est une solution particulière de l'équation différentielle. Si $r_s \gg 1$, on constate à nouveau la présence dans la solution $\mathbf{y}$ de composantes qui tendent vers zéro avec des vitesses différentes. La composante qui tend le plus vite vers zéro quand t tend vers l'infini (celle qui est associée à la valeur propre de plus grand module) est celle qui impose la restriction la plus sévère sur le pas d'intégration, à moins bien sûr d'utiliser une méthode inconditionnellement absolument stable.

Exemple 7.10 Considérons le système $\mathbf{y}'(t) = A\mathbf{y}(t)$ pour $t \in]0, 100[$ avec une condition initiale $\mathbf{y}(0) = \mathbf{y}_0$, où $\mathbf{y} = (y_1, y_2)^T$, $\mathbf{y}_0 = (y_{1,0}, y_{2,0})^T$ et

$$A = \begin{bmatrix} 0 & 1 \\ -\lambda_1 \lambda_2 & \lambda_1 + \lambda_2 \end{bmatrix},$$

où λ_1 et λ_2 sont deux réels négatifs distincts tels que $|\lambda_1| \gg |\lambda_2|$. La matrice A a des valeurs propres λ_1 et λ_2 et des vecteurs propres $\mathbf{v}_1 = (1, \lambda_1)^T$, $\mathbf{v}_2 = (1, \lambda_2)^T$. D'après (7.76), la solution exacte du système est

$$\mathbf{y}(t) = \begin{pmatrix} C_1 e^{\lambda_1 t} + C_2 e^{\lambda_2 t} \\ C_1 \lambda_1 e^{\lambda_1 t} + C_2 \lambda_2 e^{\lambda_2 t} \end{pmatrix}. \qquad (7.77)$$

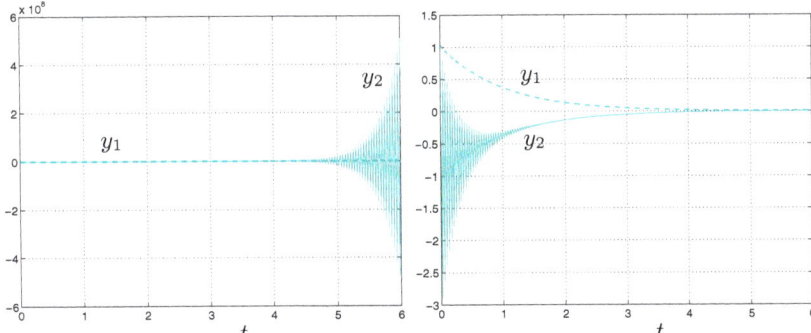

Figure 7.23. Solutions du problème de l'Exemple 7.10 pour $h = 0.0207$ (à gauche) et $h = 0.0194$ (à droite). Dans le premier cas, la condition $h < 2/|\lambda_1| = 0.02$ est violée et la méthode est instable. Remarquer que les échelles sont très différentes sur les deux graphiques

Les constantes C_1 et C_2 sont obtenues avec les conditions initiales

$$C_1 = \frac{\lambda_2 y_{1,0} - y_{2,0}}{\lambda_2 - \lambda_1}, \qquad C_2 = \frac{y_{2,0} - \lambda_1 y_{1,0}}{\lambda_2 - \lambda_1}.$$

D'après les remarques faites précédemment, quand on résout un tel système avec une méthode explicite, le pas d'intégration ne dépend que de la valeur propre de plus grand module, λ_1. Vérifions ceci expérimentalement en utilisant la méthode d'Euler explicite et en choisissant $\lambda_1 = -100$, $\lambda_2 = -1$, $y_{1,0} = y_{2,0} = 1$. Sur la Figure 7.23, on trace les solutions calculées en violant (à gauche) ou en respectant (à droite) la condition de stabilité $h < 1/50$. ∎

La définition d'un problème raide peut être étendue, avec quelques précautions, au cas non linéaire (voir par exemple [QSS07, Chapitre 11]). Un des problèmes non linéaires *raides* les plus étudiés est *l'équation de Van der Pol*

$$\frac{d^2 x}{dt^2} = \mu(1 - x^2)\frac{dx}{dt} - x, \qquad (7.78)$$

proposée en 1920 et utilisée dans l'étude de circuits comportant des valves thermo-ioniques, des tubes à vide comme dans les téléviseurs cathodiques ou des magnétrons comme dans les fours à micro-ondes.

En posant $\mathbf{y} = (x, z)^T$, avec $z = dx/dt$, (7.78) est équivalent au système non linéaire du premier ordre

$$\mathbf{y}' = \mathbf{F}(t, \mathbf{y}) = \begin{bmatrix} z \\ -x + \mu(1 - x^2)z \end{bmatrix}. \qquad (7.79)$$

Ce système devient de plus en plus raide quand on augmente le paramètre μ. On trouve en effet dans la solution deux composantes dont la

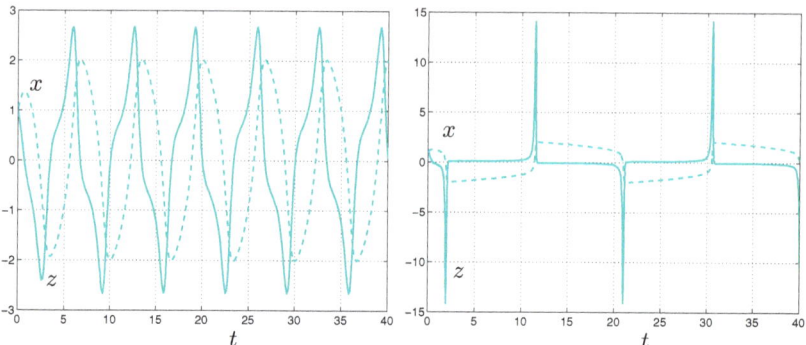

Figure 7.24. Composantes des solutions **y** du système (7.79) pour $\mu = 1$ (*à gauche*) et $\mu = 10$ (*à droite*)

Table 7.1. Nombre d'itérations pour diverses méthodes d'approximation en fonction de μ

μ	ode23	ode45	ode23s	ode15s
0.1	471	509	614	586
1	775	1065	838	975
10	1220	2809	1005	1077
100	7835	23473	299	305
1000	112823	342265	183	220

dynamique est très différente pour de grandes valeurs de μ : celle ayant la dynamique la plus rapide impose une limitation sur le pas d'intégration d'autant plus sévère que μ est grand.

Résoudre (7.78) avec ode23 et ode45 est trop coûteux quand μ est grand. Avec $\mu = 100$ et la donnée initiale $\mathbf{y} = (1,1)^T$, ode23 effectue 7835 itérations et ode45 effectue 23473 itérations pour résoudre l'équation entre $t = 0$ et $t = 100$. L'aide MATLAB ("help") nous apprend d'ailleurs que ces méthodes ne sont pas recommandées pour des problèmes *raides*. Pour ce type de problème, il est suggéré d'utiliser par exemple les méthodes implicites ode23s ou ode15s. La différence en terme de nombre d'itérations est considérable, comme le montre la Table 7.1. Remarquer cependant que le nombre d'itérations pour ode23s n'est plus petit que pour ode23 seulement pour des valeurs de μ assez grandes (donc pour des problèmes très raides).

Octave 7.4 Bien que ode15s et ode23s n'existent pas dans Octave, celui-ci comporte néanmoins plusieurs solveurs d'équations différentielles ordinaires capables de traiter des problèmes raides, soit directement dans le noyau d'Octave (lsode, dassl, daspk), soit dans le package odepkg d'Octave-Forge (ode2r, ode5r, odebda, oders, odesx). ∎

7.11 Ce qu'on ne vous a pas dit

Pour une construction détaillée de la famille des méthodes de Runge-Kutta nous renvoyons à [But87], [Lam91] et [QSS07, Chapitre 11].

Pour la construction et l'analyse des méthodes multi-pas, voir [Arn73] et [Lam91].

7.12 Exercices

Exercice 7.1 Utiliser les méthodes d'Euler implicite et explicite pour résoudre le problème de Cauchy

$$y' = \sin(t) + y, \ t \in]0,1], \text{ avec } y(0) = 0, \quad (7.80)$$

et vérifier que dans les deux cas la convergence est d'ordre 1.

Exercice 7.2 On considère le problème de Cauchy

$$y' = -te^{-y}, \ t \in]0,1], \text{ avec } y(0) = 0. \quad (7.81)$$

Appliquer la méthode d'Euler explicite avec $h = 1/100$ et estimer le nombre de chiffres significatifs exacts de la solution approchée à $t = 1$ (utiliser le fait que la solution exacte est comprise entre -1 et 0).

Exercice 7.3 La méthode d'Euler implicite appliquée au problème (7.81) nécessite à chaque itération la résolution de l'équation non linéaire : $u_{n+1} = u_n - ht_{n+1}e^{-u_{n+1}} = \phi(u_{n+1})$. La solution u_{n+1} peut être obtenue avec la méthode de point fixe : pour $k = 0, 1, \ldots$, on calcule $u_{n+1}^{(k+1)} = \phi(u_{n+1}^{(k)})$, avec $u_{n+1}^{(0)} = u_n$. Trouver la condition sur h pour que cette méthode converge.

Exercice 7.4 Reprendre l'Exercice 7.1 pour la méthode de Crank-Nicolson.

Exercice 7.5 Vérifier que la méthode de Crank-Nicolson peut être obtenue à partir de la forme intégrée du problème de Cauchy (7.5)

$$y(t) - y_0 = \int_{t_0}^{t} f(\tau, y(\tau))d\tau$$

en approchant l'intégrale par la formule du trapèze (4.19).

Exercice 7.6 Résoudre le problème modèle (7.28) avec $\lambda = -1 + i$ par la méthode d'Euler explicite et trouver les valeurs de h correspondant à la stabilité absolue.

Exercice 7.7 Montrer que la méthode de Heun définie par (7.60) est consistante à l'ordre deux. L'implémenter dans un programme MATLAB pour résoudre le problème de Cauchy (7.80) et vérifier expérimentalement que la convergence est d'ordre 2 en h.

7 Equations différentielles ordinaires

Exercice 7.8 Montrer que la méthode de Heun (7.60) est absolument stable si $-2 < h\lambda < 0$, où λ est un réel négatif.

Exercice 7.9 Montrer la formule (7.34).

Exercice 7.10 Montrer l'inégalité (7.39).

Exercice 7.11 Montrer l'inégalité (7.40).

Exercice 7.12 Vérifier la consistance de la méthode RK3 (7.54). L'implémenter dans un programme MATLAB pour résoudre le problème de Cauchy (7.80) et vérifier expérimentalement que la méthode est d'ordre 3 en h. Les méthodes (7.60) et (7.54) sont à la base du programme MATLAB `ode23`.

Exercice 7.13 Montrer que la méthode RK3 (7.54) est absolument stable si $-2.5 < h\lambda < 0$, où λ est un réel négatif.

Exercice 7.14 La *méthode d'Euler modifiée* est définie par
$$u_{n+1}^* = u_n + hf(t_n, u_n), \; u_{n+1} = u_n + hf(t_{n+1}, u_{n+1}^*). \quad (7.82)$$
Déterminer la condition sur h pour que cette méthode soit absolument stable.

Exercice 7.15 (Thermodynamique) Résoudre l'équation (7.1) par les méthodes de Crank-Nicolson et de Heun quand le corps est un cube de coté 1 m et de masse 1 kg. On posera $T_0 = 180K$, $T_e = 200K$, $\gamma = 0.5$ et $C = 100J/(kg/K)$. Comparer les résultats obtenus en prenant $h = 20$ et $h = 10$, pour t allant de 0 à 200 secondes.

Exercice 7.16 Utiliser MATLAB pour calculer la région de stabilité absolue de la méthode de Heun.

Exercice 7.17 Résoudre le problème de Cauchy (7.16) par la méthode de Heun et vérifier son ordre.

Exercice 7.18 Le déplacement $x(t)$ d'un système oscillant composé d'une masse et d'un ressort, soumis à une force de frottement proportionnelle à la vitesse, est décrit par l'équation différentielle du second ordre $x'' + 5x' + 6x = 0$. La résoudre avec la méthode de Heun, en posant $x(0) = 1$ et $x'(0) = 0$, pour $t \in [0, 5]$.

Exercice 7.19 Le déplacement d'un pendule de Foucault sans frottement est décrit par le système de deux équations
$$x'' - 2\omega \sin(\Psi)y' + k^2 x = 0, \; y'' + 2\omega \cos(\Psi)x' + k^2 y = 0,$$
où Ψ est la latitude de l'endroit où le pendule est situé, $\omega = 7.29 \cdot 10^{-5} \text{ sec}^{-1}$ est la vitesse angulaire de la Terre, $k = \sqrt{g/l}$ avec $g = 9.8 \text{ m/sec}^2$ et l est la longueur du pendule. Appliquer la méthode d'Euler explicite pour calculer $x = x(t)$ et $y = y(t)$ pour t allant de 0 à 300 secondes et $\Psi = \pi/4$.

Exercice 7.20 (Trajectoire au baseball) Utiliser `ode23` pour résoudre le Problème 7.3. On donne la vitesse initiale de la balle $\mathbf{v}(0) = v_0(\cos(\phi), 0, \sin(\phi))^T$, avec $v_0 = 38$ m/s, $\phi = 1$ degré et la vitesse angulaire $180 \cdot 1.047198$ radians par seconde. Si $\mathbf{x}(0) = \mathbf{0}$, après combien de secondes (approximativement) la balle touche le sol (i.e., $z = 0$) ?

8
Approximation numérique des problèmes aux limites

Les problèmes aux limites sont des problèmes différentiels posés sur un intervalle $]a, b[$ de la droite réelle, ou sur un ouvert à plusieurs dimensions $\Omega \subset \mathbb{R}^d$ ($d = 2, 3$), pour lesquels les valeurs de l'inconnue (ou de ses dérivées) sont fixées aux extrémités a et b, ou sur la bord $\partial\Omega$ dans le cas multidimensionnel.

Dans le cas multidimensionnel, l'équation différentielle met en jeu *les dérivées partielles* de la solution par rapport aux coordonnées d'espaces. Les équations qui dépendent aussi du temps (noté t), comme l'équation de la chaleur ou l'équation des ondes, sont appelées problèmes aux limites et aux valeurs initiales. Pour ce type d'équation, on doit aussi fournir la valeur de la solution à $t = 0$.

Voici quelques exemples de problème aux limites.

1. *Equation de Poisson*

$$-u''(x) = f(x),\ x \in]a, b[, \qquad (8.1)$$

ou (en plusieurs dimensions)

$$-\Delta u(\mathbf{x}) = f(\mathbf{x}),\ \mathbf{x} = (x_1, \ldots, x_d)^T \in \Omega, \qquad (8.2)$$

où f est une fonction donnée et Δ est l'opérateur de Laplace ou *laplacien*

$$\Delta u = \sum_{i=1}^{d} \frac{\partial^2 u}{\partial x_i^2}.$$

Le symbole $\partial \cdot / \partial x_i$ désigne la dérivée partielle par rapport à la variable x_i, c'est-à-dire, pour tout $\mathbf{x}^0$

$$\frac{\partial u}{\partial x_i}(\mathbf{x}^0) = \lim_{h \to 0} \frac{u(\mathbf{x}^0 + h\mathbf{e}_i) - u(\mathbf{x}^0)}{h}, \qquad (8.3)$$

où $\mathbf{e}_i$ est le i-ème vecteur de la base canonique de $\mathbb{R}^d$.

2. *Equation de la chaleur*

$$\frac{\partial u(x,t)}{\partial t} - \mu \frac{\partial^2 u(x,t)}{\partial x^2} = f(x,t), \ x \in]a,b[, \ t > 0, \tag{8.4}$$

ou (en plusieurs dimensions)

$$\frac{\partial u(\mathbf{x},t)}{\partial t} - \mu \Delta u(\mathbf{x},t) = f(\mathbf{x},t), \ \mathbf{x} \in \Omega, \ t > 0, \tag{8.5}$$

où $\mu > 0$ est un coefficient donné, correspondant à la diffusion thermique, et f est une fonction donnée.

3. *Equation des ondes*

$$\frac{\partial^2 u(x,t)}{\partial t^2} - c\frac{\partial^2 u(x,t)}{\partial x^2} = 0, \ x \in]a,b[, \ t > 0,$$

ou (en plusieurs dimensions)

$$\frac{\partial^2 u(\mathbf{x},t)}{\partial t^2} - c\Delta u(\mathbf{x},t) = 0, \ \mathbf{x} \in \Omega, \ t > 0,$$

où c est une constante positive donnée.

On renvoie le lecteur à [Eva98], [Sal08], pour une présentation plus complète d'équations aux dérivées partielles plus générales et à [Qua09], [EEHJ96] ou [Lan03], pour leur approximation numérique.

8.1 Quelques problèmes types

Problème 8.1 (Hydrogéologie) Dans certains cas, l'étude d'écoulements dans le sol conduit à une équation de la forme (8.2). Considérons une région Ω occupée par un milieu poreux (comme un sol ou une argile). D'après la loi de Darcy, la vitesse de filtration de l'eau $\mathbf{q} = (q_1, q_2, q_3)^T$ est proportionnelle au gradient du niveau d'eau ϕ dans le milieu. Plus précisément

$$\mathbf{q} = -K\nabla\phi, \tag{8.6}$$

où K est la constante de conductivité hydraulique du milieu poreux et $\nabla\phi$ le gradient spatial de ϕ. En supposant constante la densité du fluide ; la conservation de la masse s'écrit div$\mathbf{q} = 0$, où div$\mathbf{q}$ est la *divergence* du vecteur $\mathbf{q}$, définie par

$$\text{div}\mathbf{q} = \sum_{i=1}^{3} \frac{\partial q_i}{\partial x_i}.$$

D'après (8.6), on voit donc que ϕ satisfait le problème de Poisson $\Delta\phi = 0$ (voir Exercice 8.8). ∎

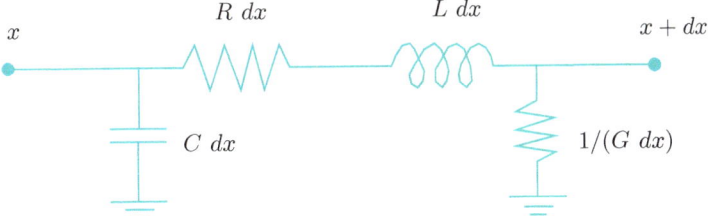

Figure 8.1. Un élément de câble de longueur dx

Problème 8.2 (Thermodynamique) Soit $\Omega \subset \mathbb{R}^d$ une région occupée par un milieu continu. Notons $\mathbf{J}(\mathbf{x},t)$ le flux de chaleur et $T(\mathbf{x},t)$ la température du milieu. La loi de Fourier dit que le flux de chaleur est proportionnel au gradient de température T, c'est-à-dire

$$\mathbf{J}(\mathbf{x},t) = -k\nabla T(\mathbf{x},t),$$

où k est une constante positive correspondant au coefficient de conductivité thermique. En traduisant la conservation de l'énergie, c'est-à-dire le fait que la variation d'énergie d'une région est égale au flux de chaleur entrant (ou sortant) dans cette région, on obtient l'équation de la chaleur

$$\rho c \frac{\partial T}{\partial t} = k \Delta T, \tag{8.7}$$

où ρ est la masse volumique du milieu continu et c sa capacité calorifique spécifique (par unité de masse). Si on introduit de plus une source de chaleur $f(\mathbf{x},t)$ (par exemple un chauffage électrique), (8.7) devient

$$\rho c \frac{\partial T}{\partial t} = k \Delta T + f. \tag{8.8}$$

Le coefficient $\mu = k/(\rho c)$ est le coefficient de *diffusion thermique*. Pour la solution de ce problème, voir l'Exemple 8.4. ∎

Problème 8.3 (Télécommunications) On considère une ligne télégraphique de résistance R et d'inductance L par unité de longueur. En supposant que le courant peut rejoindre la terre à travers une capacitance C et une conductance G par unité de longueur (voir Figure 8.1), l'équation de la tension v est

$$\frac{\partial^2 v}{\partial t^2} - c\frac{\partial^2 v}{\partial x^2} = -\alpha \frac{\partial v}{\partial t} - \beta v, \tag{8.9}$$

où $c = 1/(LC)$, $\alpha = R/L + G/C$ et $\beta = RG/(LC)$. L'équation (8.9) est un exemple d'équation hyperbolique du second ordre et est connue sous le nom d'*équation des télégraphistes* (voir [Str07]). La solution de ce problème est donnée dans l'Exemple 8.8. ∎

8.2 Approximation de problèmes aux limites

Les problèmes différentiels présentés ci-dessus admettent une infinité de solutions. Pour avoir l'unicité, il faut imposer des conditions aux limites sur le bord $\partial \Omega$ de Ω et, pour les problèmes dépendant du temps, des conditions initiales en $t = 0$.

Dans cette section, nous considérons les équations de Poisson (8.1) ou (8.2). Dans le cas monodimensionnel (8.1), une possibilité pour déterminer de manière unique la solution consiste à imposer la valeur de u en $x = a$ et $x = b$

$$\begin{aligned} -u''(x) &= f(x) \text{ pour } x \in]a, b[, \\ u(a) &= \alpha, \qquad u(b) = \beta \end{aligned} \qquad (8.10)$$

où α et β sont deux réels donnés. Ce problème aux limites est un problème dit *de Dirichlet*. Nous y reviendrons dans la section suivante.

En intégrant deux fois, il est facile de voir que si $f \in C^0([a, b])$, la solution u existe et est unique ; elle appartient de plus à $C^2([a, b])$.

Bien que (8.10) soit une équation différentielle ordinaire, elle ne peut pas être mise sous la forme d'un problème de Cauchy car la valeur de u est fixée en deux points différents.

Au lieu des conditions de Dirichlet $(8.10)_2$ on peut imposer $u'(a) = \gamma$, $u'(b) = \delta$ (où γ et δ sont des constantes telles que $\gamma - \delta = \int_a^b f(x)\mathrm{d}x$). Un problème avec ce type de condition aux limites s'appelle problème de *Neumann*. Remarquer que sa solution n'est définie qu'à une constante additive près.

Dans le cas bidimensionnel, le problème aux limites de Dirichlet prend la forme suivante : étant donné deux fonctions $f = f(\mathbf{x})$ et $g = g(\mathbf{x})$, trouver une fonction $u = u(\mathbf{x})$ telle que

$$\begin{aligned} -\Delta u(\mathbf{x}) &= f(\mathbf{x}) & \text{pour } \mathbf{x} \in \Omega, \\ u(\mathbf{x}) &= g(\mathbf{x}) & \text{pour } \mathbf{x} \in \partial \Omega \end{aligned} \qquad (8.11)$$

Une alternative à la condition aux limites (8.11) consiste à fixer la valeur de la dérivée de u par rapport à la direction normale à la frontière $\partial \Omega$, c'est-à-dire

$$\frac{\partial u}{\partial \mathbf{n}}(\mathbf{x}) = \nabla u(\mathbf{x}) \cdot \mathbf{n}(\mathbf{x}) = h(\mathbf{x}) \quad \text{pour } \mathbf{x} \in \partial \Omega,$$

où h est une fonction telle que $\int_{\partial \Omega} h = -\int_\Omega f$ (voir Figure 8.2). On parle alors de *problème aux limites de Neumann*.

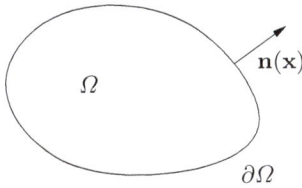

Figure 8.2. Un domaine Ω bidimensionnel et la normale sortante à $\partial \Omega$

On peut montrer que si f et g sont deux fonctions continues et si la frontière $\partial \Omega$ du domaine Ω est assez régulière, alors le problème de Dirichlet (8.11) admet une unique solution (alors que la solution du problème de Neumann n'est unique qu'à une constante additive près).

Les méthodes numériques utilisées pour résoudre (8.11) sont basées sur les mêmes principes que celles utilisées pour les problèmes monodimensionnels. C'est pourquoi nous nous concentrerons sur la résolution du problème monodimensionnel (8.10), que ce soit par différences finies (Section 8.2.1) ou par éléments finis (Section 8.2.3).

Nous introduisons pour cela une partition de $[a, b]$ en intervalles $I_j = [x_j, x_{j+1}]$ pour $j = 0, \ldots, N$ avec $x_0 = a$ et $x_{N+1} = b$. Nous supposons pour simplifier que tous ces intervalles ont même longueur $h = (b - a)/(N + 1)$.

8.2.1 Approximation par différences finies du problème de Poisson monodimensionnel

L'équation différentielle (8.10) doit être satisfaite en particulier aux points x_j (que nous appellerons *noeuds* à partir de maintenant) intérieurs à $]a, b[$, c'est-à-dire

$$-u''(x_j) = f(x_j), \qquad j = 1, \ldots, N.$$

On peut approcher cet ensemble de N équations en remplaçant la dérivée seconde par une formule de différences finies, comme on l'a fait au Chapitre 4 pour les dérivées premières. Par exemple, si $u : [a, b] \to \mathbb{R}$ est une fonction assez régulière au voisinage d'un point $\bar{x} \in]a, b[$, alors la quantité

$$\delta^2 u(\bar{x}) = \frac{u(\bar{x} + h) - 2u(\bar{x}) + u(\bar{x} - h)}{h^2} \tag{8.12}$$

est une approximation de $u''(\bar{x})$ d'ordre 2 par rapport à h (voir l'Exercice 8.3). Ceci suggère d'approcher ainsi le problème (8.10) : trouver $\{u_j\}_{j=1}^N$ tels que

$$\boxed{-\frac{u_{j+1} - 2u_j + u_{j-1}}{h^2} = f(x_j), \qquad j = 1, \ldots, N} \tag{8.13}$$

avec $u_0 = \alpha$ et $u_{N+1} = \beta$. Naturellement, u_j est une approximation de $u(x_j)$. Les équations (8.13) forment le système linéaire

$$A\mathbf{u}_h = h^2 \mathbf{f}, \qquad (8.14)$$

où $\mathbf{u}_h = (u_1, \ldots, u_N)^T$ est le vecteur des inconnues, $\mathbf{f} = (f(x_1) + \alpha/h^2, f(x_2), \ldots, f(x_{N-1}), f(x_N) + \beta/h^2)^T$, et A est la matrice tridiagonale

$$A = \text{tridiag}(-1, 2, -1) = \begin{bmatrix} 2 & -1 & 0 & \ldots & 0 \\ -1 & 2 & \ddots & & \vdots \\ 0 & \ddots & \ddots & -1 & 0 \\ \vdots & & -1 & 2 & -1 \\ 0 & \ldots & 0 & -1 & 2 \end{bmatrix}. \qquad (8.15)$$

Ce système admet une unique solution car A est symétrique définie positive (voir Exercice 8.1). De plus, il peut être résolu avec l'algorithme de Thomas vu à la Section 5.6. Notons cependant que, pour des petites valeurs de h (et donc pour des grandes valeurs de N), A est mal conditionnée. En effet, $K(A) = \lambda_{max}(A)/\lambda_{min}(A) = Ch^{-2}$, où C est une constante indépendante de h (voir Exercice 8.2). Par conséquent, la résolution numérique du système (8.14), par une méthode directe ou itérative, exige quelques précautions. En particulier, quand on utilise une méthode itérative, un préconditionneur efficace doit être utilisé.

Il est possible de montrer (voir p.ex. [QSS07, Chapitre 12]) que si $f \in C^2([a,b])$ alors

$$\boxed{\max_{j=0,\ldots,N+1} |u(x_j) - u_j| \leq \frac{h^2}{96} \max_{x \in [a,b]} |f''(x)|} \qquad (8.16)$$

autrement dit, la méthode de différences finies (8.13) est convergente d'ordre deux par rapport à h.

Dans le Programme 8.1, on résout le problème aux limites suivant (appelé problème de *diffusion-convection-réaction*) qui généralise (8.10)

$$\begin{cases} -\mu u''(x) + \eta u'(x) + \sigma u(x) = f(x) & \text{pour } x \in]a, b[, \\ u(a) = \alpha & u(b) = \beta, \end{cases} \qquad (8.17)$$

où $\mu > 0$, η et $\sigma > 0$ sont des constantes. Pour ce problème, la méthode des différences finies qui généralise (8.13) s'écrit

$$\begin{cases} -\mu \dfrac{u_{j+1} - 2u_j + u_{j-1}}{h^2} + \eta \dfrac{u_{j+1} - u_{j-1}}{2h} + \sigma u_j = f(x_j), & j = 1, \ldots, N, \\ u_0 = \alpha, & u_{N+1} = \beta. \end{cases}$$

8.2 Approximation de problèmes aux limites 267

Les paramètres d'entrée du Programme 8.1 sont les extrémités a et b de l'intervalle, le nombre N de noeuds intérieurs, les coefficients constants μ, η et σ et la fonction bvpfun définissant la fonction $f(x)$. Enfin, ua et ub sont les valeurs de la solution en x=a et x=b respectivement. Les paramètres de sortie sont le vecteur des noeuds xh et la solution calculée uh. Remarquer que les solutions peuvent être entachées d'oscillations parasites si $h \geq 2/|\mu|$ (voir la section suivante).

Programme 8.1. bvp : approximation d'un problème aux limites monodimensionnel par la méthode des différences finies

```
function [xh,uh]=bvp(a,b,N,mu,eta,sigma,bvpfun,...
                    ua,ub,varargin)
%BVP résout des problèmes aux limites 1D.
%   [XH,UH]=BVP(A,B,N,MU,ETA,SIGMA,BVPFUN,UA,UB)
%   résout avec la méthode des différences finies
%   centrées le problème aux limites
%     -MU*D(DU/DX)/DX+ETA*DU/DX+SIGMA*U=BVPFUN
%   sur l'intervalle ]A,B[ avec les conditions aux
%   limites U(A)=UA et U(B)=UB. BVPFUN peut être une
%   fonction inline, une fonction anonyme ou définie
%   par M-file.
%   [XH,UH]=BVP(A,B,N,MU,ETA,SIGMA,BVPFUN,UA,UB,...
%   P1,P2,...) passe les paramètres supplémentaires
%   P1, P2, ... à la fonction BVPFUN.
%   XH contient les noeuds de discrétisation,
%   y compris les noeuds du bord.
%   UH contient la solution numérique.
h = (b-a)/(N+1);
xh = (linspace(a,b,N+2))';
hm = mu/h^2;
hd = eta/(2*h);
e =ones(N,1);
A = spdiags([-hm*e-hd (2*hm+sigma)*e -hm*e+hd],...
    -1:1, N, N);
xi = xh(2:end-1);
f =feval(bvpfun,xi,varargin{:});
f(1) =   f(1)+ua*(hm+hd);
f(end) = f(end)+ub*(hm-hd);
uh = A\f;
uh=[ua; uh; ub];
return
```

8.2.2 Approximation par différences finies d'un problème à convection dominante

Considérons à présent la généralisation suivante du problème aux limites (8.10)

$$\begin{aligned} -\mu u''(x) + \eta u'(x) &= f(x) \quad \text{pour } x \in]a, b[, \\ u(a) &= \alpha, \qquad\qquad u(b) = \beta, \end{aligned} \qquad (8.18)$$

où μ et η sont des constantes strictement positives. Il s'agit du problème de *convection-diffusion*. Les termes $-\mu u''(x)$ et $\eta u'(x)$ représentent respectivement la diffusion et la convection de l'inconnue $u(x)$. Le *nombre de Péclet global* correspondant au problème (8.18) est défini par

$$\mathbb{P}\mathrm{e}_{gl} = \frac{\eta(b-a)}{2\mu}. \tag{8.19}$$

Il mesure le rapport entre les phénomènes convectifs et diffusifs. Un problème tel que $\mathbb{P}\mathrm{e}_{gl} \gg 1$ est appelé *problème à convection dominante*.

Une discrétisation possible de (8.18) s'écrit

$$\begin{cases} -\mu \dfrac{u_{j+1} - 2u_j + u_{j-1}}{h^2} + \eta \dfrac{u_{j+1} - u_{j-1}}{2h} = f(x_j),\ j = 1,\ldots,N, \\ u_0 = \alpha, \quad u_{N+1} = \beta. \end{cases} \tag{8.20}$$

Le terme de convection y est approché par un schéma aux différences finies centrées (4.9). Comme pour l'équation de Poisson, on peut montrer que l'erreur entre la solution du problème discret (8.20) et celle du problème continu (8.18) vérifie l'estimation suivante

$$\max_{j=0,\ldots,N+1} |u(x_j) - u_j| \leq Ch^2 \max_{x \in [a,b]} |f''(x)|. \tag{8.21}$$

La constante C est proportionnelle à $\mathbb{P}\mathrm{e}_{gl}$ et est donc très grande quand la convection domine la diffusion. Ainsi, quand le pas de discrétisation h n'est pas assez petit, la solution numérique obtenue avec le schéma (8.20) peut être très imprécise et exhiber de grandes oscillations, loin de la solution du problème continu. Pour analyser plus en détail ce phénomène, on introduit le *nombre de Péclet local* (appelé aussi nombre de Péclet de "grille")

$$\mathbb{P}\mathrm{e} = \frac{\eta h}{2\mu}. \tag{8.22}$$

On peut montrer que la solution du problème discret (8.20) ne présente pas d'oscillations si $\mathbb{P}\mathrm{e} < 1$ (voir [Qua09, Chap. 5]). Ainsi, pour avoir une bonne solution numérique, on doit choisir un pas de discrétisation $h < 2\mu/\eta$. Malheureusement, ceci n'est pas commode quand le rapport $2\mu/\eta$ est très petit.

Une alternative consiste à choisir une autre approximation du terme convectif u' : plutôt que le schéma centré (4.9), on peut utiliser le schéma rétrograde (4.8). Le schéma (8.20) est alors remplacé par

$$\begin{cases} -\mu \dfrac{u_{j+1} - 2u_j + u_{j-1}}{h^2} + \eta \dfrac{u_j - u_{j-1}}{h} = f(x_j), \quad j = 1,\ldots,N, \\ u_0 = \alpha, \hspace{6.5cm} u_{N+1} = \beta, \end{cases} \tag{8.23}$$

qu'on appelle schéma *décentré* (ou *décentré amont* ou *upwind* en anglais). On peut montrer que quand on approche (8.18) avec (8.23), la solution numérique n'oscille pas, comme le confirme la Figure 8.3.

8.2 Approximation de problèmes aux limites 269

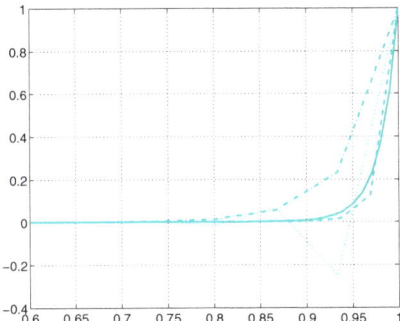

Figure 8.3. Solution exacte (*trait plein*) et approximation de la solution du problème (8.18) avec $a = 0$, $b = 1$, $\alpha = 0$, $\beta = 1$, $f(x) = 0$, $\mu = 1/50$ et $\eta = 1$ par différences finies centrées avec $h = 1/15$ (Pe > 1) (*pointillés*), différences finies centrées avec $h = 1/32$ (Pe < 1) (*trait discontinu*), différences finies décentrées amont avec $h = 1/15$ (*trait mixte*). Pour plus de clarté, les solutions sont tracées sur l'intervalle $[0.6, 1]$ plutôt que $[0, 1]$

8.2.3 Approximation par éléments finis du problème de Poisson monodimensionnel

La *méthode des éléments finis* est une alternative à la méthode des différences finies pour approcher les problèmes aux limites. Elle est basée sur une reformulation du problème différentiel (8.10).

Considérons à nouveau (8.10) et multiplions les deux membres de l'égalité par une fonction $v \in C^1([a, b])$. En intégrant l'égalité sur l'intervalle $]a, b[$ et en effectuant une intégration par parties, on obtient

$$\int_a^b u'(x)v'(x)\,dx - [u'(x)v(x)]_a^b = \int_a^b f(x)v(x)\,dx.$$

Si on suppose de plus que v s'annule aux extrémités $x = a$ et $x = b$, le problème (8.10) devient : trouver $u \in C^1([a, b])$ tel que $u(a) = \alpha$, $u(b) = \beta$ et

$$\int_a^b u'(x)v'(x)\,dx = \int_a^b f(x)v(x)\,dx \qquad (8.24)$$

pour tout $v \in C^1([a, b])$ tel que $v(a) = v(b) = 0$. Cette équation s'appelle *formulation faible* du problème (8.10) (car u et la fonction test v peuvent être moins régulières que $C^1([a, b])$, voir p.ex. [Qua09], [QSS07], [QV94]).

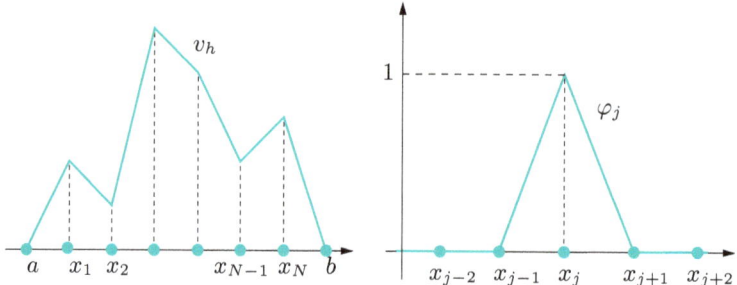

Figure 8.4. A gauche, une fonction quelconque $v_h \in V_h^0$. A droite, la fonction de base de V_h^0 associée au noeud j

L'approximation par éléments finis est alors donnée par

$$\text{trouver } u_h \in V_h \text{ tel que } u_h(a) = \alpha, u_h(b) = \beta \text{ et}$$
$$\sum_{j=0}^{N} \int_{x_j}^{x_{j+1}} u_h'(x) v_h'(x) \, dx = \int_a^b f(x) v_h(x) \, dx, \qquad \forall v_h \in V_h^0 \qquad (8.25)$$

où

$$V_h = \left\{ v_h \in C^0([a,b]) : \; v_{h|I_j} \in \mathbb{P}_1, j = 0, \ldots, N \right\}, \qquad (8.26)$$

autrement dit, V_h est l'espace des fonctions continues sur $[a, b]$ dont la restriction à chaque sous-intervalle I_j est affine. L'espace V_h^0 est le sous-espace de V_h dont les fonctions s'annulent aux extrémités a et b. On appelle V_h l'espace des éléments finis de degré 1.

Les fonctions de V_h^0 sont affines par morceaux (voir Figure 8.4, à gauche). Toute fonction v_h de V_h^0 admet la représentation

$$v_h(x) = \sum_{j=1}^{N} v_h(x_j) \varphi_j(x),$$

où pour $j = 1, \ldots, N$,

$$\varphi_j(x) = \begin{cases} \dfrac{x - x_{j-1}}{x_j - x_{j-1}} & \text{si } x \in I_{j-1}, \\ \dfrac{x - x_{j+1}}{x_j - x_{j+1}} & \text{si } x \in I_j, \\ 0 & \text{sinon.} \end{cases}$$

Ainsi, φ_j est nulle en tout point x_i excepté au point x_j où $\varphi_j(x_j) = 1$ (Figure 8.4, à droite). Les fonctions φ_j, $j = 1, \ldots, N$ sont appelées *fonctions de base* (ou *fonctions de forme*). Elles constituent une base de l'espace vectoriel V_h^0.

8.2 Approximation de problèmes aux limites

On peut donc se contenter de satisfaire (8.25) seulement pour les fonctions de base φ_j, $j = 1, \ldots, N$. En utilisant le fait que φ_j s'annule en dehors des intervalles I_{j-1} et I_j, (8.25) donne

$$\int_{I_{j-1}\cup I_j} u'_h(x)\varphi'_j(x)\,dx = \int_{I_{j-1}\cup I_j} f(x)\varphi_j(x)\,dx, \quad j = 1, \ldots, N. \quad (8.27)$$

On peut de plus écrire $u_h(x) = \sum_{j=1}^{N} u_j\varphi_j(x) + \alpha\varphi_0(x) + \beta\varphi_{N+1}(x)$, où $u_j = u_h(x_j)$, $\varphi_0(x) = (x_1-x)/(x_1-a)$ pour $a \le x \le x_1$, et $\varphi_{N+1}(x) = (x-x_N)/(b-x_N)$ pour $x_N \le x \le b$, (les fonctions $\varphi_0(x)$ et $\varphi_{N+1}(x)$ étant nulles en dehors de ces intervalles). En insérant ces expressions dans (8.27), on trouve

$$u_1 \int_{I_0 \cup I_1} \varphi'_1(x)\varphi'_1(x)\,dx + u_2 \int_{I_1} \varphi'_2(x)\varphi'_1(x)\,dx$$

$$= \int_{I_0 \cup I_1} f(x)\varphi_1(x)\,dx + \frac{\alpha}{x_1-a},$$

$$u_{j-1} \int_{I_{j-1}} \varphi'_{j-1}(x)\varphi'_j(x)\,dx + u_j \int_{I_{j-1}\cup I_j} \varphi'_j(x)\varphi'_j(x)\,dx$$

$$+ u_{j+1} \int_{I_j} \varphi'_{j+1}(x)\varphi'_j(x)\,dx = \int_{I_{j-1}\cup I_j} f(x)\varphi_j(x)\,dx, \quad j = 2, \ldots, N-1,$$

$$u_{N-1} \int_{I_{N-1}} \varphi'_{N-1}(x)\varphi'_N(x)\,dx + u_N \int_{I_{N-1}\cup I_N} \varphi'_N(x)\varphi'_N(x)\,dx$$

$$= \int_{I_{N-1}\cup I_N} f(x)\varphi_j(x)\,dx + \frac{\beta}{b-x_N}.$$

Dans le cas particulier où tous les intervalles ont même longueur h, $\varphi'_{j-1} = -1/h$ dans I_{j-1}, $\varphi'_j = 1/h$ dans I_{j-1} et $\varphi'_j = -1/h$ dans I_j, $\varphi'_{j+1} = 1/h$ dans I_j. On obtient donc

$$2u_1 - u_2 = h\int_{I_0\cup I_1} f(x)\varphi_1(x)\,dx + \frac{\alpha}{x_1-a},$$

$$-u_{j-1} + 2u_j - u_{j+1} = h\int_{I_{j-1}\cup I_j} f(x)\varphi_j(x)\,dx, \quad j = 2, \ldots, N-1,$$

$$-u_{N-1} + 2u_N = h\int_{I_{N-1}\cup I_N} f(x)\varphi_N(x)\,dx + \frac{\beta}{b-x_N}.$$

Le système linéaire obtenu a pour inconnues $\{u_1, \ldots, u_N\}$ et a la même matrice (8.15) que pour la méthode des différences finies, mais son second membre est différent (ainsi que sa solution, bien qu'on l'ait notée de la même manière). La méthode des différences finies et celle des éléments finis ont cependant la même précision en h quand on considère l'erreur nodale maximale.

On peut naturellement étendre la méthode des éléments finis aux problèmes (8.17) et (8.18) ainsi qu'aux cas où μ, η et σ dépendent de x.

Pour approcher le problème à convection dominante (8.18), on peut adapter aux éléments finis le schéma aux différences finies décentré. En écrivant

$$\frac{u_i - u_{i-1}}{h} = \frac{u_{i+1} - u_{i-1}}{2h} - \frac{h}{2} \frac{u_{i+1} - 2u_i + u_{i-1}}{h^2},$$

on voit que décentrer des différences finies revient à perturber le schéma centré par un terme correspondant à une dérivée seconde. Ce terme supplémentaire peut s'interpréter comme une *diffusion artificielle*. Ainsi, le décentrage en éléments finis revient à résoudre avec une méthode de Galerkin (centrée) le problème perturbé suivant

$$-\mu_h u''(x) + \eta u'(x) = f(x), \tag{8.28}$$

où $\mu_h = (1 + \mathbb{P}\mathrm{e})\mu$ est la diffusion augmentée.

Une autre généralisation de la méthode des éléments finis linéaires consiste à utiliser des polynômes par morceaux de degré supérieur à 1. La matrice obtenue par éléments finis ne coïncide alors plus avec celle des différences finies.

Voir les Exercices 8.1–8.7.

8.2.4 Approximation par différences finies du problème de Poisson bidimensionnel

On considère le problème de Poisson (8.2), dans une région bidimensionnelle Ω.

La méthode des différences finies consiste à approcher les dérivées partielles présentes dans l'EDP à l'aide de taux d'accroissement calculés sur une grille constituée d'un nombre fini de noeuds. La solution u de l'EDP est alors approchées seulement en ces noeuds.

La première étape est donc de définir une grille de calcul. Supposons pour simplifier que Ω soit le rectangle $]a, b[\times]c, d[$. Introduisons une partition de $[a, b]$ en sous-intervalles $]x_i, x_{i+1}[$ pour $i = 0, \ldots, N_x$, avec $x_0 = a$ et $x_{N_x+1} = b$. Notons $\Delta_x = \{x_0, \ldots, x_{N_x+1}\}$ l'ensemble des

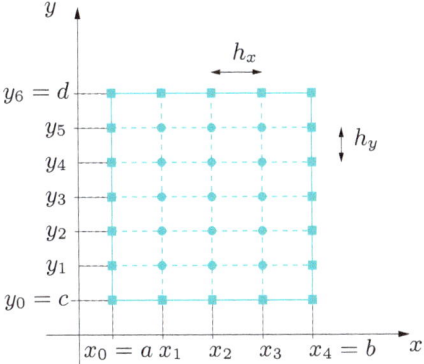

Figure 8.5. La grille de calcul Δ_h avec seulement 15 noeuds intérieurs sur un domaine rectangulaire

extrémités de ces intervalles et $h_x = \max\limits_{i=0,\ldots,N_x}(x_{i+1} - x_i)$ leur longueur maximale.

On discrétise de la même manière l'axe des y, $\Delta_y = \{y_0, \ldots, y_{N_y+1}\}$ avec $y_0 = c$, $y_{N_y+1} = d$ et $h_y = \max\limits_{j=0,\ldots,N_y}(y_{j+1} - y_j)$. Le produit cartésien $\Delta_h = \Delta_x \times \Delta_y$ définit la grille de calcul sur Ω (voir Figure 8.5), et $h = \max\{h_x, h_y\}$ mesure le pas de discrétisation. On cherche des valeurs $u_{i,j}$ qui approchent $u(x_i, y_j)$. On supposera pour simplifier que les noeuds sont uniformément espacés, c'est-à-dire $x_i = x_0 + ih_x$ pour $i = 0, \ldots, N_x + 1$ et $y_j = y_0 + jh_y$ pour $j = 0, \ldots, N_y + 1$.

Les dérivées partielles du second ordre peuvent être approchées par des taux d'accroissement, comme on l'a fait pour les dérivées ordinaires. Dans le cas d'une fonction de deux variables, on définit les taux d'accroissement suivants

$$\begin{aligned}\delta_x^2 u_{i,j} &= \frac{u_{i-1,j} - 2u_{i,j} + u_{i+1,j}}{h_x^2}, \\ \delta_y^2 u_{i,j} &= \frac{u_{i,j-1} - 2u_{i,j} + u_{i,j+1}}{h_y^2}.\end{aligned} \quad (8.29)$$

Ces relations donnent des approximations d'ordre deux par rapport à h_x et h_y des quantités $\partial^2 u/\partial x^2$ et $\partial^2 u/\partial y^2$ au noeud (x_i, y_j). En remplaçant les dérivées secondes de u par les formules (8.29), et en écrivant que l'EDP est satisfaite en tous les noeuds intérieurs de Δ_h, on obtient l'ensemble d'équations suivant

$$-(\delta_x^2 u_{i,j} + \delta_y^2 u_{i,j}) = f_{i,j}, \quad i = 1, \ldots, N_x, \; j = 1, \ldots, N_y. \quad (8.30)$$

On a posé $f_{i,j} = f(x_i, y_j)$. On doit aussi écrire les conditions aux limites de Dirichlet

$$u_{i,j} = g_{i,j} \quad \forall i, j \text{ tels que } (x_i, y_j) \in \partial \Delta_h, \quad (8.31)$$

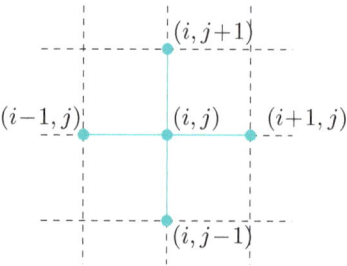

Figure 8.6. Stencil du schéma à cinq points pour l'opérateur de Laplace

où $\partial \Delta_h$ désigne l'ensemble des noeuds situés sur la frontière $\partial \Omega$ de Ω. Ces noeuds sont représentés par des petits carrés sur la Figure 8.5. En faisant de plus l'hypothèse que la grille de calcul est uniforme selon les deux axes, c'est-à-dire $h_x = h_y = h$, (8.30) s'écrit

$$-\frac{1}{h^2}(u_{i-1,j} + u_{i,j-1} - 4u_{i,j} + u_{i,j+1} + u_{i+1,j}) = f_{i,j},$$
$$i = 1, \ldots, N_x, \ j = 1, \ldots, N_y \quad (8.32)$$

Le système d'équations (8.32) (ou (8.30)) et (8.31) permet de calculer les valeurs nodales $u_{i,j}$ en tous les noeuds de Δ_h. Pour chaque couple d'indices i et j, l'équation (8.32) comporte cinq inconnues nodales, comme on peut le voir sur la Figure 8.6. Pour cette raison, cette méthode de différences finies est appelée *schéma à cinq points* pour l'opérateur de Laplace. Les inconnues associées aux noeuds du bord peuvent être éliminées en utilisant (8.31) et donc (8.30) (ou (8.32)) ne comporte que $N = N_x N_y$ inconnues.

Le système obtenu peut être écrit sous une forme plus agréable en rangeant les noeuds selon l'*ordre lexicographique*, c'est-à-dire en numérotant les noeuds (et donc les inconnues) de gauche à droite et de bas en haut. On obtient un système de la forme (8.14), avec une matrice $A \in \mathbb{R}^{N \times N}$ tridiagonale par blocs

$$A = \text{tridiag}(D, T, D). \quad (8.33)$$

Elle comporte N_y lignes et N_y colonnes, et chaque terme (noté avec une lettre capitale) est une matrice $N_x \times N_x$. La matrice $D \in \mathbb{R}^{N_x \times N_x}$ est diagonale et ses coefficients sont $-1/h_y^2$, la matrice $T \in \mathbb{R}^{N_x \times N_x}$ est tridiagonale et symétrique

$$T = \text{tridiag}(-\frac{1}{h_x^2}, \frac{2}{h_x^2} + \frac{2}{h_y^2}, -\frac{1}{h_x^2}).$$

La matrice A est symétrique puisque tous ses blocs diagonaux le sont. Elle est aussi définie positive, c'est-à-dire $\mathbf{v}^T A \mathbf{v} > 0 \ \forall \mathbf{v} \in \mathbb{R}^N, \mathbf{v} \neq \mathbf{0}$.

8.2 Approximation de problèmes aux limites

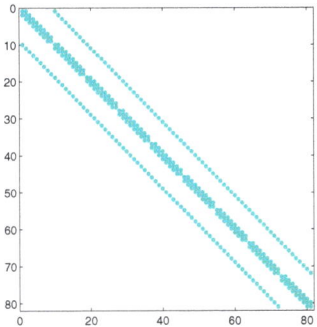

Figure 8.7. Structure de la matrice associée au schéma à cinq points en ordonnant les inconnues selon l'ordre lexicographique

En effet, en partitionnant $\mathbf{v}$ en N_y vecteurs $\mathbf{v}_k$ de taille N_x, on obtient

$$\mathbf{v}^T A \mathbf{v} = \sum_{k=1}^{N_y} \mathbf{v}_k^T T \mathbf{v}_k - \frac{2}{h_y^2} \sum_{k=1}^{N_y-1} \mathbf{v}_k^T \mathbf{v}_{k+1}. \tag{8.34}$$

On peut écrire $T = 2/h_y^2 I + 1/h_x^2 K$ où K est la matrice (symétrique définie positive) donnée par (8.15) et I est l'identité. Ainsi, en utilisant la relation $2a(a-b) = a^2 - b^2 + (a-b)^2$ et après quelques calculs, (8.34) devient

$$\mathbf{v}^T A \mathbf{v} = \frac{1}{h_x^2} \sum_{k=1}^{N_y-1} \mathbf{v}_k^T K \mathbf{v}_k$$
$$+ \frac{1}{h_y^2} \left(\mathbf{v}_1^T \mathbf{v}_1 + \mathbf{v}_{N_y}^T \mathbf{v}_{N_y} + \sum_{k=1}^{N_y-1} (\mathbf{v}_k - \mathbf{v}_{k+1})^T (\mathbf{v}_k - \mathbf{v}_{k+1}) \right),$$

qui est un réel strictement positif, puisque K est définie positive et au moins un vecteur $\mathbf{v}_k$ est non nul.

On vient de montrer que A est inversible, on peut donc conclure que le système obtenu par différences finies admet une unique solution $\mathbf{u}_h$.

La matrice A est *creuse* ; elle sera donc stockée dans le format `sparse` de MATLAB (voir Section 5.6). Sur la Figure 8.7 (obtenue avec la commande `spy(A)`), on a représenté la structure de la matrice correspondant à une grille uniforme de 11×11 noeuds, après avoir éliminé les lignes et les colonnes associées aux noeuds de $\partial \Delta_h$. On peut remarquer que les seuls éléments non nuls se situent sur cinq diagonales.

La matrice A étant symétrique définie positive, le système associé peut être résolu efficacement par une méthode directe ou une méthode itérative, comme on l'a vu au Chapitre 5. Soulignons enfin que, comme dans le monodimensionnel, A est mal conditionnée : son conditionnement croît en effet comme h^{-2} quand h tend vers zéro.

Dans le Programme 8.2, on construit et on résout le système (8.30)-(8.31) (avec la commande \, voir Section 5.8). Les paramètres d'entrée **a**, **b**, **c** et **d** désignent les extrémités des intervalles définissant le domaine rectangulaire $\Omega =]a,b[\times]c,d[$, **nx** et **ny** sont les valeurs de N_x et N_y (on peut avoir $N_x \neq N_y$). Enfin, les deux chaînes de caractères **fun** et **bound** définissent le second membre $f = f(x,y)$ (aussi appelé terme source) et la condition aux limites $g = g(x,y)$. La fonction retourne un tableau à deux dimensions **uh** dont la composante (j,i) est la valeur nodale $u_{i,j}$, et les vecteurs **xh** et **yh** qui contiennent respectivement les noeuds x_i et y_j, y compris les noeuds du bord. On peut visualiser la solution numérique avec la commande mesh(x,y,u). La chaîne d'entrée (optionnelle) **uex** définit la solution exacte du problème original quand cette solution est connue. Dans ce cas, le paramètre de sortie **error** contient l'erreur relative aux noeuds entre la solution exacte et la solution numérique, calculée de la manière suivante

$$\texttt{error} = \max_{i,j}|u(x_i,y_j) - u_{i,j}|/\max_{i,j}|u(x_i,y_j)|.$$

Programme 8.2. poissonfd : approximation du problème de Poisson avec données de Dirichlet par la méthode des différences finies à cinq points

```
function [xh,yh,uh,error]=poissonfd(a,b,c,d,nx,ny,...
                          fun,bound,uex,varargin)
%POISSONFD résout le problème de Poisson en 2D
%   [XH,YH,UH]=POISSONFD(A,B,C,D,NX,NY,FUN,BOUND) résout
%   par le schéma aux différences finies à 5 points le
%   problème -LAPL(U) = FUN dans le rectangle ]A,B[X]C,D[
%   avec conditions de Dirichlet U(X,Y)=BOUND(X,Y) pour
%   (X,Y) sur la frontière du rectangle.
%   [XH,YH,UH,ERROR]=POISSONFD(A,B,C,D,NX,NY,FUN,...
%   BOUND,UEX) calcule aussi l'erreur nodale maximale
%   ERROR par rapport à la solution exacte UEX.
%   FUN,BOUND et UEX peuvent être des fonctions inline,
%   des fonctions anonymes ou définies par un M-file.
%   [XH,YH,UH,ERROR]=POISSONFD(A,B,C,D,NX,NY,FUN,...
%   BOUND,UEX,P1,P2, ...) passe les arguments optionnels
%   P1,P2,... aux fonctions FUN,BOUND,UEX.
if nargin == 8
    uex = inline('0','x','y');
end
nx1 = nx+2; ny1=ny+2; dim = nx1*ny1;
hx = (b-a)/(nx+1); hy = (d-c)/(ny+1);
   hx2 = hx^2;       hy2 = hy^2;
kii = 2/hx2+2/hy2; kix = -1/hx2;  kiy = -1/hy2;
K = speye(dim,dim);   rhs = zeros(dim,1);
y = c;
for m = 2:ny+1
  x = a; y = y + hy;
  for n = 2:nx+1
    i = n+(m-1)*nx1; x = x + hx;
```

```
   rhs(i) = feval(fun,x,y,varargin{:});
   K(i,i) = kii; K(i,i-1) = kix; K(i,i+1) = kix;
   K(i,i+nx1) = kiy;    K(i,i-nx1) = kiy;
 end
end
rhs1 = zeros(dim,1); xh = [a:hx:b]'; yh = [c:hy:d];
rhs1(1:nx1) = feval(bound,xh,c,varargin{:});
rhs1(dim-nx-1:dim) = feval(bound,xh,d,varargin{:});
rhs1(1:nx1:dim-nx-1) = feval(bound,a,yh,varargin{:});
rhs1(nx1:nx1:dim) = feval(bound,b,yh,varargin{:});
rhs = rhs - K*rhs1;
nbound = [[1:nx1],[dim-nx-1:dim],[1:nx1:dim-nx-1],...
    [nx1:nx1:dim]];
ninternal = setdiff([1:dim],nbound);
K = K(ninternal,ninternal);
rhs = rhs(ninternal);
utemp = K\ rhs;
u = rhs1; u (ninternal) = utemp;
k = 1; y = c;
for j = 1:ny1
    x = a;
    for i = 1:nx1
        uh(j,i) = u(k);         k = k + 1;
        ue(j,i) = feval(uex,x,y,varargin{:});
        x = x + hx;
    end
    y = y + hy;
end
if nargout == 4 & nargin >= 9
    error = max(max(abs(uh-ue)))/max(max(abs(ue)));
elseif nargout == 4 & nargin ==8
    warning('Solution exacte non disponible');
    error = [ ];
else
end
end
```

Exemple 8.1 Le déplacement transverse u par rapport au plan de référence $z = 0$ d'une membrane élastique soumise à un chargement $f(x,y) = 8\pi^2 \sin(2\pi x) \cos(2\pi y)$ vérifie un problème de Poisson (8.2) dans le domaine Ω. On choisit les données de Dirichlet sur $\partial\Omega$ de la manière suivante : $g = 0$ sur les cotés $x = 0$ et $x = 1$, et $g(x,0) = g(x,1) = \sin(2\pi x)$, pour $0 < x < 1$. La solution exacte de ce problème est donnée par $u(x,y) = \sin(2\pi x)\cos(2\pi y)$. On a représenté sur la Figure 8.8 la solution numérique obtenue par le schéma aux différences finis à cinq points sur une grille uniforme. Deux valeurs de h ont été utilisées : $h = 1/10$ (à gauche) et $h = 1/20$ (à droite). Quand h diminue, la solution numérique s'améliore : l'erreur nodale relative vaut 0.0292 pour $h = 1/10$ et 0.0081 pour $h = 1/20$. ∎

La méthode des éléments finis peut facilement s'étendre au cas bi-dimensionnel. Pour cela, le problème (8.2) doit être reformulé sous une forme intégrale et la partition de l'intervalle $]a,b[$ du cas monodimensionnel doit être remplacée par une décomposition de Ω en polygones (typiquement des triangles) appelés *éléments*. La fonction de base générale φ_k est encore une fonction continue, dont la restriction à chaque

278   8 Approximation numérique des problèmes aux limites

élément est un polynôme de degré 1 qui vaut 1 sur le sommet (ou noeud) k et 0 sur les autres noeuds de la triangulation. Pour l'implémentation, on peut utiliser la *toolbox* pde de MATLAB.

8.2.5 Consistance et convergence de la discrétisation par différences finies du problème de Poisson

On a vu dans la section précédente que la solution du problème résultant de la discrétisation par différences finies existe et est unique. On propose d'étudier à présent l'erreur d'approximation. On supposera pour simplifier que $h_x = h_y = h$. Si

$$\max_{i,j} |u(x_i, y_j) - u_{i,j}| \to 0 \quad \text{quand } h \to 0 \tag{8.35}$$

la méthode utilisée pour calculer $u_{i,j}$ est dite convergente.

Comme on l'a déjà souligné, la consistance est une condition nécessaire pour la convergence. Une méthode est *consistante* si le résidu obtenu en injectant la solution exacte dans le schéma numérique tend vers zéro quand h tend vers zéro. Si on considère le schéma aux différences finies à cinq points, on définit en chaque point intérieur (x_i, y_j) de Δ_h la quantité

$$\tau_h(x_i, y_j) = -f(x_i, y_j)$$
$$-\frac{1}{h^2} \left[u(x_{i-1}, y_j) + u(x_i, y_{j-1}) - 4u(x_i, y_j) + u(x_i, y_{j+1}) + u(x_{i+1}, y_j) \right],$$

appelée *erreur de troncature locale* au noeud (x_i, y_j). D'après (8.2), on a

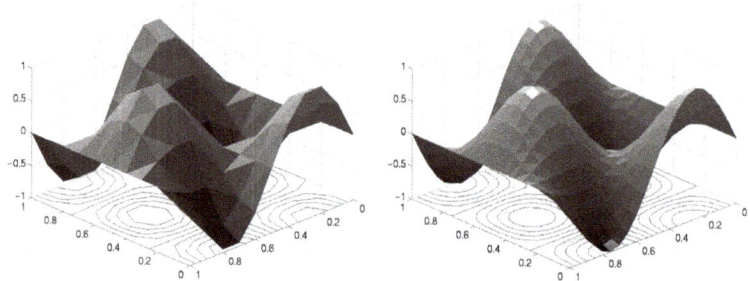

Figure 8.8. Déplacement transverse d'une membrane élastique calculé sur deux grilles uniformes, grossière à gauche et plus fine à droite. On trace les isovaleurs de la solution numérique sur le plan horizontal. La triangulation de Ω ne sert qu'à la visualisation des résultats

$$\tau_h(x_i,y_j) = \left\{\frac{\partial^2 u}{\partial x^2}(x_i,y_j) - \frac{u(x_{i-1},y_j) - 2u(x_i,y_j) + u(x_{i+1},y_j)}{h^2}\right\}$$
$$+ \left\{\frac{\partial^2 u}{\partial y^2}(x_i,y_j) - \frac{u(x_i,y_{j-1}) - 2u(x_i,y_j) + u(x_i,y_{j+1})}{h^2}\right\}.$$

D'après l'analyse effectuée à la Section 8.2.4, on en conclut que les deux termes tendent vers zéro quand h tend vers 0. Ainsi,

$$\lim_{h\to 0}\tau_h(x_i,y_j) = 0, \quad (x_i,y_j) \in \Delta_h \setminus \partial\Delta_h,$$

autrement dit, la méthode à cinq points est consistante. La proposition suivante montre qu'elle est aussi convergente (pour la preuve voir p.ex. [IK66])

Proposition 8.1 *On suppose que la solution exacte $u \in C^4(\bar{\Omega})$, i.e. u admet des dérivées continues jusqu'à l'ordre 4 dans le fermé $\bar{\Omega}$. Alors, il existe une constante $C > 0$ telle que*

$$\max_{i,j}|u(x_i,y_j) - u_{i,j}| \le CMh^2 \qquad (8.36)$$

où M est le maximum sur $\bar{\Omega}$ de la valeur absolue de la dérivée quatrième de u.

Exemple 8.2 Vérifions expérimentalement que le schéma à cinq points appliqué au problème de Poisson de l'Exemple 8.1 a une convergence d'ordre 2 en h. On part de $h = 1/4$ puis on divise sa valeur par deux jusqu'à $h = 1/64$. On utilise les instructions suivantes :

```
a=0;b=1;c=0;d=1;
f=inline('8*pi^2*sin(2*pi*x).*cos(2*pi*y)','x','y');
g=inline('sin(2*pi*x).*cos(2*pi*y)','x','y');
uex=g; nx=4; ny=4;
for n=1:5
  [u,x,y,error(n)]=poissonfd(a,c,b,d,nx,ny,f,g,uex);
  nx = 2*nx; ny = 2*ny;
end
```

Le vecteur contenant l'erreur est :

```
format short e; error
    1.3565e-01    4.3393e-02    1.2308e-02    3.2775e-03    8.4557e-04
```

On peut vérifier avec les commandes suivantes (voir formule (1.12)) :

```
log(abs(error(1:end-1)./error(2:end)))/log(2)
    1.6443e+00    1.8179e+00    1.9089e+00    1.9546e+00
```

que l'erreur décroît comme h^2 quand $h \to 0$. ∎

8.2.6 Approximation par différences finies de l'équation de la chaleur monodimensionnelle

On considère l'équation de la chaleur monodimensionnelle (8.4) avec des conditions aux limites de Dirichlet homogènes $u(a,t) = u(b,t) = 0$ pour tout $t > 0$ et une condition initiale $u(x,0) = u^0(x)$ pour $x \in [a,b]$.

Pour résoudre cette équation numériquement, on doit discrétiser les variables x et t. Commençons par la variable x et suivons la même démarche qu'à la Section 8.2.1. On note $u_j(t)$ une approximation de $u(x_j, t)$, $j = 0, \ldots, N+1$, et on approche le problème de Dirichlet (8.4) à l'aide du schéma suivant : pour tout $t > 0$

$$\begin{cases} \dfrac{du_j}{dt}(t) - \dfrac{\mu}{h^2}(u_{j-1}(t) - 2u_j(t) + u_{j+1}(t)) = f_j(t), & j = 1, \ldots, N, \\ u_0(t) = u_{N+1}(t) = 0, \end{cases}$$

où $f_j(t) = f(x_j, t)$ et, pour $t = 0$,

$$u_j(0) = u^0(x_j), \qquad j = 0, \ldots, N+1.$$

Ceci constitue une *semi-discrétisation* de l'équation de la chaleur, et peut s'écrire sous la forme du système d'équations différentielles ordinaires suivant

$$\begin{cases} \dfrac{d\mathbf{u}}{dt}(t) = -\dfrac{\mu}{h^2}\mathbf{A}\mathbf{u}(t) + \mathbf{f}(t), \forall t > 0, \\ \mathbf{u}(0) = \mathbf{u}^0, \end{cases} \quad (8.37)$$

où $\mathbf{u}(t) = (u_1(t), \ldots, u_N(t))^T$ est le vecteur inconnu, $\mathbf{f}(t) = (f_1(t), \ldots, f_N(t))^T$, $\mathbf{u}^0 = (u^0(x_1), \ldots, u^0(x_N))^T$ et A est la matrice tridiagonale (8.15). Remarquer que pour obtenir (8.37), on a supposé $u^0(x_0) = u^0(x_{N+1}) = 0$, ce qui est cohérent avec les conditions aux limites de Dirichlet homogènes.

Une manière classique d'intégrer en temps (8.37) est d'utiliser le θ-*schéma*. Soit $\Delta t > 0$ un pas de temps constant, et soit v^k la valeur d'une variable v au temps $t^k = k\Delta t$. Le θ-schéma s'écrit

$$\boxed{\begin{aligned} \dfrac{\mathbf{u}^{k+1} - \mathbf{u}^k}{\Delta t} &= -\dfrac{\mu}{h^2}\mathbf{A}(\theta\mathbf{u}^{k+1} + (1-\theta)\mathbf{u}^k) + \theta\mathbf{f}^{k+1} + (1-\theta)\mathbf{f}^k, \\ & \hspace{5cm} k = 0, 1, \ldots \\ \mathbf{u}^0 & \text{ donné} \end{aligned}} \quad (8.38)$$

ou, de manière équivalente,

$$\left(\mathbf{I} + \dfrac{\mu}{h^2}\theta\Delta t\mathbf{A}\right)\mathbf{u}^{k+1} = \left(\mathbf{I} - \dfrac{\mu}{h^2}\Delta t(1-\theta)\mathbf{A}\right)\mathbf{u}^k + \mathbf{g}^{k+1}, \quad (8.39)$$

où $\mathbf{g}^{k+1} = \Delta t(\theta\mathbf{f}^{k+1} + (1-\theta)\mathbf{f}^k)$ et I est la matrice identité d'ordre N.

8.2 Approximation de problèmes aux limites

Pour des valeurs bien choisies du paramètre θ, on peut retrouver à partir de (8.39) des méthodes déjà vues au Chapitre 7. Par exemple, si $\theta = 0$ la méthode (8.39) correspond au schéma d'Euler progressif qui donne $\mathbf{u}^{k+1}$ de manière explicite ; autrement, un système linéaire (associé à la matrice constante $\mathrm{I} + \mu\theta\Delta t\mathrm{A}/h^2$) doit être résolu à chaque pas de temps.

Considérons à présent la stabilité. Quand $f = 0$, la solution exacte $u(x,t)$ tend vers zéro pour tout x quand $t \to \infty$. On s'attend donc à retrouver ce comportement dans la solution discrète. Quand c'est le cas, on dit que le schéma (8.39) est *asymptotiquement stable*. Cette dénomination est cohérente avec le concept de stabilité absolue introduit à la Section 7.6 pour les équations différentielles ordinaires.

Pour étudier la stabilité asymptotique, considérons l'équation (8.39) avec $\mathbf{g}^{(k+1)} = \mathbf{0}$ $\forall k \geq 0$.

Si $\theta = 0$, on a
$$\mathbf{u}^k = (\mathrm{I} - \mu\Delta t\mathrm{A}/h^2)^k \mathbf{u}^0, \qquad k = 1, 2, \ldots$$

donc $\mathbf{u}^k \to \mathbf{0}$ quand $k \to \infty$ si
$$\rho(\mathrm{I} - \mu\Delta t\mathrm{A}/h^2) < 1. \tag{8.40}$$

De plus, les valeurs propres λ_j de A sont données par (voir Exercice 8.2)
$$\lambda_j = 2 - 2\cos(j\pi/(N+1)) = 4\sin^2(j\pi/(2(N+1))), \quad j = 1, \ldots, N.$$

Donc (8.40) est vérifié si
$$\Delta t < \frac{1}{2\mu}h^2.$$

Comme on pouvait s'y attendre, la méthode d'Euler explicite est conditionnellement asymptotiquement stable, la condition étant que le pas de temps Δt décroît comme le carré du pas d'espace h.

Dans le cas de la méthode d'Euler implicite ($\theta = 1$), on a d'après (8.39)
$$\mathbf{u}^k = \left[(\mathrm{I} + \mu\Delta t\mathrm{A}/h^2)^{-1}\right]^k \mathbf{u}^0, \qquad k = 1, 2, \ldots$$

Comme toutes les valeurs propres de la matrice $(\mathrm{I} + \mu\Delta t\mathrm{A}/h^2)^{-1}$ sont réelles positives et strictement inférieures à 1 pour tout Δt, ce schéma est inconditionnellement asymptotiquement stable. Plus généralement, le θ-schéma est inconditionnellement asymptotiquement stable pour toutes les valeurs $1/2 \leq \theta \leq 1$, et conditionnellement asymptotiquement stable si $0 \leq \theta < 1/2$ (voir p.ex. [QSS07, Chapitre 13]).

En ce qui concerne la précision, l'erreur de troncature du θ-schéma est de l'ordre de $\Delta t + h^2$ si $\theta \neq \frac{1}{2}$, et de l'ordre de $\Delta t^2 + h^2$ si $\theta = \frac{1}{2}$. Ce dernier cas correspond au schéma de *Crank-Nicolson* (voir Section 7.4) qui est donc inconditionnellement asymptotiquement stable. La discrétisation globale correspondante (en espace et en temps) est précise à l'ordre deux en Δt et en h.

Ces résultats sont aussi valables pour l'équation de la chaleur bidimensionnelle. Dans ce cas, on doit simplement remplacer dans (8.38) la matrice A/h^2 par la matrice définie en (8.33).

Le Programme 8.3 résout numériquement l'équation de la chaleur sur l'intervalle $]0,T[$ et sur le domaine carré $\Omega =]a,b[$ avec le θ-schéma. Les paramètres d'entrée sont les vecteurs xspan=[a,b] et tspan=[0,T], le nombre d'intervalles de discrétisation en espace (nstep(1)) et en temps (nstep(2)), le scalaire mu qui contient le coefficient strictement positif μ, les fonctions u0, fun et g qui contiennent respectivement la donnée initiale $u^0(x)$, le second membre $f(x,t)$ et la donnée de Dirichlet $g(x,t)$, le réel theta qui correspond au coefficient θ. En sortie, uh contient la solution numérique au temps final $t = T$.

Programme 8.3. heattheta : θ-schéma pour l'équation de la chaleur dans un domaine monodimensionnel

```
function [xh,uh]=heattheta(xspan,tspan,nstep,mu,...
                u0,g,f,theta,varargin)
%HEATTHETA résout l'équation de la chaleur avec la
%   theta-méthode.
%   [XH,UH]=HEATTHETA(XSPAN,TSPAN,NSTEP,MU,U0,G,F,THETA)
%   résout l'équation de la chaleur
%   DU/DT - MU D^2U/DX^2 = F dans
%   ]XSPAN(1),XSPAN(2)[ x ]TSPAN(1),TSPAN(2)[ avec la
%   theta-méthode pour des conditions initiales
%   U(X,0)=U0(X) et des conditions de Dirichlet
%   U(X,T)=G(X,T) où X=XSPAN(1) et X=XSPAN(2). MU est
%   une constante positive. F=F(X,T), G=G(X,T) et
%   U0=U0(X) sont des fonctions inline, anonymes ou
%   définies par un M-file. NSTEP(1) est le nombre de
%   pas d'intégration en espace, NSTEP(2) est le nombre
%   de pas d'intégration en temps.
%   XH contient les noeuds de discrétisation.
%   UH contient la solution numérique au temps TSPAN(2).
%   [XH,UH]=HEATTHETA(XSPAN,TSPAN,NSTEP,MU,U0,G,F,...
%   THETA,P1,P2,...) passe les paramètres supplémentaires
%   P1,P2,... aux fonctions U0,G,F.
h  = (xspan(2)-xspan(1))/nstep(1);
dt = (tspan(2)-tspan(1))/nstep(2);
N  = nstep(1)+1;
e  = ones(N,1);
D  = spdiags([-e 2*e -e],[-1,0,1],N,N);
I  = speye(N);
A  = I+mu*dt*theta*D/h^2;
An = I-mu*dt*(1-theta)*D/h^2;
A(1,:) = 0; A(1,1) = 1;
A(N,:) = 0; A(N,N) = 1;
xh = (linspace(xspan(1),xspan(2),N))';
fn = feval(f,xh,tspan(1),varargin{:});
un = feval(u0,xh,varargin{:});
```

8.2 Approximation de problèmes aux limites

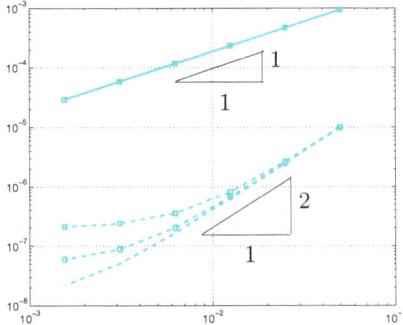

Figure 8.9. Erreur en fonction de Δt du θ-schéma ($\theta = 1$, *trait plein*, et $\theta = 0.5$ *trait discontinu*), pour trois valeurs de h : 0.008 ($\square$), 0.004 ($\circ$) et 0.002 (*pas de symbole*)

```
[L,U]=lu(A);
for t = tspan(1)+dt:dt:tspan(2)
    fn1 = feval(f,xh,t,varargin{:});
    rhs = An*un+dt*(theta*fn1+(1-theta)*fn);
    temp = feval(g,[xspan(1),xspan(2)],t,varargin{:});
    rhs([1,N]) = temp;
    uh = L\rhs; uh = U\uh; fn = fn1; un = uh;
end
return
```

Exemple 8.3 On considère l'équation de la chaleur (8.4) sur $]a,b[=]0,1[$ avec $\mu = 1$, $f(x,t) = -\sin(x)\sin(t) + \sin(x)\cos(t)$, la condition initiale $u(x,0) = \sin(x)$ et les conditions aux limites $u(0,t) = 0$ et $u(1,t) = \sin(1)\cos(t)$. Dans ce cas, la solution exacte est $u(x,t) = \sin(x)\cos(t)$. Sur la Figure 8.9, on compare les erreurs $\max_{i=0,\ldots,N} |u(x_i,1) - u_i^M|$ en faisant varier le pas de temps sur une grille uniforme en espace avec $h = 0.002$. Les $\{u_i^M\}$ sont les valeurs de la solution obtenue par différences finies et calculée au temps $t^M = 1$. Comme prévu, pour $\theta = 0.5$ le θ-schéma est d'ordre 2, au moins pour des pas de temps "assez grands" (pour des pas de temps trop petits, l'erreur en espace domine l'erreur en temps). ■

Exemple 8.4 (Thermodynamique) On considère une barre d'aluminium homogène de trois mètres de long et de section uniforme. On souhaite simuler l'évolution de la température à partir d'une donnée initiale en résolvant l'équation de la chaleur (8.5). Si on impose des conditions adiabatiques sur la surface latérale de la barre (i.e. des conditions de Neumann homogènes), et des conditions de Dirichlet aux extrémités, la température ne dépend que de la coordonnée axiale, notée x. Le problème peut donc être modélisé par l'équation de la chaleur monodimensionnelle (8.7) avec $f = 0$, complétée par la condition initiale en $t = t_0$ et par les conditions de Dirichlet aux extrémités du domaine de calcul réduit $\Omega =]0,L[$ ($L = 3$m). L'aluminium pur a une conductivité thermique $k = 237$ W/(m K), une densité $\rho = 2700$kg/m^3 et une

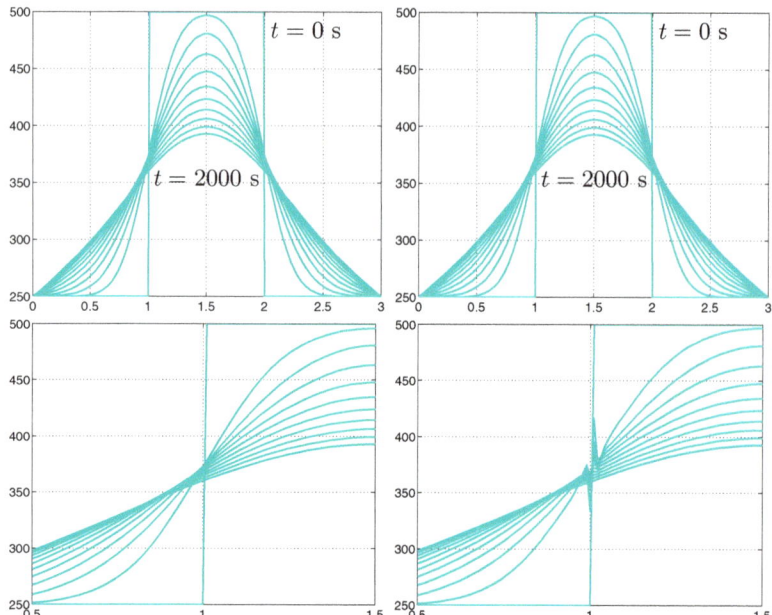

Figure 8.10. Profils de température dans une barre d'aluminium pour différents pas de temps (de $t = 0$ à $t = 2000$ avec un pas de 0.25 (*en haut*) et 20 secondes (*en bas*)), obtenus avec la méthode d'Euler implicite (*à gauche*) et de Crank-Nicolson (*à droite*). Dans les deux cas, le problème est discrétisé en espace par différences finies centrées avec $h = 0.01$. Le zoom sur les solutions pour $\Delta t = 20$sec (en bas) montre l'instabilité du schéma de Crank-Nicolson

capacité thermique spécifique $c = 897$ J/(kg K). Son coefficient de diffusion thermique vaut donc $\mu = 9.786 \cdot 10^{-5} \mathrm{m}^2/\mathrm{s}$. La condition initiale est définie par $T(x,0) = 500$ K si $x \in]1,2[$, 250 K autrement. Les conditions aux limites de Dirichlet sont $T(0,t) = T(3,t) = 250$ K. On a représenté sur la Figure 8.10 l'évolution de la température calculée avec la méthode d'Euler implicite ($\theta = 1$, à gauche) et avec la méthode de Crank-Nicolson ($\theta = 0.5$, à droite), en utilisant le Programme 8.3.

On voit que pour un grand pas de temps ($\Delta t = 20$sec), la méthode de Crank-Nicolson produit des oscillations. Celles-ci sont dues à la faible régularité de la donnée initiale (voir à ce sujet [QV94, Chapitre 11]). En revanche, la méthode d'Euler implicite donne une solution stable, car elle est plus dissipative que la méthode de Crank-Nicolson. Les deux schémas donnent une solution qui tend vers la valeur correcte, 250 K, quand t augmente. ■

8.2.7 Approximation par éléments finis de l'équation de la chaleur monodimensionnelle

Pour discrétiser en espace l'équation de la chaleur (8.4) avec conditions aux limites de Dirichlet homogènes $u(a,t) = u(b,t) = 0$, $\forall t > 0$, on peut utiliser la méthode des éléments finis de Galerkin en procédant comme à la Section 8.2.3 pour le problème de Poisson. Pour commencer, on multiplie l'équation (8.4) pour tout $t > 0$ par une fonction test $v = v(x) \in C^1([a,b])$ et on intègre l'équation obtenue sur $]a,b[$. Pour tout $t > 0$, on cherche donc une fonction $t \to u(x,t) \in C^1([a,b])$ telle que

$$\int_a^b \frac{\partial u}{\partial t}(x,t)v(x)\mathrm{d}x + \int_a^b \mu \frac{\partial u}{\partial x}(x,t)\frac{\mathrm{d}v}{\mathrm{d}x}(x)\mathrm{d}x = \qquad (8.41)$$

$$= \int_a^b f(x)v(x)\mathrm{d}x \qquad \forall v \in C^1([a,b]),$$

avec $u(0) = u^0$. On omettra désormais la variable x dans u, v et f afin d'alléger l'écriture.

Soit V_h le sous-espace de dimension finie de $C^1([a,b])$ déjà introduit en (8.26). Considérons la formulation de Galerkin suivante : $\forall t > 0$, trouver $u_h(t) \in V_h$ tel que

$$\int_a^b \frac{\partial u_h}{\partial t}(t)v_h \mathrm{d}x + \int_a^b \mu \frac{\partial u_h}{\partial x}(t)\frac{\mathrm{d}v_h}{\mathrm{d}x}\mathrm{d}x = \int_a^b f(t)v_h \mathrm{d}x \quad \forall v_h \in V_h, (8.42)$$

où $u_h(0) = u_h^0$, $u_h^0 \in V_h$ étant une approximation de u^0. La formulation (8.42) est appelée *semi-discrétisation* du problème (8.41), puisque la discrétisation n'a été effectuée qu'en espace, et non en temps.

Pour discrétiser (8.42) par éléments finis, on considère les fonctions de base φ_j introduites à la Section 8.2.3. On cherche donc la solution u_h de (8.42) sous la forme

$$u_h(t) = \sum_{j=1}^N u_j(t)\varphi_j,$$

où les $\{u_j(t)\}$ sont les coefficients inconnus et N est la dimension de V_h. D'après (8.42), on obtient

$$\int_a^b \sum_{j=1}^N \frac{\mathrm{d}u_j}{\mathrm{d}t}(t)\varphi_j \varphi_i \mathrm{d}x + \mu \int_a^b \sum_{j=1}^N u_j(t)\frac{\mathrm{d}\varphi_j}{\mathrm{d}x}\frac{\mathrm{d}\varphi_i}{\mathrm{d}x}\mathrm{d}x =$$

$$= \int_a^b f(t)\varphi_i \mathrm{d}x, \qquad i = 1,\ldots,N$$

c'est-à-dire

$$\sum_{j=1}^{N}\frac{du_j}{dt}(t)\int_a^b \varphi_j\varphi_i dx + \mu \sum_{j=1}^{N} u_j(t)\int_a^b \frac{d\varphi_j}{dx}\frac{d\varphi_i}{dx}dx =$$
$$= \int_a^b f(t)\varphi_i dx, \qquad i=1,\ldots,N.$$

En utilisant les mêmes notations qu'en (8.37), on obtient

$$\mathrm{M}\frac{d\mathbf{u}}{dt}(t) + \mathrm{A}_{\mathrm{fe}}\mathbf{u}(t) = \mathbf{f}_{\mathrm{fe}}(t), \qquad (8.43)$$

où $(\mathrm{A}_{\mathrm{fe}})_{ij} = \mu \int_a^b \frac{d\varphi_j}{dx}\frac{d\varphi_i}{dx}dx$, $(\mathbf{f}_{\mathrm{fe}}(t))_i = \int_a^b f(t)\varphi_i dx$ et $\mathrm{M}_{ij} = (\int_a^b \varphi_j\varphi_i dx)$ pour $i,j=1,\ldots,N$. La matrice M est appelée *matrice de masse*. Comme elle est inversible, le système d'équations différentielles ordinaires (8.43) peut s'écrire sous forme normale

$$\frac{d\mathbf{u}}{dt}(t) = -\mathrm{M}^{-1}\mathrm{A}_{\mathrm{fe}}\mathbf{u}(t) + \mathrm{M}^{-1}\mathbf{f}_{\mathrm{fe}}(t). \qquad (8.44)$$

Pour résoudre (8.43) de manière approchée, on peut à nouveau appliquer le θ-schéma

$$\mathrm{M}\frac{\mathbf{u}^{k+1}-\mathbf{u}^k}{\Delta t} + \mathrm{A}_{\mathrm{fe}}\left[\theta\mathbf{u}^{k+1} + (1-\theta)\mathbf{u}^k\right] = \theta\mathbf{f}_{\mathrm{fe}}^{k+1} + (1-\theta)\mathbf{f}_{\mathrm{fe}}^k. \quad (8.45)$$

Comme d'habitude, l'exposant k indique que la quantité considérée est calculée au temps $t^k = k\Delta t$, où $\Delta t > 0$ est le pas de temps. Comme avec les différences finies, en prenant $\theta = 0, 1$ et $1/2$, on obtient respectivement les schémas d'Euler explicite, implicite et de Crank-Nicolson. Ce dernier est le seul à être d'ordre 2 en Δt.

Pour chaque k, (8.45) est un système linéaire de matrice

$$\mathrm{K} = \frac{1}{\Delta t}\mathrm{M} + \theta\mathrm{A}_{\mathrm{fe}}.$$

Comme les matrices M et A_{fe} sont symétriques définies positives, la matrice K l'est aussi. De plus, K est indépendante de k et peut donc être factorisée une fois pour toute en $t = 0$. Dans le cas monodimensionnel considéré, cette factorisation est basée sur la méthode de Thomas (voir Section 5.6) et nécessite un nombre d'opérations proportionnel à N. Dans le cas multidimensionnel, on effectuera plutôt une factorisation de Cholesky $\mathrm{K} = \mathrm{R}^T\mathrm{R}$, où R est une matrice triangulaire supérieure (voir (5.16)). Par conséquent, à chaque pas de temps, on doit résoudre les deux systèmes linéaires triangulaires de taille N suivants

$$\begin{cases} \mathrm{R}^T\mathbf{y} = \left[\dfrac{1}{\Delta t}\mathrm{M} - (1-\theta)\mathrm{A}_{\mathrm{fe}}\right]\mathbf{u}^k + \theta\mathbf{f}_{\mathrm{fe}}^{k+1} + (1-\theta)\mathbf{f}_{\mathrm{fe}}^k, \\ \mathrm{R}\mathbf{u}^{k+1} = \mathbf{y}. \end{cases}$$

Quand $\theta = 0$, on remarque que si la matrice M était diagonale, les équations du système (8.45) seraient découplées. On peut y parvenir par un procédé appelé *condensation de la masse* (ou *mass-lumping* en anglais) qui consiste à approcher la matrice M par une matrice diagonale inversible $\widetilde{M}$. Dans le cas d'éléments finis linéaires par morceaux, $\widetilde{M}$ s'obtient en utilisant la formule composite du trapèze aux noeuds $\{x_i\}$ pour évaluer les intégrales $\int_a^b \varphi_j \varphi_i \, dx$, ce qui donne $\tilde{m}_{ij} = h\delta_{ij}$, $i, j = 1, \ldots, N$.

Si $\theta \geq 1/2$, le θ-schéma est inconditionnellement stable pour tout Δt strictement positif, tandis que si $0 \leq \theta < 1/2$ le θ-schéma est stable seulement si

$$0 < \Delta t \leq \frac{2}{(1-2\theta)\lambda_{\max}(M^{-1}A_{\text{fe}})},$$

voir [Qua09, Chap. 5]. De plus, on peut montrer qu'il existe deux constantes strictement positives c_1 et c_2, indépendantes de h, telles que

$$c_1 h^{-2} \leq \lambda_{\max}(M^{-1}A_{\text{fe}}) \leq c_2 h^{-2}$$

(voir la preuve dans [QV94, Section 6.3.2]). Grâce à cette propriété, si $0 \leq \theta < 1/2$ la méthode est stable seulement si

$$0 < \Delta t \leq C_1(\theta) h^2, \tag{8.46}$$

où $C_1(\theta)$ est une constante indépendante des paramètres de discrétisation h et Δt.

8.3 Equations hyperboliques : un problème d'advection scalaire

Considérons le problème scalaire hyperbolique suivant

$$\begin{cases} \dfrac{\partial u}{\partial t} + a \dfrac{\partial u}{\partial x} = 0, & x \in \mathbb{R}, \, t > 0, \\ u(x, 0) = u^0(x), & x \in \mathbb{R}, \end{cases} \tag{8.47}$$

où a est un nombre positif. Sa solution est donnée par

$$u(x, t) = u^0(x - at), \, t \geq 0,$$

et représente une onde se propageant à la vitesse a. Les courbes $(x(t), t)$ du plan (x, t) vérifiant l'équation différentielle scalaire

$$\begin{cases} \dfrac{dx}{dt}(t) = a, & t > 0, \\ x(0) = x_0, \end{cases} \tag{8.48}$$

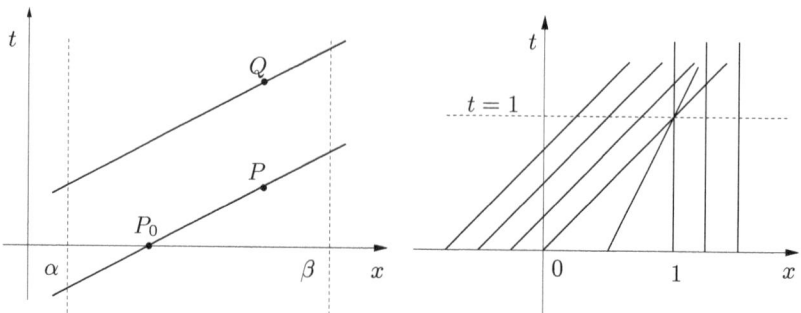

Figure 8.11. A gauche : exemple d'un cas où les courbes caractéristiques issues des points P et Q sont des lignes droites. A droite : courbes caractéristiques de l'équation de Burgers (8.51)

sont appelées *courbes caractéristiques* (ou simplement *caractéristiques*). Ce sont les droites $x(t) = x_0 + at$, $t > 0$. La solution de (8.47) est constante le long de ces courbes puisque

$$\frac{du}{dt} = \frac{\partial u}{\partial t} + \frac{\partial u}{\partial x}\frac{dx}{dt} = 0 \qquad \text{sur } (x(t), t).$$

Pour le problème plus général

$$\begin{cases} \dfrac{\partial u}{\partial t} + a\dfrac{\partial u}{\partial x} + a_0 u = f, & x \in \mathbb{R}, \quad t > 0, \\ u(x, 0) = u^0(x), & x \in \mathbb{R}, \end{cases} \qquad (8.49)$$

où a, a_0 et f sont des fonctions données des variables (x, t), les caractéristiques sont encore définies par (8.48). Les solutions de (8.49) satisfont alors l'équation différentielle suivante le long des caractéristiques

$$\frac{du}{dt} = f - a_0 u \qquad \text{sur } (x(t), t).$$

Considérons à présent le problème (8.47) sur un intervalle borné $]\alpha, \beta[$

$$\begin{cases} \dfrac{\partial u}{\partial t} + a\dfrac{\partial u}{\partial x} = 0, & x \in]\alpha, \beta[, \, t > 0, \\ u(x, 0) = u^0(x), & x \in]\alpha, \beta[. \end{cases} \qquad (8.50)$$

Supposons pour commencer $a > 0$. Comme u est constant le long des caractéristiques, on voit à gauche de la Figure 8.11 que la valeur de la solution en P est donnée par la valeur de u^0 en P_0, appelé *pied de la caractéristique* issue de P. D'autre part, la caractéristique issue de Q rencontre la droite $x(t) = \alpha$ au temps $t = \bar{t} > 0$. Par conséquent, le

8.3 Equations hyperboliques : un problème d'advection scalaire

point $x = \alpha$ est un point *entrant*, et il est nécessaire d'y fixer la valeur de u pour tout temps $t > 0$. Dans le cas où $a < 0$, le point entrant est $x = \beta$, on doit donc y fixer la valeur de u pour tout temps $t > 0$.

Dans le problème (8.47), il est intéressant de noter que si u^0 est discontinu en un point x_0, alors cette discontinuité se propage le long de la caractéristique issue de x_0. On peut rendre cette remarque rigoureuse en introduisant le concept de *solutions faibles* des problèmes hyperboliques, voir p.ex. [GR96]. Une autre motivation pour introduire les solutions faibles est donnée par les équations hyperboliques non linéaires. Pour ces problèmes en effet, les courbes caractéristiques peuvent se croiser : les solutions ne peuvent donc être continues et aucune solution classique n'existe.

Exemple 8.5 (Equation de Burgers) Considérons l'équation de Burgers

$$\frac{\partial u}{\partial t} + u \frac{\partial u}{\partial x} = 0, \qquad x \in \mathbb{R}, \quad t > 0, \tag{8.51}$$

qui est peut-être l'exemple non trivial le plus simple d'équation hyperbolique non linéaire. En prenant comme donnée initiale

$$u(x,0) = u^0(x) = \begin{cases} 1, & x \leq 0, \\ 1-x, & 0 < x \leq 1, \\ 0, & x > 1, \end{cases}$$

la caractéristique issue de $(x_0, 0)$ est donnée par

$$x(t) = x_0 + t u^0(x_0) = \begin{cases} x_0 + t, & x_0 \leq 0, \\ x_0 + t(1-x_0), & 0 < x_0 \leq 1, \\ x_0, & x_0 > 1. \end{cases}$$

Remarquer qu'il n'y a pas d'intersection de caractéristiques seulement pour $t < 1$ (voir Figure 8.11, à droite). ∎

8.3.1 Discrétisation par différences finies de l'équation d'advection scalaire

Le demi-plan $\{(x,t) : -\infty < x < \infty, \ t > 0\}$ est discrétisé en fixant un pas d'espace $\Delta x > 0$ (paramètre qu'on notait h jusqu'à présent), un pas de temps $\Delta t > 0$ et des points de grilles (x_j, t^n) définis par

$$x_j = j \Delta x, \qquad j \in \mathbb{Z}, \qquad t^n = n \Delta t, \qquad n \in \mathbb{N}.$$

On pose

$$\lambda = \Delta t / \Delta x,$$

et on définit $x_{j+1/2} = x_j + \Delta x / 2$. On cherche des solutions discrètes u_j^n qui approchent les valeurs $u(x_j, t^n)$ de la solution exacte pour tout j, n. On utilise assez souvent des schémas explicites pour discrétiser en temps des problèmes aux valeurs initiales hyperboliques.

290   8 Approximation numérique des problèmes aux limites

Tout schéma aux différences finies explicite peut s'écrire sous la forme

$$u_j^{n+1} = u_j^n - \lambda(h_{j+1/2}^n - h_{j-1/2}^n), \tag{8.52}$$

où $h_{j+1/2}^n = h(u_j^n, u_{j+1}^n)$ pour tout j, et où $h(\cdot,\cdot)$ est une fonction à choisir appelée *flux numérique*.

Voici plusieurs exemples de schémas explicites pour approcher le problème (8.47) :

1. *Euler explicite/centré*

$$u_j^{n+1} = u_j^n - \frac{\lambda}{2}a(u_{j+1}^n - u_{j-1}^n), \tag{8.53}$$

qui est de la forme (8.52) avec

$$h_{j+1/2}^n = \frac{1}{2}a(u_{j+1}^n + u_j^n); \tag{8.54}$$

2. *Lax-Friedrichs*

$$u_j^{n+1} = \frac{1}{2}(u_{j+1}^n + u_{j-1}^n) - \frac{\lambda}{2}a(u_{j+1}^n - u_{j-1}^n), \tag{8.55}$$

qui est de la forme (8.52) avec

$$h_{j+1/2}^n = \frac{1}{2}[a(u_{j+1}^n + u_j^n) - \lambda^{-1}(u_{j+1}^n - u_j^n)]; \tag{8.56}$$

3. *Lax-Wendroff*

$$u_j^{n+1} = u_j^n - \frac{\lambda}{2}a(u_{j+1}^n - u_{j-1}^n) + \frac{\lambda^2}{2}a^2(u_{j+1}^n - 2u_j^n + u_{j-1}^n), \tag{8.57}$$

qui est de la forme (8.52) avec

$$h_{j+1/2}^n = \frac{1}{2}[a(u_{j+1}^n + u_j^n) - \lambda a^2(u_{j+1}^n - u_j^n)]; \tag{8.58}$$

4. *Euler explicite décentré*

$$u_j^{n+1} = u_j^n - \frac{\lambda}{2}a(u_{j+1}^n - u_{j-1}^n) + \frac{\lambda}{2}|a|(u_{j+1}^n - 2u_j^n + u_{j-1}^n), \tag{8.59}$$

qui est de la forme (8.52) avec

$$h_{j+1/2}^n = \frac{1}{2}[a(u_{j+1}^n + u_j^n) - |a|(u_{j+1}^n - u_j^n)]. \tag{8.60}$$

Table 8.1. Diffusion artificielle, flux de diffusion artificielle, erreur de troncature pour les schémas de Lax-Friedrichs, Lax-Wendroff et décentré

Schéma	k	$h_{j+1/2}^{diff}$	$\tau(\Delta t, \Delta x)$
Lax-Friedrichs	Δx^2	$-\dfrac{1}{2\lambda}(u_{j+1} - u_j)$	$\mathcal{O}\left(\Delta x^2/\Delta t + \Delta t + \Delta x^2\right)$
Lax-Wendroff	$a^2 \Delta t^2$	$-\dfrac{\lambda a^2}{2}(u_{j+1} - u_j)$	$\mathcal{O}\left(\Delta t^2 + \Delta x^2 + \Delta t \Delta x^2\right)$
décentré	$\|a\| \Delta x \Delta t$	$-\dfrac{\|a\|}{2}(u_{j+1} - u_j)$	$\mathcal{O}(\Delta t + \Delta x)$

Chacun des trois derniers schémas peut se déduire du schéma d'Euler explicite centré en ajoutant un terme proportionnel à (4.9). Ils s'écrivent alors sous la forme

$$u_j^{n+1} = u_j^n - \frac{\lambda}{2}a(u_{j+1}^n - u_{j-1}^n) + \frac{1}{2}k\frac{u_{j+1}^n - 2u_j^n + u_{j-1}^n}{(\Delta x)^2}. \quad (8.61)$$

Le dernier terme est une approximation de la dérivée seconde

$$\frac{k}{2}\frac{\partial^2 u}{\partial x^2}(x_j, t^n).$$

Le coefficient $k > 0$ joue donc le rôle d'une diffusion artificielle. Son expression est donnée dans la Table 8.1 pour chacun des trois schémas. Le flux numérique peut alors s'écrire dans les trois cas

$$h_{j+1/2} = h_{j+1/2}^{FE} + h_{j+1/2}^{diff},$$

où $h_{j+1/2}^{FE}$ est le flux numérique du schéma d'Euler explicite/centré (donné par (8.54)) et le *flux de diffusion artificielle* $h_{j+1/2}^{diff}$ qu'on trouvera dans la Table 8.1 pour chacun des trois schémas.

La méthode implicite la plus classique est le schéma *d'Euler implicite centré*

$$u_j^{n+1} + \frac{\lambda}{2}a(u_{j+1}^{n+1} - u_{j-1}^{n+1}) = u_j^n. \quad (8.62)$$

On peut également l'écrire sous la forme (8.52) à condition de remplacer h^n par h^{n+1}. Dans cet exemple, le flux numérique est le même que pour le schéma d'Euler explicite centré.

8.3.2 Analyse des schémas aux différences finies pour l'équation d'advection scalaire

L'analyse de convergence des schémas aux différences finies introduits dans la section précédente nécessite d'avoir à la fois la consistance et la stabilité.

Considérons par exemple le schéma d'Euler explicite centré (8.53). Comme à la Section 7.3.1, en notant u la solution exacte du problème (8.47), l'*erreur de troncature locale* en (x_j, t^n) représente, au facteur $1/\Delta t$ près, l'erreur obtenue en insérant la solution exacte dans le schéma numérique. Par exemple, pour le schéma d'Euler explicite centré, elle s'écrit

$$\tau_j^n = \frac{u(x_j, t^{n+1}) - u(x_j, t^n)}{\Delta t} + a\frac{u(x_{j+1}, t^n) - u(x_{j-1}, t^n)}{2\Delta x}.$$

L'*erreur de troncature (globale)* est définie par

$$\tau(\Delta t, \Delta x) = \max_{j,n}|\tau_j^n|.$$

Si $\tau(\Delta t, \Delta x)$ tend vers zéro quand Δt et Δx tendent indépendamment vers zéro, le schéma numérique est dit *consistant*.

Plus généralement, on dit qu'une méthode numérique est *d'ordre p* en temps et d'*ordre q* en espace (où p et q sont positifs) si, pour une solution assez régulière du problème exact

$$\tau(\Delta t, \Delta x) = \mathcal{O}(\Delta t^p + \Delta x^q).$$

Enfin, on dit que le schéma numérique est *convergeant* (dans la norme du maximum) si

$$\lim_{\Delta t, \Delta x \to 0} \max_{j,n}|u(x_j, t^n) - u_j^n| = 0.$$

Si la solution exacte est assez régulière, un développement de Taylor permet de trouver les erreurs de troncature des méthodes introduites ci-dessus. Pour les schémas d'Euler centrés (implicite ou explicite), l'erreur est en $\mathcal{O}(\Delta t + \Delta x^2)$. Pour les autres schémas, voir la Table 8.1.

Considérons à présent la notion de stabilité. On dit qu'un schéma numérique approchant un problème hyperbolique (linéaire ou non) est *stable* si, pour tout temps T, il existe deux constantes $C_T > 0$ (dépendant éventuellement de T) et $\delta_0 > 0$, telles que

$$\|\mathbf{u}^n\|_\Delta \leq C_T \|\mathbf{u}^0\|_\Delta, \qquad (8.63)$$

pour tout n tel que $n\Delta t \leq T$ et pour tout $\Delta t, \Delta x$ tels que $0 < \Delta t \leq \delta_0$, $0 < \Delta x \leq \delta_0$. La notation $\|\cdot\|_\Delta$ désigne une norme discrète quelconque, par exemple

$$\|\mathbf{v}\|_{\Delta,p} = \left(\Delta x \sum_{j=-\infty}^{\infty} |v_j|^p\right)^{\frac{1}{p}} \text{ pour } p = 1 \text{ ou } 2, \quad \|\mathbf{v}\|_{\Delta,\infty} = \sup_j|v_j|.$$

$$(8.64)$$

8.3 Equations hyperboliques : un problème d'advection scalaire

Courant, Friedrichs et Lewy [CFL28] ont prouvé qu'une condition nécessaire et suffisante pour qu'un schéma explicite de la forme (8.52) soit stable est que les pas de discrétisation en espace et en temps vérifient la condition

$$|a\lambda| \leq 1, \text{ i.e. } \Delta t \leq \frac{\Delta x}{|a|} \qquad (8.65)$$

qu'on appelle *condition de CFL*. Le nombre adimensionnel $a\lambda$ (a est une vitesse) est appelé *nombre de CFL*. Si a n'est pas constant, la condition de CFL devient

$$\Delta t \leq \frac{\Delta x}{\sup\limits_{x \in \mathbb{R}, \ t>0} |a(x,t)|}.$$

On démontre que

1. le schéma *d'Euler explicite centré* (8.53) est inconditionnellement instable, c'est-à-dire instable pour tout choix de $\Delta x > 0$ et $\Delta t > 0$;
2. le schéma *décentré* (aussi appelé *schéma d'Euler explicite décentré*) (8.59) est stable pour la norme $\|\cdot\|_{\Delta,1}$, c'est-à-dire

$$\|\mathbf{u}^n\|_{\Delta,1} \leq \|\mathbf{u}^0\|_{\Delta,1} \qquad \forall n \geq 0,$$

pourvue que la condition de CFL (8.65) soit vérifiée ; le même résultat peut aussi être établi pour les schémas de *Lax-Friedrichs* (8.55) et *Lax-Wendroff* (8.57) ;

3. le schéma d'*Euler implicite centré* (8.62) est inconditionnellement stable pour la norme $\|\cdot\|_{\Delta,2}$, i.e., pour tout $\Delta t > 0$

$$\|\mathbf{u}^n\|_{\Delta,2} \leq \|\mathbf{u}^0\|_{\Delta,2} \qquad \forall n \geq 0.$$

Voir Exercice 8.11.

Pour une preuve de ces résultats, voir p.ex. [QSS07, Chap. 13] et [Qua09, Chap. 12].

Nous allons à présent explorer deux propriétés importantes d'un schéma numérique : la *dissipation* et la *dispersion*. Pour cela, on suppose que la donnée initiale $u^0(x)$ du problème (8.47) est 2π–périodique, de manière à pouvoir la décomposer en séries de Fourier

$$u^0(x) = \sum_{k=-\infty}^{\infty} \alpha_k e^{ikx},$$

où

$$\alpha_k = \frac{1}{2\pi} \int_0^{2\pi} u^0(x) e^{-ikx} dx$$

est le k–ème coefficient de Fourier de $u^0(x)$. La solution exacte u du problème (8.47) vérifie formellement les conditions nodales

294   8 Approximation numérique des problèmes aux limites

$$u(x_j, t^n) = \sum_{k=-\infty}^{\infty} \alpha_k e^{ikj\Delta x}(g_k)^n, \quad j \in \mathbb{Z}, n \in \mathbb{N} \qquad (8.66)$$

avec $g_k = e^{-iak\Delta t}$. La solution numérique u_j^n, calculée par un des schémas de la Section 8.3.1, s'écrit

$$u_j^n = \sum_{k=-\infty}^{\infty} \alpha_k e^{ikj\Delta x}(\gamma_k)^n, \quad j \in \mathbb{Z}, \quad n \in \mathbb{N}. \qquad (8.67)$$

L'expression des coefficients $\gamma_k \in \mathbb{C}$ dépend du schéma utilisé ; par exemple, pour le schéma (8.53), on montre que $\gamma_k = 1 - a\lambda i \sin(k\Delta x)$. Alors que $|g_k| = 1$ pour tout $k \in \mathbb{Z}$, les valeurs $|\gamma_k|$ dépendent du *nombre de CFL* $a\lambda$, et donc également des pas de discrétisation. En posant $\|\cdot\|_\Delta = \|\cdot\|_{\Delta,2}$, on montre qu'une condition nécessaire et suffisante pour qu'un schéma numérique vérifie l'inégalité de stabilité (8.63) est $|\gamma_k| \leq 1$, $\forall k \in \mathbb{Z}$. On appelle $\epsilon_a(k) = |\gamma_k|/|g_k| = |\gamma_k|$ *coefficient de dissipation* (ou *coefficient d'amplification*) de la $k-$ème harmonique. Rappelons que la solution exacte de (8.47) est l'onde progressive $u(x,t) = u^0(x - at)$ dont l'amplitude est indépendante du temps. Pour l'approximation numérique (8.67), plus $\epsilon_a(k)$ est petite, plus importante sera l'atténuation de l'amplitude de l'onde c'est-à-dire plus importante sera la dissipation numérique. De plus, si la condition de stabilité est violée, alors l'amplitude de l'onde augmentera et la solution numérique finira par exploser au bout d'un certain temps.

En plus de la dissipation, les schémas numériques introduisent aussi de la dispersion, c'est-à-dire une avance ou un retard dans la propagation de l'onde. Pour comprendre ce phénomène, écrivons g_k et γ_k sous la forme suivante

$$g_k = e^{-ia\lambda\phi_k}, \qquad \gamma_k = |\gamma_k|e^{-i\omega\Delta t} = |\gamma_k|e^{-i\frac{\omega}{k}\lambda\phi_k},$$

$\phi_k = k\Delta x$ étant la *phase* de la $k-$ème harmonique.

En comparant g_k et γ_k et en rappelant que a est la vitesse de propagation de l'onde "exacte", on appelle *coefficient de dispersion* associée à la k-ème harmonique la valeur $\epsilon_d(k) = \frac{\omega}{ak} = \frac{\omega\Delta t}{\phi_k a\lambda}$.

Sur les Figures 8.12 et 8.13, on représente la solution exacte du problème (8.50) (pour $a = 1$) et les solutions numériques obtenues par certains des schémas de la Section 8.3.1. La donnée initiale est

$$u^0(x) = \begin{cases} \sin(2\pi x/\ell) & -1 \leq x \leq \ell \\ 0 & \ell < x < 3, \end{cases} \qquad (8.68)$$

où la longueur d'onde est $\ell = 1$ (à gauche) ou $\ell = 1/2$ (à droite). Dans les deux cas le nombre de CFL vaut 0.8. Pour $\ell = 1$, on prend $\Delta x = \ell/20 = 1/20$, de sorte que $\phi_k = 2\pi\Delta x/\ell = \pi/10$ et $\Delta t = 1/25$. Pour $\ell = 1/2$ on prend $\Delta x = \ell/8 = 1/16$, de sorte que $\phi_k = \pi/4$ et $\Delta t = 1/20$.

8.3 Equations hyperboliques : un problème d'advection scalaire

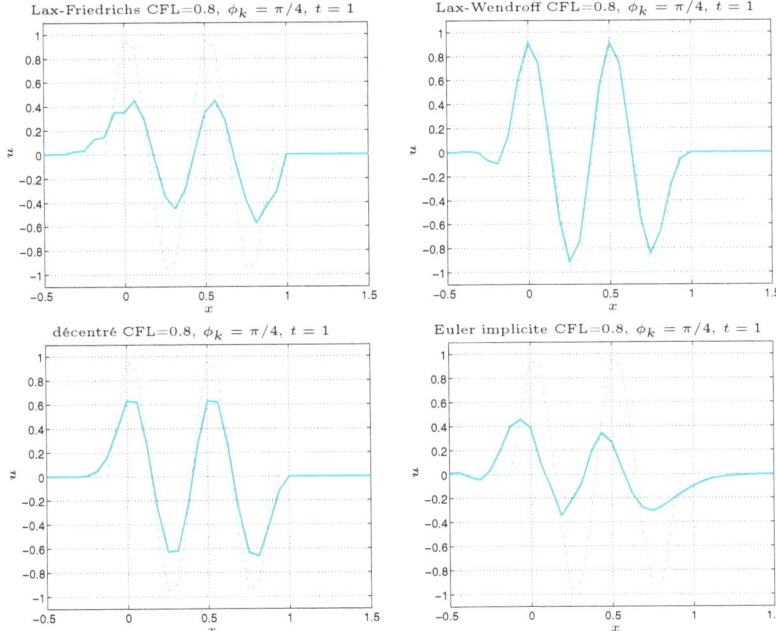

Figure 8.12. Solutions exacte (*trait discontinu*) et numérique (*trait plein*) du problème (8.50) à $t = 0.4$, avec $a = 1$ et avec une donnée initiale définie par (8.68) de longueur d'onde $\ell = 1/2$

Sur les Figures 8.14 et 8.15, on représente respectivement les coefficients de dissipation et de dispersion en fonction du nombre de CFL (en haut) et de la phase $\phi_k = k\Delta x$ (en bas).

On remarque sur la Figure 8.14 que, quand CFL=0.8, le schéma de Lax-Wendroff est le moins dissipatif, ce que confirme le tracé de la solution numérique sur la Figure 8.13, pour $\phi_k = \pi/10$ et $\phi_k = \pi/4$. Sur la Figure 8.15, on voit que pour CFL=0.8, le schéma décentré est celui qui a la plus faible erreur de dispersion, et qu'il est légèrement en avance de phase ; le schéma de Lax-Friederichs a une importante avance de phase alors que les schémas de Lax-Wendroff et d'Euler implicite centré ont un retard de phase. Ces conclusions sont confirmées par les solutions numériques représentées sur la Figure 8.12.

On retiendra que le coefficient de dissipation est responsable de l'atténuation de l'amplitude de l'onde tandis que le coefficient de dispersion entraîne une altération de sa vitesse de propagation.

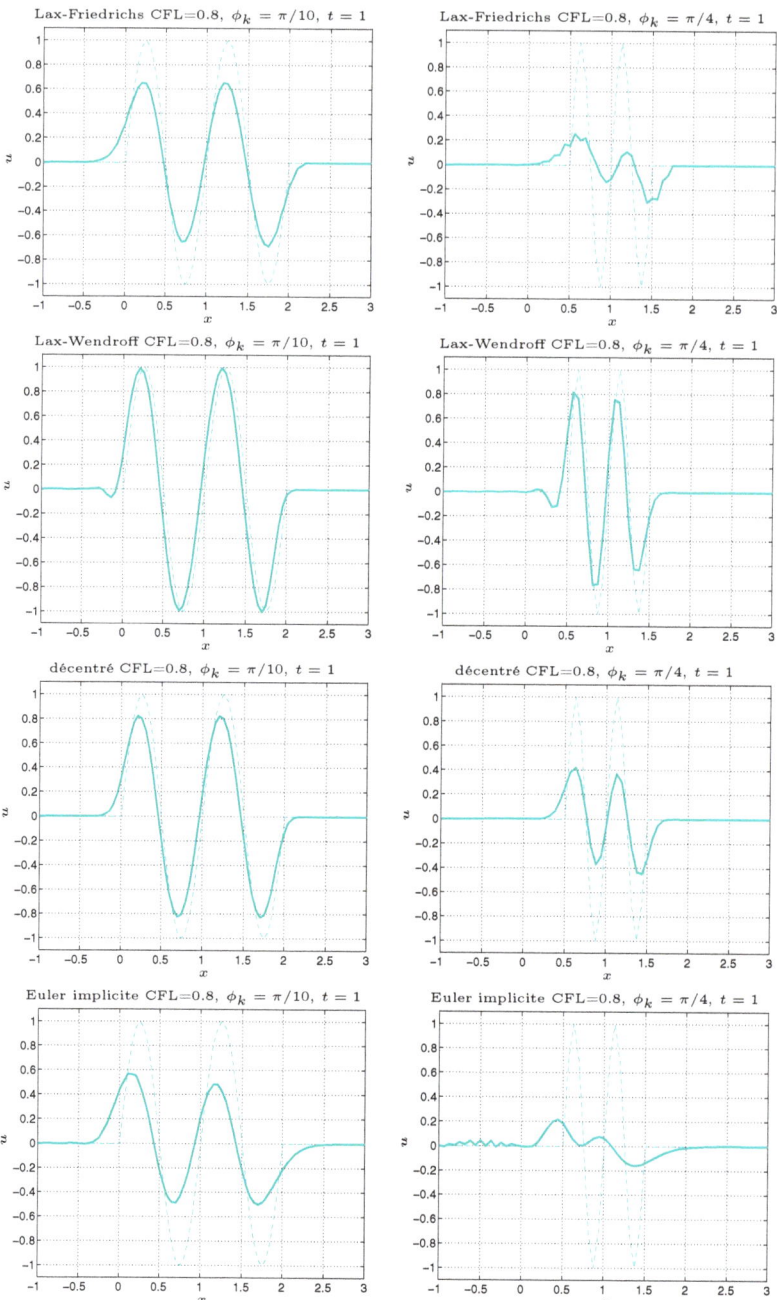

Figure 8.13. Solutions exacte (*trait discontinu*) et numérique (*trait plein*) du problème (8.50) à $t = 1$, avec $a = 1$ et avec une donnée initiale définie par (8.68) de longueur d'onde $\ell = 1$ (à gauche) et $\ell = 1/2$ (à droite)

8.3 Equations hyperboliques : un problème d'advection scalaire   297

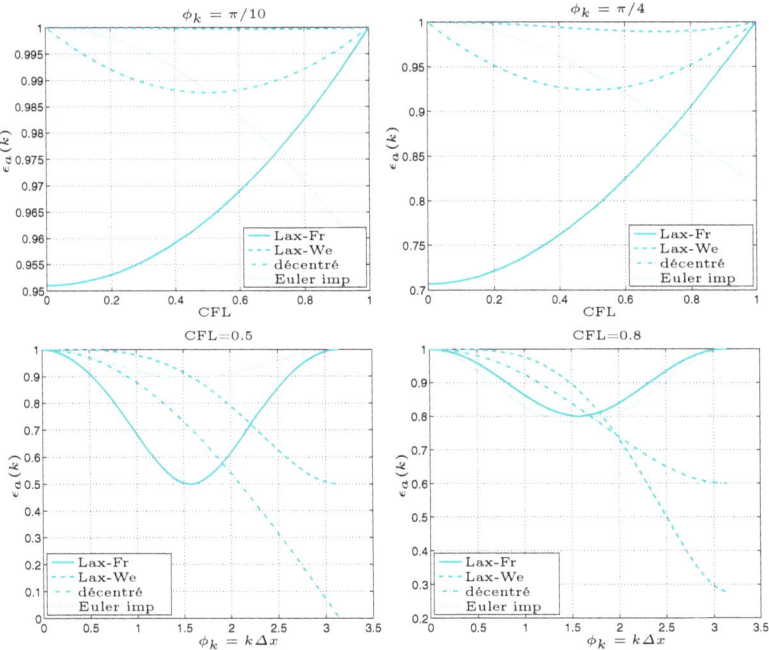

Figure 8.14. Coefficients de dissipation

8.3.3 Eléments finis pour l'équation d'advection scalaire

Dans l'esprit de la Section 8.2.3, on peut définir une semi-discrétisation de Galerkin du problème (8.47) de la manière suivante. Supposons que $a = a(x) > 0 \ \forall x \in [\alpha, \beta]$, de sorte que le noeud $x = \alpha$ soit une *frontière entrante*. Pour tout $t > 0$, on complète le système (8.47) avec la condition aux limites

$$u(\alpha, t) = \varphi(t), \qquad t > 0, \tag{8.69}$$

où φ est une fonction donnée de t.

On définit l'espace

$$V_h^{in} = \{v_h \in V_h : \ v_h(\alpha) = 0\},$$

et on considère l'approximation par éléments finis du problème (8.47), (8.69) : pour $t \in]0, T[$ trouver $u_h(t) \in V_h$ tel que

$$\begin{cases} \displaystyle\int_\alpha^\beta \frac{\partial u_h(t)}{\partial t} v_h \ dx + \int_\alpha^\beta a \frac{\partial u_h(t)}{\partial x} v_h \ dx = 0 & \forall \ v_h \in V_h^{in}, \\ u_h(t) = \varphi(t) & \text{en } x = \alpha, \end{cases} \tag{8.70}$$

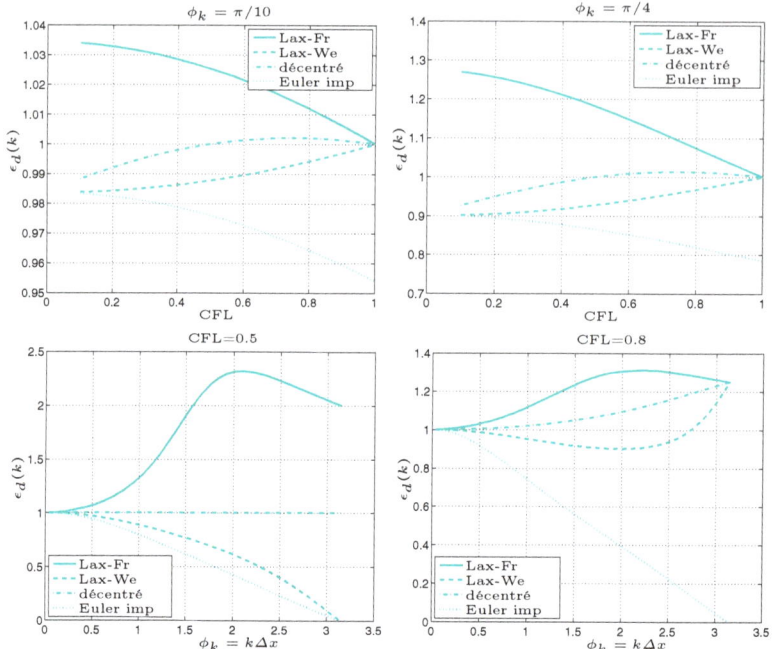

Figure 8.15. Coefficients de dispersion

où $u_h(0) = u_h^0 \in V_h$ est une certaine approximation de la donnée initiale u^0, p.ex. son interpolation polynomiale par morceaux.

Pour la discrétisation en temps de (8.70), on peut à nouveau utiliser des schémas aux différences finies. Par exemple, un schéma d'Euler implicite s'écrit pour tout $n \geq 0$: trouver $u_h^{n+1} \in V_h$ tel que

$$\frac{1}{\Delta t}\int_\alpha^\beta (u_h^{n+1} - u_h^n)v_h \, dx + \int_\alpha^\beta a\frac{\partial u_h^{n+1}}{\partial x}v_h \, dx = 0 \quad \forall v_h \in V_h^{in}, \quad (8.71)$$

avec $u_h^{n+1}(\alpha) = \varphi^{n+1}$.

Si $\varphi = 0$, on peut montrer que

$$\|u_h^n\|_{L^2(\alpha,\beta)} \leq \|u_h^0\|_{L^2(\alpha,\beta)} \quad \forall n \geq 0,$$

ce qui signifie que le schéma d'Euler implicite est inconditionnellement stable pour la norme $\|v\|_{L^2(\alpha,\beta)} = \left(\int_\alpha^\beta v^2(x)dx\right)^{1/2}$.

Voir les Exercices 8.10–8.14.

8.4 Equation des ondes

On considère à présent l'équation hyperbolique du second ordre suivante, en dimension un

$$\frac{\partial^2 u}{\partial t^2} - c\frac{\partial^2 u}{\partial x^2} = f \qquad (8.72)$$

où c est une constante positive donnée.

Quand $f = 0$, la solution générale de (8.72) correspond aux ondes progressives de d'Alembert

$$u(x,t) = \psi_1(\sqrt{c}t - x) + \psi_2(\sqrt{c}t + x), \qquad (8.73)$$

où ψ_1 et ψ_2 sont des fonctions arbitraires.

Dans la suite, on considère le problème (8.72) pour $x \in]a, b[$ et $t > 0$. On le complète donc avec les conditions initiales

$$u(x,0) = u_0(x) \text{ et } \frac{\partial u}{\partial t}(x,0) = v_0(x), \ x \in (a,b), \qquad (8.74)$$

et les conditions aux limites

$$u(a,t) = 0 \text{ et } u(b,t) = 0, \ t > 0. \qquad (8.75)$$

Par exemple, u peut représenter le déplacement transverse d'une corde vibrante de longueur $b - a$, fixée à ses extrémités et soumise à une densité de force verticale f. Le paramètre c est alors un coefficient positif dépendant de la masse et de la raideur de la corde, et les fonctions $u_0(x)$ et $v_0(x)$ représentent respectivement le déplacement et la vitesse initiale de la corde.

Le changement de variables

$$\omega_1 = \frac{\partial u}{\partial x}, \qquad \omega_2 = \frac{\partial u}{\partial t},$$

transforme (8.72) en un système du premier ordre

$$\frac{\partial \boldsymbol{\omega}}{\partial t} + A\frac{\partial \boldsymbol{\omega}}{\partial x} = \mathbf{f}, \qquad x \in]a, b[, \ t > 0 \qquad (8.76)$$

où

$$\boldsymbol{\omega} = \begin{bmatrix} \omega_1 \\ \omega_2 \end{bmatrix}, \ A = \begin{bmatrix} 0 & -1 \\ -c & 0 \end{bmatrix}, \ \mathbf{f} = \begin{bmatrix} 0 \\ f \end{bmatrix}.$$

Les données initiales sont $\omega_1(x,0) = u_0'(x)$ et $\omega_2(x,0) = v_0(x)$ pour $x \in]a, b[$.

Plus généralement, on peut considérer des systèmes de la forme (8.76) où $\boldsymbol{\omega}, \mathbf{f} : \mathbb{R} \times [0, \infty[\to \mathbb{R}^p$ sont deux fonctions vectorielles données et $A \in \mathbb{R}^{p \times p}$ est une matrice à coefficients constants. Le système est dit *hyperbolique* si A est diagonalisable et si ses valeurs propres sont réelles, c'est-à-dire s'il existe une matrice inversible $T \in \mathbb{R}^{p \times p}$ telle que

$$A = T \Lambda T^{-1},$$

où $\Lambda = \text{diag}(\lambda_1, ..., \lambda_p)$ est la matrice diagonale constituée des valeurs propres de A, et $T = (\mathbf{v}^1, \mathbf{v}^2, \ldots, \mathbf{v}^p)$ est la matrice dont les colonnes sont les vecteurs propres à droite de A. Ainsi,

$$A\mathbf{v}^k = \lambda_k \mathbf{v}^k, \qquad k = 1, \ldots, p.$$

En introduisant les *variables caractéristiques* $\mathbf{w} = T^{-1}\boldsymbol{\omega}$, le système (8.76) devient

$$\frac{\partial \mathbf{w}}{\partial t} + \Lambda \frac{\partial \mathbf{w}}{\partial x} = \mathbf{g},$$

où $\mathbf{g} = T^{-1}\mathbf{f}$. Il s'agit d'un système de p équations scalaires indépendantes de la forme

$$\frac{\partial w_k}{\partial t} + \lambda_k \frac{\partial w_k}{\partial x} = g_k, \qquad k = 1, \ldots, p.$$

Quand $g_k = 0$, sa solution est donnée par $w_k(x,t) = w_k(x - \lambda_k t, 0)$, $k = 1, \ldots, p$. On peut donc écrire la solution $\boldsymbol{\omega} = T\mathbf{w}$ du problème (8.76) avec $\mathbf{f} = \mathbf{0}$ de la manière suivante

$$\boldsymbol{\omega}(x,t) = \sum_{k=1}^{p} w_k(x - \lambda_k t, 0) \mathbf{v}^k.$$

La courbe $(x_k(t), t)$ du plan (x, t) qui satisfait $x'_k(t) = \lambda_k$ est par définition la k-ème *courbe caractéristique* (voir Section 8.3). L'inconnue w_k est constante le long de cette courbe. Ainsi $\boldsymbol{\omega}(\overline{x}, \overline{t})$ ne dépend que de la donnée initiale aux points $\overline{x} - \lambda_k \overline{t}$. C'est pour cette raison qu'on appelle *domaine de dépendance* de la solution $\boldsymbol{\omega}(\overline{x}, \overline{t})$ l'ensemble des p points constituant les "pieds" des caractéristiques issues du point $(\overline{x}, \overline{t})$

$$D(\overline{t}, \overline{x}) = \{x \in \mathbb{R} \,:\, x = \overline{x} - \lambda_k \overline{t} \,,\; k = 1, ..., p\}. \qquad (8.77)$$

Si (8.76) est posé sur un intervalle borné $]a, b[$ au lieu de la droite réelle toute entière, le point d'entrée pour chaque variable caractéristique w_k est déterminé par le signe de λ_k. Ainsi, le nombre de conditions aux limites qui doivent être imposées en $x = a$ (resp. en $x = b$) est égal au nombre de valeurs propres positives (resp. négatives).

Exemple 8.6 Le système (8.76) est hyperbolique car A est diagonalisable avec la matrice de passage

$$T = \begin{bmatrix} -\frac{1}{\sqrt{c}} & \frac{1}{\sqrt{c}} \\ 1 & 1 \end{bmatrix}$$

et possède deux valeurs propres réelles $\pm\sqrt{c}$ (qui représentent les vitesses de propagation de l'onde). Etant donné le signe des valeurs propres, on voit qu'une condition aux limites doit être imposée à chaque extrémité, ce qui est conforme à (8.75). ∎

8.4.1 Approximation par différences finies de l'équation des ondes

Pour discrétiser en temps l'équation des ondes (8.72), on peut utiliser la méthode de Newmark (7.67) présentée au Chapitre 7 pour des équations différentielles ordinaires du second ordre, voir (7.67). En notant à nouveau Δt le pas de temps (uniforme) et en utilisant pour la discrétisation en espace une méthode de différences finies classique sur une grille de noeuds $x_j = x_0 + j\Delta x$, $j = 0, \ldots, N+1$, $x_0 = a$ et $x_{N+1} = b$, le schéma de Newmark s'écrit pour (8.72) : pour tout $n \geq 1$ trouver $\{u_j^n, v_j^n, j = 1, \ldots, N\}$ tels que

$$u_j^{n+1} = u_j^n + \Delta t v_j^n$$
$$+ \Delta t^2 \left[\zeta(cw_j^{n+1} + f(t^{n+1}, x_j)) + (1/2 - \zeta)(cw_j^n + f(t^n, x_j)) \right], \quad (8.78)$$
$$v_j^{n+1} = v_j^n + \Delta t \left[(1-\theta)(cw_j^n + f(t^n, x_j)) + \theta(cw_j^{n+1} + f(t^{n+1}, x_j)) \right],$$

avec $u_j^0 = u_0(x_j)$, $v_j^0 = v_0(x_j)$ et $w_j^k = (u_{j+1}^k - 2u_j^k + u_{j-1}^k)/(\Delta x)^2$ pour $k = n$ ou $k = n+1$. Le système (8.78) doit être complété par les conditions aux limites (8.75).

Le schéma de Newmark est implémenté dans le Programme 8.4. Les paramètres d'entrée sont les vecteurs `xspan=[a,b]` et `tspan=[0,T]`, le nombre d'intervalles de discrétisation en espace (`nstep(1)`) et en temps (`nstep(2)`), le scalaire `c`, correspondant à la constante positive c, les variables `u0` et `v0`, qui définissent les données initiales $u_0(x)$ et $v_0(x)$, et les variables `g` et `fun`, qui contiennent les fonctions $g(x,t)$ et $f(x,t)$. Enfin, le vecteur `param` permet de spécifier les valeurs des coefficients (`param(1)=`θ, `param(2)=`ζ). Cette méthode est du second ordre en Δt si $\theta = 1/2$, et du premier ordre si $\theta \neq 1/2$. De plus, la condition $\theta \geq 1/2$ est nécessaire pour assurer la stabilité (voir la Section 7.9).

Programme 8.4. newmarkwave : méthode de Newmark pour l'équation des ondes

```
function [xh,uh]=newmarkwave(xspan,tspan,nstep,param,...
                c,u0,v0,g,f,varargin)
%NEWMARKWAVE résout l'équation des ondes avec la
% méthode de Newmark.
% [XH,UH]=NEWMARKWAVE(XSPAN,TSPAN,NSTEP,PARAM,C,...
% U0,V0,G,F) résout l'équation des ondes
% D^2 U/DT^2 - C D^2U/DX^2 = F
% dans ]XSPAN(1),XSPAN(2)[ x ]TSPAN(1),TSPAN(2)[ en
% utilisant la méthode de Newmark avec les conditions
% initiales U(X,0)=U0(X), DU/DX(X,0)=V0(X) et les
% conditions de Dirichlet U(X,T)=G(X,T) pour X=XSPAN(1)
% et X=XSPAN(2). C est une constante positive.
% NSTEP(1) est le nombre de pas d'intégration en
% espace, NSTEP(2) est le nombre de pas d'intégration
% en temps. PARAM(1)=ZETA et  PARAM(2)=THETA.
% U0(X), V0(X), G(X,T) et F(x,T) sont des fonctions
% inline, anonymes ou définies par un M-file.
% XH contient les noeuds de discrétisation.
% UH contient la solution numérique au temps TSPAN(2).}
% [XH,UH]=NEWMARKWAVE(XSPAN,TSPAN,NSTEP,PARAM,C,...
% U0,V0,G,F,P1,P2,...) passe les paramètres
% supplémentaires P1, P2,... aux fonctions U0,V0,G,F.
h  = (xspan(2)-xspan(1))/nstep(1);
dt = (tspan(2)-tspan(1))/nstep(2);
zeta = param(1);   theta = param(2);
N = nstep(1)+1;
e = ones(N,1); D = spdiags([e -2*e e],[-1,0,1],N,N);
I = speye(N); lambda = dt/h;
A = I-c*lambda^2*zeta*D;
An = I+c*lambda^2*(0.5-zeta)*D;
A(1,:) = 0; A(1,1) = 1; A(N,:) = 0; A(N,N) = 1;
xh = (linspace(xspan(1),xspan(2),N))';
fn = feval(f,xh,tspan(1),varargin{:});
un = feval(u0,xh,varargin{:});
vn = feval(v0,xh,varargin{:});
[L,U]=lu(A);
alpha = dt^2*zeta; beta = dt^2*(0.5-zeta);
theta1 = 1-theta;
for t = tspan(1)+dt:dt:tspan(2)
    fn1 = feval(f,xh,t,varargin{:});
    rhs = An*un+dt*I*vn+alpha*fn1+beta*fn;
    temp = feval(g,[xspan(1),xspan(2)],t,varargin{:});
    rhs([1,N]) = temp;
    uh = L\rhs;       uh = U\uh;
    v = vn + dt*((1-theta)*(c*D*un/h^2+fn)+...
        theta*(c*D*uh/h^2+fn1));
    fn = fn1;    un = uh;     vn = v;
end
```

Comme alternative au schéma de Newmark, on peut considérer le schéma saute-mouton

$$u_j^{n+1} - 2u_j^n + u_j^{n-1} = c\left(\frac{\Delta t}{\Delta x}\right)^2 (u_{j+1}^n - 2u_j^n + u_{j-1}^n), \qquad (8.79)$$

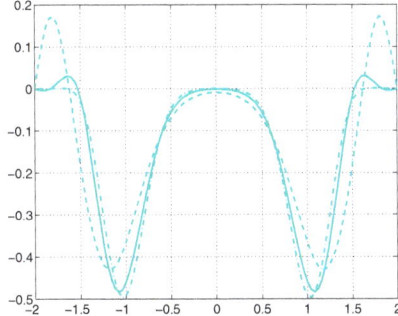

Figure 8.16. Comparaison entre les solutions obtenues avec la méthode de Newmark pour un pas de discrétisation en espace $\Delta x = 0.04$ et des pas de temps $\Delta t = 0.154$ (*trait discontinu*), $\Delta t = 0.075$ (*trait plein*) et $\Delta t = 0.0375$ (*trait mixte*)

qui est obtenu en discrétisant les dérivées en temps et en espace par le schéma centré (8.12).

Les schémas de Newmark (8.78) et saute-mouton (8.79) sont tous les deux d'ordre deux en Δt et Δx. Le schéma saute-mouton est stable sous la condition de CFL $\Delta t \leq \Delta x/\sqrt{c}$. Le schéma de Newmark est inconditionnellement stable si $2\zeta \geq \theta \geq \frac{1}{2}$ (voir [Joh90]).

Exemple 8.7 En utilisant le Programme 8.4, on étudie l'évolution de la donnée initiale $u_0(x) = e^{-10x^2}$ pour $x \in]-2, 2[$, en fixant $f = 0$ et $c = 1$ dans (8.72). On suppose que $v_0 = 0$ et qu'on a des conditions aux limites de Dirichlet homogènes. Sur la Figure 8.16, on compare les solutions obtenues au temps $t = 3$ en utilisant $\Delta x = 0.04$ et des pas de temps $\Delta t = 0.15$ (*trait discontinu*), $\Delta t = 0.075$ (*trait plein*) et $\Delta t = 0.0375$ (*trait mixte*). Les paramètres de la méthode de Newmark sont $\theta = 1/2$ et $\zeta = 0.25$, ce qui correspond à une méthode du second ordre inconditionnellement stable. ■

Exemple 8.8 (Communications) Dans cet exemple, on considère l'équation (8.9) pour modéliser la transmission d'une impulsion de tension par une ligne télégraphique. L'équation, qui combine équation de diffusion et équation des ondes, prend en compte des phénomènes de propagation à vitesse finie. Sur la Figure 8.17, on observe comment évolue une "bosse" (plus précisément une B-spline cubique, voir [QSS07, Section 8.7.2]) centrée en $x = 3$ et non nulle sur l'intervalle $]1,5[$, quand elle est transportée par l'équation des ondes (8.72) (*trait discontinu*) ou par l'équation des télégraphistes (8.9) avec $c = 1$, $\alpha = 0.5$ et $\beta = 0.04$ (*trait plein*) sur l'intervalle $]0, 10[$. On choisit une vitesse initiale vérifiant $v_0(x) = -cu_0'(x)$ pour l'équation des ondes, et $v_0(x) = -cu_0'(x) - \alpha/2u_0(x)$ pour l'équation des télégraphistes, de sorte que la bosse est transportée à la vitesse c. On résout les deux équations avec le schéma de Newmark, $\Delta x = 0.025$, $\Delta t = 0.1$, $\zeta = 1/4$ et $\theta = 1/2$. Pour l'équation des ondes, on utilise le Programme 8.4, et pour l'équation des télégraphistes on utilise un autre programme implémentant le schéma de Newmark (7.67) pour

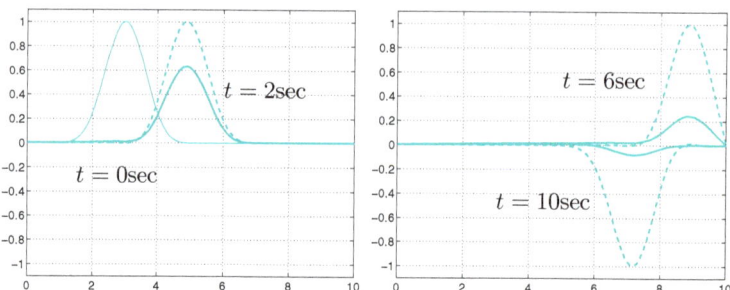

Figure 8.17. Propagation d'une impulsion de tension avec l'équation des ondes (*trait discontinu*) et l'équation des télégraphistes (*trait plein*). A gauche, le trait plein fin représente la donnée initiale $u_0(x)$

(8.9). L'effet de la dissipation apparaît clairement dans la solution de l'équation des télégraphistes. ∎

Plutôt que de discrétiser l'équation scalaire du second ordre (8.72) on peut discrétiser le système équivalent du premier ordre (8.76).

Quand $\mathbf{f} = \mathbf{0}$, le schéma de Lax-Wendroff et le schéma décentré pour le système hyperbolique (8.76) sont définis comme suit :

1. *schéma de Lax-Wendroff*

$$\begin{aligned}\boldsymbol{\omega}_j^{n+1} &= \boldsymbol{\omega}_j^n - \frac{\lambda}{2}\mathrm{A}(\boldsymbol{\omega}_{j+1}^n - \boldsymbol{\omega}_{j-1}^n) \\ &+ \frac{\lambda^2}{2}\mathrm{A}^2(\boldsymbol{\omega}_{j+1}^n - 2\boldsymbol{\omega}_j^n + \boldsymbol{\omega}_{j-1}^n);\end{aligned} \quad (8.80)$$

2. schéma *décentré* (*upwind* en anglais)

$$\begin{aligned}\boldsymbol{\omega}_j^{n+1} &= \boldsymbol{\omega}_j^n - \frac{\lambda}{2}\mathrm{A}(\boldsymbol{\omega}_{j+1}^n - \boldsymbol{\omega}_{j-1}^n) \\ &+ \frac{\lambda}{2}|\mathrm{A}|(\boldsymbol{\omega}_{j+1}^n - 2\boldsymbol{\omega}_j^n + \boldsymbol{\omega}_{j-1}^n),\end{aligned} \quad (8.81)$$

où $|\mathrm{A}| = \mathrm{T}|\Lambda|\mathrm{T}^{-1}$ et $|\Lambda|$ est la matrice diagonale des modules des valeurs propres de A.

Le schéma décentré est du premier ordre (en temps et en espace); celui de Lax-Wendroff est du second ordre.

Concernant la stabilité, tout ce qui a été écrit à la Section 8.3.1 se généralise en remplaçant la condition de CFL (8.65) par

$$\Delta t < \frac{h}{\rho(\mathrm{A})}. \quad (8.82)$$

Comme d'habitude $\rho(\mathrm{A})$ désigne le rayon spectral de A. Pour la preuve de ces résultats, voir p.ex. [QV94], [LeV02], [GR96], [QSS07, Chapitre 13].

Voir Exercices 8.8–8.9.

Résumons-nous

1. Les problèmes aux limites en dimension 1 sont posés sur des intervalles ; des conditions aux limites sur la solution (ou sa dérivée) doivent être prescrites aux extrémités de l'intervalle ;
2. l'approximation numérique peut s'effectuer soit par différences finies (obtenues en tronquant des développements de Taylor) soit par éléments finis (obtenus à partir d'une formulation faible du problème différentiel ; dans ce contexte, les fonctions tests et la solution sont polynomiales par morceaux) ;
3. les problèmes multidimensionnels peuvent être abordés par des techniques analogues. Les éléments finis utilisent encore des fonctions polynomiales par morceaux. En dimension deux, les "morceaux" sont des triangles ou des quadrilatères constituant une grille qui partitionne le domaine spatial ;
4. les matrices issues des méthodes de différences finies et d'éléments finis sont creuses et mal conditionnées ;
5. les problèmes aux valeurs initiales contiennent des dérivées en temps de la solution qui sont discrétisées par différences finies, explicites ou implicites ;
6. quand on utilise des schémas explicites, des conditions de stabilité doivent être vérifiées : le pas de temps doit typiquement être borné par une quantité impliquant le pas d'espace. Quand on utilise des schémas implicites, un système linéaire algébrique (similaire à ceux obtenus pour les problèmes stationnaires) doit être résolu à chaque pas de temps ;
7. dans ce chapitre, nous avons présenté quelques problèmes linéaires simples de type elliptique, parabolique et hyperbolique. Pour un traitement plus exhaustif de ce sujet nous renvoyons le lecteur à la bibliographie présentée dans la prochaine section.

8.5 Ce qu'on ne vous a pas dit

On pourrait se contenter de dire qu'on ne vous a presque rien dit : le champ de l'analyse numérique consacré à l'approximation des équations aux dérivées partielles est si vaste qu'un ouvrage entier ne permettrait que d'aborder les concepts essentiels ! Voir par exemple [TW98], [EEHJ96].

Signalons que la méthode des éléments finis est de nos jours probablement la plus répandue pour résoudre numériquement des équations aux dérivées partielles (voir p.ex. [Qua09], [QV94], [Bra97], [BS01]). La *toolbox* `pde` de MATLAB permet de résoudre une large famille d'équations aux dérivées partielles avec des éléments finis de degré 1, par exemple pour discrétiser un problème en espace.

Parmi les autres techniques répandues, mentionnons les méthodes spectrales (voir p.ex. [CHQZ06], [CHQZ07], [Fun92], [BM92], [KS99]) et la méthode des volumes finis (voir, p.ex., [Krö98], [Hir88] et [LeV02]).

Octave 8.1 Le package `bim` d'Octave-Forge offre la plupart des fonctionnalités principales de la toolbox `pde`, même si la syntaxe utilisée n'est en général pas compatible avec celle de MATLAB. ∎

8.6 Exercices

Exercice 8.1 Vérifier que la matrice (8.15) est définie positive.

Exercice 8.2 Vérifier que les valeurs propres de la matrice A$\in \mathbb{R}^{N \times N}$, définie en (8.15), sont

$$\lambda_j = 2(1 - \cos(j\theta)), \quad j = 1, \ldots, N,$$

et que les vecteurs propres correspondant sont

$$\mathbf{q}_j = (\sin(j\theta), \sin(2j\theta), \ldots, \sin(Nj\theta))^T,$$

où $\theta = \pi/(N+1)$. En déduire que $K(A)$ est proportionnel à h^{-2}.

Exercice 8.3 Montrer que la quantité (8.12) fournit une approximation du second ordre de $u''(\bar{x})$ par rapport à h.

Exercice 8.4 Calculer la matrice et le second membre du schéma numérique qu'on a proposé pour approcher le problème (8.17).

Exercice 8.5 Utiliser la méthode des différences finies pour approcher le problème aux limites

$$\begin{cases} -u'' + \dfrac{k}{T}u = \dfrac{w}{T} & \text{dans }]0,1[, \\ u(0) = u(1) = 0, \end{cases}$$

où $u = u(x)$ représente le déplacement vertical d'une corde de longueur 1, soumise à un chargement transverse de densité $w(x)$ par unité de longueur. T est la tension et k un coefficient relié à l'élasticité de la corde. Dans le cas où $w(x) = 1 + \sin(4\pi x)$, $T = 1$ et $k = 0.1$, calculer la solution correspondant à $h = 1/i$, $i = 10, 20, 40$, et en déduire l'ordre de précision de la méthode.

Exercice 8.6 Utiliser la méthode des différences finis pour résoudre le problème (8.17) dans le cas où on impose aux extrémités une condition de *Neumann*

$$u'(a) = \alpha,\ u'(b) = \beta.$$

Utiliser les formules (4.11) pour discrétiser $u'(a)$ et $u'(b)$.

Exercice 8.7 Sur une grille uniforme, vérifier que le second membre du système (8.14) associé au schéma aux différences finies centrées coïncide, à un facteur h près, avec celui de la méthode des éléments finis (8.27) dès lors qu'on calcule les intégrales sur les éléments I_{j-1} et I_j avec la formule des trapèzes.

Exercice 8.8 Vérifier que $\text{div}\nabla\phi = \Delta\phi$, où ∇ est l'opérateur *gradient* (qui associe à une fonction u le vecteur dont les composantes sont les dérivées partielles premières de u).

Exercice 8.9 (Thermodynamique) On considère une plaque carrée de coté 20 cm et de conductivité thermique $k = 0.2$ cal/(sec·cm·C). On note $Q = 5$ cal/(cm^3·sec) la production de chaleur par unité de surface. La température $T = T(x,y)$ de la plaque satisfait l'équation $-\Delta T = Q/k$. En supposant que T est nulle sur trois cotés de la plaque et est égale à 1 sur le quatrième coté, déterminer la température T au centre de la plaque.

Exercice 8.10 Vérifier que la solution du problème (8.72), (8.74)–(8.75) (avec $f=0$) satisfait l'identité

$$\int_a^b (u_t(x,t))^2 dx + c\int_a^b (u_x(x,t))^2 dx = \qquad (8.83)$$

$$\int_a^b (v_0(x))^2 dx + c\int_a^b (u_{0,x}(x))^2 dx,$$

si $u_0(a) = u_0(b) = 0$.

Exercice 8.11 Montrer que la solution numérique obtenue par le schéma d'Euler implicite centré (8.62) est inconditionnellement stable, c'est-à-dire $\forall \Delta t > 0$,

$$\|\mathbf{u}^n\|_{\Delta,2} \leq \|\mathbf{u}^0\|_{\Delta,2} \qquad \forall n \geq 0. \qquad (8.84)$$

Exercice 8.12 Montrer que la solution numérique obtenue par le schéma décentré (8.59) vérifie l'estimation

$$\|\mathbf{u}^n\|_{\Delta,\infty} \leq \|\mathbf{u}^0\|_{\Delta,\infty} \qquad \forall n \geq 0, \qquad (8.85)$$

dès lors que la condition de CFL est vérifiée. L'inégalité (8.85) est appelée *principe du maximum discret*.

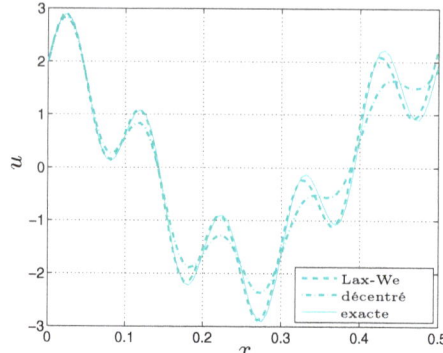

Figure 8.18. Solution exacte et solutions numériques du problème (8.47), à l'instant $t = 5$, avec les données de l'Exercice 8.13 et un nombre de CFL valant 0.8

Exercice 8.13 Résoudre le problème (8.47) avec $a = 1$, $x \in]0, 0.5[$, $t \in]0, 1[$, la donnée initiale $u^0(x) = 2\cos(4\pi x) + \sin(20\pi x)$ et la condition aux limites $u(0, t) = 2\cos(4\pi t) - sin(20\pi t)$ pour $t \in]0, 1[$. Utiliser le schéma de Lax-Wendroff (8.57) et le schéma décentré (8.59). Prendre un nombre de CFL égal à 0.5. Vérifier expérimentalement que le schéma de Lax-Wendroff est d'ordre deux en Δx et Δt, et que le schéma décentré est d'ordre 1. Pour évaluer l'erreur, utiliser la norme $\|\cdot\|_{\Delta,2}$.

Exercice 8.14 Sur la Figure 8.18, on a représenté la solution exacte du problème (8.47) à l'instant $t = 5$ et les solutions numériques obtenues avec le schéma de Lax-Wendroff (8.57), le schéma décentré (8.59), et les données de l'Exercice 8.13. Sachant que le nombre de CFL vaut 0.8 et que $\Delta t = 5 \cdot 10^{-3}$, commenter les coefficients de dissipation et de dispersion obtenues.

9
Solutions des exercices

Nous proposons dans ce que suit les solutions des exercices posés à la fin des huit chapitres précédents. L'intitulé "Solution n.m" désignera de manière abrégée "Solution de l'Exercice n.m", où n est le numéro du chapitre et m celui de l'exercice.

9.1 Chapitre 1

Solution 1.1 Seuls les nombres de la forme $\pm 0.1 a_2 \cdot 2^e$ avec $a_2 = 0, 1$ et $e = \pm 2, \pm 1, 0$ appartiennent à l'ensemble $\mathbb{F}(2, 2, -2, 2)$. Pour un exposant donné, on peut représenter cet ensemble à l'aide des deux nombres 0.10 et 0.11, et de leurs opposés. Par conséquent, le nombre d'éléments appartenant à $\mathbb{F}(2, 2, -2, 2)$ est 20. Enfin, $\epsilon_M = 1/2$.

Solution 1.2 Pour un exposant donné, chaque nombre $a_2, \ldots, a_t$ peut prendre β valeurs différentes, tandis que a_1 peut n'en prendre que $\beta - 1$. On peut donc représenter $2(\beta - 1)\beta^{t-1}$ nombres (le 2 provenant des signes positifs et négatifs). D'autre part, l'exposant peut prendre $U - L + 1$ valeurs. Ainsi, l'ensemble $\mathbb{F}(\beta, t, L, U)$ contient $2(\beta - 1)\beta^{t-1}(U - L + 1)$ éléments différents.

Solution 1.3 Grâce à la formule d'Euler $i = e^{i\pi/2}$, on a $i^i = e^{-\pi/2}$, c'est-à-dire un nombre réel. Dans MATLAB :

```
exp(-pi/2)
ans =
    0.2079
i^i
ans =
    0.2079
```

Solution 1.4 Utiliser l'instruction U=2*eye(10)-3*diag(ones(8,1),2) (respectivement L=2*eye(10)-3*diag(ones(8,1),-2)).

Solution 1.5 On peut échanger les troisième et septième lignes de la matrice avec les instructions : `r=[1:10]; r(3)=7; r(7)=3; Lr=L(r,:)`. Remarquer que le caractère : dans `L(r,:)` fait que toutes les colonnes de L sont parcourues dans l'ordre croissant habituel (du premier au dernier terme). Pour échanger les quatrième et huitième colonnes on peut écrire `c=[1:10]; c(8)=4; c(4)=8; Lc=L(:,c)`. Des instructions analogues peuvent être utilisées pour la matrice triangulaire supérieure.

Solution 1.6 On peut définir la matrice `A = [v1;v2;v3;v4]` où v1, v2, v3 et v4 sont 4 vecteurs lignes donnés. Ils sont linéairement indépendants ssi le déterminant de A est différent de 0, ce qui n'est pas vrai dans notre cas.

Solution 1.7 Les deux fonctions considérées f et g s'expriment ainsi sous forme symbolique :

```
syms x
f=sqrt(x^2+1); pretty(f)
```

$$(x^2+1)^{1/2}$$

```
g=sin(x^3)+cosh(x); pretty(g)
```

$$\sin(x^3) + \cosh(x)$$

La commande `pretty(f)` affiche l'expression symbolique f dans un format qui ressemble à l'écriture mathématique usuelle. L'expression symbolique de la dérivée première, de la dérivée seconde et de l'intégrale de f s'obtiennent alors avec les instructions suivantes :

```
diff(f,x)
ans =
1/(x^2+1)^(1/2)*x
diff(f,x,2)
ans =
-1/(x^2+1)^(3/2)*x^2+1/(x^2+1)^(1/2)
int(f,x)
ans =
1/2*x*(x^2+1)^(1/2)+1/2*asinh(x)
```

On peut utiliser des instructions similaires pour g.

Solution 1.8 La précision des racines calculées se dégrade quand le degré du polynôme augmente. Cette expérience montre que le calcul précis des racines d'un polynôme de degré élevé peut s'avérer délicat.

Solution 1.9 Voici un programme pour calculer la suite :

```
function I=sequence(n)
I = zeros(n+2,1); I(1) = (exp(1)-1)/exp(1);
for i = 0:n, I(i+2) = 1 - (i+1)*I(i+1); end
```

La suite obtenue avec ce programme ne tend pas vers zéro quand n tend vers l'infini : son signe alterne et elle diverge. Ce comportement est une conséquence directe de la propagation des erreurs d'arrondi.

Solution 1.10 Le comportement anormal de la suite calculée est dû à la propagation d'erreurs d'arrondi dans les opérations internes. Par exemple, quand $4^{1-n}z_n^2$ est inférieur à $\epsilon_M/2$, l'élément suivant z_{n+1} vaut 0. Ceci se produit pour $n \geq 30$.

Solution 1.11 La méthode proposée est une méthode de Monte Carlo. Elle est implémentée dans le programme suivant :

```
function mypi=pimontecarlo(n)
x = rand(n,1); y = rand(n,1);
z = x.^2+y.^2;
v = (z <= 1);
m=sum(v); mypi=4*m/n;
```

La commande `rand` génère une suite de nombres pseudo-aléatoires. L'instruction `v = (z <= 1)` se lit de la manière suivante : on teste si `z(k) <= 1` pour chaque composante du vecteur `z` ; si l'inégalité est satisfaite pour la k-ème composante de `z` (c'est-à-dire, si le point `(x(k),y(k))` appartient à l'intérieur du disque unité) on donne la valeur 1 à `v(k)`, sinon on lui donne la valeur 0. La commande `sum(v)` calcule la somme de toutes les composantes de v, c'est-à-dire le nombre de points se trouvant à l'intérieur du disque unité.

sum

On exécute le programme `mypi=pimontecarlo(n)` pour différentes valeurs de `n`. Plus `n` est grand, meilleure est l'approximation `mypi` de π. Par exemple, pour n=1000 on obtient mypi=3.1120, tandis qu'avec n=300000 on a mypi=3.1406 (naturellement, comme les nombres sont générés aléatoirement, les résultats obtenus pour une même valeur de `n` peuvent changer à chaque exécution).

Solution 1.12 Pour répondre à la question on peut utiliser la fonction suivante :

```
function pig=bbpalgorithm(n)
pig = 0;
for m=0:n
  m8 = 8*m;
  pig = pig + (1/16)^m*(4/(m8+1)-(2/(m8+4)+ ...
        1/(m8+5)+1/(m8+6)));
end
return
```

Pour n=10, on obtient une approximation `pig` de π qui coïncide (à la précision MATLAB) avec la variable interne `pi` de MATLAB. Cet algorithme est en effet extrêmement efficace et permet le calcul rapide de centaines de chiffres significatifs de π.

Solution 1.13 On peut calculer les coefficients du binôme avec le programme suivant (voir aussi la fonction MATLAB `nchoosek`) :

nchoosek

```
function bc=bincoeff(n,k)
k = fix(k); n = fix(n);
if k > n, disp('k doit être entre  0 et n');
   return; end
if k > n/2, k = n-k; end
if k <= 1,  bc = n^k; else
  num = (n-k+1):n; den = 1:k; el = num./den;
```

```
    bc = prod(el);
end
```

fix   La commande `fix(k)` arrondit k à l'entier le plus proche inférieur à k. La commande `disp(string)` affiche la chaîne sans écrire son nom. La commande
return   `return` termine l'exécution de la fonction. Enfin, `prod(el)` calcule le produit
prod   de tous les éléments du vecteur el.

Solution 1.14 Les fonctions suivantes calculent f_n en utilisant soit la relation $f_i = f_{i-1} + f_{i-2}$ (`fibrec`) soit (1.14) (`fibmat`) :

```
function f=fibrec(n)
if n == 0
    f = 0;
elseif n == 1
    f = 1;
else
    f = fibrec(n-1)+fibrec(n-2);
end
return

function f=fibmat(n)
f = [0;1];
A = [1 1; 1 0];
f = A^n*f;
f = f(1);
return
```

Pour n=20, on obtient les résultats suivants :

```
t=cputime; fn=fibrec(20), cpu=cputime-t
fn =
        6765
cpu =
    0.48
t=cputime; fn=fibmat(20), cpu=cputime-t
fn =
        6765
cpu =
    0
```

La fonction `fibrec` nécessite beaucoup plus de temps CPU que `fibmat`. Cette dernière n'effectue que le calcul de la puissance d'une matrice, ce qui est une opération simple dans MATLAB.

9.2 Chapitre 2

Solution 2.1 La commande `fplot` permet d'étudier le graphe de la fonction f pour diverses valeurs de γ. Pour $\gamma = 1$, la fonction n'a pas de zéro réel. Pour $\gamma = 2$, il n'y a qu'un zéro, $\alpha = 0$, qui est de multiplicité quatre (c'est-à-dire $f(\alpha) = f'(\alpha) = f''(\alpha) = f'''(\alpha) = 0$, et $f^{(4)}(\alpha) \neq 0$). Enfin, pour $\gamma = 3$, f admet deux zéros distincts, un dans l'intervalle $]-3, -1[$ et l'autre dans $]1, 3[$. Dans le cas $\gamma = 2$, la méthode de dichotomie ne peut pas être utilisée car il est impossible de trouver un intervalle $]a,b[$ sur lequel $f(a)f(b) < 0$. Pour $\gamma = 3$, en partant de $[a,b] = [-3,-1]$, la méthode de dichotomie (Programme 2.1) converge en 34 itérations vers la valeur $\alpha = -1.85792082914850$ (avec $f(\alpha) \simeq -3.6 \cdot 10^{-12}$), en utilisant les instructions suivantes :

```
f=inline('cosh(x)+cos(x)-3'); a=-3; b=-1;
tol=1.e-10; nmax=200;
[zero,res,niter]=bisection(f,a,b,tol,nmax)

zero =
    -1.8579
res =
    -3.6872e-12
niter =
    34
```

De même, en prenant `a=1` et `b=3`, pour $\gamma = 3$ la méthode de dichotomie converge en 34 itérations vers $\alpha = 1.8579208291485$, avec $f(\alpha) \simeq -3.6877 \cdot 10^{-12}$.

Solution 2.2 On doit calculer les zéros de la fonction $f(V) = pV + aN^2/V - abN^3/V^2 - pNb - kNT$, où N est le nombre de molécules. En traçant le graphe de f, on voit que cette fonction n'a qu'un zéro simple dans l'intervalle $]0.01, 0.06[$ avec $f(0.01) < 0$ et $f(0.06) > 0$. On peut calculer ce zéro en utilisant la méthode de dichotomie comme suit :

```
f=inline('35000000*x+401000./x-17122.7./x.^2-1494500');
[zero,res,niter]=bisection(f,0.01,0.06,1.e-12,100)

zero =
    0.0427
res =
  -6.3814e-05
niter =
    35
```

Solution 2.3 L'inconnue ω est racine de la fonction $f(\omega) = s(1,\omega) - 1 = 9.8[\sinh(\omega) - \sin(\omega)]/(2\omega^2) - 1$. On déduit de son graphe que f a un unique zéro réel dans l'intervalle $]0.5, 1[$. En partant de cet intervalle, la méthode de dichotomie donne, en 15 itérations, la valeur $\omega = 0.61214447021484$ avec la tolérance voulue :

```
f=inline(['9.8/2*(sinh(omega)-sin(omega))',...
    './omega.^2-1']);
[zero,res,niter]=bisection(f,0.5,1,1.e-05,100)

zero =
   6.1214e-01
res =
   3.1051e-06
niter =
    15
```

Solution 2.4 L'inégalité (2.6) peut être obtenue en remarquant que $|e^{(k)}| < |I^{(k)}|/2$ avec $|I^{(k)}| < \frac{1}{2}|I^{(k-1)}| < 2^{-k-1}(b-a)$. Par conséquent, l'erreur à l'itération k_{min} est inférieure à ε si k_{min} est tel que $2^{-k_{min}-1}(b-a) < \varepsilon$, c'est-à-dire, $2^{-k_{min}-1} < \varepsilon/(b-a)$, ce qui prouve (2.6).

Solution 2.5 La formule implémentée est moins sensible aux erreurs d'arrondi.

Solution 2.6 Dans la Solution 2.1, on a analysé les zéros de la fonction pour diverses valeurs de γ. Considérons le cas où $\gamma = 2$. En partant de la donnée initiale $x^{(0)} = 1$, la méthode de Newton (Programme 2.2) converge vers la valeur $\bar{\alpha} = 1.4961e - 4$ en 31 itérations avec `tol=1.e-10` tandis que la racine exacte de f est 0. Cet écart est dû au fait que f est quasiment constante au voisinage de sa racine, donc le problème de recherche du zéro est mal conditionné (voir le commentaire à la fin de la Section 2.6.2). La méthode converge vers la même solution et avec le même nombre d'itérations même si on prend `tol=`ϵ_M. Le résidu correspondant calculé par MATLAB vaut 0. Considérons le cas $\gamma = 3$. La méthode de Newton avec `tol=`ϵ_M converge vers 1.85792082915020 après 9 itérations en partant de $x^{(0)} = 1$, alors que si $x^{(0)} = -1$, elle converge après 9 itérations vers -1.85792082915020 (dans les deux cas les résidus calculés par MATLAB valent zéro).

Solution 2.7 Les racines carrées et cubiques d'un nombre a sont respectivement les solutions des équations $x^2 = a$ et $x^3 = a$. Ainsi, les algorithmes correspondant sont : pour un $x^{(0)}$ donné, calculer

$$x^{(k+1)} = \frac{1}{2}\left(x^{(k)} + \frac{a}{x^{(k)}}\right), \ k \geq 0 \quad \text{pour la racine carrée,}$$

$$x^{(k+1)} = \frac{1}{3}\left(2x^{(k)} + \frac{a}{(x^{(k)})^2}\right), \ k \geq 0 \text{ pour la racine cubique.}$$

Solution 2.8 En posant $\delta x^{(k)} = x^{(k)} - \alpha$, on déduit du développement de Taylor de f que

$$0 = f(\alpha) = f(x^{(k)}) - \delta x^{(k)} f'(x^{(k)}) + \frac{1}{2}(\delta x^{(k)})^2 f''(x^{(k)}) + \mathcal{O}((\delta x^{(k)})^3). \quad (9.1)$$

La méthode de Newton donne

$$\delta x^{(k+1)} = \delta x^{(k)} - f(x^{(k)})/f'(x^{(k)}). \quad (9.2)$$

En combinant (9.1) et (9.2), on a

$$\delta x^{(k+1)} = \frac{1}{2}(\delta x^{(k)})^2 \frac{f''(x^{(k)})}{f'(x^{(k)})} + \mathcal{O}((\delta x^{(k)})^3).$$

Après division par $(\delta x^{(k)})^2$ et en faisant $k \to \infty$ on montre le résultat de convergence.

Solution 2.9 Pour certaines valeurs de β l'équation (2.2) peut avoir deux racines qui correspondent à différentes configurations du système de barre. Les deux valeurs initiales suggérées ont été choisies de manière à ce que la méthode de Newton converge respectivement vers l'une ou l'autre des racines. On résout le problème pour $\beta = k\pi/150$ avec $k = 0, \ldots, 100$ (si $\beta > 2.6389$ la méthode de Newton ne converge pas car le système n'a pas de configuration admissible). On utilise les instructions suivantes pour obtenir la solution du problème (représentée sur la Figure 9.1, à gauche) :

```
a1=10; a2=13; a3=8; a4=10;
ss = num2str((a1^2 + a2^2 - a3^2+ a4^2)/(2*a2*a4),15);
n=150; x01=-0.1; x02=2*pi/3; nmax=100;
for k=0:100
   w = k*pi/n; i=k+1; beta(i) = w;
   ws = num2str(w,15);
   f  = inline(['10/13*cos(',ws,')-cos(x)-cos(',...
        ws,'-x)+',ss],'x');
   df = inline(['sin(x)-sin(',ws,'-x)'],'x');
   [zero,res,niter]=newton(f,df,x01,1e-5,nmax);
   alpha1(i) = zero; niter1(i) = niter;
   [zero,res,niter]=newton(f,df,x02,1e-5,nmax);
   alpha2(i) = zero; niter2(i) = niter;
end
plot(beta,alpha1,'c--',beta,alpha2,'c','Linewidth',2)
grid on
```

Les composantes des vecteurs `alpha1` et `alpha2` sont les angles calculés pour différentes valeurs de β, et les composantes de `niter1` et `niter2` sont les nombres d'itérations de Newton (entre 2 et 6) nécessaires au calcul des zéros avec la tolérance fixée.

Solution 2.10 En examinant son graphe, on voit que f a deux racines réelles positives ($\alpha_2 \simeq 1.5$ et $\alpha_3 \simeq 2.5$) et une négative ($\alpha_1 \simeq -0.5$). La méthode de Newton converge en 4 itérations (en posant $x^{(0)} = -0.5$ et `tol = 1.e-10`) vers α_1 :

```
f=inline('exp(x)-2*x^2'); df=inline('exp(x)-4*x');
x0=-0.5; tol=1.e-10; nmax=100;
format long; [zero,res,niter]=newton(f,df,x0,tol,nmax)
zero =
  -0.53983527690282
res =
     0
niter =
     4
```

La fonction considérée admet un maximum en $\bar{x} \simeq 0.3574$ (qu'on peut trouver en appliquant la méthode de Newton à la fonction f') : pour $x^{(0)} < \bar{x}$, la méthode converge vers la racine négative. Si $x^{(0)} = \bar{x}$, on ne peut pas utiliser la méthode de Newton car $f'(\bar{x}) = 0$. Pour $x^{(0)} > \bar{x}$ la méthode converge vers un des deux zéros positifs, α_2 ou α_3.

Solution 2.11 Posons $x^{(0)} = 0$ et `tol=` ϵ_M. Dans MATLAB, la méthode de Newton converge en 43 itérations vers la valeur 0.641182985886554, tandis que

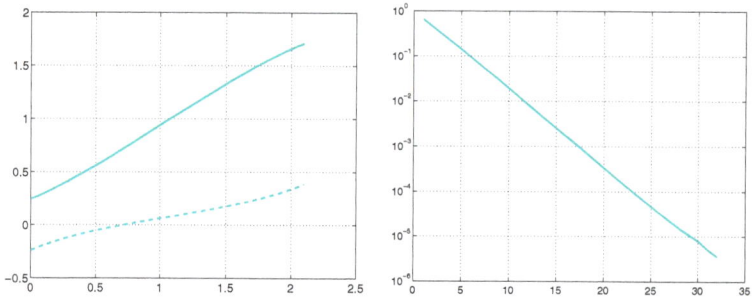

Figure 9.1. A gauche, les deux courbes représentent les configurations possibles (angle α) associées à un choix de paramètre $\beta \in [0, 2\pi/3]$ (Solution 2.9). A droite, erreur en fonction du nombre d'itérations de la méthode de Newton pour le calcul du zéro de la fonction $f(x) = x^3 - 3x^2 2^{-x} + 3x 4^{-x} - 8^{-x}$ (Solution 2.11)

dans Octave elle converge en 32 iterations vers 0.641184396264531. En prenant la valeur approchée de MATLAB comme solution de référence dans notre analyse d'erreur, on observe que les erreurs (approchées) diminuent seulement linéairement quand k augmente (voir Figure 9.1, à droite). Ce comportement est dû au fait que la multiplicité de α est supérieure à 1. Pour récupérer l'ordre deux, on peut considérer la méthode de Newton modifiée.

Solution 2.12 On doit calculer le zéro de la fonction $f(x) = \sin(x) - \sqrt{2gh/v_0^2}$. On déduit de son graphe que f admet un zéro dans l'intervalle $]0, \pi/2[$. La méthode de Newton avec $x^{(0)} = \pi/4$ et tol$= 10^{-10}$ converge en 5 itérations vers la valeur 0.45862863227859.

Solution 2.13 En utilisant les données de l'exercice, on peut trouver la solution avec les instructions suivantes :
```
f=inline('6000-1000*(1+x).*((1+x).^5 - 1)./x');
df=inline('1000*((1+x).^5.*(1-5*x) - 1)./(x.^2)');
[zero,res,niter]=bisection(f,0.01,0.1,1.e-12,5);
[zero,res,niter]=newton(f,df,zero,1.e-12,100)
```
La méthode de Newton converge vers le résultat voulu en 3 itérations.

Solution 2.14 Par une étude graphique, on voit que (2.35) est vérifiée pour une valeur de α dans $]\pi/6, \pi/4[$. Avec les instructions suivantes :
```
f=inline(['-l2*cos(g+a)/sin(g+a)^2-l1*cos(a)/',...
  'sin(a)^2'],'a','g','l1','l2');
df=inline(['l2/sin(g+a)+2*l2*cos(g+a)^2/sin(g+a)^3+',...
  'l1/sin(a)+2*l1*cos(a)^2/sin(a)^3'],'a','g','l1','l2');
[zero,res,niter]=newton(f,df,pi/4,1.e-15,100,...
                        3*pi/5,8,10)
```
la méthode de Newton donne la valeur approchée 0.59627992746547 en 6 itérations, en partant de $x^{(0)} = \pi/4$. On en déduit que la longueur maximale d'une barre pouvant passer dans le couloir est $L = 30.5484$.

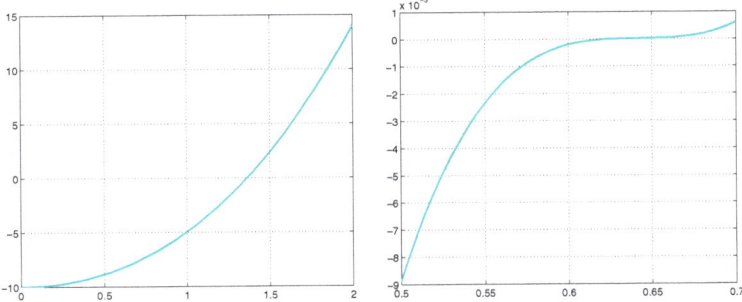

Figure 9.2. A gauche, graphe de $f(x) = x^3 + 4x^2 - 10$ pour $x \in [0,2]$ (Solution 2.16). A droite, graphe de $f(x) = x^3 - 3x^2 2^{-x} + 3x 4^{-x} - 8^{-x}$ pour $x \in [0.5, 0.7]$ (Solution 2.18)

Solution 2.15 Si α est un zéro de f de multiplicité m, il existe une fonction h telle que $h(\alpha) \neq 0$ et $f(x) = h(x)(x - \alpha)^m$. En calculant la dérivée première de la fonction d'itération ϕ_N de la méthode de Newton, on a

$$\phi'_N(x) = 1 - \frac{[f'(x)]^2 - f(x)f''(x)}{[f'(x)]^2} = \frac{f(x)f''(x)}{[f'(x)]^2}.$$

En exprimant f, f' et f'' à l'aide des fonctions $h(x)$ et $(x-\alpha)^m$, on trouve $\lim_{x \to \alpha} \phi'_N(x) = 1 - 1/m$, donc $\phi'_N(\alpha) = 0$ si et seulement si $m = 1$. Par conséquent, si $m = 1$ la méthode converge au moins quadratiquement, d'après (2.9). Si $m > 1$ la méthode est convergente et d'ordre 1, d'après la Proposition 2.1.

Solution 2.16 Examinons le graphe de f avec les commandes suivantes :
```
f=inline('x^3+4*x^2-10'); fplot(f,[-10,10]); grid on;
fplot(f,[-5,5]); grid on;
fplot(f,[0,2]); grid on; axis([0,2,-10,15])
```
On voit que f n'a qu'un zéro réel, approximativement égal à 1.36 (voir Figure 9.2, à gauche, pour le dernier graphe obtenu avec les instructions précédentes). La fonction d'itération et sa dérivée sont données par

$$\phi(x) = \frac{2x^3 + 4x^2 + 10}{3x^2 + 8x} = -\frac{f(x)}{3x^2 + 8x} + x,$$

$$\phi'(x) = \frac{(6x^2 + 8x)(3x^2 + 8x) - (6x + 8)(2x^3 + 4x^2 + 10)}{(3x^2 + 8x)^2}$$

$$= \frac{(6x + 8)f(x)}{(3x^2 + 8x)^2},$$

et $\phi(\alpha) = \alpha$. On constate facilement que $\phi'(\alpha) = 0$, puisque $f(\alpha) = 0$. Par conséquent, la méthode proposée converge (au moins) quadratiquement.

Solution 2.17 La convergence de la méthode proposée est au moins d'ordre deux puisque $\phi'(\alpha) = 0$.

Solution 2.18 En gardant les autres paramètres inchangés, la méthode converge après 52 itérations vers 0.641182411025299, qui diffère du résultat précédent (de la Solution 2.11) de moins de 10^{-6}. Cependant, l'allure de la fonction, assez plate au voisinage de $x = 0$, suggère que le résultat précédent pourrait être plus précis. Sur la Figure 9.2, à droite, on montre le graphe de f sur $]0.5, 0.7[$ obtenu à l'aide des instructions suivantes :

```
f=inline('x^3-3*x^2*2^(-x) + 3*x*4^(-x) - 8^(-x)');
fplot(f,[0.5 0.7]);
grid on
```

9.3 Chapitre 3

Solution 3.1 Comme $x \in]x_0, x_n[$, il existe un intervalle $I_i =]x_{i-1}, x_i[$ tel que $x \in I_i$. On voit facilement que $\max_{x \in I_i} |(x - x_{i-1})(x - x_i)| = h^2/4$. Si on majore $|x - x_{i+1}|$ par $2h$, $|x - x_{i-2}|$ par $3h$ ainsi de suite, on obtient l'inégalité (3.6).

Solution 3.2 Dans tous les cas, on a $n = 4$, on doit donc estimer la dérivée cinquième de chaque fonction dans l'intervalle considéré. On trouve : $\max_{x \in [-1,1]} |f_1^{(5)}| \simeq 1.18$, $\max_{x \in [-1,1]} |f_2^{(5)}| \simeq 1.54$, $\max_{x \in [-\pi/2, \pi/2]} |f_3^{(5)}| \simeq 1.41$. Grâce à la formule (3.7), les erreurs correspondantes sont donc respectivement bornées par 0.0018, 0.0024 et 0.0211.

Solution 3.3 Avec la commande `polyfit` de MATLAB, on calcule les polynômes d'interpolation de degré 3 dans les deux cas :

```
annees=[1975 1980 1985 1990];
ouest=[72.8 74.2 75.2 76.4];
est=[70.2 70.2 70.3 71.2];
couest=polyfit(annees,ouest,3);
cest=polyfit(annees,est,3);
estouest=polyval(couest,[1977 1983 1988]);
estest=polyval(cest,[1977 1983 1988]);
```

Les valeurs estimées en 1977, 1983 et 1988 sont :

```
estouest =
   73.4464    74.8096    75.8576
estest =
   70.2328    70.2032    70.6992
```

pour l'Europe de l'ouest et de l'est respectivement.

Solution 3.4 On choisit le mois comme unité de temps. La date initiale $t_0 = 1$ correspond à novembre 1987, et $t_7 = 157$ à novembre 2000. On calcule les coefficients du polynôme d'interpolation des prix avec les instructions suivantes :

```
temps = [1 14 37 63 87 99 109 157];
prix = [4.5 5 6 6.5 7 7.5 8 8];
[c] = polyfit(temps,prix,7);
```

En posant [prix2002]= polyval(c,181), on trouve que le prix estimé du magazine en novembre 2002 est environ de 11.24 euros.

Solution 3.5 Dans ce cas particulier, comme il y a 4 noeuds d'interpolation, la spline d'interpolation cubique, calculée ici avec la commande spline, coïncide avec le polynôme d'interpolation. En effet, la spline interpole les valeurs nodales, ses dérivées première et seconde sont continues et sa dérivée troisième est continue aux noeuds intérieurs x_1 et x_2, grâce à la condition *not-a-knot* utilisée par MATLAB. Ce ne serait pas le cas avec la spline d'interpolation cubique naturelle.

Solution 3.6 On utilise les instructions suivantes :
```
T = [4:4:20];
rho=[1000.7794,1000.6427,1000.2805,999.7165,998.9700];
Tnew = [6:4:18]; format long e;
rhonew = spline(T,rho,Tnew)


rhonew =
  Columns 1 through 2
    1.000740787500000e+03    1.000488237500000e+03
  Columns 3 through 4
    1.000022450000000e+03    9.993649250000000e+02
```

Une comparaison avec les mesures montre que l'approximation est très précise. Noter que l'équation d'état de l'eau de mer comporte une dépendance d'ordre quatre de la densité par rapport à la température (UNESCO, 1980). Cependant, le coefficient devant la puissance quatrième de T est de l'ordre de 10^{-9} et la spline cubique fournit une bonne approximation des valeurs mesurées.

Solution 3.7 On compare les résultats obtenus avec la spline d'interpolation cubique calculée avec la commande MATLAB spline (notée s3), la spline d'interpolation naturelle (s3n) et la spline d'interpolation ayant des dérivées premières nulles aux extrémités de l'intervalle d'interpolation (s3d) (calculée avec le Programme 3.1). On utilise les instructions suivantes :
```
annees=[1965 1970 1980 1985 1990 1991];
production=[17769 24001 25961 34336 29036 33417];
z=[1962:0.1:1992];
s3  = spline(annees,production,z);
s3n = cubicspline(annees,production,z);
s3d = cubicspline(annees,production,z,0,[0 0]);
```
Dans le tableau suivant, on rassemble les valeurs calculées (exprimées en milliers de tonnes de biens)

Année	1962	1977	1992
s3	514.6	2264.2	4189.4
s3n	1328.5	2293.4	3779.8
s3d	2431.3	2312.6	2216.6

Une comparaison avec les données réelles (1238, 2740.3 et 3205.9 milliers de tonnes, respectivement) montre que les valeurs prédites par la spline naturelle

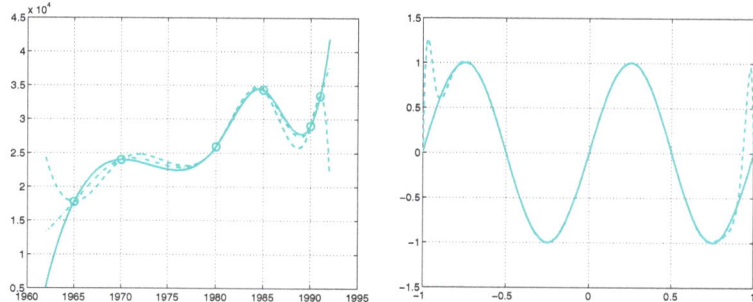

Figure 9.3. A gauche, les splines cubiques **s3** (*trait plein*), **s3d** (*trait discontinu*) et **s3n** (*pointillés*) pour les données de l'Exercice 3.7. Les cercles désignent les valeurs utilisées pour l'interpolation. A droite, polynôme d'interpolation (*trait discontinu*) et spline d'interpolation cubique (*trait plein*) associés aux données perturbées (Solution 3.8). Remarquer les oscillations importantes du polynôme d'interpolation près des extrémités de l'intervalle

sont également précises à l'extérieur de l'intervalle d'interpolation (voir Figure 9.3, à gauche). Au contraire, le polynôme d'interpolation présente de grandes oscillations au voisinage de l'extrémité et sous-estime la production de -7768.5×10^6 Kg en 1962.

Solution 3.8 Le polynôme d'interpolation p et la spline s3 peuvent être calculées avec les instructions suivantes :
```
pert = 1.e-04;
x=[-1:2/20:1];  y=sin(2*pi*x)+(-1).^[1:21]*pert;
z=[-1:0.01:1];  c=polyfit(x,y,20);
p=polyval(c,z); s3=spline(x,y,z);
```
Avec les données non perturbées (**pert=0**) les graphes de p et s3 sont indiscernables de celui de la fonction considérée. Ce n'est plus du tout le cas avec les données perturbées (**pert=1.e-04**). En particulier, le polynôme d'interpolation présente de fortes oscillations aux extrémités de l'intervalle, tandis que la spline demeure quasiment inchangée (voir Figure 9.3, à droite). Cet exemple montre que l'approximation par splines est en général moins sensible aux perturbations que le polynôme d'interpolation de Lagrange global.

Solution 3.9 Si $n = m$, en posant $\tilde{f} = \Pi_n f$ on trouve que le premier membre de (3.25) est nul. Ainsi dans ce cas, $\Pi_n f$ est la solution du problème de moindres carrés. Comme le polynôme d'interpolation est unique, on en déduit que c'est l'unique solution du problème aux moindres carrés.

Solution 3.10 Les coefficients des polynômes cherchés (obtenus avec la commande **polyfit** et en n'affichant que 4 chiffres) sont

$K = 0.67$, $a_4 = 7.211\ 10^{-8}$, $a_3 = -6.088\ 10^{-7}$, $a_2 = -2.988\ 10^{-4}$, $a_1 = 1.650\ 10^{-3}$, $a_0 = -3.030$;

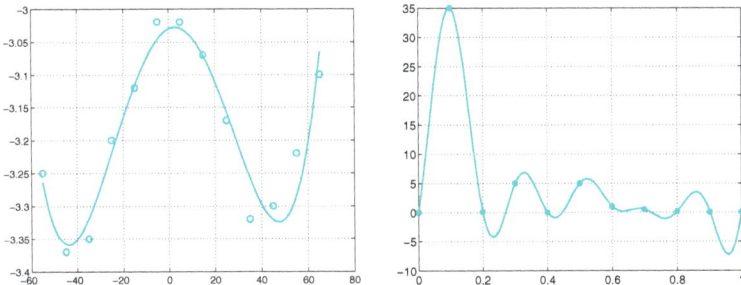

Figure 9.4. A gauche, polynôme aux moindres carrés de degré 4 (*trait plein*) comparé aux données de la première colonne de la Table 3.1 (Solution 3.10). A droite, approximation trigonométrique obtenue avec les instructions de la Solution 3.14. Les points indiquent les données expérimentales

$K = 1.5$, $a_4 = -6.492 \ 10^{-8}$, $a_3 = -7.559 \ 10^{-7}$, $a_2 = 3.788 \ 10^{-4}$, $a_1 = 1.67310^{-3}$, $a_0 = 3.149$;

$K = 2$, $a_4 = -1.050 \ 10^{-7}$, $a_3 = 7.130 \ 10^{-8}$, $a_2 = 7.044 \ 10^{-4}$, $a_1 = -3.828 \ 10^{-4}$, $a_0 = 4.926$;

$K = 3$, $a_4 = -2.319 \ 10^{-7}$, $a_3 = 7.740 \ 10^{-7}$, $a_2 = 1.419 \ 10^{-3}$, $a_1 = -2.574 \ 10^{-3}$, $a_0 = 7.315$.

Sur la Figure 9.4, à gauche, on représente le graphe du polynôme calculé en utilisant les données de la colonne $K = 0.67$ de la Table 3.1.

Solution 3.11 En reprenant les 3 premières instructions de la Solution 3.7 et en utilisant la commande `polyfit`, on trouve les valeurs suivantes (en 10^5 Kg) : 15280.12 en 1962 ; 27407.10 en 1977 ; 32019.01 en 1992, qui représentent de bonnes approximations des valeurs réelles (respectivement 12380, 27403 et 32059).

Solution 3.12 On peut récrire les coefficients du système (3.27) en fonction de la moyenne et de la variance en remarquant que la variance s'écrit $v = \frac{1}{n+1} \sum_{i=0}^{n} x_i^2 - M^2$. Ainsi les coefficients de la première équation sont $(n+1)$ et M, et ceux de la seconde sont M et $(n+1)(v+M^2)$.

Solution 3.13 L'équation de la droite de moindres carrés est $y = a_0 + a_1 x$, où a_0 et a_1 sont les solutions du système (3.27). La première équation de (3.27) implique que le point d'abscisse M et d'ordonnée $\sum_{i=0}^{n} y_i/(n+1)$, est sur la droite de moindres carrés.

Solution 3.14 On peut utiliser la commande `interpft` :

```
discharge = [0 35 0.125 5 0 5 1 0.5 0.125 0];
y =interpft(discharge,100);
```

Le graphe de la solution est tracé sur la Figure 9.4, à droite.

9.4 Chapitre 4

Solution 4.1 On écrit le développement de Taylor de f à l'ordre 2 au point x_0

$$f(x_1) = f(x_0) + hf'(x_0) + \frac{h^2}{2}f''(x_0) + \frac{h^3}{6}f'''(\xi_1),$$
$$f(x_2) = f(x_0) + 2hf'(x_0) + 2h^2 f''(x_0) + \frac{4h^3}{3}f'''(\xi_2),$$

où $\xi_1 \in]x_0, x_1[$ et $\xi_2 \in]x_0, x_2[$. En remplaçant ces deux expressions dans la première relation de (4.11), on trouve

$$\frac{1}{2h}[-3f(x_0) + 4f(x_1) - f(x_2)] = f'(x_0) + \frac{h^2}{3}[f'''(\xi_1) - 2f'''(\xi_2)],$$

on en déduit le résultat cherché pour un certain $\xi_0 \in]x_0, x_2[$. On procède de même pour la relation en x_n.

Solution 4.2 En écrivant le développement de Taylor d'ordre 2 de $f(\bar{x} \pm h)$ en $\bar{x}$, on a

$$f(\bar{x}+h) = f(\bar{x}) + hf'(\bar{x}) + \frac{h^2}{2}f''(\bar{x}) + \frac{h^3}{6}f'''(\xi),$$

$$f(\bar{x}-h) = f(\bar{x}) - hf'(\bar{x}) + \frac{h^2}{2}f''(\bar{x}) - \frac{h^3}{6}f'''(\eta),$$

pour $\xi \in]\bar{x}, \bar{x}+h[$ et $\eta \in]\bar{x}-h, \bar{x}[$. Par soustraction et division par $2h$ on obtient la relation (4.10) qui est une approximation d'ordre 2 de $f'(\bar{x})$.

Solution 4.3 En supposant $f \in C^4$ et en procédant comme à la Solution 4.2, on obtient les erreurs suivantes (où ξ_1, ξ_2 et ξ_3 sont des points de l'intervalle)

$a.\quad -\dfrac{1}{4}f^{(4)}(\xi)h^3, \quad b.\quad -\dfrac{1}{12}f^{(4)}(\xi)h^3, \quad c.\quad \dfrac{1}{6}f^{(4)}(\xi)h^3.$

Solution 4.4 Avec l'approximation (4.9), on obtient les valeurs suivantes

t (mois)	0	0.5	1	1.5	2	2.5	3
δn	--	78	45	19	7	3	--
n'	--	77.91	39.16	15.36	5.91	1.99	--

On voit, en comparant avec les valeurs exactes de $n'(t)$, que les valeurs calculées sont assez précises.

Solution 4.5 On peut majorer l'erreur de quadrature par

$$(b-a)^3/(24M^2) \max_{x \in [a,b]} |f''(x)|,$$

où $[a,b]$ est l'intervalle d'intégration et M le nombre (inconnu) de sous-intervalles.

La fonction f_1 est infiniment dérivable. On déduit du graphe de f_1'' que $|f_1''(x)| \le 2$ sur l'intervalle d'intégration. Ainsi, l'erreur d'intégration pour f_1 est inférieure à 10^{-4} dès que $2 \cdot 5^3/(24M^2) < 10^{-4}$, c'est-à-dire $M > 322$.

La fonction f_2 est aussi infiniment dérivable. Comme $\max_{x\in[0,\pi]}|f_2''(x)| = \sqrt{2}e^{3\pi/4}$, l'erreur d'intégration est inférieure à 10^{-4} dès que $M > 439$. Ces inégalités surestiment en fait les erreurs d'intégration. En effet, le nombre (effectif) d'intervalles qui permet d'obtenir une erreur inférieure à la tolérance 10^{-4} est beaucoup plus faible que celui prédit par ces résultats (par exemple, ce nombre vaut 71 pour la fonction f_1). Enfin, on notera que, comme f_3 n'est pas dérivable en $x = 0$ et $x = 1$, nos estimations théoriques d'erreur ne sont pas valides.

Solution 4.6 Sur chaque intervalle I_k, $k = 1, \ldots, M$, l'erreur est $H^3/24 f''(\xi_k)$ avec $\xi_k \in [x_{k-1}, x_k]$ et donc l'erreur globale est $H^3/24 \sum_{k=1}^{M} f''(\xi_k)$. Comme f'' est une fonction continue sur $[a, b]$, il existe un point $\xi \in [a, b]$ tel que $f''(\xi) = \frac{1}{M}\sum_{k=1}^{M} f''(\xi_k)$. Avec ce résultat, et en utilisant que $MH = b - a$, on établit l'équation (4.14).

Solution 4.7 Cet effet est dû à l'accumulation des erreurs locales sur chaque sous-intervalle.

Solution 4.8 Par construction, la formule du point milieu intègre les constantes de manière exacte. Pour montrer que c'est aussi le cas pour les polynômes de degré 1, il suffit de vérifier que $I(x) = I_{PM}(x)$. On a effectivement

$$I(x) = \int_a^b x \, dx = \frac{b^2 - a^2}{2}, \quad I_{PM}(x) = (b-a)\frac{b+a}{2}.$$

Solution 4.9 Pour la fonction f_1, on trouve $M = 71$ avec la formule du trapèze et seulement $M = 8$ avec la formule composite de Gauss-Legendre avec $n = 1$ (pour cette formule on peut utiliser le Programme 9.1). L'intérêt de cette dernière formule est évident.

Programme 9.1. gausslegendre : formule de quadrature composite de Gauss-Legendre, avec $n = 1$

```
function intGL=gausslegendre(a,b,f,M,varargin)
y = [-1/sqrt(3),1/sqrt(3)];
H2 = (b-a)/(2*M);
z = [a:2*H2:b];
zM = (z(1:end-1)+z(2:end))*0.5;
x = [zM+H2*y(1), zM+H2*y(2)];
f = feval(f,x,varargin{:});
intGL = H2*sum(f);
return
```

Solution 4.10 La relation (4.18) donne une erreur de quadrature pour la formule composite du trapèze avec $H = H_1$ égale à CH_1^2, avec $C = -\dfrac{b-a}{12}f''(\xi)$. Si f'' ne varie "pas trop", on peut supposer que l'erreur avec $H = H_2$ se comporte aussi comme CH_2^2. Ainsi, en égalisant les deux expressions

324   9 Solutions des exercices

$$I(f) \simeq I_1 + CH_1^2, \quad I(f) \simeq I_2 + CH_2^2, \tag{9.3}$$

on obtient $C = (I_1 - I_2)/(H_2^2 - H_1^2)$. En reportant cette quantité dans l'une des expressions (9.3), on obtient (4.32), c'est-à-dire une meilleure approximation que celle donnée par I_1 ou I_2.

Solution 4.11 On cherche le plus grand entier positif p tel que $I_{appr}(x^p) = I(x^p)$. Pour $p = 0, 1, 2, 3$, on trouve le système non linéaire de 4 équations à 4 inconnues α, β, $\bar{x}$ et $\bar{z}$

$$\begin{aligned}
p = 0 &\to \alpha + \beta = b - a, \\
p = 1 &\to \alpha\bar{x} + \beta\bar{z} = \frac{b^2 - a^2}{2}, \\
p = 2 &\to \alpha\bar{x}^2 + \beta\bar{z}^2 = \frac{b^3 - a^3}{3}, \\
p = 3 &\to \alpha\bar{x}^3 + \beta\bar{z}^3 = \frac{b^4 - a^4}{4}.
\end{aligned}$$

On peut éliminer α et $\bar{z}$ des deux premières équations et réduire le système à deux équations à deux inconnues β et $\bar{x}$. On trouve une équation du second degré en β d'où on déduit β en fonction de $\bar{x}$. Enfin, on peut résoudre l'équation non linéaire en $\bar{x}$ par la méthode de Newton. Ceci donne deux valeurs de $\bar{x}$ qui sont les noeuds de quadrature de Gauss-Legendre avec $n = 1$.

Solution 4.12 Comme

$$\begin{aligned}
f_1^{(4)}(x) &= 24 \frac{1 - 10(x - \pi)^2 + 5(x - \pi)^4}{(1 + (x - \pi)^2)^5}, \\
f_2^{(4)}(x) &= -4e^x \cos(x),
\end{aligned}$$

on trouve que le maximum de $|f_1^{(4)}(x)|$ est borné par $M_1 \simeq 23$, et celui de $|f_2^{(4)}(x)|$ par $M_2 \simeq 18$. Ainsi, on déduit de (4.22) que $H < 0.21$ dans le premier cas et $H < 0.16$ dans le second cas.

Solution 4.13 Avec la commande MATLAB `eval(int('exp(-x^2/2)',0,2))` on trouve que l'intégrale considérée vaut 1.19628801332261.

La formule de Gauss-Legendre, appliquée sur le même intervalle avec $M = 1$, donne 1.20278027622354 (avec une erreur absolue de 6.4923e-03). Le résultat obtenu avec la formule simple de Simpson est 1.18715264069572, avec une erreur légèrement plus grande (égale à 9.1354e-03).

Solution 4.14 Comme l'intégrande est positif, on a $I_k > 0 \;\forall k$. On s'attend donc à ce que toutes les valeurs obtenues par la formule de récurrence soient positives. Malheureusement, la formule de récurrence est sensible aux erreurs d'arrondi et donne des termes négatifs :

```
I(1)=1/exp(1); for k=2:20, I(k)=1-k*I(k-1); end
```

Le résultat est I(20) = 104.86 en MATLAB, et I(20) = -30.1924 en Octave. On peut calculer l'intégrale avec la précision voulue en utilisant la formule composite de Simpson, avec $M \geq 16$. En effet, la dérivée quatrième de l'intégrande $f(x)$ est bornée en valeur absolue par $M \simeq 1.46 \; 10^5$. Par conséquent, on déduit de (4.22) que $H < 0.066$.

Solution 4.15 Le principe de l'extrapolation de Richardson est général et peut être appliqué à toute formule de quadrature. En procédant comme dans la Solution 4.10 et en rappelant que les formules de quadrature de Simpson et de Gauss sont d'ordre 4, la formule (4.32) s'écrit

$$I_R = I_1 + (I_1 - I_2)/(H_2^4/H_1^4 - 1).$$

On obtient pour la formule de Simpson

$I_1 = 1.19616568040561, \; I_2 = 1.19628173356793 \Rightarrow I_R = 1.19628947044542,$

avec une erreur absolue $I(f) - I_R = -1.4571e - 06$ (on gagne deux ordres de grandeur par rapport à I_1 et un facteur $1/4$ par rapport à I_2). Avec la formule de Gauss-Legendre, on obtient (les erreurs sont indiquées entre parenthèses)

$$\begin{aligned} I_1 &= 1.19637085545393 \; (-8.2842e - 05), \\ I_2 &= 1.19629221796844 \; (-4.2046e - 06), \\ I_R &= 1.19628697546941 \; (1.0379e - 06). \end{aligned}$$

L'intérêt d'utiliser l'extrapolation de Richardson apparaît clairement.

Solution 4.16 On doit calculer avec la formule de Simpson les valeurs $j(r,0) = \sigma/(\varepsilon_0 r^2) \int_0^r f(\xi) d\xi$ avec $r = k/10$, pour $k = 1, \ldots, 10$ et $f(\xi) = e^\xi \xi^2$.

Pour estimer l'erreur d'intégration, on a besoin de la dérivée quatrième $f^{(4)}(\xi) = e^\xi (\xi^2 + 8\xi + 12)$. Le maximum de $f^{(4)}$ dans l'intervalle d'intégration $[0, r]$ est atteint en $\xi = r$, puisque $f^{(4)}$ est croissante. Pour un r donné, l'erreur est inférieure à 10^{-10} dès que $H^4 < 10^{-10} 2880/(rf^{(4)}(r))$. Pour $r = k/10$ avec $k = 1, \ldots, 10$, les instructions suivantes permettent de calculer le nombre minimum de sous-intervalles qui garantit que les inégalités précédentes sont vérifiées :

```
r=[0.1:0.1:1]; maxf4=exp(r).*(r.^2+8*r+12);
H=(10^(-10)*2880./(r.*maxf4)).^(1/4); M=fix(r./H)
M =
    4   11   20   30   41   53   67   83  100  118
```

Les valeurs de $j(r,0)$ sont calculées en exécutant les instructions suivantes :

```
sigma=0.36; epsilon0 = 8.859e-12;
f=inline('exp(x).*x.^2');
for k = 1:10
   r = k/10;
   j(k)=simpsonc(0,r,M(k),f);
   j(k) = j(k)*sigma/(r^2*epsilon0);
end
```

Solution 4.17 On calcule $E(213)$ avec la formule composite de Simpson en augmentant le nombre d'intervalles jusqu'à ce que la différence entre deux approximations consécutives (divisée par la dernière valeur calculée) soit inférieure à 10^{-11} :

```
f=inline('1./(x.^5.*(exp(1.432./(213*x))-1))');
a=3.e-04; b=14.e-04;
i=1; err = 1; Iold = 0; while err >= 1.e-11
I=2.39e-11*simpsonc(a,b,i,f);
err = abs(I-Iold)/abs(I);
Iold=I;
i=i+1;
end
```

L'algorithme renvoie la valeur $i = 59$. Donc, avec 58 intervalles équidistribués, on peut calculer l'intégrale $E(213)$ avec 10 chiffres significatifs exacts. La formule de Gauss-Legendre donne le même résultat avec 53 intervalles. Noter qu'il faudrait 1609 intervalles avec la formule composite du trapèze.

Solution 4.18 La fonction n'est pas assez régulière sur l'ensemble de l'intervalle pour qu'on puisse appliquer le résultat de convergence théorique (4.22). On peut décomposer l'intégrale en la somme de deux intégrales sur les intervalles $[0, 0.5]$ et $[0.5, 1]$, sur lesquels la fonction est régulière (elle est polynomiale de degré 2 sur chaque sous-intervalle). Si on utilise la formule de Simpson sur chaque intervalle, on peut même intégrer f de manière exacte.

9.5 Chapitre 5

Solution 5.1 Notons x_n le nombre d'opérations algébriques (additions, soustractions et multiplications) nécessaire au calcul du déterminant d'une matrice d'ordre $n \geq 2$ avec la formule de Laplace (1.8). On a la relation de récurrence suivante

$$x_k - k x_{k-1} = 2k - 1, \qquad k \geq 2,$$

avec $x_1 = 0$. En multipliant les deux membres de cette égalité par $1/k!$, on a

$$\frac{x_k}{k!} - \frac{x_{k-1}}{(k-1)!} = \frac{2k-1}{k!}.$$

En sommant de 2 à n, on trouve la solution

$$x_n = n! \sum_{k=2}^{n} \frac{2k-1}{k!}.$$

En rappelant que $\sum_{k=0}^{\infty} \frac{1}{k!} = e$, on a

$$\sum_{k=2}^{n} \frac{2k-1}{k!} = 2 \sum_{k=1}^{n-1} \frac{1}{k!} - \sum_{k=2}^{n} \frac{1}{k!} \simeq 2.718,$$

d'où $x_n \simeq 3n!$. Il est intéressant de rappeler que la formule de Cramer (voir Section 5.2) requiert environ $3(n+1)!$ opérations pour résoudre un système linéaire d'ordre n avec une matrice pleine.

Solution 5.2 On utilise les commandes MATLAB suivantes pour calculer les déterminants et les temps de calcul :
```
t = []; NN=3:500;
for n = NN
A=magic(n); tt=cputime; d=det(A); t=[t, cputime-tt];
end
```
Les coefficients du polynôme aux moindres carrés de degré 3 qui approche les données NN=[3:500] et t sont :
```
c=polyfit(NN,t,3)
c =
   1.4055e-10   7.1570e-08  -3.6686e-06   3.1897e-04
```

Si on calcule le polynôme aux moindres carrés de degré 4,
```
c=polyfit(NN,t,4)
```
on obtient les coefficients suivants :
```
c =
   7.6406e-15   1.3286e-10   7.4064e-08  -3.9505e-06   3.2637e-04
```
Le coefficient de n^4 est donc proche de la précision machine, et les autres sont à peu près inchangés par rapport à la projection sur $\mathbb{P}_3$. On déduit de ce résultat que dans MATLAB le temps CPU nécessaire au calcul du déterminant d'une matrice d'ordre **n** croît en $\mathbf{n}^3$.

Solution 5.3 En notant A_i la sous-matrice principale de A d'ordre i, on a : $\det A_1 = 1$, $\det A_2 = \varepsilon$, $\det A_3 = \det A = 2\varepsilon + 12$. Par conséquent, si $\varepsilon = 0$ la seconde sous-matrice principale est singulière et la factorisation de Gauss de A n'existe pas (voir Proposition 5.1). La matrice A est singulière si $\varepsilon = -6$. Dans ce cas, la factorisation de Gauss existe et donne
$$L = \begin{bmatrix} 1 & 0 & 0 \\ 2 & 1 & 0 \\ 3 & 1.25 & 1 \end{bmatrix}, U = \begin{bmatrix} 1 & 7 & 3 \\ 0 & -12 & -4 \\ 0 & 0 & 0 \end{bmatrix}.$$

Remarquer que U est singulière (comme on pouvait s'y attendre puisque A est singulière) et le système triangulaire supérieur $U\mathbf{x} = \mathbf{y}$ admet une infinité de solutions. On ne peut pas appliquer l'algorithme de remontée (5.10) pour les mêmes raisons.

Solution 5.4 Considérons l'algorithme 5.13. A l'étape $k=1$, on effectue $n-1$ divisions pour calculer les termes l_{i1}, $i = 2, \ldots, n$. Puis, $(n-1)^2$ multiplications et $(n-1)^2$ additions pour les nouveaux termes $a_{ij}^{(2)}$, $i,j = 2, \ldots, n$. A l'étape $k=2$, le nombre de divisions est $(n-2)$, celui de multiplications et d'additions est $(n-2)^2$. A la dernière étape $k=n-1$, on n'effectue plus qu'une seule addition, une multiplication et une division. Ainsi, en utilisant les relations

$$\sum_{s=1}^{q} s = \frac{q(q+1)}{2}, \ \sum_{s=1}^{q} s^2 = \frac{q(q+1)(2q+1)}{6}, \ q \geq 1,$$

on en déduit que la factorisation de Gauss complète nécessite le nombre d'opérations suivant

$$\sum_{k=1}^{n-1} \sum_{i=k+1}^{n} \left(1 + \sum_{j=k+1}^{n} 2\right) = \sum_{k=1}^{n-1} (n-k)(1 + 2(n-k))$$
$$= \sum_{j=1}^{n-1} j + 2 \sum_{j=1}^{n-1} j^2 = \frac{(n-1)n}{2} + 2\frac{(n-1)n(2n-1)}{6} = \frac{2}{3}n^3 - \frac{n^2}{2} - \frac{n}{6}.$$

Solution 5.5 Par définition, l'inverse X d'une matrice $A \in \mathbb{R}^{n \times n}$ vérifie $XA = AX = I$. Donc, pour $j = 1, \ldots, n$ le vecteur colonne $\mathbf{x}_j$ de X est solution du système linéaire $A\mathbf{x}_j = \mathbf{e}_j$, où $\mathbf{e}_j$ est le j-ème vecteur de la base canonique de $\mathbb{R}^n$ (celui dont toutes les composantes sont nulles sauf la j-ème qui vaut 1). Après avoir effectué la factorisation LU de A, le calcul de l'inverse de A nécessite la résolution de n systèmes linéaires associés à la même matrice mais avec des seconds membres différents.

Solution 5.6 En utilisant le Programme 5.1 on calcule les facteurs L et U

$$L = \begin{bmatrix} 1 & 0 & 0 \\ 2 & 1 & 0 \\ 3 & -3.38 \cdot 10^{15} & 1 \end{bmatrix}, U = \begin{bmatrix} 1 & 1 & 3 \\ 0 & -8.88 \cdot 10^{-16} & 14 \\ 0 & 0 & 4.73 \cdot 10^{-16} \end{bmatrix}.$$

Si on calcule leur produit, on obtient la matrice :

```
L*U
ans =
    1.0000    1.0000    3.0000
    2.0000    2.0000   20.0000
    3.0000    6.0000    0.0000
```

qui est différente de A, puisque le coefficient (3,3) vaut 0 alors que celui de A vaut 4. Dans Octave, le coefficient (3,3) est 0 ou 2. Ce résultat dépend de l'implémentation de l'arithmétique flottante, c'est-à-dire à la fois du matériel et de la version d'Octave (ou de MATLAB).

Un calcul précis de L et U est obtenu en effectuant un pivot partiel par lignes. L'instruction `[L,U,P]=lu(A)` conduit effectivement à des résultats corrects.

Solution 5.7 Usuellement, on ne stocke que la partie triangulaire (inférieure ou supérieure) d'une matrice symétrique. Par conséquent, toute opération qui ne respecte pas la symétrie de la matrice est sous-optimale du point de vue du stockage en mémoire. C'est le cas de la stratégie de pivot par ligne. Une possibilité est d'échanger simultanément les lignes et les colonnes ayant même indice, limitant par conséquent le choix du pivot aux seuls coefficients diagonaux. De manière générale, une stratégie de pivot impliquant un changement de lignes et de colonnes est appelée *stratégie de pivot complet* (voir p.ex. [QSS07, Chap. 3]).

Solution 5.8 Le calcul formel des facteurs L et U donne

$$L = \begin{bmatrix} 1 & 0 & 0 \\ (\varepsilon-2)/2 & 1 & 0 \\ 0 & -1/\varepsilon & 1 \end{bmatrix}, U = \begin{bmatrix} 2 & -2 & 0 \\ 0 & \varepsilon & 0 \\ 0 & 0 & 3 \end{bmatrix}.$$

Quand $\varepsilon \to 0$, $l_{32} \to \infty$. En choisissant $\mathbf{b} = (0, \varepsilon, 2)^T$, on vérifie facilement que $\mathbf{x} = (1, 1, 1)^T$ est la solution exacte de $A\mathbf{x} = \mathbf{b}$. Pour analyser l'erreur commise par rapport à la solution exacte quand $\varepsilon \to 0$, prenons $\varepsilon = 10^{-k}$, pour $k = 0, \ldots, 9$. Les instructions suivantes :

```
e=1; xex=ones(3,1); err=[];
for k=1:10
b=[0;e;2];
L=[1 0 0; (e-2)*0.5 1 0; 0 -1/e 1];
U=[2 -2 0; 0 e 0; 0 0 3];
y=L\b; x=U\y;
err(k)=norm(x-xex)/norm(xex); e=e*0.1;
end
```

donnent :

```
err =
   0   0   0   0   0   0   0   0   0   0
```

La solution n'est donc pas affectée par les erreurs d'arrondi. On peut expliquer ceci en remarquant que les coefficients de L, U et $\mathbf{b}$ sont des nombres flottants qui ne sont pas affectés par des erreurs d'arrondi, et que, de façon tout à fait inhabituelle, aucune erreur d'arrondi ne se propage durant les phases de descente et remontée, bien que le conditionnement de A soit proportionnel à $1/\varepsilon$. Au contraire, en posant $\mathbf{b} = (2\log(2.5) - 2, (\varepsilon-2)\log(2.5) + 2, 2)^T$, qui est associé à la solution exacte $\mathbf{x} = (\log(2.5), 1, 1)^T$, et en analysant l'erreur relative pour $\varepsilon = 1/3 \cdot 10^{-k}$, $k = 0, \ldots, 9$, les instructions :

```
e=1/3; xex=[log(5/2),1,1]'; err=[];
for k=1:10
b=[2*log(5/2)-2,(e-2)*log(5/2)+2,2]';
L=[1 0 0; (e-2)*0.5 1 0; 0 -1/e 1];
U=[2 -2 0; 0 e 0; 0 0 3];
y=L\b; x=U\y;
err(k)=norm(x-xex)/norm(xex); e=e*0.1;
end
```

donnent :

```
err =
  Columns 1 through 5
    1.8635e-16   5.5327e-15   2.6995e-14   9.5058e-14   1.3408e-12
  Columns 6 through 10
    1.2828e-11   4.8726e-11   4.5719e-09   4.2624e-08   2.8673e-07
```

Dans ce dernier cas, l'erreur dépend du conditionnement de A, qui est de la forme $K(A) = C/\varepsilon$, et satisfait l'estimation (5.30).

Solution 5.9 Les solutions calculées deviennent de moins en moins précises quand i augmente. En effet, les normes des erreurs sont égales à $1.10 \cdot 10^{-14}$ pour $i = 1$, à $9.32 \cdot 10^{-10}$ pour $i = 2$ et à $2.51 \cdot 10^{-7}$ pour $i = 3$ (attention, ces résultats varient selon la version de MATLAB utilisée). Ceci s'explique en remarquant que le conditionnement de A_i augmente avec i. En effet, on voit avec la commande cond que le conditionnement de A_i est $\simeq 10^3$ pour $i = 1$, $\simeq 10^7$ pour $i = 2$ et $\simeq 10^{11}$ pour $i = 3$.

Solution 5.10 Si $(\lambda, \mathbf{v})$ est un couple valeur propre - vecteur propre d'une matrice A, alors λ^2 est une valeur propre de A^2 associée au même vecteur propre. En effet, $A\mathbf{v} = \lambda \mathbf{v}$ implique $A^2\mathbf{v} = \lambda A\mathbf{v} = \lambda^2 \mathbf{v}$. Par conséquent, si A est symétrique définie positive $K(A^2) = (K(A))^2$.

Solution 5.11 La matrice d'itération de la méthode de Jacobi est

$$B_J = \begin{bmatrix} 0 & 0 & -\alpha^{-1} \\ 0 & 0 & 0 \\ -\alpha^{-1} & 0 & 0 \end{bmatrix}.$$

Ses valeurs propres sont $\{0, \alpha^{-1}, -\alpha^{-1}\}$. Donc la méthode converge si $|\alpha| > 1$.

La matrice d'itération de la méthode de Gauss-Seidel est

$$B_{GS} = \begin{bmatrix} 0 & 0 & -\alpha^{-1} \\ 0 & 0 & 0 \\ 0 & 0 & \alpha^{-2} \end{bmatrix}$$

dont les valeurs propres sont $\{0, 0, \alpha^{-2}\}$. Donc, la méthode converge si $|\alpha| > 1$. En particulier, comme $\rho(B_{GS}) = [\rho(B_J)]^2$, la méthode de Gauss-Seidel converge plus rapidement que celle de Jacobi.

Solution 5.12 Une condition suffisante pour la convergence des méthodes de Jacobi et de Gauss-Seidel est que A est à diagonale strictement dominante. La seconde ligne de A vérifie cette condition si $|\beta| < 5$. Noter, qu'en cherchant la condition sous laquelle le rayon spectral des matrices d'itération est inférieur à 1 (ce qui est une condition nécessaire et suffisante pour la convergence), on trouve la limitation (moins restrictive) $|\beta| < 25$ pour les deux méthodes.

Solution 5.13 La méthode de relaxation s'écrit sous forme vectorielle

$$(I - \omega D^{-1}E)\mathbf{x}^{(k+1)} = [(1-\omega)I + \omega D^{-1}F]\mathbf{x}^{(k)} + \omega D^{-1}\mathbf{b}$$

où $A = D - (E + F)$, D étant la diagonale de A, et -E (resp. -F) la partie inférieure (resp. supérieure) de A. La matrice d'itération correspondante est

$$B(\omega) = (I - \omega D^{-1}E)^{-1}[(1-\omega)I + \omega D^{-1}F].$$

En notant λ_i les valeurs propres de $B(\omega)$, on obtient

$$\left| \prod_{i=1}^{n} \lambda_i \right| = |\det B(\omega)|$$
$$= |\det[(I - \omega D^{-1}E)^{-1}]| \cdot |\det[(1-\omega)I + \omega D^{-1}F)]|.$$

En remarquant que pour deux matrices A et B telles que $A = I + \alpha B$ avec $\alpha \in \mathbb{R}$ on a $\lambda_i(A) = 1 + \alpha \lambda_i(B)$, et que les valeurs propres de $D^{-1}E$ et $D^{-1}F$ sont nulles, on a

$$\left|\prod_{i=1}^{n}\lambda_{i}\right| = \left|\prod_{i=1}^{n}\frac{(1-\omega)+\omega\lambda_{i}(\mathrm{D}^{-1}F)}{1-\omega\lambda_{i}(\mathrm{D}^{-1}E)}\right| = |1-\omega|^{n}.$$

Donc, au moins une valeur propre doit satisfaire l'inégalité $|\lambda_i| \geq |1-\omega|$. Ainsi, une condition nécessaire pour assurer la convergence est $|1-\omega| < 1$, c'est-à-dire, $0 < \omega < 2$.

Solution 5.14 La matrice $A = \begin{bmatrix} 3 & 2 \\ 2 & 6 \end{bmatrix}$ est à diagonale strictement dominante par lignes, ce qui est une condition suffisante pour la convergence de la méthode de Gauss-Seidel. En revanche, la matrice $A = \begin{bmatrix} 1 & 1 \\ 1 & 2 \end{bmatrix}$ n'est pas à diagonale strictement dominante par lignes, mais elle est symétrique. Pour vérifier si elle est aussi définie positive, c'est-à-dire, $\mathbf{z}^T A \mathbf{z} > 0$ pour tout $\mathbf{z} \neq \mathbf{0}$ de $\mathbb{R}^2$, on utilise les instructions MATLAB suivantes (naturellement, dans ce cas simple, on pourrait effectuer le calcul à la main) :

```
syms z1 z2 real
z=[z1;z2]; A=[1 1; 1 2];
pos=z'*A*z; simple(pos)
ans =
   z1^2+2*z1*z2+2*z2^2

ans =
   z1^2+2*z1*z2+2*z2^2
```

La commande `syms z1 z2 real` est nécessaire pour convertir les variables symboliques `z1` et `z2` en nombres réels. La commande `simple(pos)` essaie plusieurs simplifications de `pos` et retourne la plus courte. Il est facile de voir que la quantité calculée est positive car elle peut s'écrire `(z1+z2)^2 +z2^2`. Ainsi, la matrice est symétrique définie positive, et la méthode de Gauss-Seidel est convergente.

Solution 5.15 On trouve :

pour la méthode de Jacobi

$$\begin{cases} x_1^{(1)} = \frac{1}{2}(1-x_2^{(0)}), \\ x_2^{(1)} = -\frac{1}{3}(x_1^{(0)}); \end{cases} \Rightarrow \begin{cases} x_1^{(1)} = \frac{1}{4}, \\ x_2^{(1)} = -\frac{1}{3}; \end{cases}$$

pour la méthode de Gauss-Seidel

$$\begin{cases} x_1^{(1)} = \frac{1}{2}(1-x_2^{(0)}), \\ x_2^{(1)} = -\frac{1}{3}x_1^{(1)}, \end{cases} \Rightarrow \begin{cases} x_1^{(1)} = \frac{1}{4}, \\ x_2^{(1)} = -\frac{1}{12}. \end{cases}$$

Pour la méthode du gradient, on commence par calculer le résidu initial

$$\mathbf{r}^{(0)} = \mathbf{b} - A\mathbf{x}^{(0)} = \begin{bmatrix} 1 \\ 0 \end{bmatrix} - \begin{bmatrix} 2 & 1 \\ 1 & 3 \end{bmatrix} \mathbf{x}^{(0)} = \begin{bmatrix} -3/2 \\ -5/2 \end{bmatrix}.$$

Puis, comme

$$P^{-1} = \begin{bmatrix} 1/2 & 0 \\ 0 & 1/3 \end{bmatrix},$$

on a $\mathbf{z}^{(0)} = P^{-1}\mathbf{r}^{(0)} = (-3/4, -5/6)^T$. Donc

$$\alpha_0 = \frac{(\mathbf{z}^{(0)})^T \mathbf{r}^{(0)}}{(\mathbf{z}^{(0)})^T A \mathbf{z}^{(0)}} = \frac{77}{107},$$

et

$$\mathbf{x}^{(1)} = \mathbf{x}^{(0)} + \alpha_0 \mathbf{z}^{(0)} = (197/428, -32/321)^T.$$

Solution 5.16 Dans le cas stationnaire, les valeurs propres de la matrice $B_\alpha = I - \alpha P^{-1}A$ sont $\mu_i(\alpha) = 1 - \alpha\lambda_i$, où λ_i est la i-ème valeur propre de $P^{-1}A$. Donc

$$\rho(B_\alpha) = \max_{i=1,\ldots,n} |1 - \alpha\lambda_i| = \max\{|1 - \alpha\lambda_{min}|, |1 - \alpha\lambda_{max}|\}.$$

Ainsi, la valeur optimale de α (c'est-à-dire la valeur qui minimise le rayon spectral de la matrice d'itération) est la racine de l'équation

$$1 - \alpha\lambda_{min} = \alpha\lambda_{max} - 1$$

ce qui donne (5.54). La relation (5.68) se déduit alors d'un calcul direct de $\rho(B_{\alpha_{opt}})$.

Solution 5.17 On doit minimiser la fonction $\Phi(\alpha) = \|\mathbf{e}^{(k+1)}\|_A^2$ par rapport à $\alpha \in \mathbb{R}$. Comme $\mathbf{e}^{(k+1)} = \mathbf{x} - \mathbf{x}^{(k+1)} = \mathbf{e}^{(k)} - \alpha\mathbf{z}^{(k)}$, on obtient

$$\Phi(\alpha) = \|\mathbf{e}^{(k+1)}\|_A^2 = \|\mathbf{e}^{(k)}\|_A^2 + \alpha^2\|\mathbf{z}^{(k)}\|_A^2 - 2\alpha(A\mathbf{e}^{(k)}, \mathbf{z}^{(k)}).$$

Le minimum de $\Phi(\alpha)$ est atteint en α_k tel que $\Phi'(\alpha_k) = 0$, i.e.,

$$\alpha_k \|\mathbf{z}^{(k)}\|_A^2 - (A\mathbf{e}^{(k)}, \mathbf{z}^{(k)}) = 0,$$

donc $\alpha_k = (A\mathbf{e}^{(k)}, \mathbf{z}^{(k)})/\|\mathbf{z}^{(k)}\|_A^2$. Enfin, (5.56) s'en déduit en remarquant que $A\mathbf{e}^{(k)} = \mathbf{r}^{(k)}$.

Solution 5.18 La matrice associée au modèle de Leontieff est symétrique, mais n'est pas définie positive. En effet, en utilisant les instructions suivantes :

```
for i=1:20;
  for j=1:20;
    C(i,j)=i+j;
  end;
end;
A=eye(20)-C;
[min(eig(A)), max(eig(A))]
ans =
 -448.58   30.583
```

on voit que la plus petite valeur propre est négative et que la plus grande est positive. La convergence de la méthode du gradient n'est donc pas assurée. Cependant, A n'étant pas singulière, le système considéré est équivalent au système $A^T A \mathbf{x} = A^T \mathbf{b}$, où $A^T A$ est symétrique définie positive. On résout ce dernier avec la méthode du gradient en demandant une norme de résidu inférieure à 10^{-10} et en démarrant de la donnée initiale $\mathbf{x}^{(0)} = \mathbf{0}$:

```
b = [1:20]';   AA=A'*A; b=A'*b; x0 = zeros(20,1);
[x,iter]=itermeth(AA,b,x0,100,1.e-10);
```

La méthode converge en 15 itérations. Un inconvénient de cette approche est que le conditionnement de $A^T A$ est en général plus grand que celui de A.

9.6 Chapitre 6

Solution 6.1 A_1 : la méthode de la puissance converge en 34 itérations vers 2.00000000004989. A_2 : en partant du même vecteur initial, la méthode de la puissance converge en 457 itérations vers 1.99999999990611. On peut expliquer cette vitesse de convergence plus faible en observant que les deux plus grandes valeurs propres sont très voisines. Enfin, pour la matrice A_3 la méthode ne converge pas car A_3 possède deux valeurs propres distinctes (i et $-i$) de module maximal.

Solution 6.2 La matrice de Leslie associée aux valeurs du tableau est donnée par

$$A = \begin{bmatrix} 0 & 0.5 & 0.8 & 0.3 \\ 0.2 & 0 & 0 & 0 \\ 0 & 0.4 & 0 & 0 \\ 0 & 0 & 0.8 & 0 \end{bmatrix}.$$

En utilisant la méthode de la puissance, on trouve $\lambda_1 \simeq 0.5353$. La distribution normalisée de cette population, pour divers intervalles d'âge, est donnée par les composantes du vecteur propre unitaire correspondant, c'est-à-dire, $\mathbf{x}_1 \simeq (0.8477, 0.3167, 0.2367, 0.3537)^T$.

Solution 6.3 On récrit la donnée initiale sous la forme

$$\mathbf{y}^{(0)} = \beta^{(0)} \left(\alpha_1 \mathbf{x}_1 + \alpha_2 \mathbf{x}_2 + \sum_{i=3}^{n} \alpha_i \mathbf{x}_i \right),$$

avec $\beta^{(0)} = 1/\|\mathbf{x}^{(0)}\|$. Par des calculs similaires à ceux effectués à la Section 6.2, on trouve, à l'étape k

$$\mathbf{y}^{(k)} = \gamma^k \beta^{(k)} \left(\alpha_1 \mathbf{x}_1 e^{ik\vartheta} + \alpha_2 \mathbf{x}_2 e^{-ik\vartheta} + \sum_{i=3}^{n} \alpha_i \frac{\lambda_i^k}{\gamma^k} \mathbf{x}_i \right).$$

Donc, quand $k \to \infty$, les deux premiers termes ne tendent pas vers zéro et, les exposants ayant des signes opposés, la suite des $\mathbf{y}^{(k)}$ oscille et ne converge pas.

Solution 6.4 Si A est inversible, d'après la relation $A\mathbf{x} = \lambda \mathbf{x}$, on a $A^{-1}A\mathbf{x} = \lambda A^{-1}\mathbf{x}$, et donc $A^{-1}\mathbf{x} = (1/\lambda)\mathbf{x}$.

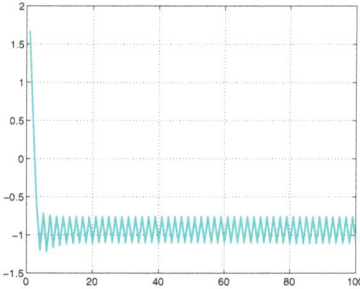

Figure 9.5. Approximations d'une valeur propre de module maximal de la matrice de la Solution 6.5 calculées par la méthode de la puissance

Solution 6.5 La méthode de la puissance appliquée à la matrice A donne une suite oscillante composée de valeurs approchées d'une valeur propre de module maximal (voir Figure 9.5). Ce comportement est dû au fait que la matrice A a deux valeurs propres distinctes de module maximal.

Solution 6.6 Comme les valeurs propres d'une matrice réelle symétrique sont réelles, elles se trouvent dans un intervalle fermé borné $[\lambda_a, \lambda_b]$. Notre but est d'estimer λ_a et λ_b. Pour calculer une valeur propre de module maximal de A, on utilise le Programme 6.1 :

```
A=wilkinson(7);
x0=ones(7,1); tol=1.e-15; nmax=100;
[lambdab,x,iter]=eigpower(A,tol,nmax,x0);
```

Après 35 itérations, on obtient `lambdab=3.76155718183189`. Comme λ_a est la valeur propre de A la plus éloignée de λ_b, on la calcule en appliquant la méthode de la puissance à la matrice $A_b = A - \lambda_b I$, c'est-à-dire en calculant la valeur propre de module maximal de la matrice A_b, puis on pose $\lambda_a = \lambda + \lambda_b$.
Les instructions :

```
[lambda,x,iter]=eigpower(A-lambdab*eye(7),tol,nmax,x0);
lambdaa=lambda+lambdab
```

donnent `lambdaa =-1.12488541976457` après 33 itérations.
Ces résultats sont des approximations satisfaisantes des valeurs propres extrémales de A

Solution 6.7 Commençons par considérer la matrice A. On constate qu'il y a un disque de lignes isolé centré en $x = 9$ de rayon 1 qui, d'après la Proposition 6.1, ne peut contenir qu'une valeur propre (disons λ_1). Donc $\lambda_1 \in \mathbb{R}$, et même plus précisément $\lambda_1 \in]8, 10[$. De plus, d'après la Figure 9.6, à droite, on voit que A possède deux autres disques de colonnes isolés centrés en $x = 2$ et $x = 4$, et de rayon $1/2$. Donc A a deux autres valeurs propres réelles $\lambda_2 \in]1.5, 2.5[$ et $\lambda_3 \in]3.4, 4.5[$. Comme tous les coefficients de A sont réels, la quatrième valeur propre est aussi réelle.

Considérons à présent la matrice B qui n'admet qu'un disque de colonnes isolé (voir Figure 9.6, à droite), centré en $x = -5$ et de rayon $1/2$. D'après

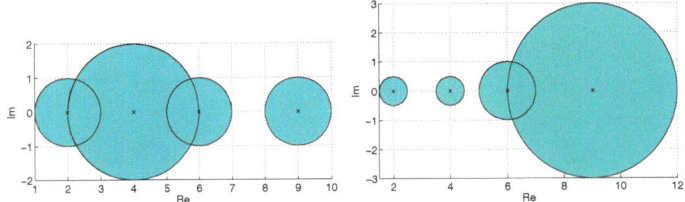

Figure 9.6. Disques de lignes *(à gauche)* et disques de colonnes *(à droite)* de la matrice A (Solution 6.7)

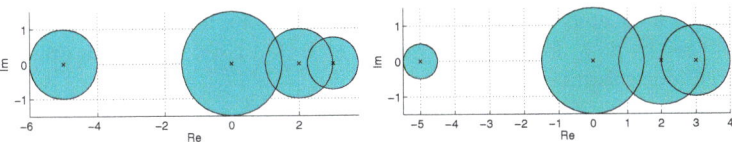

Figure 9.7. Disques de lignes *(à gauche)* et disques de colonnes *(à droite)* de la matrice B (Solution 6.7)

les considérations précédentes, la valeur propre correspondante est réelle et appartient à l'intervalle $]-5.5, -4.5[$. Pour ce qui est des autres valeurs propres, elles sont soit toutes réelles, soit une est réelle et deux sont complexes.

Solution 6.8 On voit parmi les disques de lignes de A, un disque isolé de centre 5 et de rayon 2 qui doit contenir la valeur propre de module maximal. On peut donc choisir un décalage de 5. On peut comparer le nombre d'itérations et le temps de calcul de la méthode de la puissance avec et sans décalage à l'aide des commandes suivantes :

```
A=[5 0 1 -1; 0 2 0 -1/2; 0 1 -1 1; -1 -1 0 0];
tol=1e-14; x0=[1 2 3 4]'; nmax=1000;
tic; [lambda1,x1,iter1]=eigpower(A,tol,nmax,x0);
toc, iter1

Elapsed time is  0.001854 seconds.
iter1 = 35

tic; [lambda2,x2,iter2]=invshift(A,5,tol,nmax,x0);
toc, iter2

Elapsed time is  0.000865 seconds.
iter2 = 12
```

La méthode de la puissance avec décalage requiert dans ce cas moins d'itérations (1 contre 3) et presque la moitié du coût par rapport à la méthode de la puissance classique (en tenant compte du temps supplémentaire nécessaire au calcul de la factorisation de Gauss de A avant le calcul).

Solution 6.9 On a

$$A^{(k)} = Q^{(k+1)}R^{(k+1)} \text{ et } A^{(k+1)} = R^{(k+1)}Q^{(k+1)}$$

et donc

$$(Q^{(k+1)})^T A^{(k)} Q^{(k+1)} = R^{(k+1)} Q^{(k+1)} = A^{(k+1)}.$$

Comme $(Q^{(k+1)})^T = (Q^{(k+1)})^{-1}$ on en déduit que la matrice $A^{(k)}$ est semblable à $A^{(k+1)}$ pour tout $k \geq 0$.

Solution 6.10 On peut utiliser la commande `eig` de la manière suivante : [X,D]=eig(A), où X est la matrice dont les colonnes sont des vecteurs propres unitaires de A et D est une matrice diagonale dont les éléments sont les valeurs propres de A. Pour les matrices A et B de l'Exercice 6.7, on exécute les instructions suivantes :

```
A=[2 -1/2 0 -1/2; 0 4 0 2; -1/2 0 6 1/2; 0 0 1 9];
sort(eig(A))
ans =
    2.0000
    4.0268
    5.8003
    9.1728
B=[-5 0 1/2 1/2; 1/2 2 1/2 0; 0 1 0 1/2; 0 1/4 1/2 3];
sort(eig(B))
ans =
   -4.9921
   -0.3038
    2.1666
    3.1292
```

Les conclusions déduites de la Proposition 6.1 sont assez grossières.

9.7 Chapitre 7

Solution 7.1 Approchons la solution exacte $y(t) = \frac{1}{2}[e^t - \sin(t) - \cos(t)]$ du problème de Cauchy (7.80) par la méthode d'Euler explicite en utilisant différentes valeurs de $h : 1/2, 1/4, 1/8, \ldots, 1/512$. L'erreur associée est calculée à l'aide des instructions suivantes :

```
t0=0; y0=0; T=1; f=inline('sin(t)+y','t','y');
y=inline('0.5*(exp(t)-sin(t)-cos(t))','t');
Nh=2;
for k=1:10;
[tt,u]=feuler(f,[t0,T],y0,Nh);
e(k)=abs(u(end)-feval(y,tt(end)));Nh=2*Nh;
end
```

Appliquons maintenant la formule (1.12) pour estimer l'ordre de convergence :
```
p=log(abs(e(1:end-1)./e(2:end)))/log(2); p(1:2:end)
```

```
p =
    0.7696    0.9273    0.9806    0.9951    0.9988
```

Comme prévu, la convergence est d'ordre un. Avec les mêmes instructions (en remplaçant l'appel au programme `feuler` par un appel à `beuler`), on obtient une estimation de l'ordre de convergence de la méthode d'Euler implicite :

```
p=log(abs(e(1:end-1)./e(2:end)))/log(2); p(1:2:end)
p =
    1.5199    1.0881    1.0204    1.0050    1.0012
```

Solution 7.2 On peut calculer de la manière suivante la solution numérique du problème de Cauchy par la méthode d'Euler explicite :

```
t0=0; T=1; N=100; f=inline('-t*exp(-y)','t','y');
y0=0; [t,u]=feuler(f,[t0,T],y0,N);
```

Pour calculer le nombre de chiffres significatifs exacts, on peut estimer les constantes L et M qui interviennent dans (7.13). Remarquer que, $f(t,y(t))$ étant < 0 dans l'intervalle considéré, $y(t) = \log(1 - t^2/2)$ est une fonction décroissante, s'annulant en $t = 0$. Comme f est continue, ainsi que sa dérivée première, on peut approcher L par $L = \max_{0 \le t \le 1} |L(t)|$ avec $L(t) = \partial f/\partial y = te^{-y}$. Remarquer que $L(0) = 0$ et $L'(t) > 0$ pour tout $t \in\,]0,1]$. Ainsi, en utilisant l'hypothèse $-1 < y < 0$, on peut prendre $L = e$.

De même, pour calculer $M = \max_{0 \le t \le 1} |y''(t)|$ avec $y'' = -e^{-y} - t^2 e^{-2y}$, on peut remarquer que cette fonction atteint son maximum en $t = 1$, et donc $M = e + e^2$. On peut tirer ces conclusions de l'analyse de la représentation graphique du champ de vecteurs $\mathbf{v}(t,y) = [v_1, v_2]^T = [1, f(t,y(t))]^T$ associé au problème de Cauchy. En effet, les solutions de l'équation différentielle $y'(t) = f(t,y(t))$ sont tangentes au champ de vecteurs $\mathbf{v}$. Avec les instructions suivantes :

```
[T,Y]=meshgrid(0:0.05:1,-1:0.05:0);
V1=ones(size(T)); V2=-T.*exp(Y); quiver(T,Y,V1,V2)
```

on voit que la solution du problème de Cauchy a une dérivée seconde négative dont la valeur absolue croît avec t. Ceci nous amène à conclure que $M = \max_{0 \le t \le 1} |y''(t)|$ est atteint en $t = 1$.

On parvient aux mêmes conclusions en remarquant que la fonction $-y$ est positive et croissante, puisque $y \in [-1,0]$ et $f(t,y) = y' < 0$. Donc, les fonctions e^{-y} et $t^2 e^{-2y}$ sont également positives et croissantes et la fonction $y'' = -e^{-y} - t^2 e^{-2y}$ est négative et décroissante. On en déduit que $M = \max_{0 \le t \le 1} |y''(t)|$ est atteint en $t = 1$.

D'après (7.13), pour $h = 0.01$ on en déduit

$$|u_{100} - y(1)| \le \frac{e^L - 1}{L} \frac{M}{200} \simeq 0.26.$$

Ainsi, on ne peut garantir que plus d'un chiffre significatif soit exact. En effet, on trouve `u(end)=-0.6785`, alors que la solution exacte ($y(t) = \log(1 - t^2/2)$) en $t = 1$ vaut $y(1) = -0.6931$.

Solution 7.3 La fonction d'itération est $\phi(u) = u - h t_{n+1} e^{-u}$ et les itérations de point fixe convergent si $|\phi'(u)| < 1$. Cette propriété est vérifiée si $h(t_0 +$

$(n+1)h) < e^u$. En remplaçant u par la solution exacte, on peut donner une estimation *a priori* de la valeur de h. La situation la plus restrictive a lieu quand $u = -1$ (voir Solution 7.2). Dans ce cas, la solution de l'inéquation $(n+1)h^2 < e^{-1}$ est $h < \sqrt{e^{-1}/(n+1)}$.

Solution 7.4 On reprend les instructions de la Solution 7.1, en utilisant cette fois le Programme `cranknic` (Programme 7.3) au lieu de `feuler`. En accord avec la théorie, on obtient le résultat suivant qui montre une convergence d'ordre 2 :

```
p=log(abs(e(1:end-1)./e(2:end)))/log(2); p(1:2:end)
p =
    2.0379    2.0023    2.0001    2.0000    2.0000
```

Solution 7.5 Considérons la formulation intégrale du problème de Cauchy (7.5) dans l'intervalle $[t_n, t_{n+1}]$

$$y(t_{n+1}) - y(t_n) = \int_{t_n}^{t_{n+1}} f(\tau, y(\tau)) d\tau$$
$$\simeq \frac{h}{2}[f(t_n, y(t_n)) + f(t_{n+1}, y(t_{n+1}))],$$

où on a approché l'intégrale avec la formule du trapèze (4.19). En posant $u_0 = y(t_0)$, et en définissant u_{n+1} par

$$u_{n+1} = u_n + \frac{h}{2}[f(t_n, u_n) + f(t_{n+1}, u_{n+1})], \qquad \forall n \geq 0,$$

qui est la méthode de Crank-Nicolson.

Solution 7.6 On sait que la région de stabilité absolue pour le schéma d'Euler explicite est le disque centré en $(-1, 0)$ et de rayon 1, c'est-à-dire l'ensemble $A = \{z = h\lambda \in \mathbb{C} : |1 + h\lambda| < 1\}$. En prenant $\lambda = -1 + i$ on obtient l'encadrement de h : $h^2 - h < 0$, i.e. $h \in]0, 1[$.

Solution 7.7 Récrivons la méthode de Heun sous la forme suivante (de type Runge-Kutta)

$$u_{n+1} = u_n + \frac{h}{2}(K_1 + K_2), \tag{9.4}$$
$$K_1 = f(t_n, u_n), \quad K_2 = f(t_{n+1}, u_n + hK_1).$$

On a $h\tau_{n+1}(h) = y(t_{n+1}) - y(t_n) - h(\widehat{K}_1 + \widehat{K}_2)/2$, avec $\widehat{K}_1 = f(t_n, y(t_n))$ et $\widehat{K}_2 = f(t_{n+1}, y(t_n) + h\widehat{K}_1)$. Comme f est continue en ses deux variables, on a

$$\lim_{h \to 0} \tau_{n+1} = y'(t_n) - \frac{1}{2}[f(t_n, y(t_n)) + f(t_n, y(t_n))] = 0$$

et la méthode est donc consistante.

Prouvons à présent que τ_{n+1} est d'ordre deux en h. Supposons que $y \in C^3([t_0, T[)$. Pour alléger les notations, on pose $y_n = y(t_n)$ pour $n \geq 0$. On a

$$\begin{aligned}\tau_{n+1} &= \frac{y_{n+1} - y_n}{h} - \frac{1}{2}\left[f(t_n, y_n) + f(t_{n+1}, y_n + hf(t_n, y_n))\right] \\ &= \frac{y_{n+1} - y_n}{h} - \frac{1}{2}y'(t_n) - \frac{1}{2}f(t_{n+1}, y_n + hy'(t_n)).\end{aligned}$$

D'après l'expression de l'erreur de la formule du trapèze (4.20), il existe $\xi_n \in]t_n, t_{n+1}[$ tel que

$$y_{n+1} - y_n = \int_{t_n}^{t_{n+1}} y'(t)dt = \frac{h}{2}\left[y'(t_n) + y'(t_{n+1})\right] - \frac{h^3}{12}y'''(\xi_n),$$

donc

$$\begin{aligned}\tau_{n+1} &= \frac{1}{2}\left(y'(t_{n+1}) - f(t_{n+1}, y_n + hy'(t_n)) - \frac{h^2}{6}y'''(\xi_n)\right) \\ &= \frac{1}{2}\left(f(t_{n+1}, y_{n+1}) - f(t_{n+1}, y_n + hy'(t_n)) - \frac{h^2}{6}y'''(\xi_n)\right).\end{aligned}$$

Ensuite, on utilise que la fonction f est lipschitzienne par rapport à sa deuxième variable (voir Proposition 7.1), donc

$$|\tau_{n+1}| \leq \frac{L}{2}|y_{n+1} - y_n - hy'(t_n)| + \frac{h^2}{12}|y'''(\xi_n)|.$$

Enfin, on applique la formule de Taylor

$$y_{n+1} = y_n + hy'(t_n) + \frac{h^2}{2}y''(\eta_n), \qquad \eta_n \in]t_n, t_{n+1}[,$$

et on obtient

$$|\tau_{n+1}| \leq \frac{L}{4}h^2|y''(\eta_n)| + \frac{h^2}{12}|y'''(\xi_n)| \leq Ch^2.$$

La méthode de Heun est implémentée dans le Programme 9.2. En utilisant ce programme, on peut vérifier l'ordre de convergence comme dans la Solution 7.1. Avec les instructions suivantes, on voit que la méthode de Heun est d'ordre deux par rapport à h :

```
p=log(abs(e(1:end-1)./e(2:end)))/log(2); p(1:2:end)
ans =
    1.7642    1.9398    1.9851    1.9963    1.9991
```

Programme 9.2. rk2 : méthode de Heun (ou RK2)

```
function [tt,u]=rk2(odefun,tspan,y0,Nh,varargin)
tt=linspace(tspan(1),tspan(2),Nh+1);
h=(tspan(2)-tspan(1))/Nh;   hh=h*0.5;
u=y0;
for t=tt(1:end-1)
   y = u(end,:);
   k1=feval(odefun,t,y,varargin{:});
   t1 = t + h; y = y + h*k1;
   k2=feval(odefun,t1,y,varargin{:});
   u = [u; u(end,:) + hh*(k1+k2)];
end
```

Solution 7.8 En appliquant la méthode (9.4) au problème modèle (7.28), on obtient $K_1 = \lambda u_n$ et $K_2 = \lambda u_n(1+h\lambda)$. Donc $u_{n+1} = u_n[1+h\lambda+(h\lambda)^2/2] = u_n p_2(h\lambda)$. Pour assurer la stabilité absolue, on doit avoir $|p_2(h\lambda)| < 1$, ce qui est équivalent à $0 < p_2(h\lambda) < 1$, puisque $p_2(h\lambda)$ est positive. En résolvant cette dernière inéquation, on obtient $-2 < h\lambda < 0$, c'est-à-dire, $h < 2/|\lambda|$, puisque λ est un nombre réel strictement négatif.

Solution 7.9 Prouvons par récurrence sur n la propriété (7.34), notée $\mathcal{P}_n$. Autrement dit, prouvons $\mathcal{P}_1$ et montrons que $\mathcal{P}_{n-1}$ implique $\mathcal{P}_n$ pour un $n \geq 2$ quelconque. Ceci montrera que $\mathcal{P}_n$ est vraie pour tout $n \geq 2$.

On vérifie facilement que $u_1 = u_0 + h(\lambda_0 u_0 + r_0)$. Pour montrer que $\mathcal{P}_{n-1} \Rightarrow \mathcal{P}_n$, il suffit de remarquer que $u_n = u_{n-1}(1+h\lambda_{n-1}) + hr_{n-1}$.

Solution 7.10 Comme $|1+h\lambda| < 1$, on déduit de (7.38) que

$$|z_n - u_n| \leq |\rho|\left(\left|1+\frac{1}{\lambda}\right| + \left|\frac{1}{\lambda}\right|\right).$$

Si $\lambda \leq -1$, on a $1/\lambda < 0$ et $1 + 1/\lambda \geq 0$, donc

$$\left|1+\frac{1}{\lambda}\right| + \left|\frac{1}{\lambda}\right| = 1 + \frac{1}{\lambda} - \frac{1}{\lambda} = 1 = \varphi(\lambda).$$

D'autre part, si $-1 < \lambda < 0$, on a $1/\lambda < 1 + 1/\lambda < 0$, donc

$$\left|1+\frac{1}{\lambda}\right| + \left|\frac{1}{\lambda}\right| = -1 - \frac{2}{\lambda} = \left|1+\frac{2}{\lambda}\right| = \varphi(\lambda).$$

Solution 7.11 D'après (7.36) on a

$$|z_n - u_n| \leq \overline{\rho}[a(h)]^n + h\overline{\rho}\sum_{k=0}^{n-1}[a(h)]^{n-k-1}.$$

D'où le résultat en utilisant (7.37).

Solution 7.12 On a

$$h\tau_{n+1}(h) = y(t_{n+1}) - y(t_n) - \frac{h}{6}(\widehat{K}_1 + 4\widehat{K}_2 + \widehat{K}_3),$$
$$\widehat{K}_1 = f(t_n, y(t_n)), \quad \widehat{K}_2 = f(t_n + \tfrac{h}{2}, y(t_n) + \tfrac{h}{2}\widehat{K}_1),$$
$$\widehat{K}_3 = f(t_{n+1}, y(t_n) + h(2\widehat{K}_2 - \widehat{K}_1)).$$

Comme f est continue en ses deux variables, la méthode est consistante car

$$\lim_{h\to 0}\tau_{n+1} = y'(t_n) - \frac{1}{6}[f(t_n, y(t_n)) + 4f(t_n, y(t_n)) + f(t_n, y(t_n))] = 0.$$

Cette méthode est un schéma de Runge-Kutta explicite d'ordre 3 et est implémentée dans le Programme 9.3. Comme dans la Solution 7.7, on peut obtenir une estimation de son ordre de convergence à l'aide des instructions suivantes :

```
p=log(abs(e(1:end-1)./e(2:end)))/log(2); p(1:2:end)
ans =
    2.7306    2.9330    2.9833    2.9958    2.9990
```

Programme 9.3. rk3 : schéma de Runge-Kutta explicite d'ordre 3

```
function [tt,u]=rk3(odefun,tspan,y0,Nh,varargin);
tt=linspace(tspan(1),tspan(2),Nh+1);
h=(tspan(2)-tspan(1))/Nh; hh=h*0.5; h2=2*h;
u=y0; h6=h/6;
for t=tt(1:end-1)
    y = u(end,:);
    k1=feval(odefun,t,y,varargin{:});
    t1 = t + hh; y1 = y + hh* k1;
    k2=feval(odefun,t1,y1,varargin{:});
    t1 = t + h; y1 = y + h*(2*k2-k1);
    k3=feval(odefun,t1,y1,varargin{:});
    u = [u; u(end,:) + h6*(k1+4*k2+k3)];
end
```

Solution 7.13 En procédant comme pour la Solution 7.8, on a la relation

$$u_{n+1} = u_n[1 + h\lambda + \frac{1}{2}(h\lambda)^2 + \frac{1}{6}(h\lambda)^3] = u_n p_3(h\lambda).$$

En examinant le graphe de p_3, obtenu avec l'instruction :
```
c=[1/6 1/2 1 1]; z=[-3:0.01:1];
p=polyval(c,z); plot(z,abs(p))
```
on déduit que $|p_3(h\lambda)| < 1$ pour $-2.5 < h\lambda < 0$.

Solution 7.14 La méthode (7.82) appliquée au problème modèle (7.28) avec $\lambda \in \mathbb{R}^-$ donne l'équation $u_{n+1} = u_n(1+h\lambda+(h\lambda)^2)$. En résolvant l'inéquation $|1 + h\lambda + (h\lambda)^2| < 1$, on trouve $-1 < h\lambda < 0$.

Solution 7.15 Pour résoudre le Problème 7.1 avec les valeurs données, on répète les instructions suivantes avec N=10 et N=20 :
```
f=inline('-1.68e-9*y^4+2.6880','t','y');
[tc,uc]=cranknic(f,[0,200],180,N);
[tp,up]=rk2(f,[0,200],180,N);
```
Les graphes de la solution calculée sont représentés sur la Figure 9.8.

Solution 7.16 La méthode de Heun appliquée au problème modèle (7.28) s'écrit

$$u_{n+1} = u_n \left(1 + h\lambda + \frac{1}{2}h^2\lambda^2\right).$$

Dans le plan complexe, la frontière de sa région de stabilité absolue vérifie $|1 + h\lambda + h^2\lambda^2/2|^2 = 1$, où $h\lambda = x + iy$. Cette équation est satisfaite par les (x,y) tels que $f(x,y) = x^4 + y^4 + 2x^2y^2 + 4x^3 + 4xy^2 + 8x^2 + 8x = 0$. On peut tracer sa courbe représentative comme la ligne de niveau $z = 0$ de la fonction $f(x,y) = z$. C'est ce que font les instructions suivantes :

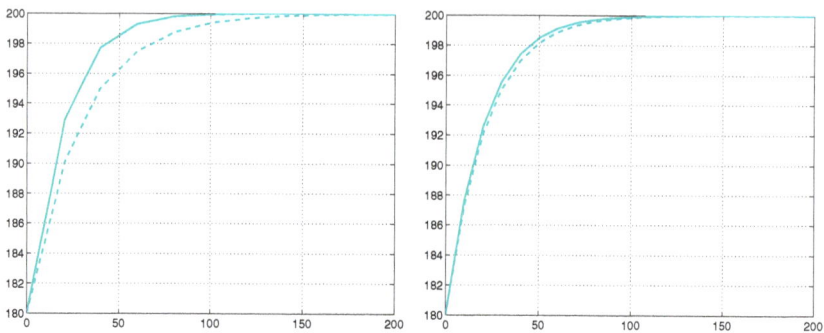

Figure 9.8. Solutions calculées avec $N = 10$ (*à gauche*) et $N = 20$ (*à droite*) pour le problème de Cauchy de la Solution 7.15 : méthode de Crank-Nicolson (*trait plein*), et méthode de Heun (*trait discontinu*)

```
f=inline(['x.^4+y.^4+2*(x.^2).*(y.^2)+',...
    '4*x.*y.^2+4*x.^3+8*x.^2+8*x']);
[x,y]=meshgrid([-2.1:0.1:0.1],[-2:0.1:2]);
contour(x,y,feval(f,x,y),[0 0]); grid on
```

La commande meshgrid trace dans le rectangle $[-2.1, 0.1] \times [-2, 2]$ une grille avec 23 noeuds équirépartis dans la direction x, et 41 noeuds équirépartis dans la direction y. Avec la commande contour, on trace la ligne de niveau de $f(x,y)$ (évaluée avec la commande feval(f,x,y)) correspondant à $z = 0$ (vecteur d'entrée [0 0] de contour). Sur la Figure 9.9, la ligne en trait plein délimite la région de stabilité absolue de la méthode de Heun. Cette région est plus grande que celle de la méthode d'Euler explicite (qui correspond à l'intérieur du cercle en trait discontinu). Les deux courbes sont tangentes à l'axe des imaginaires à l'origine $(0, 0)$.

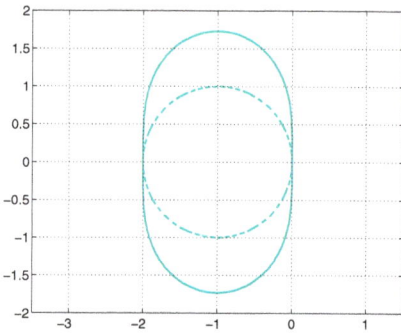

Figure 9.9. Frontières des régions de stabilité absolue pour la méthode de Heun (*trait plein*) et pour la méthode d'Euler explicite (*trait discontinu*). Les régions correspondantes se trouvent à l'intérieur de ces frontières

Solution 7.17 On utilise les instructions suivantes :
```
t0=0; y0=0; f=inline('cos(2*y)','t','y');
y=inline('0.5*asin((exp(4*t)-1)./(exp(4*t)+1))','t');
T=1; N=2; for k=1:10;
[tt,u]=rk2(f,[t0,T],y0,N);
e(k)=abs(u(end)-feval(y,tt(end))); N=2*N; end
p=log(abs(e(1:end-1)./e(2:end)))/log(2); p(1:2:end)
    2.4733    2.1223    2.0298    2.0074    2.0018
```

Comme prévu, on trouve que l'ordre de convergence de la méthode est 2. Le coût du calcul est pourtant comparable à celui de la méthode d'Euler explicite, qui n'est que d'ordre 1.

Solution 7.18 L'équation différentielle du second ordre de cet exercice est équivalente au système du premier ordre suivant

$$x'(t) = z(t), \quad z'(t) = -5z(t) - 6x(t),$$

avec $x(0) = 1$, $z(0) = 0$. On utilise la méthode de Heun :
```
t0=0; y0=[1 0]; T=5;
[t,u]=rk2(@fspring,[t0,T],y0,N);
```
où N est le nombre de noeuds et fspring.m est la fonction suivante :
```
function fn=fspring(t,y)
b=5;
k=6;
[n,m]=size(y);
fn=zeros(n,m);
fn(1)=y(2);
fn(2)=-b*y(2)-k*y(1);
```
Sur la Figure 9.10, on représente les deux composantes de la solution, calculées avec N=20,40 et on les compare à la solution exacte $x(t) = 3e^{-2t} - 2e^{-3t}$ et à sa dérivée première.

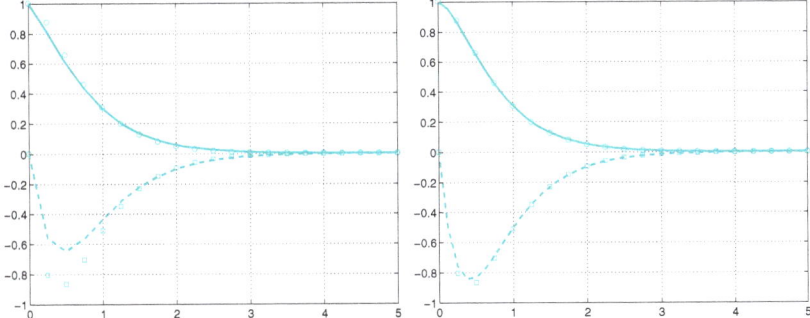

Figure 9.10. Approximations de $x(t)$ (*trait plein*) et $x'(t)$ (*trait discontinu*) calculées avec N=20 (*à gauche*) et N=40 (*à droite*). Les petits cercles (resp. carrés) représentent la solution exacte $x(t)$ (resp. $x'(t)$)

Solution 7.19 Le système d'équations différentielles du second ordre se ramène au système du premier ordre

$$\begin{cases} x'(t) = z(t), \\ y'(t) = v(t), \\ z'(t) = 2\omega \sin(\Psi)v(t) - k^2 x(t), \\ v'(t) = -2\omega \sin(\Psi)z(t) - k^2 y(t). \end{cases} \quad (9.5)$$

Si on suppose que le pendule est au repos au temps initial $t_0 = 0$ et à la position $(1,0)$, on doit imposer les conditions initiales suivantes au système (9.5)

$$x(0) = 1, \; y(0) = 0, \; z(0) = 0, \; v(0) = 0.$$

En posant $\Psi = \pi/4$, qui est la latitude moyenne de l'Italie du nord, on utilise la méthode d'Euler explicite :

```
[t,u]=feuler(@ffoucault,[0,300],[1 0 0 0],N);
```

où N est le nombre de pas et `ffoucault.m` est la fonction suivante :

```
function fn=ffoucault(t,y)
l=20; k2=9.8/l; psi=pi/4; omega=7.29*1.e-05;
[n,m]=size(y); fn=zeros(n,m);
fn(1)=y(3);   fn(2)=y(4);
fn(3)=2*omega*sin(psi)*y(4)-k2*y(1);
fn(4)=-2*omega*sin(psi)*y(3)-k2*y(2);
```

Avec quelques expériences numériques, on voit que la méthode d'Euler explicite ne peut fournir de solutions acceptables pour ce problème, même pour des h très petits. Par exemple, à gauche de la Figure 9.11, on représente le graphe dans le plan de phase (x,y) du déplacement du pendule calculé avec N=30000, c'est-à-dire $h = 1/100$. Comme prévu, le plan de rotation change avec le temps, mais on observe aussi une augmentation de l'amplitude des oscillations. On obtient des résultats analogues, pour des h plus petits, avec la méthode de Heun. En fait, le problème modèle correspondant à ce problème comporte un coefficient λ imaginaire pur. La solution correspondante (une sinusoïde) est bornée mais ne tend pas vers zéro quand t tend vers l'infini.

Malheureusement, les méthodes d'Euler explicites et de Heun ont toutes les deux une région de stabilité absolue qui ne contient aucun point de l'axe imaginaire (excepté l'origine). Donc, pour avoir stabilité absolue, il faudrait prendre la valeur extrême $h = 0$.

Pour une solution acceptable, il faut utiliser une méthode dont la région de stabilité absolue contient une partie de l'axe imaginaire. C'est le cas par exemple de la méthode adaptative de Runge-Kutta d'ordre 3, implémentée dans la fonction MATLAB **ode23**. On peut l'invoquer avec la commande suivante :

```
[t,u]=ode23(@ffoucault,[0,300],[1 0 0 0]);
```

Sur la Figure 9.11 (à droite), on représente la solution obtenue avec seulement 1022 pas d'intégration. Remarquer que la solution numérique est proche de la solution exacte.

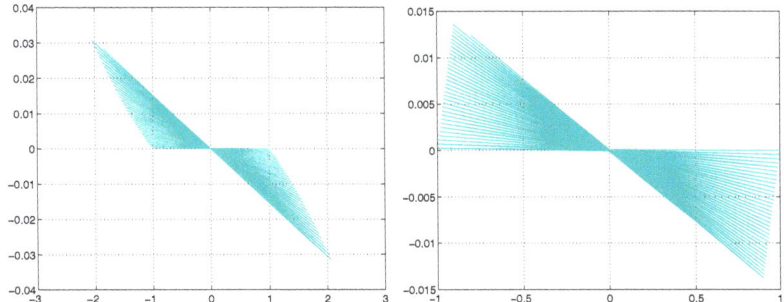

Figure 9.11. Trajectoire dans le plan de phase du pendule de Foucault (Solution 7.19) calculée avec la méthode d'Euler explicite (*à gauche*) et la méthode de Runge-Kutta adaptative d'ordre 3 (*à droite*)

Solution 7.20 On définit le second membre du problème dans la fonction suivante :
```
function fn=baseball(t,y)
phi = pi/180;   omega = 1800*1.047198e-01;
B = 4.1*1.e-4;  g = 9.8;
[n,m]=size(y);  fn=zeros(n,m);
vmodule = sqrt(y(4)^2+y(5)^2+y(6)^2);
Fv = 0.0039+0.0058/(1+exp((vmodule-35)/5));
fn(1)=y(4);
fn(2)=y(5);
fn(3)=y(6);
fn(4)=-Fv*vmodule*y(4)+...
       B*omega*(y(6)*sin(phi)-y(5)*cos(phi));
fn(5)=-Fv*vmodule*y(5)+B*omega*y(4)*cos(phi);
fn(6)=-g-Fv*vmodule*y(6)-B*omega*y(4)*sin(phi);
```

On n'a alors plus qu'à rappeler `ode23` comme suit :
```
[t,u]=ode23(@baseball,[0 0.4],...
       [0 0 0 38*cos(pi/180) 0 38*sin(pi/180)]);
```

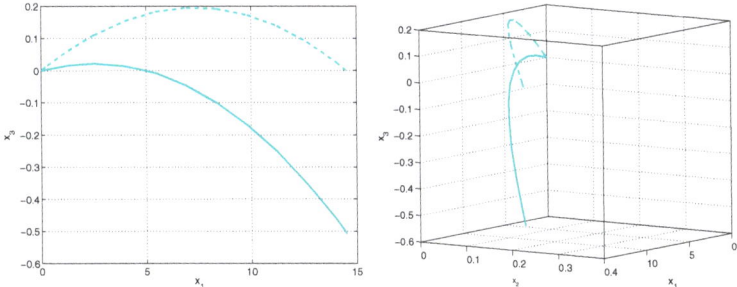

Figure 9.12. Trajectoires suivies par une balle de baseball lancée avec un angle initial de 1 degré (*trait plein*), et 3 degrés (*trait discontinu*)

On calcule, à l'aide de la commande `find`, le temps approximatif pour lequel l'altitude devient négative, ce qui correspond au temps de l'impact au sol :

```
n=max(find(u(:,3)>=0)); t(n)
ans =
   0.1066
```

Sur la Figure 7.1, on trace dans le plan x_1x_3 et dans l'espace $x_1x_2x_3$ les trajectoires de la balle avec une inclinaison de 1 et 3 degrés.

9.8 Chapitre 8

Solution 8.1 On peut vérifier directement que $\mathbf{x}^T A \mathbf{x} > 0$ pour tout $\mathbf{x} \neq \mathbf{0}$. En effet,

$$[x_1\ x_2\ \ldots\ x_{N-1}\ x_N] \begin{bmatrix} 2 & -1 & 0 & \ldots & 0 \\ -1 & 2 & \ddots & & \vdots \\ 0 & \ddots & \ddots & -1 & 0 \\ \vdots & & -1 & 2 & -1 \\ 0 & \ldots & 0 & -1 & 2 \end{bmatrix} \begin{bmatrix} x_1 \\ x_2 \\ \vdots \\ x_{N-1} \\ x_N \end{bmatrix}$$

$$= 2x_1^2 - 2x_1x_2 + 2x_2^2 - 2x_2x_3 + \ldots - 2x_{N-1}x_N + 2x_N^2.$$

La dernière expression est égale à $(x_1-x_2)^2+\ldots+(x_{N-1}-x_N)^2+x_1^2+x_N^2$, qui est strictement positive dès qu'un x_i est non nul.

Solution 8.2 On vérifie que $A\mathbf{q}_j = \lambda_j \mathbf{q}_j$. En calculant les produits matrice-vecteur $\mathbf{w} = A\mathbf{q}_j$ et en écrivant que $\mathbf{w}$ est égal au vecteur $\lambda_j \mathbf{q}_j$, on trouve

$$\begin{cases} 2\sin(j\theta) - \sin(2j\theta) = 2(1 - \cos(j\theta))\sin(j\theta), \\ -\sin(j(k-1)\theta) + 2\sin(jk\theta) - \sin(j(k+1)\theta) = 2(1 - \cos(j\theta))\sin(kj\theta), \\ \qquad\qquad\qquad\qquad\qquad\qquad\qquad\qquad k = 2,\ldots,N-1 \\ 2\sin(Nj\theta) - \sin((N-1)j\theta) = 2(1 - \cos(j\theta))\sin(Nj\theta). \end{cases}$$

La première équation est l'identité $\sin(2j\theta) = 2\sin(j\theta)\cos(j\theta)$. Les autres équations peuvent se simplifier en utilisant la formule trigonométrique

$$\sin((k-1)j\theta) + \sin((k+1)j\theta) = 2\sin(kj\theta)\cos(j\theta)$$

et en remarquant que $\sin((N+1)j\theta) = 0$ puisque $\theta = \pi/(N+1)$.

Comme A est symétrique définie positive, son conditionnement est donné par $K(A) = \lambda_{max}/\lambda_{min}$, c'est-à-dire, $K(A) = \lambda_N/\lambda_1 = (1 - \cos(N\pi/(N+1)))/(1 - \cos(\pi/(N+1)))$. Avec la relation $\cos(N\pi/(N+1)) = -\cos(\pi/(N+1))$ et un développement de Taylor d'ordre 2 du cosinus, on obtient $K(A) \simeq (N+1)^2$, c'est-à-dire $K(A) \simeq h^{-2}$.

Solution 8.3 On remarque que

$$u(\bar{x}+h) = u(\bar{x}) + hu'(\bar{x}) + \frac{h^2}{2}u''(\bar{x}) + \frac{h^3}{6}u'''(\bar{x}) + \frac{h^4}{24}u^{(4)}(\xi_+),$$

$$u(\bar{x}-h) = u(\bar{x}) - hu'(\bar{x}) + \frac{h^2}{2}u''(\bar{x}) - \frac{h^3}{6}u'''(\bar{x}) + \frac{h^4}{24}u^{(4)}(\xi_-),$$

où $\xi_+ \in]x, x+h[$ et $\xi_- \in]x-h, x[$. En ajoutant ces deux expressions, on obtient

$$u(\bar{x}+h) + u(\bar{x}-h) = 2u(\bar{x}) + h^2 u''(\bar{x}) + \frac{h^4}{24}(u^{(4)}(\xi_+) + u^{(4)}(\xi_-)),$$

ce qui est la propriété voulue.

Solution 8.4 La matrice est encore tridiagonale, de coefficients $a_{i,i-1} = -\mu/h^2 - \eta/(2h)$, $a_{ii} = 2\mu/h^2 + \sigma$, $a_{i,i+1} = -\mu/h^2 + \eta/(2h)$. Le second membre, tenant compte des conditions aux limites, devient $\mathbf{f} = (f(x_1) + \alpha(\mu/h^2 + \eta/(2h)), f(x_2), \ldots, f(x_{N-1}), f(x_N) + \beta(\mu/h^2 - \eta/(2h)))^T$.

Solution 8.5 On calcule les solutions correspondant aux trois valeurs de h à l'aide des instructions suivantes :

```
f=inline('1+sin(4*pi*x)','x');
[x,uh11]=bvp(0,1,9,1,0,0.1,f,0,0);
[x,uh21]=bvp(0,1,19,1,0,0.1,f,0,0);
[x,uh41]=bvp(0,1,39,1,0,0.1,f,0,0);
```

Rappelons que $h = (b-a)/(N+1)$. Comme on ne connaît pas la solution exacte, on estime la convergence en calculant sur un maillage très fin (par exemple $h = 1/1000$) une solution approchée qu'on utilise en remplacement de la solution exacte. On trouve :

```
[x,uhex]=bvp(0,1,999,1,0,0.1,f,0,0);
max(abs(uh11-uhex(1:100:end)))
ans =
    8.6782e-04
max(abs(uh21-uhex(1:50:end)))
ans =
    2.0422e-04
max(abs(uh41-uhex(1:25:end)))
ans =
    5.2789e-05
```

En divisant h par deux, l'erreur est divisée par 4, ce qui montre que la convergence est d'ordre 2 par rapport à h.

Solution 8.6 On peut modifier le Programme 8.1 pour imposer des conditions aux limites de Neumann. On propose une implémentation possible dans le Programme 9.4.

Programme 9.4. neumann : approximation d'un problème aux limites de Neumann

```
function [xh,uh]=neumann(a,b,N,mu,eta,sigma,bvpfun,...
               ua,ub,varargin)
h = (b-a)/(N+1); xh = (linspace(a,b,N+2))';
hm = mu/h^2; hd = eta/(2*h); e =ones(N+2,1);
A = spdiags([-hm*e-hd (2*hm+sigma)*e -hm*e+hd],...
    -1:1, N+2, N+2);
A(1,1)=3/(2*h); A(1,2)=-2/h; A(1,3)=1/(2*h); f(1)=ua;
A(N+2,N+2)=3/(2*h); A(N+2,N+1)=-2/h; A(N+2,N)=1/(2*h);
f =feval(bvpfun,xh,varargin{:});  f(1)=ua; f(N+2)=ub;
uh = A\f;
```

Solution 8.7 La formule d'intégration du trapèze, utilisée sur les deux sous-intervalles I_{j-1} et I_j, donne l'approximation suivante

$$\int_{I_{j-1}\cup I_j} f(x)\varphi_j(x)\,dx \simeq \frac{h}{2}f(x_j) + \frac{h}{2}f(x_j) = hf(x_j),$$

puisque $\varphi_j(x_i) = \delta_{ij}$, $\forall i,j$. Quand $j = 1$ ou $j = N$, on peut procéder de manière analogue en prenant en compte les conditions de Dirichlet. On obtient donc le même second membre qu'avec la méthode des différences finies (8.14) à un facteur h près.

Solution 8.8 On a $\nabla\phi = (\partial\phi/\partial x, \partial\phi/\partial y)^T$ et donc $\text{div}\nabla\phi = \partial^2\phi/\partial x^2 + \partial^2\phi/\partial y^2$, c'est-à-dire, le laplacien de ϕ.

Solution 8.9 On approche la température au centre de la plaque en résolvant, pour diverses valeurs de $\Delta_x = \Delta_y$, le problème de Poisson correspondant. On utilise pour cela les instructions suivantes :

```
k=0; fun=inline('25','x','y');
bound=inline('(x==1)','x','y');
for N = [10,20,40,80,160]
[u,x,y]=poissonfd(0,1,0,1,N,N,fun,bound);
k=k+1; uc(k) = u(N/2+1,N/2+1);
end
```

Les composantes du vecteur uc sont les valeurs de la température calculées au centre de la plaque quand le pas h de la grille diminue. On a :

uc
    2.0168   2.0616   2.0789   2.0859   2.0890

On en déduit que la température au centre de la plaque vaut approximativement $2.08\,°C$. Sur la Figure 9.13, on représente les courbes de niveau de la température pour deux valeurs de h.

Solution 8.10 Pour alléger les notations, on pose $u_t = \partial u/\partial t$ et $u_x = \partial u/\partial x$. On multiplie par u_t l'équation (8.72) avec $f \equiv 0$, on intègre en espace sur $]a,b[$

9.8 Chapitre 8 349

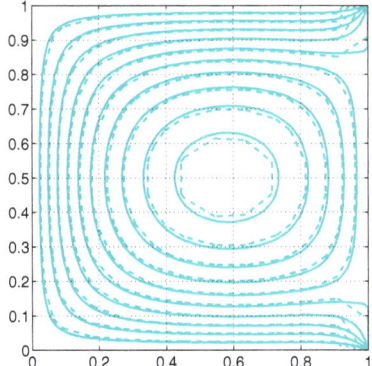

Figure 9.13. Courbes de niveau de la température calculée pour $\Delta_x = \Delta_y = 1/10$ (*traits discontinus*) et pour $\Delta_x = \Delta_y = 1/80$ (*traits pleins*)

et on intègre par parties le second terme

$$\int_a^b u_{tt}(x,t)u_t(x,t)\mathrm{d}x + c\int_a^b u_x(x,t)u_{tx}(x,t)\mathrm{d}x - c[u_x(x,t)u_t(x,t)]_a^b = 0. \quad (9.6)$$

Ensuite, on intègre en temps (9.6) de 0 à t. En utilisant $u_{tt}u_t = \frac{1}{2}(u_t^2)_t$ et $u_x u_{xt} = \frac{1}{2}(u_x^2)_t$, en appliquant le théorème fondamental du calcul intégral et en rappelant les conditions initiales (8.74) (c'est-à-dire $u_t(x,0) = v_0(x)$ et $u_x(x,0) = u_{0x}(x)$), on obtient

$$\int_a^b u_t^2(x,t)\mathrm{d}x + c\int_a^b u_x^2(x,t)\mathrm{d}x = \int_a^b v_0^2(x)\mathrm{d}x$$

$$+ c\int_a^b u_{0x}^2(x)\mathrm{d}x + 2c\int_0^t (u_x(b,s)u_t(b,s) - u_x(a,s)u_t(a,s))\,\mathrm{d}s.$$

D'autre part, en intégrant par parties et en appliquant les conditions de Dirichlet homogènes pour $t > 0$ et sur la donnée initiale, on obtient

$$\int_0^t (u_x(b,s)u_t(b,s) - u_x(a,s)u_t(a,s))\mathrm{d}s = 0.$$

D'où (8.83).

Solution 8.11 Etant donné la définition (8.64), il suffit de vérifier que

$$\sum_{j=-\infty}^{\infty} |u_j^{n+1}|^2 \leq \sum_{j=-\infty}^{\infty} |u_j^n|^2. \quad (9.7)$$

Dans la relation (8.62), mettons tous les termes au second membre et multiplions par u_j^{n+1}. Avec l'identité $2(a-b)a = a^2 - b^2 + (a-b)^2$, on a

$$|u_j^{n+1}|^2 - |u_j^n|^2 + |u_j^{n+1} - u_j^n|^2 + \lambda a(u_{j+1}^{n+1} - u_{j-1}^{n+1})u_j^{n+1} = 0,$$

puis, en sommant sur j et en remarquant que $\sum_{j=-\infty}^{\infty}(u_{j+1}^{n+1} - u_{j-1}^{n+1})u_j^{n+1} = 0$, on obtient

$$\sum_{j=-\infty}^{\infty} |u_j^{n+1}|^2 \leq \sum_{j=-\infty}^{\infty} |u_j^{n+1}|^2 + \sum_{j=-\infty}^{\infty} |u_j^{n+1} - u_j^n|^2 \leq \sum_{j=-\infty}^{\infty} |u_j^n|^2.$$

Solution 8.12 Le schéma décentré (8.59) peut s'écrire sous la forme simplifiée

$$u_j^{n+1} = \begin{cases} (1 - \lambda a)u_j^n + \lambda a u_{j-1}^n & \text{si } a > 0 \\ (1 + \lambda a)u_j^n - \lambda a u_{j+1}^n & \text{si } a < 0. \end{cases}$$

Commençons par le cas $a > 0$. Si la condition de CFL est vérifiée, alors les coefficients $(1 - \lambda a)$ et λa sont strictement positifs et inférieurs à 1.

Ceci implique que

$$\min\{u_{j-1}^n, u_j^n\} \leq u_j^{n+1} \leq \max\{u_{j-1}^n, u_j^n\}$$

et, par récurrence sur n,

$$\inf_{l \in \mathbb{Z}}\{u_l^0\} \leq u_j^{n+1} \leq \sup_{l \in \mathbb{Z}}\{u_l^0\} \quad \forall n \geq 0,$$

d'où on déduit l'estimation (8.85).

Quand $a < 0$, en utilisant à nouveau la condition de CFL, les coefficients $(1+\lambda a)$ et $-\lambda a$ sont strictement positifs et inférieurs à 1. En procédant comme précédemment, on en déduit l'estimation (8.85).

Solution 8.13 Pour résoudre numériquement le problème (8.47), on appelle le Programme 9.5. Noter que la solution exacte est une onde progressive, de vitesse $a = 1$, définie par $u(x,t) = 2\cos(4\pi(x-t)) + \sin(20\pi(x-t))$. Comme le nombre de CFL est fixé à 0.5 les paramètres de discrétisation Δx et Δt sont reliés par la relation $\Delta t = CFL \cdot \Delta x$. On ne peut donc choisir arbitrairement qu'un seul des deux paramètres.

Pour vérifier la précision du schéma en Δt, on peut utiliser les instructions suivantes :

```
xspan=[0,0.5];
tspan=[0,1];
a=1; cfl=0.5;
u0=inline('2*cos(4*pi*x)+sin(20*pi*x)','x');
uex=inline(['2*cos(4*pi*(x-t))+',...
    'sin(20*pi*(x-t))'],'x','t');
ul=inline('2*cos(4*pi*t)-sin(20*pi*t)','t');
DT=[1.e-2,5.e-3,2.e-3,1.e-3,5.e-4,2.e-4,1.e-4];
e_lw=[]; e_up=[];
for deltat=DT
deltax=deltat*a/cfl;
[xx,tt,u_lw]=hyper(xspan,tspan,u0,ul,2,...
    cfl,deltax,deltat);
[xx,tt,u_up]=hyper(xspan,tspan,u0,ul,3,...
    cfl,deltax,deltat);
U=feval(uex,xx,tt(end));
[Nx,Nt]=size(u_lw);
e_lw=[e_lw sqrt(deltax)*norm(u_lw(Nx,:)-U,2)];
e_up=[e_up sqrt(deltax)*norm(u_up(Nx,:)-U,2)];
```

```
end
p_lw=log(abs(e_lw(1:end-1)./e_lw(2:end)))./...
    log(DT(1:end-1)./DT(2:end))
p_up=log(abs(e_up(1:end-1)./e_up(2:end)))./...
    log(DT(1:end-1)./DT(2:end))
```

```
p_lw =
    0.1939    1.8626    2.0014    2.0040    2.0112    2.0239
p_up =
    0.2272    0.3604    0.5953    0.7659    0.8853    0.9475
```

Avec une boucle similaire pour le paramètre Δx, on peut vérifier la précision du schéma en espace. Pour Δx allant de 10^{-4} à 10^{-2} on a :

```
p_lw =
    1.8113    2.0235    2.0112    2.0045    2.0017    2.0007
p_up =
    0.3291    0.5617    0.7659    0.8742    0.9407    0.9734
```

Programme 9.5. hyper : schémas de Lax-Friedrichs, Lax-Wendroff et décentré

```
function [xh,th,uh]=hyper(xspan,tspan,u0,ul,...
                          scheme,cfl,deltax,deltat)
% HYPER résout une équation hyperbolique scalaire
% [XH,TH,UH]=HYPER(XSPAN,TSPAN,U0,UL,SCHEME,CFL,...
%                  DELTAX,DELTAT)
% résout l'équation hyperbolique scalaire
%        DU/DT+ A * DU/DX=0
% sur ]XSPAN(1),XSPAN(2)[x]TSPAN(1),TSPAN(2)[
% avec A>0, la condition initiale  U(X,0)=U0(X) et
% la condition aux limites U(T)=UL(T) en XSPAN(1)
% avec différents schémas aux différences finies
%            1 Lax - Friedrichs
%            2 Lax - Wendroff
%            3 décentré
% La vitesse de propagation 'a' n'est pas requise en
% entrée puisqu'elle peut être déduite de
% CFL = A * DELTAT / DELTAX
% Sortie: XH est le vecteur des noeuds en espace
% TH  est le vecteur des noeuds en temps
% UH est une matrice contenant la solution calculée
% UH(n,:) contient la solution au temps TT(n)
% U0 et UL peuvent être des fonctions inline
% anonymes, ou définies par un M-file.

Nt=(tspan(2)-tspan(1))/deltat+1;
th=linspace(tspan(1),tspan(2),Nt);
Nx=(xspan(2)-xspan(1))/deltax+1;
xh=linspace(xspan(1),xspan(2),Nx);
u=zeros(Nt,Nx); cfl2=cfl*0.5; cfl21=1-cfl^2;
cflp1=cfl+1; cflm1=cfl-1;
uh(1,:)=feval(u0,xh);
for n=1:Nt-1
  uh(n+1,1)=feval(ul,th(n+1));
  if scheme == 1
% Lax Friedrichs
```

```
      for j=2:Nx-1
         uh(n+1,j)=0.5*(-cflm1*uh(n,j+1)+cflp1*uh(n,j-1));
      end
      j=Nx;
      uh(n+1,j)=0.5*(-cflm1*(2*uh(n,j)-uh(n,j-1))+...
         cflp1*uh(n,j-1));
   elseif scheme == 2
% Lax Wendroff
      for j=2:Nx-1
         uh(n+1,j)=cfl21*uh(n,j)+...
             cfl2*(cflm1*uh(n,j+1)+cflp1*uh(n,j-1));
      end
      j=Nx;
      uh(n+1,j)=cfl21*uh(n,j)+...
         cfl2*(cflm1*(2*uh(n,j)-uh(n,j-1))+cflp1*uh(n,j-1));
   elseif scheme ==3
% Upwind
      for j=2:Nx
           uh(n+1,j)=-cflm1*uh(n,j)+cfl*uh(n,j-1);
      end
   end
end
```

Solution 8.14 La solution exacte est la somme de deux harmoniques simples, l'une de basse fréquence, l'autre de haute fréquence. Si $\Delta t = 5 \cdot 10^{-2}$, comme $a = 1$ et CFL=0.8, on a $\Delta x = 6.25e-3$ et les phases associées aux harmoniques sont $\phi_{k_1} = 4\pi \cdot 6.25e - 3 \simeq 0.078$ et $\phi_{k_2} = 20\pi \cdot 6.25e - 3 \simeq 0.393$. En regardant la Figure 8.18, on remarque que le schéma décentré est plus dissipatif que le schéma de Lax-Wendroff. Ceci est confirmé par le comportement des coefficients de dissipation (voir le graphe de droite en bas de la Figure 8.14). En effet, quand on considère des ϕ_k correspondant aux harmoniques données, la courbe associée au schéma de Lax-Wendroff est plus proche de la constante 1 que celle associée au schéma décentré.

Pour ce qui concerne le coefficient de dispersion, on voit sur la Figure 8.18 que le schéma de Lax-Wendroff est en retard de phase, tandis que le schéma décentré est en légère avance de phase. Le graphe de droite en bas de la Figure 8.15 confirme cette conclusion. On constate de plus que le retard de phase du schéma de Lax-Wendroff est plus grand que l'avance de phase du schéma décentré.

Références

[ABB+99] Anderson E., Bai Z., Bischof C., Blackford S., Demmel J., Dongarra J., Croz J. D., Greenbaum A., Hammarling S., McKenney A., and Sorensen D. (1999) *LAPACK User's Guide*. 3rd edition. SIAM, Philadelphia.

[Ada90] Adair R. (1990) *The Physics of Baseball*. Harper and Row, New York.

[Arn73] Arnold V. (1973) *Ordinary Differential Equations*. The MIT Press, Cambridge.

[Atk89] Atkinson K. (1989) *An Introduction to Numerical Analysis*. 2nd edition. John Wiley & Sons Inc., New York.

[Axe94] Axelsson O. (1994) *Iterative Solution Methods*. Cambridge University Press, Cambridge.

[BB96] Brassard G. and Bratley P. (1996) *Fundamentals of Algorithmics*. Prentice Hall Inc., Englewood Cliffs, NJ.

[BM92] Bernardi C. and Maday Y. (1992) *Approximations Spectrales des Problémes aux Limites Elliptiques*. Springer-Verlag, Paris.

[Bra97] Braess D. (1997) *Finite Elements : Theory, Fast Solvers and Applications in Solid Mechanics*. Cambridge University Press, Cambridge.

[BS01] Babuska I. and Strouboulis T. (2001) *The Finite Element Method and its Reliability*. Numerical Mathematics and Scientific Computation. The Clarendon Press Oxford University Press, New York.

[But87] Butcher J. (1987) *The Numerical Analysis of Ordinary Differential Equations : Runge-Kutta and General Linear Methods*. Wiley, Chichester.

[CFL28] Courant R., Friedrichs K., and Lewy H. (1928) Über die partiellen Differenzengleichungen der mathematischen Physik. *Math. Ann.* 100(1) : 32–74.

[CHQZ06] Canuto C., Hussaini M. Y., Quarteroni A., and Zang T. A. (2006) *Spectral Methods : Fundamentals in Single Domains*. Scientific Computation. Springer-Verlag, Berlin.

354   Références

[CHQZ07]   Canuto C., Hussaini M. Y., Quarteroni A., and Zang T. A. (2007) *Spectral Methods. Evolution to Complex Geometries and Applications to Fluid Dynamics*. Scientific Computation. Springer, Heidelberg.

[CLW69]   Carnahan B., Luther H., and Wilkes J. (1969) *Applied Numerical Methods*. John Wiley & Sons, Inc., New York.

[Dav63]   Davis P. (1963) *Interpolation and Approximation*. Blaisdell Publishing Co. Ginn and Co. New York-Toronto-London, New York.

[dB01]   de Boor C. (2001) *A practical guide to splines*. Applied Mathematical Sciences. Springer-Verlag, New York.

[DD99]   Davis T. and Duff I. (1999) A combined unifrontal/multifrontal method for unsymmetric sparse matrices. *ACM Transactions on Mathematical Software* 25(1) : 1–20.

[Dem97]   Demmel J. (1997) *Applied Numerical Linear Algebra*. SIAM, Philadelphia.

[Deu04]   Deuflhard P. (2004) *Newton Methods for Nonlinear Problems. Affine Invariance and Adaptive Algorithms*, volume 35 of *Springer Series in Computational Mathematics*. Springer-Verlag, Berlin.

[Die93]   Dierckx P. (1993) *Curve and Surface Fitting with Splines*. Monographs on Numerical Analysis. The Clarendon Press Oxford University Press, New York.

[DL92]   DeVore R. and Lucier B. (1992) Wavelets. In *Acta numerica, 1992*, pages 1–56. Cambridge Univ. Press, Cambridge.

[DR75]   Davis P. and Rabinowitz P. (1975) *Methods of Numerical Integration*. Academic Press, New York.

[DS96]   Dennis J. and Schnabel R. (1996) *Numerical Methods for Unconstrained Optimization and Nonlinear Equations*. Classics in Applied Mathematics. Society for Industrial and Applied Mathematics (SIAM), Philadelphia, PA.

[dV89]   der Vorst H. V. (1989) High Performance Preconditioning. *SIAM J. Sci. Stat. Comput.* 10 : 1174–1185.

[EBH08]   Eaton J., Bateman D., and Hauberg S. (2008) *GNU Octave Manual Version 3*. Network Theory Ltd., Bristol.

[EEHJ96]   Eriksson K., Estep D., Hansbo P., and Johnson C. (1996) *Computational Differential Equations*. Cambridge Univ. Press, Cambridge.

[EKM05]   Etter D., Kuncicky D., and Moore H. (2005) *Introduction to MATLAB 7*. Prentice Hall, Englewood Cliffs.

[Eva98]   Evans L. (1998) *Partial Differential Equations*. American Mathematical Society, Providence.

[Fun92]   Funaro D. (1992) *Polynomial Approximation of Differential Equations*. Springer-Verlag, Berlin Heidelberg.

[Gau97] Gautschi W. (1997) *Numerical Analysis. An Introduction.* Birkhäuser Boston Inc., Boston, MA.

[Gea71] Gear C. (1971) *Numerical Initial Value Problems in Ordinary Differential Equations.* Prentice-Hall, Upper Saddle River NJ.

[GI04] George A. and Ikramov K. (2004) Gaussian elimination is stable for the inverse of a diagonally dominant matrix. *Math. Comp.* 73(246) : 653–657.

[GL96] Golub G. and Loan C. V. (1996) *Matrix Computations.* 3rd edition. The John Hopkins Univ. Press, Baltimore, MD.

[GN06] Giordano N. and Nakanishi H. (2006) *Computational Physics.* 2nd edition. Prentice-Hall, Upper Saddle River NJ.

[GR96] Godlewski E. and Raviart P.-A. (1996) *Hyperbolic Systems of Conservations Laws.* Springer-Verlag, New York.

[Hac85] Hackbusch W. (1985) *Multigrid Methods and Applications.* Springer Series in Computational Mathematics. Springer-Verlag, Berlin.

[Hac94] Hackbusch W. (1994) *Iterative Solution of Large Sparse Systems of Equations.* Applied Mathematical Sciences. Springer-Verlag, New York.

[Hes98] Hesthaven J. (1998) From electrostatics to almost optimal nodal sets for polynomial interpolation in a simplex. *SIAM J. Numer. Anal.* 35(2) : 655–676.

[HH05] Higham D. and Higham N. (2005) *MATLAB Guide.* 2nd edition. SIAM Publications, Philadelphia, PA.

[Hig02] Higham N. (2002) *Accuracy and Stability of Numerical Algorithms.* 2nd edition. SIAM Publications, Philadelphia, PA.

[Hir88] Hirsh C. (1988) *Numerical Computation of Internal and External Flows.* John Wiley and Sons, Chichester.

[HLR06] Hunt B., Lipsman R., and Rosenberg J. (2006) *A guide to MATLAB. For Beginners and Experienced Users.* 2nd edition. Cambridge University Press, Cambridge.

[IK66] Isaacson E. and Keller H. (1966) *Analysis of Numerical Methods.* Wiley, New York.

[Joh90] Johnson C. (1990) *Numerical Solution of Partial Diffferential Equations by the Finite Element Method.* Cambridge University Press, Cambridge.

[Krö98] Kröner D. (1998) Finite Volume Schemes in Multidimensions. In *Numerical analysis 1997 (Dundee)*, Pitman Res. Notes Math. Ser., pages 179–192. Longman, Harlow.

[KS99] Karniadakis G. and Sherwin S. (1999) *Spectral/hp Element Methods for CFD.* Oxford University Press, New York.

[Lam91] Lambert J. (1991) *Numerical Methods for Ordinary Differential Systems.* John Wiley and Sons, Chichester.

[Lan03] Langtangen H. (2003) *Advanced Topics in Computational Partial Differential Equations : Numerical Methods and Diffpack Programming.* Springer-Verlag, Berlin Heidelberg.

[LeV02] LeVeque R. (2002) *Finite Volume Methods for Hyperbolic Problems.* Cambridge University Press, Cambridge.

[Mei67] Meinardus G. (1967) *Approximation of Functions : Theory and Numerical Methods.* Springer Tracts in Natural Philosophy. Springer-Verlag New York, Inc., New York.

[MH03] Marchand P. and Holland O. (2003) *Graphics and GUIs with MATLAB.* 3rd edition. Chapman & Hall/CRC, London, New York.

[Nat65] Natanson I. (1965) *Constructive Function Theory. Vol. III. Interpolation and approximation quadratures.* Frederick Ungar Publishing Co., New York.

[OR70] Ortega J. and Rheinboldt W. (1970) *Iterative Solution of Nonlinear Equations in Several Variables.* Academic Press, New York, London.

[Pal08] Palm W. (2008) *A Concise Introduction to Matlab.* McGraw-Hill, New York.

[Pan92] Pan V. (1992) Complexity of Computations with Matrices and Polynomials. *SIAM Review* 34(2) : 225–262.

[PBP02] Prautzsch H., Boehm W., and Paluszny M. (2002) *Bezier and B-Spline Techniques.* Mathematics and Visualization. Springer-Verlag, Berlin.

[PdDKÜK83] Piessens R., de Doncker-Kapenga E., Überhuber C., and Kahaner D. (1983) *QUADPACK : A Subroutine Package for Automatic Integration.* Springer Series in Computational Mathematics. Springer-Verlag, Berlin.

[Pra06] Pratap R. (2006) *Getting Started with MATLAB 7 : A Quick Introduction for Scientists and Engineers.* Oxford University Press, New York.

[QSS07] Quarteroni A., Sacco R., and Saleri F. (2007) *Numerical Mathematics.* 2nd edition. Texts in Applied Mathematics. Springer-Verlag, Berlin.

[Qua09] Quarteroni A. (2009) *Numerical Models for Differential Problems.* Series : MS&A , Vol. 2. Springer-Verlag, Milano.

[QV94] Quarteroni A. and Valli A. (1994) *Numerical Approximation of Partial Differential Equations.* Springer-Verlag, Berlin.

[RR01] Ralston A. and Rabinowitz P. (2001) *A First Course in Numerical Analysis.* 2nd edition. Dover Publications Inc., Mineola, NY.

[Saa92] Saad Y. (1992) *Numerical Methods for Large Eigenvalue Problems.* Manchester University Press, Manchester ; Halsted Press (John Wiley & Sons, Inc.), Manchester ; New York.

Références   357

[Saa03]   Saad Y. (2003) *Iterative Methods for Sparse Linear Systems.* 2nd edition. SIAM publications, Philadelphia, PA.

[Sal08]   Salsa S. (2008) *Partial Differential Equations in Action - From Modelling to Theory.* Springer, Milan.

[SM03]   Süli E. and Mayers D. (2003) *An Introduction to Numerical Analysis.* Cambridge University Press, Cambridge.

[Str07]   Stratton J. (2007) *Electromagnetic Theory.* Wiley-IEEE Press, Hoboken, New Jersey.

[TW98]   Tveito A. and Winther R. (1998) *Introduction to Partial Differential Equations. A Computational Approach.* Springer-Verlag, Berlin Heidelberg.

[Übe97]   Überhuber C. (1997) *Numerical Computation : Methods, Software, and Analysis.* Springer-Verlag, Berlin.

[Urb02]   Urban K. (2002) *Wavelets in Numerical Simulation.* Lecture Notes in Computational Science and Engineering. Springer-Verlag, Berlin.

[vdV03]   van der Vorst H. (2003) *Iterative Krylov Methods for Large Linear Systems.* Cambridge Monographs on Applied and Computational Mathematics. Cambridge University Press, Cambridge.

[Wes04]   Wesseling P. (2004) *An Introduction to Multigrid Methods.* R.T. Edwards, Inc., Philadelphia.

[Wil88]   Wilkinson J. (1988) *The Algebraic Eigenvalue Problem.* Monographs on Numerical Analysis. The Clarendon Press Oxford University Press, New York.

[Zha99]   Zhang F. (1999) *Matrix theory.* Universitext. Springer-Verlag, New York.

Index

abs   8
adaptation
  de la méthode de Runge-Kutta   234
  du pas de discrétisation   231
adaptativité   96, 123
Aitken, extrapolation de   64
algorithme   29
  de descente   138
  de division synthétique   68
  de Gauss   140
  de Hörner   68
  de remontée   138
  de Strassen   30
  de Thomas   154, 266
  de Winograd-Coppersmith   30
  multigrille   180
aliasing   93
angle   8
annulation   6
ans   32
approximation
  aux moindres carrés   101
arpackc   202
axis   195

barrière de Dahlquist   236, 237
base   4
bicgstab   171

CFL
  condition   293, 304
  nombre de   293, 294

chiffres significatifs   4
chol   145
cholinc   175, 180
circuit électrique   207, 243, 247
clear   32
coefficient
  d'amplification   294
  de convergence asymptotique   60
  de dispersion   294, 295
  de dissipation   294, 295
  de Fourier   293
communications   263
compass   8
complex   8
complexité   29
compression d'images   187, 200
cond   151
condensation de la masse   287
condest   152
condition
  de racine   220
  not-a-knot   98
conditionnement   151, 152, 276
  d'un problème d'interpolation   87
conditions aux limites
  de Dirichlet   264
  de Neumann   264, 307
conj   9
connections interurbaines   187, 190
consistance   213, 215, 220, 278
constante de Lebesgue   86, 89
contour   342
conv   22

convergence 27, 220
  de la méthode
    de Gauss-Seidel 165
    de la puissance 191
    de Newton 50
    de Richardson 166
    d'Euler 212, 214
    itérative 159, 160
    des différences finies 265, 272, 278
    d'interpolation 85
  ordre de 27
cos 33
courbe caractéristique 288, 300
coût de calcul 29
  factorisation de Gauss 142
  règle de Cramer 136
cputime 30
cross 16
cumtrapz 117

dblquad 128
décomposition en valeurs singulières 104, 156, 159
deconv 22
degré d'exactitude 115
det 12, 143
diag 13
diff 24
différence finie
  centrée 112
  progressive 111
  rétrograde 112
diffusion artificielle 272, 291
direction de descente 169
disp 34
dispersion 293, 294
disque de Gershgorin 195, 196, 203
dissipation 293, 294
divergence 262
domaine de dépendance 300
dot 15
dynamique des populations 186, 202, 206, 241
décalage 193
déflation 68, 69, 202
démographie 118
dérivée 24
  partielle 54, 261
déterminant 143

échelle
  linéaire 27, 29
  logarithmique 27
  semi-logarithmique 28
eig 198
eigs 200
éléments finis 269
end 31
eps 5, 6
équation
  aux dérivées partielles 205
  d'advection 287, 289, 297
  de Burgers 289
  de convection-diffusion 268, 272
  de la chaleur 262, 280
  de Lotka-Volterra 206
  de Poisson 261, 264
  de Van der Pol 255
  des ondes 262, 299
  des télégraphistes 263
  différentielle ordinaire 205
  hyperbolique 287
  normale 104, 154
erreur
  absolue 5, 26
  d'arrondi 4, 5, 7, 148, 216
  d'interpolation 83
  de calcul 26
  de perturbation 225
  de troncature 26, 213, 278, 281
    locale 213, 292
  estimateur d' 28, 52, 62, 124, 152
  estimation a posteriori d' 231
  relative 5, 26
etime 30
eval 18
exit 32
exp 33
exposant 4
extrapolation
  d'Aitken 64
  de Richardson 129
eye 11

𝔽 5
factorisation
  de Cholesky 145, 193
  de Gauss 141
  incomplète de Cholesky 175
  LU 137, 193

Index   361

LU incomplète   179
QR   155
feval   18
FFT   92
fft   92
fftshift   92
figure   195
find   47
fix   312
flops   142
flux
  de diffusion artificielle   291
  numérique   290
fonction
  anonyme   17
  d'itération   57
  de base   270
  de forme   270
  dérivée   24
  graphe de   17
  lipschitzienne   209, 219
  primitive   23
for   34
format   4
formulation faible   269
formule d'Euler   8
formule de différentiation rétrograde
     (BDF)   235
formule de quadrature
  adaptative   123
  composite
    de Simpson   117
    du point milieu   114
    du rectangle   114
    du trapèze   116
  de Gauss-Legendre   121
  de Newton-Cotes   127
  de Simpson   118
  de Simpson adaptative   124
  du point milieu   114
  du rectangle   114
  du trapèze   117
  interpolatoire   119
Fourier
  série discrète de   91
  transformation rapide de   92
fplot   17, 96
fsolve   73, 211
function   36

funtool   25
fzero   20, 72, 73

gallery   177
Gauss
  factorisation de   141
  pivot de   147
  plan de   9
global   36
gmres   171
grid   17
griddata   106
griddata3   106
griddatan   106

help   33
hold off   195
hold on   195
hydrogéologie   262

if   31
ifft   92
imag   9
Inf   5
inline   17
int   24
intégration numérique   113
interp1   96
interp1q   96
interp2   105
interp3   105
interpft   93
interpolation   81
  composite   95, 105
  de Lagrange
    aux noeuds de Gauss   88
  d'Hermite   100
    par morceaux   100
  linéaire par morceaux   95
  noeuds d'   80
  par spline   96
  polynomiale   81
  rationnelle   81
  stabilité de l'   86
  trigonométrique   81, 90
inv   12

Kronecker, symbole de   82

Lagrange
  forme de 82
  polynôme caractéristique de 82
LAPACK 158
Laplace, opérateur de 261, 274
laplacien 261, 274
`linspace` 19
`load` 33
`loglog` 27
loi
  de Fourier 263
  de Kirchhoff 207
  de Ohm 207
`lu` 142
`luinc` 180

m-file 35
`magic` 180
mantisse 4
mass-lumping 287
matrice 10
  bande 157
  bidiagonale 153
  carrée 10
  compagnon 73
  complexe définie positive 145
  creuse 142, 149, 154, 157, 275
  décomposition en valeurs
    singulières 156
  définie positive 164
  déterminant de 12
  diagonale 13
    dominante 144
    strictement dominante 145, 162, 164, 197
  d'itération 160
  de Hilbert 149, 171
  de Leslie 187, 202
  de masse 286
    condensation 287
  de permutation 147
  de Vandermonde 141
  de Wilkinson 203
  hermitienne 14, 145
  identité 11
  inverse 12
  mal conditionnée 152
  norme de 152
  orthogonale 155
  produit 11
  profil de 142
  pseudoinverse 156
  semblable 198
  somme 11
  SVD de 156
  symétrique 14, 164
  symétrique définie positive 145
  transconjuguée 14
  transposée 14
  triangulaire 13
  tridiagonale 153, 165, 266
  unitaire 155
membrane élastique 277
`mesh` 276
`meshgrid` 106, 342
méthode
  $\theta-$ 280
  à un pas 210
  A-$stable$ 224
  Bi-CGStab 171, 179
  consistante 213, 278
  cyclique composite 237
  dynamique de Richardson 165
  d'Adams-Bashforth 235
  d'Adams-Moulton 235
  d'Aitken 64, 65
  d'Euler
    améliorée 238
    explicite 209, 221
    explicite adaptative 222, 231
    implicite 210, 284
    progressive 209
    rétrograde 210
  de Bairstow 73
  de bisection 46
  de Bogacki-Shampine 234
  de Broyden 73
  de Crank-Nicolson 216, 282, 284
  de Dekker-Brent 72
  de dichotomie 46
  de Dormand-Prince 234
  de Gauss 140
  de Gauss-Seidel 164
  de Heun 238, 239, 257, 258
  de Jacobi 161
  de Krylov 171
  de Lanczos 202
  de la puissance 189
    avec décalage 193
    avec translation 193

avec *shift*   193
inverse   192
de Monte Carlo   311
de Müller   73
de Newmark   245, 301
de Newton   49, 54, 74
  adaptative   51
  modifiée   51
de Newton-Hörner   70
de point fixe   57
de relaxation   164, 330
de Richardson   161
de Runge-Kutta   232, 238
de Runge-Kutta adaptative   234
de Steffensen   64
des différences finies   111, 265, 267, 272, 289
des éléments finis   178, 269, 297, 305
des moindres carrés   100
du gradient   167
  conjugué   169
du pivot   147
explicite   210
GMRES   171, 177
implicite   210
leap-frog (saute-mouton)   245
multi-pas   219, 232, 234
multifrontale   180
prédicteur-correcteur   238
QR   198
quasi-Newton   73
saute-mouton (leap-frog)   245
SOR   182
spectrale   176, 306
stationnaire de Richardson   165
mkpp   98
modèle
  de Leontief   133
  de Lotka et Leslie   187
moyenne   108
multiplicateur   140, 149

NaN   7
nargin   38
nargout   38
nchoosek   311
noeuds
  d'interpolation   80
  de Chebyshev-Gauss   88

de Chebyshev-Gauss-Lobatto   88
de Gauss-Legendre-Lobatto   121
de quadrature   119
nombre
  à virgule flottante   3
  complexe   8
norm   16
norme
  de matrice   152
  euclidienne   16
not-a-knot   98

ode   234
ode113   240
ode15s   237, 256
ode23   234, 243
ode23s   256
ode23tb   234
ode45   234, 243
ondelettes   106
ones   15
opération point   16, 19
ordre lexicographique   274
overflow   5–7

pas de discrétisation   209
  adaptative   234
patch   195
path   35
pcg   170
pchip   100
pde   278
pdetool   106, 179, 305
Péclet
  nombre de – global   268
  nombre de – local   268
pendule
  de Foucault   258
  sphérique   247
pivot   140, 147
  complet   328
  par ligne   148
plan de phase   242
plot   19, 27
$\mathbb{P}_n$ 19
poids de quadrature   119
point fixe   57
  itérations de   57
  méthode de   57
poly   40, 85

polyder   22, 86
polyfit   23, 83, 103
polyint   22
polynôme   21
  caractéristique   82, 185
  d'interpolation de Lagrange   81
  de division euclidienne   22, 69
  de Legendre   121
  de Taylor   24, 79
  produit   22
  racine de   21
polyval   21, 83
ppval   98
pretty   310
primitive   23
problème
  à convection dominante   268
  à trois corps   250
  aux limites   261
    de Dirichlet   264
    de Neumann   264, 307
  de Cauchy   208
  de convection-diffusion   268, 272
  de Poisson   272
  raide   253, 254
produit scalaire   15
profil d'une matrice   142
préconditionneur   161, 165
  factorisation incomplète de Cholesky   175
  factorisation LU incomplète   180

quad2dc   128
quad2dg   128
quadl   122
quit   32
quiver   16
quiver3   16
quotient de Rayleigh   185

racine
  multiple   19, 22, 51
  simple   19, 50
rand   31
rang   154
  maximal   154
rayon spectral   160
real   9
realmax   5
realmin   5

région de stabilité absolue   223, 236, 258
règle
  de Descartes   67
  de Laplace   12
régression linéaire   103, 108
réseaux de capillaires   134, 146
résidu   52, 152, 172
ressort élastique   186
return   36
roots   21, 73
rpmak   106
rsmak   106
Runge
  fonction de   89
  phénomène de   85

save   33
schéma
  à cinq points   274
  décentré   290, 304
  d'Euler
    explicite centré   290
    explicite décentré   290
    implicite centré   291
  de Lax-Friedrichs   290
  de Lax-Wendroff   290, 304
  saute-mouton   302
  upwind   304
semi-discrétisation   280, 285
semilogy   29
shift   193
sign   47
simple   25, 331
sin   33
solution faible   289
sparse   143
spdemos   106
spdiags   143, 154
spectre   188
spline   96
  cubique   105, 107
  naturelle   97
spline   98
spy   175, 275
sqrt   33
stabilité
  absolue   221, 224, 258
    région de   223, 258
      Adams-Bashforth   236

Adams-Moulton 236
BDF 236
Runge-Kutta 236
asymptotique 281
de l'interpolation 86
conditionnelle 223
inconditionnelle 223
zéro- 218, 222
stencil 274
Strassen, algorithme de 30
suite
de Fibonacci 34
de Sturm 73, 202
sum 311
SVD 156, 159
svd 156
svds 156
syms 24, 331
système
hyperbolique 300
sous-déterminé 139, 154
sur-déterminé 154
triangulaire 138
tridiagonal 153
système linéaire 131
méthodes
directes 137, 142, 174
itératives 137, 159, 174
série de Fourier discrète 91

tableau de Butcher 233, 234
taylor 24
taylortool 79
thermodynamique 205, 258, 263, 307
théorème
d'Abel 67
d'équivalence de Lax-Ritchmyer 220
d'intégration 23
d'Ostrowski 60
de Cauchy 68
de la moyenne 24
des valeurs intermédiaires 46
premier – de la moyenne 23
title 195

toolbox 2, 21, 33
trajectoire au baseball 206, 259
transformation de Fourier rapide 90, 92
trapz 117
tril 13
triu 13

UMFPACK 157, 158
underflow 5, 6
unité d'arrondi 5

valeur
propre 16, 185
propre extrémale 188
singulière 156
vander 141
varargin 47
variable caractéristique 300
variance 108, 321
vecteur 15
colonne 10
composante de 15
ligne 10
norme de 16
propre 16, 185
transconjugué 15
vecteurs
linéairement indépendants 15
virgule flottante
nombre à 3
opérations en 29

wavelet 106
while 34
wilkinson 203

xlabel 195

ylabel 195

zeros 11, 15
zéro
multiple 19
simple 19, 50

GPSR Compliance

The European Union's (EU) General Product Safety Regulation (GPSR) is a set of rules that requires consumer products to be safe and our obligations to ensure this.

If you have any concerns about our products, you can contact us on

ProductSafety@springernature.com

In case Publisher is established outside the EU, the EU authorized representative is:

Springer Nature Customer Service Center GmbH
Europaplatz 3
69115 Heidelberg, Germany

www.ingramcontent.com/pod-product-compliance
Ingram Content Group UK Ltd.
Pitfield, Milton Keynes, MK11 3LW, UK
UKHW021255180426
11947UKWH00010B/788